高分子材料与工程专业系列教材

材料导论

（第二版）

励杭泉　赵　静　张　晨　编著

中国轻工业出版社

图书在版编目（CIP）数据

材料导论/励杭泉，赵静，张晨编著.—2版.—北京：
中国轻工业出版社，2025.2
普通高等教育"十二五"规划教材.高分子材料与工
程专业系列教材
ISBN 978-7-5019-9190-7

Ⅰ.①材…　Ⅱ.①励…②赵…③张…　Ⅲ.①材料科
学—高等学校—教材　Ⅳ.①TB3

中国版本图书馆 CIP 数据核字（2013）第 052965 号

内容简介

本书既是结构材料的导论，又是功能材料的导论；既是材料的导论，又是器件的导论。既对金属、陶瓷、高分子、复合材料等的结构、性能与应用原理做简单介绍，更以专题的形式对进入 21 世纪以来广泛开发与使用的新器件进行介绍，有的专题是电磁、光电器件那样显赫的先进材料，有的则看似平庸，但却是亟待解决的紧迫问题，如高分子的阻燃。本书涵盖了 20 多个重要的材料专题，其中包括：发光二极管（LED）、太阳能电池、燃料电池、分离膜、压电材料、磁致伸缩材料、超级电容、超导性、形状记忆材料、电/磁流变体、激光器、光导纤维和液晶显示等。本书可作为大学本科生、研究生的教材或参考书，也可作为对新材料感兴趣的科技工作者的准科普读本。

责任编辑：林　媛　杜宇芳
策划编辑：林　媛　责任终审：滕炎福　封面设计：锋尚设计
版式设计：王超男　责任校对：燕　杰　责任监印：张京华

出版发行：中国轻工业出版社（北京鲁谷东街 5 号，邮编：100040）
印　　刷：北京君升印刷有限公司
经　　销：各地新华书店
版　　次：2025 年 2 月第 2 版第 8 次印刷
开　　本：787×1092　1/16　印张：18.5
字　　数：467 千字
书　　号：ISBN 978-7-5019-9190-7　定价：45.00 元
邮购电话：010-85119873
发行电话：010-85119832　010-85119912
网　　址：http://www.chlip.com.cn
Email：club@chlip.com.cn

出版说明

本系列教材是根据国家教育改革的精神，结合"十一五"期间院校教育教学改革的实践和"十二五"期间院校高分子材料与工程专业建设规划，根据院校课程设置的需求，编写的高分子材料与工程专业系列教材，旨在培养具备材料科学与工程基础知识和高分子材料与工程专业知识，能在高分子材料的合成、改性、加工成型和应用等领域从事科学研究、技术和产品开发、工艺和设备设计、材料选用、生产及经营管理等方面工作的工程技术型人才。本系列教材架构清晰、特色鲜明、开拓创新，能够体现广大工程技术型高校高分子材料工程教育的特点和特色。

为了适应高分子材料与工程专业"十二五"期间本科教育发展的需求，中国轻工业出版社组织了相关高分子材料与工程专业院校召开了"'高分子材料与工程'专业'十二五'规划教材建设研讨会"，确定了"高分子材料与工程"专业的专业课教材，首批推出的是：《高分子物理》《高分子科学基础实验》《高分子材料加工工程专业实验》《高分子材料科学与工程导论》（双语）、《高分子材料成型加工》（第四版）、《高分子材料成型工程》《聚合物制备工程》《聚合流变学基础》《聚合物成型机械》《塑料模具设计》《高分子化学与物理》《塑料成型 CAE 技术》《塑料助剂及配方》《涂料与黏合剂》《材料导论》。

本系列教材具有以下几个特点：

1. 以培养高分子材料与工程专业高级工程技术型人才为目标，在经典教学内容的基础上，突出实用性，理论联系实际，适应本科教学的需求。

2. 充分反映产业发展的情况，包括新材料、新技术、新设备和新工艺，把基本知识的教学和实践相结合，能够满足工程技术型人才培养教学目标。

3. 教材的编写更注重实例的讲解，而不只是理论的推导，选用的案例也尽量体现当前企业技术要求，以便于培养学生解决实际问题的能力。

4. 为了适应现代多媒体教学的需要，主要教材都配有相关课件或多媒体教学资料，助学助教，实现了教学资源的立体化。

本系列教材是由多年从事教学的一线教师和具有丰富实践经验的工程技术人员共同编写的结晶，首批推出的十五本教材是在充分研究分析"十二五"期间我国经济社会发展和材料领域发展战略的基础上，结合院校教学特色和实践经验编写而成的，基本能够适应我国目前社会经济的迅速发展和需要，也能够适应高分子材料与工程专业人才的培养。同时，由于教材编写是一项复杂的系统工程，难度较大，也希望行业内专家学者不吝赐教，以便再版修订。

高分子材料与工程专业系列教材

编审委员会名单

第一版序言

本书是介绍材料基本知识以及材料科学与工程基本概念的入门教材。什么是材料？材料就是宇宙间的物质。然而材料与物质不能画等号，材料的概念比物质窄得多。当一种物质具有可供利用的性质，可以制造有用物品时才成为材料。高分子材料与高分子物质的关系就如同材料与物质的关系。高分子物质在我们的世界中无处不在，花草树木，鸟兽鱼虫，乃至我们人类的身体，莫不有高分子物质参与构成。而智慧的人类又创造出动、植体以外的高分子物质，应用在生活的方方面面，或为涂料，或为药物，或为纤维，或为包装，或为化学试剂……其中绝大部分都可归入高分子材料的范畴。大约在 20 世纪 60 年代，人们开始认识到不论是金属材料、陶瓷材料还是高分子材料，都有着共同的行为规律，共同的结构与性能关系。尽管不同材料间的力学性质、热学性质、电磁学性质、光学性质等可以有很大的差异，但支配这些性质的物理和化学规律是相同的。于是创立了研究材料共同规律的科学，定名为材料科学与工程。有了大一统的材料概念，各种材料之间的关系似乎变得亲近起来。在进行工程设计时似乎有了更广阔的材料选择空间。但随着材料科学的发展，人们不再满足简单材料，开始像量体裁衣那样对材料进行"剪裁"，于是又产生了"复合材料"的概念。复合材料的出现彻底改变工程设计的传统观念。过去的设计者必须考虑现有材料是否能够满足设计要求，而当代的设计者可以随心所欲地向材料学家点菜，而材料学家总能施展点石成金的手段，"变"出令人满意的材料。在 21 世纪，新材料的不断涌现将引导科学技术以更快的速度发展，作为"高分子材料与工程"专业的学生，不可不对整个材料世界有所了解。只有将高分子材料与其他材料联系起来学习，才能了解许多高分子材料知识的来龙去脉，才能将高分子物理与高分子化学的知识融会贯通。然而，由于历史的原因，传统材料（金属与陶瓷）专业与高分子材料专业的教学体系有较大差别，前者的理论基础是固体物理而后者是有机化学。让高分子材料专业的学生按传统材料专业的路子学习，显然是不合适的。本书在编写中，尝试了一条新的路线：即先介绍材料共同的性质，再依次介绍聚合物材料、聚合物基复合材料和陶瓷材料，再回到金属学的基础知识，再介绍金属材料及其他有关知识。这种顺序对高分子材料专业学生进入"大材料"之门可能是一条捷径。由于编者学习高分子科学出身，近年来方开始接触材料科学与工程系统知识，水平有限，书中亦不免舛误之处，望读者不吝赐教。

编　者
2000 年春

第二版序言

本书第一版出版于 12 年前。12 年一个轮回，现在是到了以新面目再与读者见面的时间了。编写本书第一版的目的，是为了迎合从"窄专业"向"宽专业"转变的教学改革的需要。在千年之交以前，多数学校的材料专业教育内容是单一材料，即金属材料、陶瓷材料、高分子材料或复合材料中的一种。毋庸讳言，这种教育体系与实际工作的场景有较大的距离。在工程实际中碰到的材料问题绝不会限制在一种材料，所以学生必须掌握整个材料的系统知识方能胜任材料的选择与设计工作。在这个共识的指引下，不同材料专业的工作者不约而同地将自身专业拓宽到无所不包的所谓"大材料"领域。而本书第一版正是从高分子材料专业拓宽的产物。

12 年过去了，笔者惊奇地发现，多年前我们津津乐道的教改成果仅仅是国际上 20 世纪 60 年代初的认识。我们改革的脚步远远没有跟上材料发展的步伐。当功能材料的开发突飞猛进时，我们仍然把教学重点放在结构材料上；当国际上对器件的重视程度超过材料本身时，我们仍在将自身锁在基础材料的圈子里。即使学生按目前的教学体系掌握了四大材料的完整知识，在工程实践中碰到复杂的材料体系，遇到五花八门的功能材料，遇到千奇百怪的功能器件时，依然会一筹莫展，有的甚至连听也没听说过。所以笔者认为我们的材料教育必须要做第二次重心转移，将教育的重点转移到功能材料与器件上来，这就是本人编写第二版的动机。

提起了笔方才知道这几乎是个不可能完成的任务，主要是因为笔者狭窄的知识面与宽广的材料学知识领域极不相称。那为什么不与人合作呢？如果是学术专著，合写没有问题，但对于一本导论性质的教材就难以合写。因为各个人的深浅把握、行文风格、重点偏好都不相同，无法取得统一，更不用说起承转合与全书内容的前后呼应了。所以只有硬着头皮独立完成，以其昏昏，使人昭昭，这是尤其要请求读者原谅的。

应当写到什么程度呢？首先不应停留在科普程度，这不符合本科生、研究生的要求。其次也不能写到准专业的程度，因为读者可能来自不同的材料专业，对一种材料了解较深，对另一种材料可能知之甚少，还有的读者可能并非来自材料专业，故专业性的内容不能太多。所以笔者确定的标准是介于科普与专业之间。所谓深浅无非对机理讨论的深浅。本书掌握的标准是，尽可能用直观的形象、通俗的语言将机理解释清楚，数理模型、数学推导一律免去。

当然，如果不讲材料的基础知识不可能将功能与器件介绍清楚。本书采用学院式与专题式结合的写法。所谓学院式就是按传统体系对材料的结构与性能做最简单的介绍。在基础知识的铺垫后以专题形式介绍各种功能材料与器件。所以本书可以说是薄基础、厚实用；薄结构、厚功能，将通用材料的介绍压到最少，重点介绍在高新技术中使用的新材料与器件。

笔者大学学的是高分子材料，知识面狭窄，从未一窥材料学的殿堂，对材料专题的选取只能是人云亦云，毫无独到的见解。很可能遗漏了重要的专题而选入了可写可不写的内容。种种舛误之处，敬候方家不吝赐教。

编　者
2012 年秋

目　录

绪论···1

0.1　金属材料···1

0.2　陶瓷···1

0.3　高分子材料···2

0.4　复合材料··2

0.5　先进材料··3

第1章　材料学基础···7

1.1　晶体结构··7

1.1.1　晶胞与晶系··7

1.1.2　Miller 指数···8

1.1.3　立方晶体··11

1.1.4　六方密堆积(HCP)结构··16

1.2　晶体的缺陷···17

1.2.1　点缺陷···17

1.2.2　线缺陷···18

1.2.3　面缺陷···22

1.3　扩散过程···22

1.4　相图···25

1.4.1　合金与固溶体··25

1.4.2　完全互溶体系··27

1.4.3　共晶体系··28

1.4.4　具有中间相的体系···30

1.4.5　共析体系··30

1.5　金属的强化···31

1.5.1　冷加工与应变强化···32

1.5.2　退火、热加工与细晶强化···35

1.5.3　时效强化··36

1.5.4　分散强化··38

第2章　金属材料··39

2.1　铁-碳相图与碳钢···39

2.1.1　Fe－Fe$_3$C 相图···39

2.1.2　碳钢··40

2.1.3　碳钢的淬火 ………………………………………………… 41
2.1.4　回火 ………………………………………………………… 43
2.2　合金钢 …………………………………………………………… 44
2.2.1　合金元素的作用 …………………………………………… 44
2.2.2　工具钢 ……………………………………………………… 46
2.2.3　不锈钢 ……………………………………………………… 48
2.3　铸铁 ……………………………………………………………… 50
2.4　有色金属 ………………………………………………………… 53
2.4.1　铝合金 ……………………………………………………… 53
2.4.2　镁合金 ……………………………………………………… 55
2.4.3　铜合金 ……………………………………………………… 56
2.4.4　镍与钴合金 ………………………………………………… 58
2.4.5　钛合金 ……………………………………………………… 59
2.4.6　耐火金属 …………………………………………………… 62
2.5　金属基复合材料 ………………………………………………… 62
2.5.1　液态加工 …………………………………………………… 63
2.5.2　固态加工 …………………………………………………… 65
2.5.3　原位加工 …………………………………………………… 66
2.5.4　金属陶瓷 …………………………………………………… 67
2.6　形状记忆合金 …………………………………………………… 68
2.6.1　形状记忆机理 ……………………………………………… 68
2.6.2　形状记忆合金的应用 ……………………………………… 72

第3章　陶瓷材料 ……………………………………………………… 73
3.1　工程陶瓷材料 …………………………………………………… 74
3.1.1　氧化物 ……………………………………………………… 74
3.1.2　碳化物 ……………………………………………………… 75
3.1.3　氮化物 ……………………………………………………… 76
3.1.4　氧化锆体系 ………………………………………………… 78
3.2　陶瓷的先进加工技术 …………………………………………… 81
3.2.1　溶胶 - 凝胶法 ……………………………………………… 81
3.2.2　气相加工法 ………………………………………………… 83
3.2.3　反应烧结法 ………………………………………………… 83
3.2.4　聚合物前驱体法 …………………………………………… 84
3.3　陶瓷纤维 ………………………………………………………… 85
3.3.1　陶瓷纤维的加工 …………………………………………… 85
3.3.2　主要陶瓷纤维 ……………………………………………… 87
3.4　碳纤维 …………………………………………………………… 89
3.4.1　聚丙烯腈基碳纤维 ………………………………………… 90
3.4.2　沥青基碳纤维 ……………………………………………… 92

　　3.4.3　黏胶基碳纤维 ·· 93

　　3.4.4　廉价碳纤维——木质素基碳纤维 ································ 93

　3.5　陶瓷基复合材料 ·· 94

　　3.5.1　陶瓷基复合材料的加工 ·· 94

　　3.5.2　增韧机理 ·· 97

　　3.5.3　陶瓷基复合材料的用途 ··· 99

　3.6　层状硅酸盐 ·· 100

　　3.6.1　基本结构 ··· 100

　　3.6.2　等形取代 ··· 101

　　3.6.3　层状硅酸盐的类型 ·· 102

　3.7　纳米碳 ··· 104

　　3.7.1　石墨烯 ·· 105

　　3.7.2　富勒烯 ·· 106

　　3.7.3　碳纳米管 ··· 107

第4章　高分子材料 ··· 109

　4.1　聚合物科学基础 ·· 109

　　4.1.1　聚合过程 ··· 109

　　4.1.2　相对分子质量 ··· 110

　　4.1.3　等规度与间规度 ··· 111

　　4.1.4　均聚与共聚 ·· 111

　　4.1.5　线形与网络 ·· 112

　　4.1.6　半结晶与无定形 ··· 112

　　4.1.7　热塑性与热固性 ··· 114

　4.2　热塑性塑料 ·· 114

　　4.2.1　热塑性塑料品种 ··· 115

　　4.2.2　热塑性塑料的加工 ·· 117

　4.3　热固性塑料 ·· 120

　　4.3.1　热固性塑料品种 ··· 120

　　4.3.2　热固性塑料的加工 ·· 124

　4.4　弹性体 ··· 125

　　4.4.1　天然橡胶 ··· 125

　　4.4.2　合成橡胶 ··· 126

　　4.4.3　热塑性弹性体 ··· 126

　4.5　高性能有机纤维 ·· 128

　　4.5.1　聚烯烃纤维 ·· 129

　　4.5.2　芳纶 ··· 130

　　4.5.3　芳杂环纤维 ·· 132

　4.6　树脂基复合材料 ·· 135

　　4.6.1　模面成型 ··· 135

4.6.2　模压成型 ·· 136
4.6.3　缠绕成型法 ··· 136
4.6.4　拉挤成型 ·· 137
4.6.5　预制片与编织 ··· 138
4.6.6　纳米复合材料 ··· 139
4.7　膜分离技术 ··· 140
4.7.1　基本术语 ·· 141
4.7.2　重要的膜分离过程 ·· 141
4.7.3　膜分离机理 ·· 143
4.7.4　膜的形状与流动几何 ··· 145
4.7.5　分离膜制备方法 ··· 146
4.7.6　膜分离技术的应用 ·· 147
4.8　形状记忆聚合物 ··· 147
4.9　水凝胶 ··· 151
4.9.1　水凝胶的分类 ··· 151
4.9.2　水凝胶的制备 ··· 152
4.9.3　水凝胶的应用 ··· 153
4.10　聚合物的阻燃 ·· 156
4.10.1　燃烧 ··· 156
4.10.2　阻燃机理 ··· 156
4.10.3　阻燃剂 ·· 157
4.11　相变材料 ·· 159
4.11.1　相变材料的性质 ··· 159
4.11.2　有机相变材料 ·· 160
4.11.3　无机相变材料 ·· 161
4.11.4　相变储氢 ··· 162
4.11.5　相变记忆 ··· 162

第5章　电磁功能材料 ·· 164
5.1　电学性质 ·· 164
5.1.1　电阻与电导 ·· 164
5.1.2　电子迁移率 ·· 165
5.1.3　能带结构 ·· 165
5.2　半导体 ··· 168
5.2.1　本征半导体 ·· 168
5.2.2　掺杂半导体 ·· 168
5.2.3　$p-n$ 结 ·· 170
5.2.4　$p-n$ 结二极管与三极管 ··· 171
5.3　导电高分子 ··· 173
5.3.1　因错误而导致的发现 ·· 173

5.3.2 导电机理 ……………………………………………………… 173
5.3.3 导电聚合物的加工 …………………………………………… 177
5.3.4 电导率的影响因素 …………………………………………… 178
5.3.5 导电聚合物的应用 …………………………………………… 179
5.4 介电性质与超级电容 ……………………………………………… 179
5.4.1 介电性质 ……………………………………………………… 179
5.4.2 传统电容器 …………………………………………………… 181
5.4.3 电化学双层电容器 …………………………………………… 182
5.4.4 假电容 ………………………………………………………… 183
5.4.5 杂化电容 ……………………………………………………… 184
5.4.6 超级电容研发的前景 ………………………………………… 184
5.5 锂离子电池 ………………………………………………………… 185
5.5.1 锂离子电池的结构与工作原理 ……………………………… 185
5.5.2 电极材料 ……………………………………………………… 186
5.5.3 聚合物锂离子电池 …………………………………………… 187
5.6 燃料电池 …………………………………………………………… 189
5.6.1 结构与基本原理 ……………………………………………… 189
5.6.2 燃料电池的分类 ……………………………………………… 189
5.6.3 质子交换膜燃料电池 ………………………………………… 192
5.6.4 电池电压与效率 ……………………………………………… 193
5.6.5 燃料电池研发中的挑战 ……………………………………… 193
5.7 压电材料 …………………………………………………………… 194
5.7.1 压电系数与方向 ……………………………………………… 194
5.7.2 压电机理 ……………………………………………………… 196
5.7.3 常见压电材料 ………………………………………………… 197
5.7.4 压电技术的应用 ……………………………………………… 199
5.8 磁学性质 …………………………………………………………… 201
5.8.1 磁化与磁导率 ………………………………………………… 201
5.8.2 磁性材料 ……………………………………………………… 202
5.8.3 磁化过程 ……………………………………………………… 205
5.9 磁致伸缩材料 ……………………………………………………… 207
5.9.1 磁致伸缩效应 ………………………………………………… 207
5.9.2 磁致伸缩机理 ………………………………………………… 209
5.9.3 磁致伸缩材料与应用 ………………………………………… 210
5.10 智能流体 ………………………………………………………… 211
5.10.1 智能流体的类型 …………………………………………… 211
5.10.2 智能流体的稳定机理 ……………………………………… 211
5.10.3 智能流体的工作原理 ……………………………………… 213
5.10.4 智能流体的用途 …………………………………………… 215
5.11 超导 ……………………………………………………………… 216

　　5.11.1　超导体的磁性质 ······················· 217

　　5.11.2　超导机理 ····························· 218

　　5.11.3　超导体的类型 ······················· 219

　　5.11.4　超导体的应用 ······················· 222

第6章　光电材料 ································ 223

　6.1　光学性质 ······························· 223

　　6.1.1　光与材料的相互作用 ·················· 223

　6.2　荧光与磷光 ····························· 226

　　6.2.1　材料的光吸收 ······················· 226

　　6.2.2　荧光 ······························· 227

　　6.2.3　内转化 ····························· 228

　　6.2.4　磷光与系统交叉 ····················· 228

　　6.2.5　推迟荧光 ··························· 228

　　6.2.6　荧光与磷光的应用 ··················· 229

　6.3　激光 ································· 229

　　6.3.1　激光器的基本构造与机理 ·············· 229

　　6.3.2　光与电子间的相互作用 ················ 230

　　6.3.3　原子数反转 ························· 231

　　6.3.4　共振腔与量子效率 ··················· 233

　　6.3.5　半导体激光器 ······················· 233

　　6.3.6　加工方法与量子阱 ··················· 235

　　6.3.7　简史与应用 ························· 235

　6.4　光导纤维 ····························· 236

　　6.4.1　光纤的基本结构 ····················· 236

　　6.4.2　工作原理 ··························· 237

　　6.4.3　光纤的类型 ························· 237

　　6.4.4　光纤的外沉积加工 ··················· 239

　　6.4.5　衰减机理 ··························· 239

　　6.4.6　塑料光纤 ··························· 240

　6.5　发光二极管(LED) ····················· 241

　　6.5.1　工作原理 ··························· 241

　　6.5.2　LED 的效率 ························· 242

　　6.5.3　直接复合与间接复合 ·················· 242

　　6.5.4　LED 的材料与颜色 ··················· 243

　　6.5.5　白光 LED ··························· 245

　　6.5.6　发光二极管的构造 ··················· 246

　6.6　有机发光二极管(OLED) ················ 246

　　6.6.1　OLED 的优势 ······················· 246

　　6.6.2　OLED 的工作原理 ··················· 247

6.6.3　OLED 的结构与材料 ·········· 248

6.6.4　单色与白光 OLED ·········· 249

6.6.5　OLED 的应用 ·········· 251

6.7　太阳能电池 ·········· 251

6.7.1　基本原理与构造 ·········· 251

6.7.2　太阳能电池的效率 ·········· 252

6.7.3　太阳能电池的类型 ·········· 254

6.7.4　染料敏化的太阳能电池 ·········· 256

6.8　有机太阳能电池 ·········· 257

6.8.1　结构与工作原理 ·········· 257

6.8.2　双层异质结 ·········· 259

6.8.3　整体异质结 ·········· 260

6.8.4　有序异质结 ·········· 261

6.8.5　杂化整体异质结 ·········· 261

6.8.6　有机太阳能电池的前瞻 ·········· 262

6.9　液晶显示 ·········· 263

6.9.1　液晶分子的结构特征 ·········· 263

6.9.2　液晶的光电特性 ·········· 264

6.9.3　螺旋相液晶显示 ·········· 265

6.9.4　蓝相液晶显示 ·········· 266

代结语：天梯——人类的下一个梦想 ·········· 271

参考文献 ·········· 273

绪　　论

材料是用于制造物品的物质。材料的获取、加工与应用水平标志着人类的文明程度。人类从远古一路走来，经历了石器时代、青铜时代、铁器时代，使用的主导性材料从石器、陶器到近代的金属。依赖这些材料的使用，人类在地球上建起了璀璨夺目的文明，并不断开发着新的材料。今天的时代该称作什么时代？有人称作硅时代，有人称作高分子时代，有人称作复合材料时代，有人说仍应称作金属时代。虽然对这个问题不可能取得共识，但人们都认识到材料是工程技术的基础与先导。现代社会的进步，在很大程度上都依赖于新材料的发现与发展。

开发新的材料，材料学家们先是设计出新的材料结构，再开发出新的制造方法，使材料的种类呈几何级数增长。据粗略统计，目前我们所拥有材料种类不下十万种。对这些材料大致有三种分类法。第一种是按化学组成分类，第二种是性能分类，第三种是按应用分类。

按化学组成分类是教科书中常用的方法，将材料分为金属、陶瓷、高分子和复合材料四大类。

0.1　金属材料

金属可以定义为坚硬、反光、有光泽、热与电的良导体。金属可以分为两类：钢铁与有色金属。为什么铁这一种元素独占一类，而其他金属只占一类呢？首先由于钢铁的用量超过了其他金属用量的总和，1988 年全世界钢铁产量与有色金属产量之比为 7∶1。其次，钢铁的冶炼方法与其他金属如铜、镍、铝等不同。

钢铁又被总称为黑色金属，包括铸铁、钢与其他一些铁合金。用铁制造工具在我国始于战国时代。钢与铸铁都基本上为铁和碳的合金，钢的碳含量不超过 2%，铸铁的碳含量为 2%~4%。碳含量超过 2% 的合金非常脆，无法用锻压等方法成型，只能浇铸成型，铸铁由此得名。95% 的汽车发动机底座、曲轴、活塞环、千斤顶等都用铸铁制造。高档汽车的这些部件不用铸铁而用合金铝，以减轻质量。

主要的有色金属包括铝、铜、镍、镁、钛和锌。这六种金属的合金占了有色金属总量的 90%。每年使用的铝、铜和镁有 30% 得到回收利用，这就进一步增加它们的用量。这六种之外值得一提的是铅。铅一般不作合金使用，而以纯态作电池的屏蔽材料。

0.2　陶瓷

狭义的陶瓷指"水玻陶"，即水泥、混凝土、玻璃与普通的陶瓷制品。在广义上，陶瓷是一切无机非金属材料的总称。陶瓷在组成上是金属与非金属的结合体，并可按组成中的非金属元素进行分类。如果是金属与氧、氮或氢的结合体，就称为氧化物、氮化物或氢化物。卤化物（氟、氯、溴、碘的化合物）也可视作一类特殊的陶瓷。虽然它们一般不作结构材料使用，但在光学透镜方面有一定的应用。陶瓷处于固态时大都是晶体，晶格结构比金属复杂得多。硅酸盐是来源最丰富的陶瓷材料，因为硅和氧都是地壳中含量最丰富的元素。沙子的主要成分就是二氧化硅。二氧化硅处于自然状态时是结晶的。加热到1700℃时熔化为液体。当二氧化硅液体再冷却时，结晶却十分困难，除非在极慢的降温条件下。如果降温速度较快（如空气中自然降温），就会形成过冷液体——玻璃。这种不结晶的玻璃也归入陶瓷一类。

0.3 高分子材料

高分子材料可以分成三类：热塑性塑料、热固性塑料和弹性体。热塑性塑料由线形长链分子组成，加热到某一温度（或为玻璃化温度或为熔点）时就发生流动，可以反复进行加工成型。热塑性塑料可以是结晶性的也可以是非结晶性的。聚乙烯是典型的结晶性热塑性塑料。热固性塑料是加热后即发生固化的材料。有些热固性塑料在室温就能与固化剂发生作用而固化，如环氧树脂。固化后分子形成三维的交联网络，不能再次成型加工，无法回收利用。弹性体俗称橡胶，其特征是能够在很小外力下产生高达1000%的大形变，当外力撤除后形变能够立即恢复。或者说橡胶具有很高的弹性。天然橡胶是弹性体的代表，它的原料是橡胶树中流出的白色浆汁，其中除含聚异戊二烯大分子以外，还有少量液体、蛋白质和无机盐。但这种浆汁干燥后还不是弹性体。1879年Goodyear发明了硫化方法，将天然橡胶与硫磺共同加热，能够造成橡胶大分子的交联。交联后的天然橡胶才具有弹性，成为名副其实的弹性体。

0.4 复合材料

复合材料的概念也有狭义与广义之分。以上三类材料或任两类的混合物即可视作复合材料。复合材料按基体材料分类，可分为金属基、陶瓷基、聚合物基复合材料。如图0-1所示。

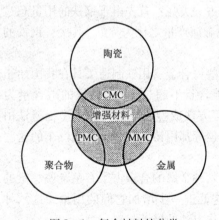

图0-1 复合材料的分类

复合材料往往是一种材料分散在另一种材料的基体之中，目的是综合两种材料的优点、克服缺点。分散材料的形状可以是颗粒、粉末、纤维等。复合材料既是材料又是结构，即两种材料的复合过程同时又是结构的制造过程，或者反过来说，结构的制造过程同时就是不同材料的复合过程。所以更广义的复合材料没有基体与分散体之分，本身只是一种复合体。如图0-2所示的层合板及蜂窝结构。

狭义的复合材料特指连续纤维分散在基体之中的增强体，这种复合方法能最大程度地发挥增强纤维的力学性能，故又称先进复合材料。先进复合材料在自然界早已有之，离我们最近的是木材与骨骼。木材是纤维素增强木质素的复合材料，而骨骼是胶原蛋白增强羟基磷灰石的复合材料。可以看出这两种材料的共同点是质量轻而强度高。

以上的化学组成分类法可以覆盖绝大多数材料，但仍有些材料不能或不合适归入以上四类。例如碳材料，既不是金属又不是非金属，从化学组成上难以有所归属。但也正因为它介于金属与非金属之间，就被归入陶瓷材料（本书也是这样做的）。又如半导体材料，从化学组成上归入陶瓷没有问题，但在加工与应用方面与其他陶瓷相去甚远，掩盖了这类陶瓷的特点。故在一些著作中就将其独立出来，成为第五类材料（本书也是这样做的）。

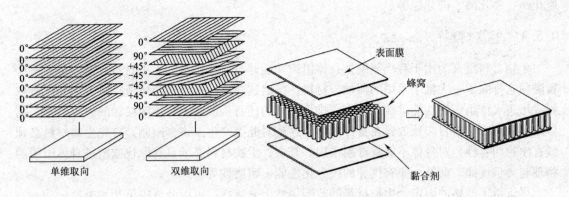

图 0-2　层合板与蜂窝结构的复合材料

0.5　先进材料

先进材料指在高技术领域应用的材料。先进材料的"先进性"体现在两个方面。第一方面是为适应高科技的需要，先进材料在性能上优于普通材料，如更高的电容、离子传导率、吸光率、透光率、超导转变温度等。半导体、生物材料可视作先进材料的代表。第二方面是材料本身并不先进，而通过结构设计而制造出来的元件具有先进性。从这个角度人们看重的不是材料本身而是用材料制造的器件。用普通材料制造的器件如激光、集成电路、磁记录元件、液晶显示、光导纤维等都被认为是先进材料。

在对材料的讨论或介绍中，有时需要偏重材料的用途，于是就出现了根据用途的材料名称，如高性能材料、生物医用材料、电子材料、光学材料等。还有少数根据性能命名的材料如智能材料。下面将对一些流传较广的材料名称进行简单解释。

0.5.1　智能材料

智能材料是能够根据外部环境的变化而自动调节尺寸、性能的材料。用普通的原材料通过结构设计，就能取得不同凡响的功能：能够适应外力或温度的变化调整结构；能够对结构缺陷自行修复；能够预警反馈断裂的危险。智能材料制造的窗玻璃能够根据阳光的强弱在透明和乳白色之间变化。智能的外墙涂料在夏天变成亮色以反射阳光，冬天变成暗色以吸收阳光。一种镍钛合金"Nitinol"表现出另一种智能 – 形状记忆。即使遇到剧烈或很大的形变，也会对最初的形状牢记不忘。用 Nitinol 制造的眼镜腿，可以在手指上绕一周后立即弹回原先的形状。古代诗人的感慨"可怜百炼钢，化作绕指柔"今天竟成为现实。

0.5.2　半导体材料

半导体材料从字面上看是导电性能介于金属与绝缘材料之间的材料。但导电性能居中并没有道出半导体的本质。其本质在于极少量杂质就能使半导体材料的导电性能得到呈数量级的提高。利用这一性质，就可以对此类材料的电性能以及光性能进行准确的调控，制造出大量性能各不相同的元件。现代的微电子革命正是以半导体材料为基础而实现的。半导体有单质的与化合物之分。单质半导体包括硅和锗，而主要是硅。这就是有人将现代称作硅时代，将科技中心称作硅谷的原因。化合物半导体是 III – V 族元素或 II – VI 族元素的化合物，如氮化镓、镉化碲、砷化镓等。

0.5.3　生物材料

生物材料定义为用于替代或维护身体组织功能并与体液接触的人工材料。这一定义有些狭隘，它排除了一大批手术用的器械与材料。虽然这些器械与材料与体液接触，但并没有取代或增进人体组织的功能。被以上定义排除在外的还有假肢和不与体液接触的人工器官。与体液接触意味着材料必须放置在身体内部，这就对此类产生了许多限制。首先生物材料必须具有生物相容性，对身体不能有毒副作用。其次，生物材料必须具有取代或增进身体组织的物理与力学性能。此外，要有优异的抗劣化性能、耐磨性等。

尽管做了严格的限定，生物材料的范围仍然十分宽广，可以分成以下几大类：

（1）整形植入物　是生物材料中最重要的应用。虽然大多数人的身体的组织与结构都很耐久，但也会遭到损坏，如断裂、感染、畸形或功能丧失。这时就需要取掉不良的组织用合成材料代替。风湿与关节炎都会影响一些关节的自由运动，如臀、膝、肩、踝和肘等，轻则造成疼痛，重则丧失功能。用植入物进行替代是最有效的治疗方法。这些关节的替代已有上千年的历史，金属、陶瓷、聚合物都用于植入物的制造。

（2）血液循环系统材料　血液循环系统有两类重要部件：瓣膜与动脉。不正常的心瓣膜不能完全张开或不能完全闭合。使用陶瓷或聚合物的植入物，可对瓣膜的疾病进行有效的治疗。动脉尤其是冠状动脉，可能为脂肪所阻塞，可以用人工导管所取代，常用的是聚合物导管。

（3）眼科材料　眼组织可受多种侵扰，导致视力下降，严重的可能致盲。例如白内障，可植入人工晶体来治疗。隐形眼镜的材料也属于生物材料。

（4）牙科材料　口腔内的牙齿与牙龈都会因细菌而致病。假牙的材料是人们再熟悉不过的。

（5）疗伤　手术用的缝合线是最古老的生物材料之一。同样古老的是断骨接合用的零件如骨板、螺钉等。但固定断骨用的石膏、形状记忆聚合物就不能算是生物材料，因为它们并不与体液接触。

（6）药物释放体系　为对给药实现可控与定位，人们正努力设计药物源植入物，实现药物的可控释放。例如缓释胶囊，可以按设计的速率向人体给药，发明者 RobertLanger 于2008 年获千年技术奖。

从以上介绍可以看到，生物材料并不是一类材料，而在一个严格限定的领域中使用的材料。尽管做了严格的定义，生物材料仍是一个宽泛的综合体，稍加介绍就能写成厚厚一本书。由于笔者的生物医学知识趋近于零，本书中对生物材料只有星星点点的介绍。

0.5.4　纳米材料

欲解释纳米材料，先要解释纳米技术。最早提出纳米技术概念的是物理学家、诺贝尔奖获得者 RichardFeynman。他在 1959 年就提出，在材料的宏观一端人们已经做得足够好了，但在微观一端仍大有可为。他以开玩笑的方式悬赏各 1000 美元征求两项技术：①边长小于或等于 0.4mm 电动机；②以 1/25000 标尺书写的技术（用这项技术可将不列颠百科全书写在大头针尖上）。悬赏不到一年，一位工程师就将一台微型电动机交到了 Feynman 手上，这部电动机只是使用传统机加工技术制造的。第二项赏金"悬"的时间超出 Feynman 的预期，直到 1985 年，斯坦福大学研究生 ThomasNewman 才采用电子射线刻蚀技术将狄更斯小说《双城记》的第一页复制到 1/160mm 见方的材料上。这时离 Feynman 提出革命性的挑战已经 26 年了。

最先提出"纳米技术"一词的是 K. EricDrexler，他对这个词的理解与 Feynman 一样，指制造分子尺度的、比细胞还小的机器、电动机、机械手甚至整个计算机。金属原子的半径一般在 0.1nm 的量级，C—C 键长度在 0.15nm 的量级，因而在分子尺度上制造出来的机械尺寸只能是纳米或亚纳米级，故将操纵原子、分子将其装配成复杂体系的技术称作纳米技术。1980 年起，Drexler 花了整整十年来宣传与分析这些不可思议的装置。"纳米技术"的概念终被人们接受，即通过操纵原子或分子，自下而上地装配成目标组件。由此可以看到，"纳米（nano）"一词的最初提出并不是着眼于尺寸，而是用于指代制造元件或微装置的基元，即原子或分子。

"纳米技术"的概念对人们的传统思维与传统概念无疑是一个巨大的冲击。于是不少人将纳米技术的各个要素加以推广，创造出五花八门的各种术语，其中最引人注目的就是"纳米材料（nano - structuredmaterials）"。在"纳米材料"这个词中的"纳米"已经转义了，变成了单纯对尺寸的指代。由于某些材料的最小基元至少在一维尺度上确实处于纳米尺寸，如富勒烯、碳纳米管、石墨烯等，这也成为提出"纳米材料"的有力依据。但如果单从尺寸进行定义，"纳米材料"既不是新概念，更不是新事物。高分子胶乳尺寸是几十纳米，微乳液更可小到几纳米；溶胶 – 凝胶法制备的粒子尺寸也只有几十纳米。在两维材料方面，层状硅酸盐层板的厚度、人造的无机薄膜、CVD 与 PVD 涂层的厚度都只有几个纳米。材料的纳米尺寸是工艺要求、技术水平所决定的，只要工艺上需要、技术上能实现，合成、制造纳米尺寸的材料是早晚的事，并不因是否贴上"纳米"标签而改变。富勒烯、碳纳米管、石墨烯等的发现也是早晚的事，并不因"纳米材料"概念的提出而有所提前。所以说，"纳米材料"一词自提出之日起，就与 Feynman 和 Drexler 的"纳米技术"分道扬镳了。"纳米技术"的着眼点是对原子或分子的操纵，而"纳米材料"的着眼点仅在于尺寸。

为"纳米材料"正名、并为"纳米技术"与"纳米材料"建立有机联系的仍然是美国人。美国创立了"国家纳米技术创新基金"支持纳米技术，但令人费解的是，这个"创新基金"支持的对象不仅仅限于 Feynman 和 Drexler 定义的"纳米技术"，而是至少一维尺寸处于 1～100nm 的"一切事物"。这个尺寸范围上、下限的确定都显得具有任意性。它并没有说明这个尺度范围的重要性何在，只是笼统地说材料或器件的性能会随尺寸而变化。但一种材料或一种器件各有尺寸效应的范围，也可能没有尺寸效应，并没有自然法则规定在 1～100nm 的尺度就一定有尺寸效应。

读者可能会问，用"纳米材料"取代 Feynman 初衷的原子或分子，用"纳米材料"充当装配基元难道不是一个进步吗？如果真是如此，也不失为一件好事。但今天的人类是在走或者说开始走自下而上的制造路线了吗？只要对制造工业稍有了解，就能知道事实并非如此。那为什么在全国乃至全世界经历了纳米狂潮之后却成效甚微呢？这就是美国设立创新基金、含糊地定义所谓 1～100nm "一切事物"的深意所在。当然美国前总统里根提出空间大战理念，前苏联盲目跟随，结果弄得国库空虚，成为解体的一个重要原因。而美国自己是"光说不练"，里根只是提出理念，投几个钱让苏联看看，然后苏联就上钩了。今天的纳米技术或纳米材料是美国新一轮的光说不练。自下而上的制造谈何容易，科学家在实验室玩玩还可以，要搬到工业上不知要经历多长的过程。是否能搬到工业上还是个疑问。2010 年全美"纳米产业"的产值还比不上八喜冰激凌。美国把概念忽悠出来后，自己躲在概念背后按兵不动，让全世界跟风，不战而屈人之兵，我们不能再次上当。

总之，纳米技术的本意是自下而上的分子生产。即从原子或分子出发，装配成所需的元件或微装置，其间本无"纳米材料"容身的空间。如果一定要问什么是纳米材料，笔者的回答是世上本无纳米材料，如果一定说有，那只能是分子或原子。

第1章　材料学基础

材料的性能由结构决定。材料学的使命就是掌握结构与性能间的关系。决定力学性能的结构就是原子（离子）在空间的相对位置。在学习材料学伊始，就需要能够对结构进行描述，即对原子的排列规律（晶格、相图），排列规律的变异（位错），排列位置的变化（扩散）以及排列位置对性能的初步影响（强化）等进行学习。这些就是本章的基本内容。

在对结构进行描述时，要用到以下一些术语。

凝聚态：物质有三态，即气态、液态和固态，属于力学范畴，指物质保持形状的能力。固态有固定的形状和体积，液态只有固定的体积而无固定的形状，而气态既无固定的形状也无固定的体积。

晶态与无定形态：属于热力学范畴，指原子排列的有序度。固态物质可以分为晶态与无定形态（非晶态）。晶态物质有固定的熔点，而无定形物质没有。如果一种物质的原子在近程（周围几个至几十个原子的距离）上是有序的，而在更大的尺度上是无序的，就为无定形态；如果原子无论是近程还是远程的尺度上都是三维有序排列的，就是处于晶态。绝大多数金属、陶瓷、半导体材料室温下都处于晶态，玻璃处于无定形态，而聚合物材料则处于部分结晶状态或无定形态。

相：指物质中物理性质与化学性质都相同的区域。相与相之间存在边界，边界两侧或是物理性质不同，或是化学性质不同，多数情况下是两者都不同。处于同一聚集态的物质可以处于同一个相，也可以处于不同的相；但处于不同聚集态的物质一定处于不同的相。不同相之间物理或化学性质的不同，本质上是化学组成或结构的不同。例如水和油的混合体系，从聚集态上看水和油都处于液态，但处于不同的相，原因是二者化学组成不同。聚乙烯是半结晶聚合物，体系内分为晶相与无定形相。虽然两相内的化学组成相同，但由于结构不同，就形成了物理、化学性质不同的两相。

1.1　晶体结构

1.1.1　晶胞与晶系

所谓晶体结构就是原子排列的方式。19 世纪法国的晶体学家 AugustBravais 提出，空间点有 14 种不同的排列方式。这里讲"点"而不讲原子，是将原子排列方式问题抽象为几何问题。

图 1 – 1 中是不同晶体结构中最小的重复单元，称为晶胞。晶体的重复周期就是晶胞的边长。在三维方向上的三个边长 a，b，c 称为晶格参数。根据晶格参数的不同，可以将 14 种 Bravais 晶格分为 7 个晶系。这 7 个晶系的晶格参数见表 1 – 1。在立方与三方晶胞中，$a = b = c$，故只需要一个晶格参数；在四方与六方晶胞中需要两个晶格参数；在斜方、单斜和三斜晶胞需要三个晶格参数。晶胞作为晶体结构的代表，可以用来定义晶体中原子的位置，定义晶体中的方向与平面，用来描述原子堆砌的方式与密度。

表 1 – 1   七个晶系的晶格参数

晶系	晶轴	夹角
立方 Cubic	$a = b = c$	$\alpha = \beta = \gamma = 90°$
六方 Hexagonal	$a = b \neq c$	$\alpha = \beta = 90°$，$\gamma = 120°$
四方 Tetragonal	$a = b \neq c$	$\alpha = \beta = \gamma = 90°$
三方 Rhombohedral	$a = b = c$	$\alpha = \beta = \gamma \neq 90°$
斜方 Orthorhombic	$a \neq b \neq c$	$\alpha = \beta = \gamma = 90°$
单斜 Monoclinic	$a \neq b \neq c$	$\alpha = \beta = 90°$，$\beta \neq 90°$
三斜 Triclinic	$a \neq b \neq c$	$\alpha \neq \beta \neq \gamma \neq 90°$

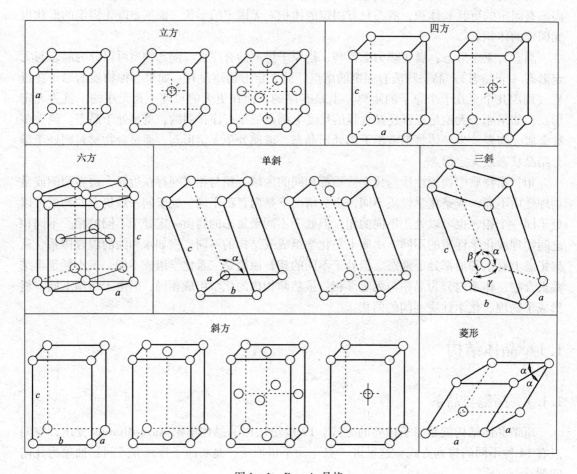

图 1 – 1　Bravais 晶格

1.1.2　Miller 指数

对晶体中方向与平面的描述方法是 W. H. Miller 于 1839 年提出的。首先必须认识到，Bravais 晶格中每个点的位置都是等价的，即每个点的四邻都是等价的。这一点可从图 1 – 1 中看出。既然每个点的地位都是相同的，任何一点都可以取作直角坐标的原点。一旦确定原点，也就确定了一个直角坐标系，晶体中任何一个方向就可以用该方向矢量的三个分量 u，v，w 来表示，放在方括号中：$[uvw]$。上述作法的含义是任何方向必须是从原点出发，指向某一方向。如果要表示一个并非通过原点的方向，可以构造一个从原点出发，与原方向矢量平行的矢量。由于平行矢量必然有相同的方向，所构造矢量的方向就是原矢量的方向。表示方向的一组数中不应出现分数，含有分数的一组坐标应化为最小的一组整数。一些简单方向的 Miller 指数见图 1 - 2。负坐标数用上画线表示。用 Miller 指数可以方便地表示一组性质相同的方向。例如，沿立方晶胞棱的方向都由一个 1 与两个 0 组成，

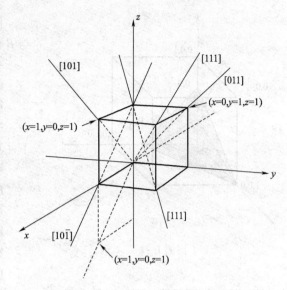

图 1 - 2　一些简单方向的 Miller 指数

称作 100 方向族，用尖括号表示：$<100>$。$<100>$ 方向族包括 6 个方向：

$$[100], [010], [001], [\bar{1}00], [0\bar{1}0], [00\bar{1}]$$

实际上，一族方向总是由三个数字的全部排列（包括负数）构成。立方晶胞的体对角线方向族为 $<111>$：

$$[111], [\bar{1}11], [1\bar{1}1], [11\bar{1}], [\bar{1}\,\bar{1}1], [1\bar{1}\,\bar{1}], [\bar{1}1\bar{1}], [\bar{1}\,\bar{1}\,\bar{1}]，共 8 个方向。$$

面对角线方向族为 $<110>$：

$$[110], [101], [011], [\bar{1}10], [\bar{1}01], [0\bar{1}1], [1\bar{1}0], [10\bar{1}], [00\bar{1}]，共 9 个方向。$$

例 1 - 1：确定下图（图例 1 - 1）中 A 与 B 方向的 Miller 指数。

解：A 方向矢量的端点为 0，1，1。但 A 矢量不通过原点，必须从原点出发构造一个与其平行的矢量 A'。A' 的端点为 -1，1，0，故其指数为 $[\bar{1}10]$。B 矢量的端点为 1/2，1，1/2。将其化为最小的一组整数则为 $[121]$。

用 Miller 指数来表示晶体中的平面，按下面的步骤进行：

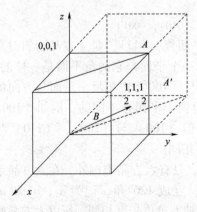

图例 1 - 1

（1）确定平面与三个坐标轴上的交点。平面不能通过原点。如果平面通过原点，应移动原点。

（2）取交点坐标的倒数（所以平面不能通过原点）。如果平面与某一坐标轴平行，则交点为 ∞，倒数为零。

（3）消除分数，但不化简为最小整数。

（4）平面指数放在圆括号中。与方向指数相同，负数用上画线表示。

这些步骤可以用下列示例来演示。

平面 A 为黑色部分，平面 B 为虚线所表示部分。

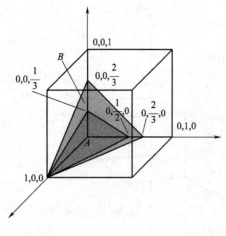

图例 1-2

例 1-2：写出上图（图例 1-1）中平面 A 与 B 的 Miller 指数。

A：第一步：确定交点的坐标：

x 轴：1，y 轴：1/2，z 轴：1/3

第二步：取倒数：1，2，3

第三步：消除分数。因无分数，直接进入下一步。

第四步：加圆括号，不加逗号，得到：（123）

B：第一步：确定交点的坐标：

x 轴：1，y 轴：2/3，z 轴：2/3

第二步：取倒数：1，3/2，3/2

第三步：消除分数：

$1 \times 2 = 2 \quad 3/2 \times 2 = 3 \quad 3/2 \times 2 = 3$

第四步：加圆括号，不加逗号，得到：（233）见图例 1-2 所示。

图 1-3 是一些常见平面的 Miller 指数。

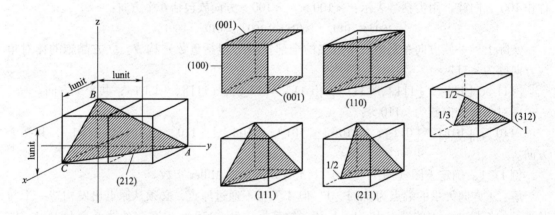

图 1-3 平面的 Miller 指数

同方向族一样，相同性质的平面组成一个平面族。例如立方晶胞六个面所在的平面构成一个平面族 {100}：

$$\{100\} = (100), (010), (001), (\bar{1}00), (0\bar{1}0), (00\bar{1})$$

平面族用大括号表示。{110} 是立方晶胞对角面的平面族，{111} 是立方晶胞斜对角面的平面族。用 Miller 指数表示的平面与方向有所不同。一个平面与它的负平面是一样的，例如（100）与（$\bar{1}$00）一样的。但方向却不同，[100] 与 [$\bar{1}$00] 正相反。平面与方向的指数不同。指数间相应成整倍数的两个方向是相同的，但两个平面是不同的。例如 [100] 与 [200]、[110] 与 [220] 两组方向是分别相同的，但（100）与（200）、（110）与（220）两组平面上的原子排布是不同的，所指的平面也不相同。

在立方晶胞中确定 Miller 指数的方法适用于其他晶胞，只有六方晶胞例外。在六方晶系我们使用 4 个坐标轴。其中 3 个处于六棱锥的一个底面，互成 120°角，记为 a_1，a_2 和 a_3 轴；第 4 个坐标轴 c 垂直于底面（图 1-4）。a_1，a_2 和 a_3 轴上单位长度相同。所以六方晶胞只有两个晶格参数 a 和 c，且 $c > a$。在这个 4 轴体系中确定 Miller 指数的方法同普通直角坐标系中完全相同，得到 4 个数的指数 $(hkil)$。在图 1 - 4 中所示平面，其指数都是 4 位数。可以看出，a_1，a_2 和 a_3 三个轴中有一个多余的，它们之间的关系为 $h + k = -i$。

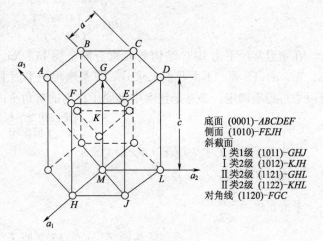

底面 (0001)-$ABCDEF$
侧面 $(10\overline{1}0)$-$FEJH$
斜截面
Ⅰ类1级 $(10\overline{1}1)$-GHJ
Ⅰ类2级 $(10\overline{1}2)$-KJH
Ⅱ类2级 $(11\overline{2}1)$-GHL
Ⅱ类2级 $(11\overline{2}2)$-KHL
对角线 $(11\overline{2}0)$-FGC

图 1 - 4 六方晶胞的坐标与 Miller 指数

1.1.3 立方晶体

在讨论具体的晶体结构中，我们将使用"刚球模型"，即把原子或离子看作一个不可压缩的球体，它们在晶格中的堆砌是在尽可能多的方向上相互接触的。在自然界发现的 90 种元素中，有 75 种在室温下为晶体，其中 60 种属于立方或六方晶系。这两种晶系是我们要详细研究的。

在图 1 - 1 中我们看到立方晶系有三种晶格：简单立方（SC）、体心立方（BCC）与面心立方（FCC）。

BCC 晶胞如图 1 - 5 所示。按照刚球模型，球体的接触发生在 < 111 > 方向族（立方体的对角线）上，中心原子与邻近的 8 个原子接触，我们说中心原子的配位数等于 8。如前所述，晶格中每一个原子的位置都是等同的，所以可以取任一原子为中心原子，而每个原子的配位数都等于 8。角上每一个原子在单个晶胞中的部分仅为 1/8，所以每个立方晶胞中的原子数为 2。图 1 - 5（c）表示了原子半径与晶格参数之间的关系，由此可以计算原子堆砌密度（Atomicpackingfactor，APF）。

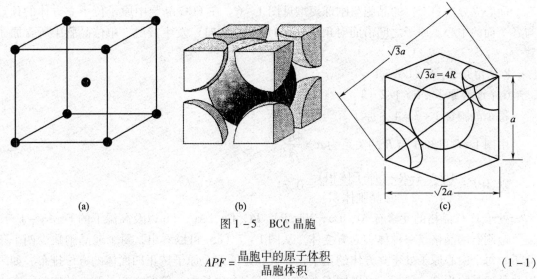

$\sqrt{3}a$

$\sqrt{3}a = 4R$

a

$\sqrt{2}a$

(a)   (b)   (c)

图 1 - 5 BCC 晶胞

$$APF = \frac{晶胞中的原子体积}{晶胞体积} \qquad (1-1)$$

由图 1 - 5（c）得到晶胞参数 a 与原子半径 R 的关系为：$a = \dfrac{4R}{\sqrt{3}}$。晶胞内原子总体积为 $\dfrac{4}{3}\pi R^3 \times 2$，故

$$APF = \frac{2\ (4/3\pi R^3)}{(4R/\sqrt{3})^3} = 0.68$$

在室温常压下为 BCC 结构的元素有碱金属 Li，Na，K 以及过渡金属 V，Cr，Nb，Mo，Ta，W，α-Fe 等。下面我们来求 α-Fe 最密堆积平面上的平面原子密度。最密堆积的平面可以通过想象确定，必然是包含中央原子在内的对角平面。

$$平面密度 = \frac{中心与平面相交的原子当量数}{平面面积} \tag{1-2}$$

相交原子数 = 1 中央原子 + 4 × 1/4 原子

平面面积 = $\sqrt{2}a \times a = \sqrt{2}a^2$

平面密度 = $\dfrac{2\ 原子}{\sqrt{2}a^2}$

对 α-Fe 而言，密度 = $\dfrac{2\ 原子}{\sqrt{2}\ (0.287\text{nm})^2} = \dfrac{17.2\ 原子}{\text{nm}^2}$

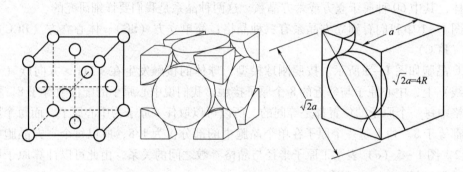

图 1-6　FCC 晶胞

面心立方（FCC）的晶胞与刚球模型见图 1-6。在 FCC 晶胞中原子位于立方体的顶点与各个面的中心。原子之间沿面对角线（ < 110 > 族方向）发生接触。单位晶胞中所含原子数为：

8 个角原子：8 × 1/8 = 1

6 个面心原子：6 × 1/2 = 3

每个晶胞含 1 + 3 = 4 个原子。

由图 1-6 可知 a 与 R 的关系为 $a = \dfrac{4R}{\sqrt{2}}$，

则 $APF = \dfrac{4 \times 4/3\pi R^3\ （原子体积）}{(4R/\sqrt{2})^3\ （晶胞体积）} = 0.74$

处于 FCC 晶格的元素有 Al，Ca，Ni，Pd，Pt，Cu，Au，Pb 以及高温下的 Fe（γ-Fe）。

金刚石的晶格是一种体心立方变体。从图 1-7（a）可以看出，每个亚晶胞缺少四个角原子。每个中心原子处于立方体的正中，与其相连的四个原子按正四面体的方位排布。如果以这种亚晶胞为结构单元，可以用四个单元组成一个边长大一倍的立方晶胞，结构单元在大立方中的排布仍是以正四面体的方位排布见图 1-7（b）。这种晶胞称为金刚石立方。下面我们来计算金刚石立方的原子堆积密度。图 1-7（c）中的白球为对角线上的空位，其尺寸与碳原子相同。于是得到晶格参数 a 与原子半径 R 之间的关系：

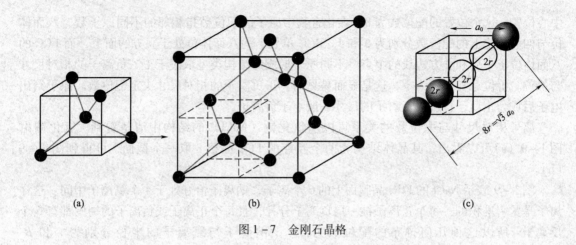

图 1-7　金刚石晶格

$$\sqrt{3}a = 8R$$

每个晶胞中原子数的计算方法与普通立方晶胞不同。在普通立方晶胞中每个角原子按 1/8 个计，而在金刚石立方晶胞只用四个亚晶胞组成（另四个位置为空位），所以每个角原子按 1/4 计。故每个亚晶胞中的原子数为 2，每个金刚石晶胞中的原子数为 8，则

$$APF = \frac{8 \times 4/3 \pi R^3}{(8R/\sqrt{3})^3} = 0.34$$

这个数恰好是体心立方 APF 的一半。

许多化合物处于立方结构，但大多数都不是正规的 SC、BCC 或 FCC 结构，而是简单结构的变体。立方晶格的化合物往往是一种或几种元素形成一种晶格，而有一种元素存在于晶格的间隙位置。金属晶格的间隙中往往存在氧、氮、碳、硼、氢等元素。这些元素有的是人为加入用于改善性能的，有时则是加工时混入的。图 1-8 为立方与六方晶格中的间隙位置。化合元素可以存在于这些间隙位置，但不必充满这些间隙。简单立方中最大的间隙位置就是

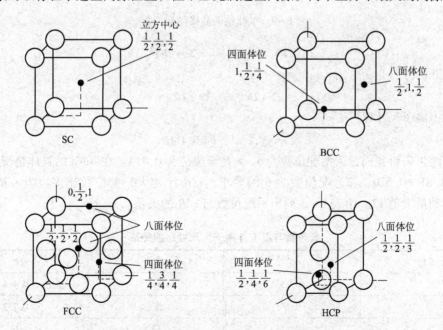

图 1-8　立方与六方晶格中的间隙位置

中心位置，这个位置的配位数为8。在化合物中原子的配位数指相邻的不同原子数。八面体位与四面体位上的配位数分别为6和4。BCC单元上的八面体位处于立方的面上，而FCC的八面体位于中央和立方边线的中点。不同原子形成的结构类型取决于正、负离子的相对尺寸与价位。价位总和必须为零，这是显而易见的。正负离子的相对尺寸决定配位数。原子给出电子后成为正离子，所以正离子的尺寸一般小于负离子。

离子相对尺寸与配位数的关系可以从氯化钠（NaCl）的结构中清楚看到。氯化钠由图1-9（a）可以看出，其晶体结构为两个互穿的FCC晶格。取一个截面，可得到图1-9（b）。

图1-9表示NaCl的FCC晶胞面上的6个离子，钠离子恰好处于4个氯离子中间。这样离子是紧密堆积的，每个正离子被一层负离子分开，且每个正离子或负离子的周围都有6个反离子。所以这种几何排布的配位数为6。设钠离子与氯离子的半径分别为r和R（图1-9），由勾股定理得出：

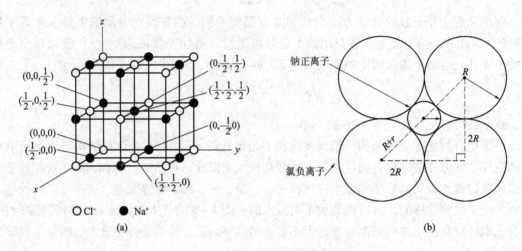

图1-9 氯化钠的晶格与配位数

$$(2R)^2 + (2R)^2 = (2r+2R)^2$$

两边开平方：

$$\sqrt{2}\,(2R) = (2r+2R)$$

可解得离子尺寸比：

$$r = (\sqrt{2}-1)\,R = 0.414R$$

这一结果告诉我们，为使配位数为6，r/R至少应为0.414。在NaCl的具体情况中，r/R为$0.95/1.81 = 0.520$，符合配位数为6的要求。r/R比越大，配位数越多。当$r/R=1$时，配位数达到最大值12。由表1-2列出了配位数与r/R的关系。

表1-2　　　　　　　　配位数与原子（离子）尺寸比的关系

CN	r/R	CN	r/R
2	<0.155	6	≥0.414
3	<0.155	8	≥0.732
4	≥0.225	12	1.0

MgO，CaO，FeO，MnS 等都具有与 NaCl 相似的结构。其他类型的立方晶体化合物可以用氯化铯、闪锌矿、萤石（氟化钙）、钙钛矿、尖晶石等来代表。

氯化铯（CsCl）的结构是铯正离子构成简单立方，氯负离子处于正中的间隙位置。两种离子的半径比 $r_{Cs}/r_{Cl} = 0.92$，由表 1 - 2，配位数应为 8。这种结构的配位数恰好为 8。也有人把这种结构称为 BCC。一些中间金属化合物如 AlNi 也具有这种结构。

闪锌矿的化学组成为硫化锌。其正/负离子半径比为 0.4，故其配位数应为 4。由图 1 - 10（a）可以看出，一种离子（S）占据 FCC 晶格的各个位置，而另一种离子（Zn）占据 8 个间隙位置中的 4 个。与金刚石结构不同的是前者由相同元素构成而后者由不同离子构成。许多化合物都呈这种晶格，人们最先发现的是闪锌矿，故这种结构就称为闪锌矿结构。就像金刚石是元素半导体一样，闪锌矿化合物都具有半导体的性质。此类半导体可根据化合元素所在族，分为 3 - 5（III 族与 V 族）或 2 - 6（II 族与 VI 族）半导体。砷化镓（GaAs）、磷化镓（GaP）、锑化铟（InSb）是典型的 3 - 5 族半导体；硫化锌（ZnS）、硒化锌（ZnCe）、碲化镉（CdTe）是典型的 2 - 6 族半导体。

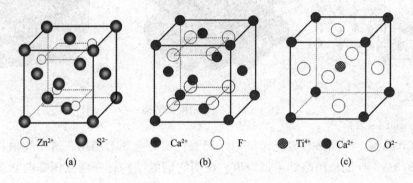

图 1 - 10　化合物的立方结构
（a）闪锌矿　（b）氟化钙　（c）钙钛矿

一种重要的陶瓷碳化硅也具有金刚石结构。两种元素都是 4 价，在化合物中每个碳原子连接 4 个硅原子，每个硅原子连接 4 个碳原子。将金刚石中的一半碳换作硅就成为碳化硅。

上面讨论的化合物中两种元素数量相等，可合称为 AX 化合物。下面讨论的 A_mX_p 化合物中，m 或 p 中至少有一个不为 1。

氟化钙（CaF_2）中每个二价钙离子应与两个氟离子结合。$r_{Ca}/r_F = 0.8$，配位数为 8，应是氟离子占据 8 个角，钙离子在中央的结构。但钙离子的数目只有氟离子的一半，故有一半的中央位置是空的如图 1 - 10（b）。

钙钛矿是三元化合物，通式为 $A_mB_nX_p$，钛酸钡（$BaTiO_3$）可作为代表。由图 1 - 10（c），Ba^{2+} 占据立方的角位置，Ti^{4+} 位于中央位置，O^{2-} 处于 6 个面心位置。$BaTiO_3$ 的立方结构如果稍有扭曲，就造成钛离子与氧离子相互位移，形成一个偶极。在机械力作用下使晶格扭曲，就会产生一个电信号，相反，一个电信号也会引发晶格的变化。具有这种性质的材料称为压电材料，可用作电 - 机械传感器。

尖晶石的通式为 AB_2O_4，其代表为 $MgAl_2O_4$。氧离子占据 8 个角位置，另两个离子占据四面体或八面体的间隙位置。A 与 B 占据哪种间隙位置并不固定，也不会将间隙位置填满。

1.1.4　六方密堆积（HCP）结构

六方密堆积结构的成员数量仅次于立方结构，共有 24 种金属在这个家族内，其中包括 12 种稀土金属。HCP 的结构图见图 1－11。在上底面的 6 个原子与下底面的 6 个原子之间再加上一层三个原子的中间层，就构成这种六方密堆积结构。同 FCC 结构一样。HCP 也是最紧密的堆积方法。从刚球模型可以很容易地看出其配位数。考虑底面上的中心球，四周与 6 个球直接接触。在它的下面又与 3 个球接触。我们可以假想在上底面上面再加上第四层，也应是三个球，故其配位数为 12。

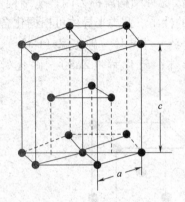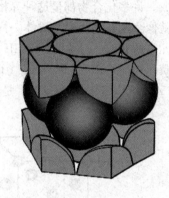

图 1－11　六方密堆积结构

理想 HCP 晶胞中的晶格参数比 $c/a = 1.633$。在实际金属晶格中，这个比值在 1.633 上下波动。Mg，Co，Ti 的比值略低于理想值，说明它们的结构处于略微压缩的状态。其他金属的 c/a 值略大于理想值。

例 1－3：计算理想 HCP 中的 APF

解：先计算每个晶胞中的原子数。最方便的方法是将一个六棱锥分成三个四棱锥。图 1－4 中以 FGDE 为上底，以 HMLJ 为下底就是一个四棱锥。可以清楚地看出，每个四棱锥中的原子数目为 2，所以以六棱锥中的原子数为 6。

$$底面积 = 6\left(\frac{a^2}{2}\sin60°\right) = 3a^2\sin60°$$

$$六棱锥体积 = (3a^2\sin60°)\,c = (3a^2\sin60°)\,1.633a$$

由等边三角形的性质，$a = 2R$

$$AFP = \frac{原子体积}{晶胞体积} = \frac{4/3\pi R^3 \times 6}{[3\,(2R)^2\sin60°]\,(1.633 \times 2R)} = 0.74$$

可知其堆积密度与 FCC 相同。

同在立方结构中一样，六方密堆积的化合物中一种元素处于晶格位置，其他元素处于间隙位置。图 1－8 中标出了下半部的四面体位置与八面体位置，上半部的位置与下半部对称。六方结构的化合物比较复杂，在这里我们只介绍一种最典型的刚玉结构。刚玉是氧化铝最普通的结构，如图 1－12 所示，O^{2-} 离子构成六方晶格，Al^{3+} 离子处于八面体的间隙位置。出于价位的原因，只有三分之二的间隙位置被占据。其他 A_2X_3 结构的化合物如 Cr_2O_3 也具有相同晶格。

1.2　晶体的缺陷

晶体的定义是原子或离子在三维空间
上有序排列。在定义上的"有序"是完
美无缺的，但实际晶体中存在各式各样的
缺陷。有的缺陷是原子水平的，有的则是
较大尺寸，甚至达到 μm 级。原子水平的
缺陷对聚合物材料没有什么影响，但对金
属或陶瓷的性质和性能就会有很大影响。
缺陷的影响既有正面的也有负面的，利用
和控制晶体中的缺陷，可以对材料进行增

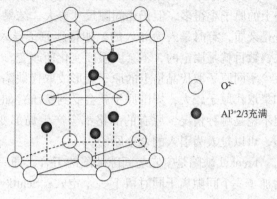

O²⁻

Al³⁺2/3充满

图 1 - 12　刚玉结构

强，提高材料的加工性。有时甚至可以人为引入一些缺陷，赋予材料更高的导电性、更强的
磁性等。所以"缺陷"并不一定是贬义的，它有许多值得利用的价值。在本节中我们将讨
论限于原子水平的缺陷，并将缺陷分为点缺陷、线缺陷和面缺陷三类。

1.2.1　点缺陷

材料在加工过程中得到能量产生空穴，或人为导入杂质，或人为制造合金时就会产生各
类点缺陷，如图 1 - 13 所示。

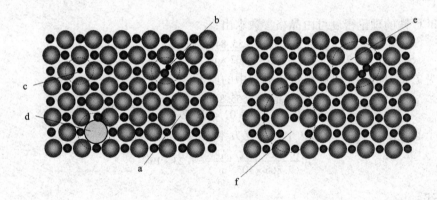

图 1 - 13　点缺陷

a—空穴　b—间隙原子　c—小取代原子　d—大取代原子
e—Frenkel 缺陷　f—Schttky 缺陷

正常的晶体位置缺少原子就称为空穴。材料在结晶过程中，加热时或受到辐射作用时都
会产生空穴。室温下空穴数目很少，但随着温度升高，空穴的数目呈指数增加：

$$n_v = n\exp\left(\frac{-Q}{RT}\right) \tag{1-3}$$

n_v 是每立方米的空穴数，n 为每立方米的晶格点数，Q 为产生每个空穴所需的能量
（J/mol）。将铜片加热到略高于 100℃ 的温度，然后迅速冷却到室温，就会发现铜片中的
空穴数目比平衡状态高出 1000 倍。在熔点附近，平均每 1000 个晶格点中就会有 1 个
空穴。

当有外来原子占据正常晶格点中间的间隙位置时，就构成间隙缺陷。虽然间隙原子比晶格上的原子小得多，但仍比间隙尺寸要大。结果使周围的原子受到挤压而变形。间隙原子有时是杂质，有时是人为导入的。如将碳原子导入铁的晶格以形成钢。这种间隙缺陷一旦引入，数目就是固定的，不会因温度变化而改变。

不同原子取代晶格上的原子就形成取代缺陷。取代原子的尺寸与被取代原子往往不同。如果取代原子较大，周围原子就会受到挤压；如果取代原子较小，周围原子就会受到张力。但不论是哪种情况，原有的晶格都会产生局部变形。同间隙原子一样，取代原子可以为杂质，可以是人为引入的合金原子。

Frenkel 缺陷是空穴与间隙缺陷的组合，即一个离子从正常晶格位置跳入间隙位置。既增加了一个间隙离子同时留下一个空穴；Schttky 缺陷是丢失了一对正、负离子后留下的双空穴。离子键陶瓷材料常会发生这种缺陷。还有一种间隙缺陷是尺寸与晶格上原子相当的异原子进入间隙位置。此类缺陷常发生于低堆积密度的晶体。最后一种重要的点缺陷是不同价位的离子取代。如图 1-14 所示，一个 +2 价离子取代了一个 +1 价离子，为维持电荷平衡，必须再丢弃一个 +1 价离子，留下一个空穴。

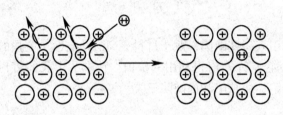

图 1-14　二价离子取代一价离子后形成的点缺陷

例 1-4：BCC 铁的密度为 $7.87Mg/m^3$，求其所含的空穴数。已知晶格参数为 2.866×10^{-10}。

解：BCC 铁的理论密度可由晶格参数求出：

$$\rho = \frac{（2 原子/晶胞）（55.847g/mol）}{（2.866 \times 10^{-10} m^3）（6.02 \times 10^{23} 原子/mol）} = 7.8814 Mg/m^3$$

密度为 $7.87Mg/m^3$，可解出每个晶胞中的原子数：

$$\rho = \frac{（原子/晶胞）（55.847g/mol）}{（2.866 \times 10^{-10} m^3）（6.02 \times 10^{23} 原子/mol）} = 7.87 Mg/m^3$$

即每个晶胞中含空穴 0.0029 个。每立方米中的空穴数则为：

$$\frac{0.0029 空穴/晶胞}{（2.866 \times 10^{-10} m^3）} = 1.23 \times 10^{26}$$

1.2.2　线缺陷

线缺陷就是晶体中的位错。按严格的几何意义，位错是直径约 5 个原子的柱状缺陷，在晶体中以各种方向延伸，不一定是直线。位错在金属材料中大量存在，在自然生长的金属单晶中，每平方厘米的面积就有 106 个位错穿过。位错的密度还可以用每立方厘米的位错长度来表示。随着金属材料的塑性形变，位错的数量大幅度增加。例如在猛烈的锻压之后，位错的密度会增到每平方厘米面积 10^{12} 个。位错可以分为边缘位错与螺旋位错两种。

1.2.2.1　螺旋位错

螺旋位错可看作先将晶体部分切开，再将切口的相邻平面扭转一个原子的位置（图 1-15），如果我们从 x 点出发，沿着晶格走一圈，将回到 y 点。从 y 点回到 x 点的矢量为 **b**，称为 Burgers 矢量。Burgers 矢量平行于位错。如果我们沿着晶格一直走下去，就会走出一个螺旋路径，故称这种位错为螺旋位错。同边缘位错一样，这种扭转仅造成直径 5 个原子的线形缺陷。在缺陷区之外的原子仍处于正常的晶格。

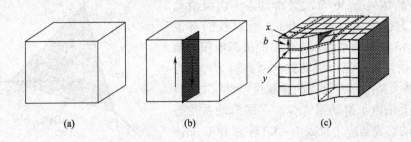

图 1 - 15　螺旋位错

（a）完整晶格　（b）晶格平面错动　（c）位错的螺旋路径

1.2.2.2　边缘位错

　　边缘位错的结构如图 1 - 16 所示。边缘位错可以看作是一个半平面插入晶体造成的缺陷。这样看来，这种缺陷似乎是一种面缺陷，但实际上不然。从图中可以看出，半个平面插入后，影响的仅是插入端部的几列原子，仅在此几列原子造成了晶体的不完善，而周围的原子仍处于完善的晶体结构。这种缺陷以一维形式在晶体中延伸，故仍为线缺陷。我们还是从 x 点出发，在晶体侧面沿晶格走一圈，也将回到 y 点。由 y 点指向 x 点的矢量仍为 Burgers 矢量 $\boldsymbol{b}$。在边缘位错中 Burgers 矢量垂直于位错。图 1 - 16 中所示的边缘位错是半平面从晶体上部嵌入，称为正边缘位错。有一个正边缘位错就会有一个负边缘位错，即从晶体下半部嵌入的半平面。从两个方向嵌入的半平面会到达同一个平面（垂直于纸面）SP。晶体的塑性滑移将发生在这一平面。

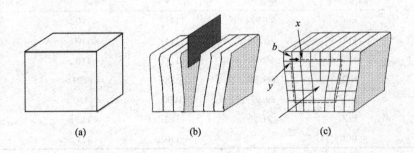

图 1 - 16　边缘位错

（a）完整晶格　（b）嵌入半个平面　（c）位错的变形路径

　　晶体中线缺陷——位错的存在对晶体的性能有特别重要的意义，可以使金属在较低应力下发生层间的滑动，从而赋予了金属的韧性。在讨论位错的作用之前，我们先介绍滑动系的概念。金属中晶体平面的滑动发生在密堆积平面，且滑动方向为高线密度的方向。由此，一个密堆积平面加上一个高线密度方向就构成一个滑动系。最高密堆积平面加上最高线密度方向构成主滑动系。主滑动系上发生滑动所需剪应力最小。在 FCC 晶体中的最密平面为 $\{111\}$，包括 4 个不同平面；最密方向为 <110> 方向，包括 3 个不同方向。每个平面都有 3 个不同滑动方向，4 个平面共有 12 个主滑动系。如图 1 - 17 所示。

在 BCC 晶体中的最密堆积平面是 {110}，各有 2 个最高密度的 <111> 方向，所以共有 12 个主滑动系。但 BCC 晶体另有 36 个次级滑动系。次级滑动系所需剪切力仅比主滑动高 10%，所以我们常说 BCC 晶体有 48 个滑动系。六方晶系的最密堆积平面是 {1000} 面，各有三个滑动方向 <1120>，只有 3 个主滑动系。某些六方结构的金属呈脆性（如镁）在很大程度上是由于滑动系太少。一些滑动系及造成滑动所需的临界剪应力见表 1-3（注意 BCC 晶体的临界应力远高于 FCC 与 HCP 晶体）。

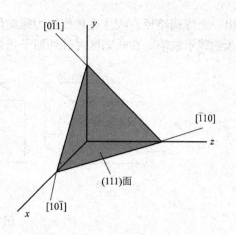

图 1-17　FCC 晶体中的主滑动系

对滑动应力进行理论计算时，如果考虑滑动平面上的键全部断裂的话，则临界应力应在 6900MPa 的数量级。而表 1-3 中的数据则要低两个数量级以上。这就是位错在起作用。如果是通过位错的移动来实现平面间的滑动，不需要将平面间的键全部断裂，只需位错线上一排原子的键断裂即可实现滑动。如图 1-18 所示，滑动的第一步图 1-18（a）是使位错平面上 B 排键断裂，平面下半部的原子与半平面 A 相连接，第二步图 1-18（b）是使位错平面上 C 排键断裂，平面下半部的原子与半平面 B 相连接，如此不断反复图 1-18（c）。通过这样的分步运动，位错不断向右移动，实现了平面间的滑动。而每步滑动只需一排键的断裂，故所需应力远远低于假设平面上键全部断裂的理论值。螺旋位错也产生同样的效果。

表 1-3　　　　　　　　　　　　　一些金属的临界剪应力

金属	晶体结构	纯度/%	滑动平面	滑动方向	临界剪应力/MPa
Al	FCC	99.994	{111}	<110>	0.7
Cu	FCC	99.98	{111}	<110>	0.95
Ni	FCC	99.98	{111}	<110>	5.0
Mg	HCP	99.99	{1000}	<1120>	0.7
Zn	HCP	99.999	{1000}	<1120>	0.25
Fe	BCC	99.96	{110}	<111>	20.0
Mo	BCC	—	{110}	<111>	49.0

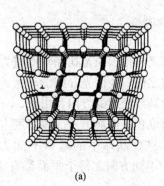

(a)

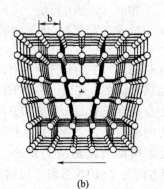

(b)

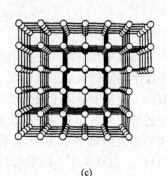

(c)

图 1-18　通过边缘位错的移动实现的平面滑动

将位错从一个平衡位置移动到另一个平衡位置的应力（Peierls – Nabarro 应力）为：

$$\tau = c\exp(-kd/\boldsymbol{b}) \qquad (1-4)$$

其中 τ 为位错移动所需的剪应力，d 为滑动平面间距，$\boldsymbol{b}$ 为 Burgers 矢量，c 与 k 都是材料常数。由上式可以看出下列影响因素：

（1）平面滑动所需应力随 Burgers 矢量 $\boldsymbol{b}$ 的增大呈指数增大。因此滑动方向上的重复距离必须小，即线密度必须大。故滑动都在最高密度的方向上发生。

（2）平面滑动所需应力随平面间距呈指数减小。滑动易于在平整平面上发生（峰谷差距小），且易发生在相距较远的平面之间。所以最密堆积平面符合这一要求。

（3）在硅材料或聚合物中位错不易运动。因为它们含共价键，键强度太高且具有方向性。

（4）含离子键的材料也不易发生滑动。因为位错的运动会破坏局部的电平衡，且在滑动过程中相同电荷的粒子会发生排斥。含离子键的材料的 Burgers 矢量也比金属材料大。这就是陶瓷脆性的主因。

通过求出启动滑动过程所需的力，就容易理解不同晶体结构的金属性能不同的原因。设力 F 作用于柱状单晶金属材料并使之产生滑动（图 1 – 19）。令作用力方向与滑动方向的夹角为 λ，作用力方向与滑动平面法线方向的夹角为 ϕ。为使位错在滑动系上运动，必然有剪力作用在滑动方向上。分解在该方向上的剪力为：

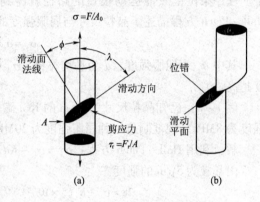

图 1 – 19　Schmid's 定律图解
（a）各参数的定义　（b）滑动方向

$$F_r = F\cos\lambda \qquad (1-5)$$

滑动平面的面积为：$A = A_0/\cos\phi \qquad (1-6)$

所以滑动面上所受的剪应力为

$$\tau_r = \sigma\cos\phi\cos\lambda \qquad (1-7)$$

这一公式又称作 Schmid's 定律。

例 1 – 5：欲制造一根单晶铝棒。当其受到 3.5MPa 的轴向力时，形变的滑动方向与棒轴夹角为 45°。求滑动平面与棒轴的夹角。已知单晶铝的临界分解剪应力为 1MPa。

解：据 Schmid's 定律，$\tau_r = \sigma\cos\phi\cos\lambda$，即 $1 = 3.5\cos\phi\cos\lambda$

由于我们希望滑动方向为 45°，即 $\lambda = 45°$，于是：

$$\cos\phi = \frac{1}{3.5\cos45°} = 0.404；\phi = 66.2°$$

ϕ 角代表了晶格的取向。只要在模具底部放置预定角度的单晶铝，浇入的液体铝就能够按预定的角度结晶，获得预定的晶格取向。

研究位错对我们有一系列重要意义。首先，我们可以知道为什么金属的强度比按金属键计算的理论值要低两个数量级以上。其次，我们了解了金属韧性的根源。如果没有位错，几乎所有金属都是脆性的。第三，我们可以找到金属强化的途径。这就是通过引入杂质，阻止位错的运动，可以成数量级地提高金属的强度。

1.2.3　面缺陷

晶粒的边界与相的边界构成面缺陷。晶粒生长时相遇的面就是晶粒的边界。尽管晶体的结构相同，但原子平面的取向可以不同，所以在晶体界面上的原子可能不属于任何一方。约有 5 个原子厚的区域是无序堆积，它们甚至不能算作是晶体的范畴。尽管如此，边界原子间的结合仍是很强的，足以将晶粒牢固地黏合在一起。在较高温度下，约 $0.7T_m$，边界层的强度会明显低于晶体内部，在较低应力下就会发生滑动。这是较高温度下金属蠕变的机理之一（当然不是唯一机理）。但在较低温度下，晶粒边界却起到显著强化的作用，因为晶界上的无序状态能够有效地阻碍位错的移动。

控制材料性质的方法之一就是控制晶粒尺寸。降低了晶粒尺寸，就等于增加了晶界的含量。任一条位错只能运动很短的路径就碰到阻碍运动的晶界，由此提高了材料的强度。Hall – Petch 方程描述了晶粒尺寸与屈服强度的关系：

$$\sigma_y = \sigma_0 + Kd^{-1/2} \tag{1-8}$$

其中 σ_y 为屈服强度，d 为平均粒径，σ_0 和 K 是常数。由方程可知，晶粒越小，屈服强度越高。

例 1 – 6：已知晶粒尺寸为 $5\mu m$ 的 KCl 陶瓷的屈服强度为 28MPa，晶粒尺寸为 $100\mu m$ 则强度为 8MPa。现欲制造一种屈服强度为 20MPa 的 KCl 材料，晶粒尺寸应为多少？

解：利用 Hall – Petch 方程：$\sigma_y = \sigma_0 + Kd^{-1/2}$

由晶粒为 $5\mu m$ 的强度：

$$28 = \sigma_0 + K\ (5 \times 10^{-6})^{-1/2} = \sigma_0 + 447K,\ \sigma_0 = 28 - 447K$$

由晶粒为 $100\mu m$ 的强度：

$$8 = \sigma_0 + K\ (100 \times 10^{-6})^{-1/2} = 28 - 447K + 100K$$

$$(447 - 100)\ K = 28 - 8$$

$$K = \frac{20}{347} = 0.058,\ \sigma_0 = 28 - (447)(0.058) = 2.07MPa$$

代入 σ_0 与 K 的值，便得到强度为 20MPa 的晶粒尺寸：

$$20 = 2.07 + 0.058d^{1/2},\ d = 10.47\mu m$$

相边界也被认为是一种面缺陷。但相间区是两种不同结构晶体的交界区，每个原子清楚自己的归属，不会造成无序的情况。所以相间区很薄，不能认为是无定形的，在高温下也不会发生滑动。当金属材料中存在两相时，往往是一相以"海岛"形式分散在另一相的"海洋"之中。这些海岛也具有阻碍位错运动的作用，对材料有增强作用。

1.3　扩散过程

原子在材料内部运动的现象称为扩散。在材料的处理和加工过程中，我们常常需要利用原子的扩散。只有了解了材料内部物质运动的规律，才能够设计出性能稳定的材料及合理的加工工艺，设计加工出可靠的机械与设备。在上节中我们看到晶格中存在缺陷。但缺陷本身也是不稳定的，因为原子具有热能，它们可以在材料中运动。例如，可以从一个正常位置运动到邻近的空穴中，可以从一个间隙位置跳到另一个，可以从边界的一侧运动到另一侧，造成边界的移动。原子在材料中的运动能力我们称为原子的稳定性，温度越高，原子具有的热能越高，所以不稳定性越高。原子运动的速率可以用 Arrhenius 公式描述：

$$运动速率 = c_0 \exp\left(\frac{-Q}{RT}\right) \qquad (1-9)$$

其中 c_0 是常数，Q 为原子运动的活化能。

即使是绝对纯净的材料，其原子也会不断从一个晶格位置移动到另一个。这种过程称为自扩散，可以通过放射性同位示踪检测到。如果我们将金的放射性同位素 Au^{198} 置于普通金（Au^{197}）的表面，一段时间以后，就会发现放射性金运动到了普通金的内部。最终，放射性原子会均匀分布到整个样品。所有材料内部都在不停地进行着自扩散，但对材料的性能没有什么影响。不同原子的相互扩散就对材料性能产生影响。如图 1-20，如果将一铜片与一镍片焊在一起，镍原子就会逐渐向铜内扩散，而铜原子也会向镍中扩散，直至两种原子完全混合均匀。

原子的扩散有两种重要的机理：空穴扩散与间隙扩散。原子的自扩散和取代原子的扩散都属于空穴扩散。原子从原先的位置移到邻近的空穴中，同时留下一个新的空穴。原子的运动同时也可以看作是空穴的反方向运动。温度越高，空穴数目越多，空穴扩散越容易。间隙扩散是从一个间隙运动到另一个间隙的过程，这一过程不需要空穴。由于材料内部间隙的数目比空穴多得多，所以间隙扩散也远比空穴扩散快。一个扩散原子必须从邻近原子中挤过，才能到达新的位置，这一过程是需要能量的，即扩散活化能。图 1-21 画出了两种扩散过程中的能量变化。一般来说，间隙原子体积较小，挤过邻近原子较容易，所以活化能较低。

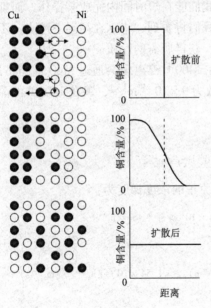

图 1-20　铜与镍原子的相互扩散

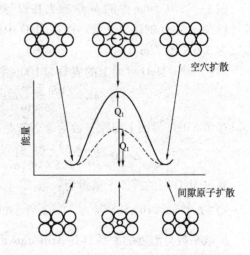

图 1-21　空穴扩散与间隙原子扩散的能量变化

Fick 第一定律描述原子的扩散速率：$J = -D\dfrac{\Delta c}{\Delta x}$ $\qquad (1-10)$

其中，J 为单位时间内通过单位面积平面的原子数，称为通量，单位为原子/（$m^2 \cdot s$）；D 为扩散系数，单位 m^2/s；$\Delta c/\Delta x$ 为浓度梯度，单位为原子/（m^3/m）。浓度梯度描述了材料组成随距离的变化。两种不同的材料相接触，气体或液体与固体相接触，加工引起的不平衡结构等都构成浓度梯度。扩散通量与浓度梯度呈线性关系。一般是扩散开始时速率较快，随着体系的不断变均匀，浓度梯度变小，扩散也就随之变慢。

晶体堆积越紧密，活化能越高，扩散越困难。由于扩散需要"挤开"相邻原子，活化能就与原子键的强度有关。所以材料的熔点越高，扩散活化能越高。共价键材料如碳与硅材料，键能非常高，扩散活化能也非常高。在离子型材料如陶瓷中，扩散的离子只能进入具有同样电荷的空穴中。而为了到达那个空穴，离子必须运动较长的距离，挤过反离子的区域，所以活化能比金属要高。阳离子由于体积较小，扩散系数大于阴离子。例如在氯化钠中，钠离子的扩散系数是氯离子的两倍。离子扩散的同时伴随着电荷的转移，而离子型陶瓷材料的电导率与温度呈 Arrhenius 关系。温度升高，电导率升高，扩散也就更容易。

在聚合物中，我们关心的是原子或小分子在长链间的扩散。食物常使用塑料薄膜包装。如果空气能够透过薄膜，则食物就容易腐败；如果空气能够透过橡胶内胎，轮胎就存不住气。另一方面，在编织品染色时，我们又希望染料能够均匀地分散到聚合物织物之中；聚合物膜的选择扩散能够进行海水的淡化，让水通过而把盐离子挡在外面。由于物种是在长链之间而不是在晶格中运动，扩散要相对容易。在无定形聚合物中要比在结晶聚合物中容易扩散。

扩散的路径不同，阻力不同，速率也就不同。在本体中扩散，受相邻原子的阻碍，扩散速率最低；如果是沿着晶界扩散，这里原子排列规整度远低于体相，扩散就相对容易；如果在表面上扩散，几乎没有相邻原子的阻碍，所以扩散速率最快。

不论扩散速率如何，扩散总是需要时间的。如果我们能在短时间内完成某操作，而抑制了扩散，就会得到一些有意义的结构与性质，在后面我们将看到，将钢在高温下淬火，不使其发生向平衡状态的扩散，就能够控制钢的精细结构，获得所需的性质。

例 1−7：0.5mm 厚的 MgO 被夹在镍与钽之间，在 1400℃镍离子会通过 MgO 向钽扩散。求每秒穿过 MgO 的镍离子数。镍在 MgO 中的扩散系数为 $9 \times 10^{-16} \text{m}^2/\text{s}$，镍在 1400℃的晶格参数为 $3.6 \times 10^{-10} \text{m}$。

解：在 Ni/MgO 界面上的成分为 100% 镍，即：

$$c_{Ni} = \frac{4Ni \text{原子/晶胞}}{(36 \times 10^{-10})^3} = 8.57 \times 10^{28} \text{原子/m}^3$$

在 Ta/MgO 界面上镍原子数为零。于是 MgO 上镍原子的浓度梯度为：

$$\Delta c/\Delta x = \frac{0 - 8.57 \times 10^{28} \text{原子/m}^3}{0.5 \times 10^{-3} \text{m}} = -1.71 \times 10^{32} \text{原子/} (\text{m}^3/\text{m})$$

通过 MgO 层的镍原子流量为：

$$J = D\frac{\Delta c}{\Delta x} = - (9 \times 10^{-16} \text{m}^2/\text{s}) [-1.71 \times 10^{32} \text{原子/} (\text{m}^3/\text{m})] = 1.54 \times 10^{17} \text{镍原子/} (\text{m}^3 \cdot \text{s})$$

扩散系数与温度的关系具有 Arrhenius 形式：

$$D = D_0 \exp\left(\frac{-Q}{RT}\right) \tag{1-11}$$

其中 R 为气体常数，Q 为活化能，T 为热力学温度，D_0 为具体扩散体系的常数。

扩散过程在材料的高温加工中非常重要，示例在后面的章节中将会屡屡遇到。这里我们先看三个小例子。

(1) 晶粒生长　由晶粒组成的材料中含有大量晶界。晶界上原子堆砌不如体相紧密，能量较高。如果通过晶粒生长，降低晶界面积，就能降低总的能量。晶粒生长可以看作是晶界的移动，一个晶粒变大，相邻的另一个晶粒变小。所需的活化能就是原子越过晶界的能量。高温可以促进晶粒的生长。

（2）扩散黏结　扩散黏结是材料连接的一种方法，可以分解为三个步骤：先用高温高压使两个材料表面接触在一起，使表面变平整，将其间的杂质弄碎，产生一个原子对原子的高度接触的面。在高温下，原子开始沿着晶界向残存的空隙运动，不断减少界面上空穴的尺寸，直至最后完全消除表面间的空穴，使两个材料熔为一体。扩散黏结用来连接不同的金属与其他材料，如陶瓷等。

（3）烧结　许多种材料都采用小粒子凝聚的方法加工成最后产品。烧结就是在高温下使小粒子凝聚，消除粒子间孔隙的方法，粉末冶金、陶瓷、某些聚合物材料都要使用烧结技术。当粉末材料被预压成型后，粉末粒子在多点上相互接触，同时留下大量孔隙。为降低粒子的表面能，原子在接触点上相互扩散，使粒子间黏结在一起，同时使孔隙变小。如果烧结时间足够长，孔隙可以完全消除，得到密实的材料（图1-22）。烧结的速率取决于温度、活化能、扩散系数以及粒子的初始尺寸。

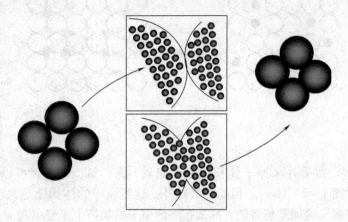

图 1-22　烧结过程中的扩散

不仅是以上三个例子，许多材料的热处理与强化过程都是由扩散控制的。材料在高温下的结构与稳定性也取决于扩散。而对于有些重要材料，必须人为抑制扩散，才能获得不平衡状态下的优异性能。因此，扩散是处于材料加工过程中的中心位置。

1.4　相图

1.4.1　合金与固溶体

我们将两种金属混合形成合金的过程，与将糖与水混合的过程类似。糖混入水中成为溶液，两种金属混合形成固溶体。溶液与固溶体的不同在于前者是分子在液相中混合，而后者是原子在晶格中混合。"溶剂"原子形成晶格，"溶质"原子以取代的方式或间隙的方式存在于"溶剂"的晶格中。溶质在溶剂中的溶解是有一定限度的。超过了这一限度，溶质就会析出。糖会在水中析出成为第二相，溶质原子如果超过溶解度，也会从固溶体中析出，形成一种沉淀相。这种沉淀相往往是一种化合物。这时的体系就成为固溶体和沉淀相共存的两相体系。根据形成的方式不同，固溶体可以分为取代固溶体与间隙固溶体。

取代固溶体由溶质原子取代溶剂原子的位置形成。一个例子是铜原子取代 FCC 晶格中的铝原子形成的固溶体［图1-23（a）］。但铜原子的尺寸与价位都与铝不同，铜的引入会在铝的晶格中造成一定应力。铝对铜的容纳是有一定限度的。超过这一限度，多余的铜原子就会被排斥到晶格以外。但被排斥的铜原子并没有离开体系，它们会吸引一些铝原子以化合物的形式形成第二相物质。在我们的具体例子中，形成的化合物为 $CuAl_2$，以四方晶格存在。这种化合物以很小的区域分布在体系中，每个小区域都被固溶体包围着。固溶体的溶解度随温度升高而增加，因为原子间距与空穴数都增加了，能容纳的外来原子数也增加。同时，材料的弹性模量随温度的升高而下降，这也使外来原子引起的应力变小。每个原子引起的应力越小，体系所能容纳的溶质原子也就越多。

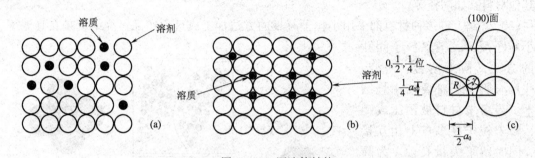

图 1 - 23　固溶体结构

（a）取代固溶体　（b）间隙固溶体　（c）例题 1 - 8

如果外来原子体积很小，如氢、碳、氮、硼等，可以被容纳于溶剂原子的间隙位置 ［图 1 - 23（b）］。但除了氢以外，这些原子的体积还是大于间隙的体积，所以它们都是被"塞"进间隙位置的，那么在溶剂原子的晶格中也会引起应力，这种应力有时会超过外来原子取代造成的应力。因此对间隙原子的溶解度也有一定限度。一旦超过限度，第二相的化合物就会形成。一个熟知的例子就是 BCC 铁中的间隙碳。在 BCC 铁中四面体间隙是较大的，可以容纳半径为 $0.36Å$ 的原子，这相当于 $0.29R$（R 为铁原半径）。碳原子的半径为 $0.7Å$，且由于 BCC 晶格模量的方向性，碳原子更倾向于进入较小的八面体间隙位。不管进入何种位置，都要引起相当的应力。因此 BCC 铁对碳的容纳极限仅为质量分数 0.02%。超过这一限度，碳就要析出形成化合物 Fe_3C。Fe_3C 以三方晶型存在于体系之中。在后面我们将会看到，在碳含量相同的情况下，通过不同的热处理方法，改变 Fe_3C 相的尺寸、形状及其分布，就会使铁 - 碳合金（就是钢）的强度改变三倍。

现在我们要问，两种组分在什么情况下生成取代固溶体，什么情况下生成间隙固溶体？溶解度能否预知？Hume - Rothery 溶解度规则提供了生成取代固溶体的条件：

（1）溶剂与溶质半径相差不超过 15%。

（2）处于周期表的相近位置，不易生成化合物。

（3）如果半径相差不超 8%，再具有相同晶格，则可以在任何比例互溶。

铜和镍都为 FCC 晶格，原子半径分别为 0.157 和 0.162nm，在周期表上分别处于 29 和 28 位，全部满足以上三项条件，故二者可以在全部比例互溶。锌是铜在周期表上的另一个邻居（序数 30），原子半径为 0.153nm，与铜原子的相差略微大了一些，不能以任意比例互溶，但锌原子可以取代 50% 的铜原子。锡原子半径为 0.146nm，与铜原子相差更大，就只能取代最多 10% 的铜原子。

间隙固溶体中间隙原子的半径必须足够小，才能够被"塞"进间隙位置。周期表中原子半径最小的 5 个元素是：氢、氦、硼、碳与氮。其中碳元素构成的间隙固溶体最为普遍。

例 1 - 8：在 FCC 铁中，碳原子处在晶格的边线上（1/2，0，0）或晶格的中央（1/2，

1/2，1/2）；在 BCC 铁中，碳原子处在（1/4，1/2，0）的位置上。FCC 与 BCC 的晶格参数分别为 0.3571 与 0.2866。碳原子半径为 0.071nm。（1）间隙碳原子是否会造成两种晶格的较大变形？（2）如果全部间隙位置被占满，碳的原子比将为多少？

解：（1）参见图 1-23（c），先计算（1/4，1/2，0）位的间隙尺寸。BCC 铁原子半径 RBCC 为：

$$R_{BCC} = \frac{\sqrt{3}a_0}{4} = \frac{\sqrt{3}\ (0.2866)}{4} = 0.1241nm$$

由图 1-23（c）：

$$\left(\frac{1}{2}a_0\right)^2 + \left(\frac{1}{4}a_0\right)^2 = (r_{间隙位} + R_{BCC})^2 = 0.3125a_0^2 = (0.3125)\ (0.2866nm)^2 = 0.02567nm$$

$$r_{间隙位} = \sqrt{0.02567} - 0.1241 - 0.0361$$

在 FCC 铁中，铁原子半径与（1/2，0，0）位的半径为：

$$R_{FCC} = \frac{\sqrt{2}a_0}{4} = \frac{\sqrt{2}\ (0.3571)}{4} = 0.1263nm$$

$$2r_{间隙位} + 2R_{FCC} = a_0$$

$$r_{间隙位} = \frac{0.3571 - 2 \times 0.1263}{2} = 0.0523nm$$

BCC 铁中的间隙半径小于 FCC 铁中的。虽然二者都小于碳原子半径，但 BCC 中碳原子的变形更大。因此 BCC 中碳原子的容纳量小于 FCC。

（2）BCC 铁中，每个晶格含两个铁原子。每个晶胞上可数出 24 个（1/4，1/2，0）间隙位，但每个间隙位被两个晶胞共享，故每个晶胞有 12 个间隙位。如果每个间隙位都被充满，则碳的所占原子比为 12/（12+2）×100 = 86%。

在 FCC 铁中，每个晶胞中含 4 个铁原子。每条边上有一个（1/2，0，0）间隙位，但每个间隙位为 4 个晶胞共享，加上中央的间隙位，每个晶胞含 4 个间隙位。如果都被碳原子充满，则碳的原子比为 50%。

如果超过溶解度的极限，就会生成化合物。非金属元素与金属元素间生成的化合物一般为离子化合物，金属元素为正离子，非金属元素为负离子。而金属元素之间的化合物不具有离子性质，称为中间化合物，其性质介于两种金属组分的中间。中间化合物又称为中间合金相，可以独立存在，可以与纯金属共存，也可以与固溶体共存。相对于中间相而言，固溶体又称为终端相。

根据以上讨论，金属在固态可以完全混溶，可以部分混溶，也可以完全不混溶。而混溶情况又受温度的巨大影响。

由此可见，了解不同化学组成、不同温度下溶剂对溶质的溶解度以及体系内发生的相转变是至关重要的。相图可为我们提供这些信息。相图又称平衡图，平衡意味着相内或体系内的宏观性质不随时间变化。因此相图就是平衡条件下一个体系内相变化的曲线图。相图中的曲线或是两组分之间的溶解度，或为发生相转变的温度。相图可以描述两组分的混合程度与相转变，称为二元相图；描述三组分的称为三元相图，也可以描述单组分，称为单组分相图。在本节中我们只讨论二元相图。

1.4.2 完全互溶体系

铜-镍体系是完全互溶体系的经典示例（图 1-24）。相图的纵坐标为温度，横坐标为组成。注意一个横坐标同时表示两种组分的比例，100% 铜的位置就是 0% 镍的位置，40% 铜的位置就是 60% 镍的位置，以此类推。100% 铜的点可以位于左侧也可以位于右侧。但根据习惯，两种元素按字母顺序排列，即 100% 铜的点应位于左侧而 100% 镍的点位于右侧。这个规则也有例外，如 Fe－C 体系，习惯上是 100% Fe 的点位于左侧。相图中上面一条曲线称为液相线，在此线以上的体系处于液态；下面一条曲线称为固相线，在此线以下的体系处于固态。两条曲线之间的体系为固、液相共存。

现在我们假设有一组成为 40% 铜－60% 镍的合金从 T_1 的温度（A 点）开始冷却。冷却至 T_2 时到达 B 点，体系进入两相区，一部分合金凝固为固体。两相的组成可以用连线法确定。例如我们欲知道 C 点处固相与液相的组成，可通过 C 点作水平线，分别交固相线和液相线于 L_3 和 S_3 点。分别由 L_3 和 S_3 点向下作垂线，从横坐标可读出液相组成为 54% 铜－46% 镍，固相组成为 30% 铜－70% 镍。当合金冷却至 D 点时，体系就完全凝固为固溶体。最后一点液体的组成可以过点 D 作水平线交液相线确定。可以看到，最后一点液体中铜的含量很高。连线法不仅可以确定组成，还可以在两相体系中确定每相的比例。我们将图 1－24 中过 C 点的水平线放大，得到图 1－25。L_3 处的镍含量为 46%，S_3 处的镍含量为 70%，我们得到两点间的线段长度为 70－46＝24。其中从 C 点到液相线交点 L_3 的距离为 14，到固相线交点 S_3 的距离为 10。应用"杠杆定律"（亦称反比定律），即 C 点到液相线交点 L_3 的距离代表固相的相对含量，而到固相线交点的距离代表液相的相对含量，我们可以有：

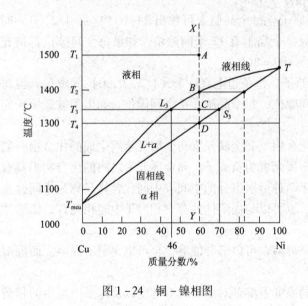

图 1－24　铜－镍相图

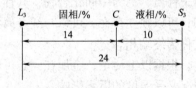

图 1－25　杠杆定律示意图

$$液相含量 = 10/24 \times 100\% = 42\%$$
$$固相含量 = 14/24 \times 100\% = 58\%$$

1.4.3　共晶体系

共晶体系又称低共熔体系，就是具有一个最低共同熔点的合金体系。如图 1－26 所示，左侧的曲线代表金属 A 中加入 B 后熔点降低的过程；右侧的曲线则为金属 B 中加入 A 后熔点降低的过程。两条曲线的交汇点（E 点）就是最低熔点。两条曲线再延长（虚线）是没有意义的,因为在 E 点以下的体系已是固体。E 点所处温度称为共熔温度,既代表了体系的最低熔点,又代表最低熔点的组成。共晶体系可分成两类,简单共晶体系与具有溶解度的共晶体系。如果两种金属在固态彼此不互溶,其相图就是简单共晶相图,如图 1-26 中的金硅相图。

大多数金属对之间具有一定的溶解度。具有溶解度的共晶体系相图要稍微复杂一些,银-铜合金是此类体系的代表,见图 1-27 中的相图。相图中的液相线是从两种金属的熔点到共晶温度(779℃,28.5%铜)。而固相线(加粗线所示)表明,在共熔温度以上,铜在银中的溶解度随温度升

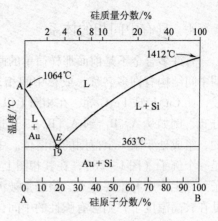

图 1-26 金硅合金相图

高而降低。左侧的 α 区代表铜在银中的固溶体,右侧的 β 区代表银在铜中的固溶体。设有一质量分数银 92.5% - 铜 7.5%的合金,冷却至约 900℃时与液相线相遇,α 相固溶体会从液体中沉淀出来。继续在 α+L 区域中冷却,液体中的铜比例逐渐加大。但合金的组成不会变化到共熔组成,因为它在冷却到共晶温度之前就进入到全 α 区域了。继续冷却,就会走出 α 区,进入 α+β 区,此时会有 β 相从 α 相中析出。我们举例的这一组成为制造银币和首饰标准成分的银。因为纯银太软,必须用一定量的铜来强化。

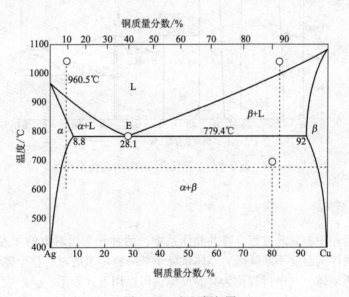

图 1-27 银-铜相图

如果一种质量分数 80%银 - 20%铜的合金从液相冷却,一定会经过共晶点。共晶结构为 α 和 β 固溶体的间层结构,而不是纯金属的间层结构。间层结构之中也会包含前共晶固体,即 α 相固溶体。其他此类共熔体系包括 Pb-Sn,Bi-Sn,Cd-Zn 和 Al-Cu 体系等。Al-Cu 体系的共熔点为 548℃,Al 质量分数为 66.8%。

1.4.4 具有中间相的体系

有许多合金不是前面那样简单的两极结构，而是在相图中间部分出现一些中间结构。所谓中间结构有许多名称，或称中间相，或称中间金属化合物。化合物一般有固定的化学组成，如 $CuAl_2$ 或 Fe_3C 等，在相图上以一条垂直线表示。但有些化合物的组成有一个很窄的分布，例如从 $A_{0.9}B_{1.1}$ 到 $A_{1.1}B_{0.9}$。从这一意义上，中间相也可以看作是具有固定晶体结构的，组成处于某一窄范围的固溶体。中间金属化合物之间还可以有共晶体生成。铬－硅体系是一个例子（图1-28），在其相图上可找到4个中间化合物与4个共熔点。这一相图在电子元件生产中有重要意义。铬经常被沉积在硅片表面起到金与硅之间的粘接作用。如果元件处在较高温度下，则会有脆性的中间化合物生成。这张相图则可以对控制中间化合物起到指导作用。

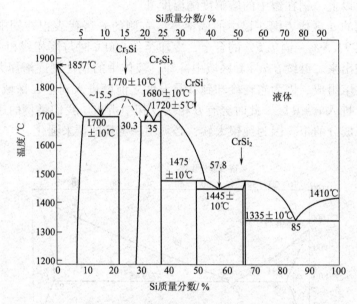

图1-28 具有中间金属化合物的铬－硅体系相图

1.4.5 共析体系

共析过程是固相中的共晶过程。在共晶体系中，两种元素因对方的加入熔点不断降低，即由液体转变为固体的温度不断降低，当体系处于某一特定组成时，整个体系如同一种元素一样，同时转变为固体。这个过程称为共晶反应，可以用下式表示：

$$L \Leftrightarrow S_1 + S_2 \tag{1-12}$$

而在共析体系中，是不同组成的固相在不同温度向另外两种固相转变。而当体系处于某一特定组成时，整个体系就同时转变为另外两种固相。这一组成点称为共析点，共析组成的转变温度称为共析温度。共析反应可用下式表示：

$$S_0 \Leftrightarrow S_1 + S_2 \tag{1-13}$$

共析体系的代表是铁－碳体系，是金属中最重要的体系。我们将在下一章详细介绍铁－碳平衡图（图1-29）。室温下铁处于 BCC 结构（ α－铁），纯铁在 912℃ 转变为 FCC 结构（ γ－铁）。BCC 结构的间隙位置太小，对碳原子的容纳量有限，只有 0.022%。多余的碳与

铁生成中间化合物 Fe_3C。FCC 结构可以容纳较多的碳原子，最高可达 2.11%。当然，超过这一限度也会生成 Fe_3C。在钢铁的加工与应用过程中起主要作用的就是 α - 相、γ - 相与 Fe_3C 这三个角色。在图 1 - 30 中我们看到，当碳含量小于 0.8%，温度低于 912℃ 时，铁碳合金为 γ 相与 α 相的混合物。随着温度降低，不断有 α 相转变为 γ 相，剩余 γ 相中的碳含量逐渐提高。当碳含量大于 0.8% 时，铁碳合金为 γ 相与 Fe_3C 的混合物。随着温度降低，不断有 γ 相转变为 Fe_3C 相，剩余 γ 相中的碳含量逐渐降低。这两种情况在组成为 0.8% 的碳含量，温度为 727℃ 处交汇，不论处于何种状态的 γ 相都会转化为 α 相，这个点就是共析点。在共析点以下，铁 - 碳合金就只是 α 相与 Fe_3C 的混合物了。

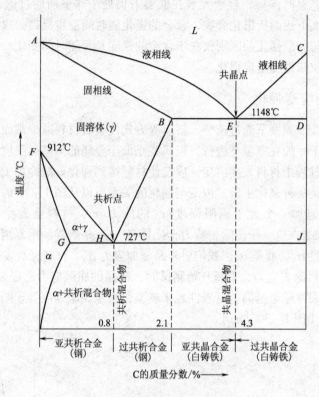

图 1 - 29　简化的铁碳平衡图

1.5　金属的强化

在金属材料中，塑性形变是位错的运动造成的，凡是阻碍位错运动的机制都可能使金属的强度提高，称为强化。强化机制在前面章节中都提过，可以归纳为 4 种，即 ① 固溶强化，即形成点缺陷的强化。由于合金原子与铁原子尺寸不同，形成固溶体时，铁晶格发生畸变，并在周围造成一个应力场。此应力场与运动位错的应力场发生交互作用，给位错的运动造成阻力。取代溶质原子（如钢中的 Cr，Ni，Mn，Si 等）所造成的强化量 $\Delta\sigma'$ 与溶质浓度的关系可近似按线性关系处理：$\Delta\sigma' = K_s \cdot w_s$。其中 w_s 为取代溶质原子的质量分数，K_s 为比例系数。间隙溶质原子（如钢中的 C，N 等）的强化作用比取代原子大 10 ~ 100 倍，造成的强化量 $\Delta\sigma''$ 大致与溶质原子的浓度的平方根成正比：$\Delta\sigma'' = K_i \cdot w_i^{1/2}$，式中 w_i 为间隙原子的质量分数，K_i 为比例系数。②细晶强化，为形成面缺陷的强化。晶界能有效地阻碍位错运动，使金属材料强化。晶粒越细，晶界浓度越高，强化作用越大。一些合金元素加入到钢材料中，能起到成核剂的作用，使晶粒细化，如 Nb，V，Al，Ti 等。强化量 $\Delta\sigma$ 与晶粒尺寸间的关系为 $\Delta\sigma = K_g \cdot d^{1/2}$，$d$ 为晶粒直径，K_g 为常数。使晶粒细化的另一个结果是提高了材料的韧性。这一效应与在陶瓷和聚合物材料中是一致的。③形成化合物的强化或称第二相强化。第二相粒子可以是从过饱和固溶体中沉淀析出（沉淀强化），也可以是通过机械或化学方法从体系外引入（分散强化）。第二相物质从过饱和固溶体中析出有两种方式：一种是在较高温度缓慢降温，第二相有足够的时间析出，并分散到基体合金中，这种强化亦可称分散强化；另一种是在高温时淬冷，合金元素在低温下仍处于非平衡的过饱和状态。欲实现强化，必须在一定温度下逐渐析出化合物，合金的强化随时间逐步提高。这种强化方式亦称时效强化。时效强化与分散强化的区别仅在于合金的强度是否随时间变化。④应变强化，即在冷加工过程中提高位错密度造成强化。

1.5.1 冷加工与应变强化

冷加工是指在较低温度下通过拉伸、挤压等方式使金属材料减少截面积并形成所需形状的加工过程。冷加工一般在室温下进行，但只要是低于金属的重结晶温度的加工，都可视为冷加工。在冷加工过程中材料发生应变，应变使材料得到强化。故冷加工不仅是一种加工方式，更重要的它还是一种强化手段。应变与强化的关系可以从图 1-30 的应力-应变曲线中看出。如果对样品施加一个大于屈服强度 σ_y 的应力 σ_1，材料会发生一个塑性应变 ε_1〔图 1-30（a）〕。如果在这一阶段除去应力，让具有应变 ε_1 的样品重复测试过程，此时样品的屈服强度已不再是 σ_y，而是 σ_1。我们对样品施加应力 σ_2，材料又会发生一个塑性应变 ε_2〔图 1-30（b）〕。再除去应力，重新开始测试时，样品的屈服应力已经是 σ_2 了。如此重复下去，材料的屈服强度越来越高，延展性越来越差，直至屈服强度等于断裂强度，材料就不具有任何延展性了〔图 1-30（c）〕。

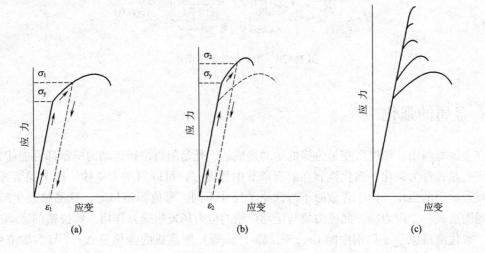

图 1-30 应变强化

（a）初次应变 （b）二次应变 （c）多次应变

这种应变强化的机理是应变大大提高了材料中位错的密度。在应变发生前，材料中位错的密度是 $10m/mm^3$，这一密度是较低的。当材料受到高于屈服强度的应力时，位错开始滑动。当遇到一个障碍时，位错的两端就被这个障碍"钉"住了〔图 1 - 31（a）〕。在应力的作用下，位错从中部开始弯曲，最后相碰形成一个圆圈，形成一个新的位错环〔图 1 - 31（b）和图 1 - 31（c）〕。但原来的位错两端仍是被"钉"住的，仍可弯曲生成又一个位错环〔图 1 - 31（d）〕。如果循环往复，位错数量不断增加。较大形变下的位错密度可达到 $10^6 m/mm^3$。这样高密度的位错互相交错，互相发生碰撞，乃至改变滑动平面。最后结果是限制了位错的运动，使材料得到强化。除位错的因素之外，应变还拉长了晶粒的形状，也给滑动造成了阻力。冷加工对铜和铝力学性能的影响见图 1 - 32。

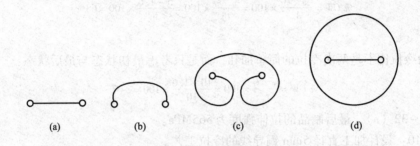

图 1 - 31　位错的衍生

（a）初级位错　（b）位错弯曲　（c）位错高度弯曲　（d）新位错生成

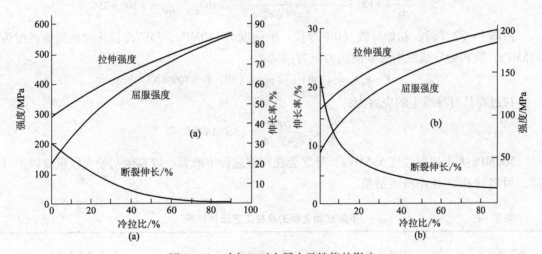

图 1 - 32　冷加工对金属力学性能的影响

（a）铜　（b）合金铝

冷加工原则上对任何金属材料都适用，但高碳含量的钢或合金钢形变困难，强化效果也不很明显，故冷加工主要用于碳含量低于 0.6% 的碳钢及一些有色金属。

冷加工的优点与限制如下：

（1）可同时进行成型与材料强化。

（2）加工尺寸精度高，表面光洁。

（3）加工成本低，因为不需要精密设备。

（4）室温下呈 HCP 结构的金属因滑动系很少，材料必脆，冷加工程度有限。

（5）冷加工会降低材料延展性、电导率与耐腐蚀性。但与其他强化方法相比，冷加工对电导率的影响是最小的，因而仍为导电材料强化的较佳方法。

（6）适当控制的残余应力与各向异性对有些材料是有益的。

例 1－9：一 10mm 厚的铜板先被冷轧至 5mm，再被进一步冷轧至 1.6mm，计算总冷拉比（%CW）及最后制品的强度。

解：由于冷轧过程中铜板的宽度不变，可计算两步的冷拉比如下：

$$\% CW = \frac{A_0 - A_f}{A_0} \times 100 = \frac{t_0 - t_f}{t_0} \times 100 = \frac{10 - 5}{10} \times 100 = 50\%$$

$$\% CW = \frac{A_0 - A_f}{A_0} \times 100 = \frac{t_0 - t_f}{t_0} \times 100 = \frac{5 - 1.6}{5} \times 100 = 68\%$$

但总的冷拉比不是两次冷拉的简单加和，而是只考虑最初状态与最后状态：

$$\% CW = \frac{t_0 - t_f}{t_0} \times 100 = \frac{10 - 1.6}{10} \times 100 = 84\%$$

由图 1－32（a），最后制品的拉伸强度为 565MPa。

例 1－10：设计加工直径 5mm 铜导线的冷拉工艺。

解：为保证尽可能高的加工效率，应采用尽可能高的拉伸比；但拉伸比又不能过高，防止材料在拉伸过程中断裂。先假定导线的初始直径为 10mm，则拉伸比为：

$$\% CW = \frac{A_0 - A_f}{A_0} \times 100 = \frac{(\pi/4)\, d_0^2 - (\pi/4)\, d_f^2}{(\pi/4)\, d_0^2} \times 100 = \frac{10^2 - 5^2}{10^2} \times 100 = 75\%$$

由图 1－32（a），初始导线（0% 冷拉）的强度为 140MPa，75% 冷拉比时的屈服强度为 535MPa。使初始导线发生形变的拉力应为：

$$F = \sigma_y A_0 = (140)\left[(\pi/4)(10)^2\right] = 10996\text{N}$$

拉过模具时导线上的应力为：

$$\sigma = \frac{F_d}{A_f} = \frac{10996}{(\pi/4)(5)^2} = 560\text{MN/m}^2$$

560MPa 大于屈服强度 535MPa，导线会在拉伸过程中断裂。以其他初始直径重复以上计算，可得到表 1－4 中所列结果。

表 1－4　　　　　　　　　不同初始直径的冷拉工艺设计结果

初始直径 d_0/mm	冷拉伸比/%	拉伸后的屈服强度/MPa	拉力/N	拉伸后导线的应力/MPa
6	31	350	3958	201
7	49	445	5388	274
8	61	480	7037	358
10	75	535	10996	560

由计算可以得知，当初始直径为 9.8mm 时，拉伸应力与屈服强度相等。故取初始直径低于 9.8mm，可获得较高的生产效率。

1.5.2　退火、热加工与细晶强化

退火是一种热处理手段，指将材料在较高温度下保持一段时间。退火可以消除冷加工的效果，可以完全消除冷加工造成的应变强化，使材料恢复柔软性与延展性，但仍能保留表面光洁度与尺寸精度。由于恢复了延展性，退火后的材料可以再进行冷加工。反复交替进行冷加工与退火，可造成很大的形变。最后，在较低温度下进行退火，可消除冷加工留下的残余应力且不影响制品的力学性能。退火可分为三个阶段。

（1）回复阶段　冷加工后的微观结构是由含大量交错位错的形变晶粒构成［图 1–33（a）］。对金属进行初步加热，热能使位错运动，形成多面体亚粒子的边界［图 1–33（b）］。这样处理后的位错密度并没有改变，因而力学性能也没有改变。但通过位错的重排，残余应力被降低甚至消除了，因此回复过程又称为应力消除。此外，回复还恢复了材料的电导率以及耐腐蚀性。

（2）重结晶　这一阶段的温度高于回复阶段。新的晶粒开始成核与生长，大部分位错被消除［图 1–33（c）］。重结晶后的金属回到低强度与高延展性状态。

（3）晶粒生长　在更高的退火温度下，晶粒开始互相兼并变大［图 1–33（d）］。这一过程往往是不希望发生的。金属晶粒的尺寸对性能有重要影响。许多因素影响重结晶的晶体尺寸。降低退火温度，缩短退火时间都能够减少晶粒生长的机会，降低晶粒尺寸；加大冷加工的程度，可为新晶粒提供更多的成核点，能够有效地使晶粒变小；微组织中的第二相，也可以阻止晶粒的生长，有助于控制晶粒尺寸。

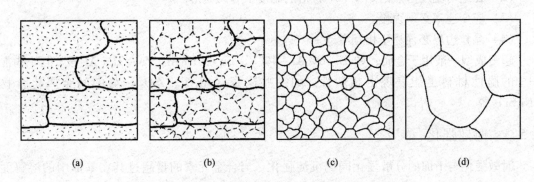

图 1–33　退火温度对冷加工金属微组织的影响
（a）冷加工后　（b）回复后　（c）重结晶后　（d）晶粒生长后

热加工是金属成型的又一种手段。热加工可以定义为再结晶温度以上的塑性加工。对碳钢而言，热加工温度为 815~1260℃。进行热加工的理由很简单：材料容易发生形变，因此热加工产品比冷加工的价格低。工字钢、角钢、槽钢、厚钢板等几乎都是热加工的产物。热加工不造成强化，因而塑性形变的量不受限制。很厚的板经反复轧制可以变得很薄。粗加工时温度可以很高，利用材料的柔软很快接近所需尺寸。在加工的最后阶段温度应刚好高于重结晶温度，同时要加大材料的变形量，被拉长的晶粒迅速重结晶，可获得尽可能细的晶粒（图 1–34）。热加工可消除材料中的缺陷，可弥合气孔或裂缝，还可使表面与中央的组成均匀化。热加工的产物也不是各向同性的。因模具或轧辊的温度都很低，使材料表面晶粒变细而中央仍较粗，轧制过程也会使部分晶粒变长。热加工的尺寸精度与表面光洁度都不如冷加

工。在高温下还要注意氧化，尤其是钨与铍的热加工时必须使用保护气体。热加工钢材料最大的缺点是表面光洁度低与尺寸精度低，但控制热加工条件可获得很细的晶粒。

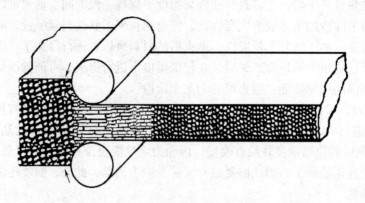

图 1 - 34　热加工过程中的重结晶

热加工对金属的强化作用不如冷加工明显。但通过加工条件的控制，可提高金属致密度，细化晶粒，不仅造成了细晶强化，还可全面提高其他力学性能。热加工与塑性形变密切相关。有些金属在特殊的热处理或加工过程中，形变量可达 1000%，这种行为称为超塑性。超塑成型常与扩散黏合结合使用，制造复杂的部件。材料发生超塑行为必须满足下列条件：

（1）金属必须具有极细的晶粒结构，晶粒直径不得大于 5μm。

（2）在绝对温度熔点的 0.5 ~ 0.65 倍的温度下容易变形。

（3）应变速率必须很慢。

（4）晶粒边界必须易于相互滑动。

超塑成型一般用于金属，如 Ti - 6% Al - 4% V，Cu - 10% Al，Zn - 23% Al 等。但一些常识中的脆性材料也能表现出超塑性，如一些陶瓷（Al_2O_3，ZrO_2）与中间金属化合物（Ni_3Si）等。

1.5.3　时效强化

时效强化与下面的分散强化同属沉淀强化。当合金元素的量超过其在基体中的溶解度时，就会有第二相生成。两相边界上的原子排列不如在体相中那样完善，就会构成对位错运动的抑制因素，对材料造成强化。时效强化与分散强化的机理相同，不同的是过程。我们以第一个沉淀强化的合金体系——铝 - 铜合金为例说明这一过程。图 1 - 35 是铝 - 铜合金的相图。相图中铜含量大于 70% 的部分被略去了，因为我们只关心左侧的 α 相与组成为 46% Al - 54% Cu 的 θ 相，即中间化合物 $CuAl_2$。化合物的组成是两个铝原子对一个铜原子，铝的原子百分数应是 66.7%。仔细察看相图可以发现，θ 相不是用一条垂线代表的，而两条靠近的线。说明其组成在一个很窄的范围内波动，但仍可以近似地视为计量化合物。最早开发的铝 - 铜合金中含铜 4.4%，在 493℃ 处于全 α 相。从这一温度淬火冷却到室温，因为没有时间生成化合物 $CuAl_2$，就得到室温下含 4.4% 铜的 α 相。这是个非平衡态，因为在室温下铜在铝中的溶解度为零，铜必须以 $CuAl_2$ 的形式沉淀出来。在室温下扩散过程很慢，这是个依赖时间的过程，称为时效过程。4.4% 的铜相当于 2%（原子浓度），即每 100 个铝原子中只有两个铜原子。而 $CuAl_2$ 中铜原子的浓度为 33%，欲以这种形式析出，首先铜原子必须大量富集。在铝－铜体系中，室温下约需 5 小时可以完成这一富集过程，形成铜原子的簇。过饱和铜原子的存在已经对铝发生了强化，而铜原子簇的强化效果更强。这是时效的第一阶段。时效的第二阶段，是形成四方结构的中间晶格（θ"相）。由于 θ"相的形成，在体系内产生一个内聚应变，导致晶格变形 [图 1－36（a）]。且由于这个晶格变形，使强化达到最大值。下一个阶段是 θ' 的形成。θ' 相与基体相脱离，成为独立的相。由于内聚应变的消失，强化效果开始下降。最后一个阶段是形成平衡的 $CuAl_2$（θ）相。θ 相仍是四方结构但原子间距与 θ' 相有所变化。强化效果进一步下降。随着 $CuAl_2$ 相粒子尺寸的增大，合金逐渐变软，最后变得比过饱和固体的强度还低 [图 1－36（b）]。这就到了过时效阶段。在应力作用下软的铝基体可以绕过大的 θ 相流动，θ 相起不到什么阻碍作用。这表明沉淀相的尺寸与强化作用有很大影响。沉淀相必须以细微粒子分散才会得到有效的强化。所以强化的合金不能通过从液相或 α 相缓慢冷却得到，而只能从 α 相淬火，经过时效到细微中间相的阶段，但不能发展到中间相凝聚的阶段。

　　不是在所有的温度下都可以观察到中间相发展的各个阶段。在 20℃ 的室温下，一个星期左右可发展到相当的强化，而在此温度下很难观察到过时效阶段。如果在沙漠中的室温（50℃）下，很长一段时间后可能会发生过时效。在 250～300℃ 的温度，过程进行很快，有些阶段是观察不到的。

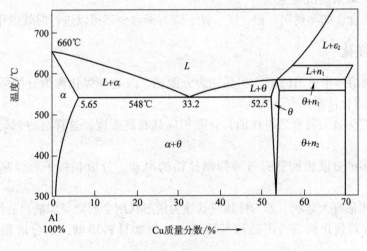

图 1－35　铝－铜相图

　　温度和时间对时效强化合金的性质都有影响。在 Al－4% Cu 合金中，260℃ 下的扩散速率是很快的，不到 0.1h，合金强度达到最大值；0.1h 就发生过时效。而使用较低的时效温度有许多益处。第一，温度越低，所能达到的最大强度越高；第二，合金保持最大强度的时间越长；第三，体系性质越均匀。例如合金在 260℃ 时效 10min，其表面达到了最佳的温度与强度，而内部则处于较低的温度与强度。一般选取 190℃ 为铝合金的时效温度。无论260℃ 还是 190℃ 都称为人工时效，因为时效是加热进行的。在室温下的时效称为自然时效。自然时效往往要数日之后才能达到强度最大值。但自然时效的强度峰值高于任何人工时效，且不会过时效。不是任何合金都能时效强化。要进行时效强化必须满足 4 个条件：

　　（1）固体溶解度必须随温度下降。换言之，合金在高温下为单相，而冷却后分为两相。

　　（2）基体必须较软而生成的沉淀相必须较硬，这一点同分散强化是一致的。

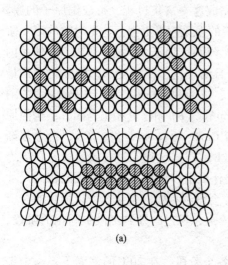 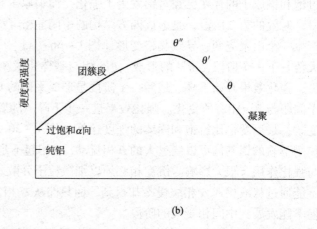

图 1 - 36　时效强化

(a) θ'' 相金属簇产生的内聚应变　(b) 沉淀合金性能与时效的关系

（3）合金必须能够淬冷以抑制沉淀的生成。

（4）必须有凝聚的沉淀生成。

许多重要的合金如不锈钢、铝、镁、钛、镍与铜合金都可以进行时效强化。

1.5.4　分散强化

从过饱和固溶体中析出的第二相往往为分散相，故这种强化称为分散强化（亦称为弥散强化）。分散强化体系具有下列性质：

（1）基体应为软而具有延展性的，分散相应具有高强度，这样可得到延展性与强度的适当组合。

（2）小而多的分散相能更有效地抑制位错的滑动。分散相粒子数量越多，强化效果越好。

（3）分散相最好为球状。如为针状或其他尖锐形状则会起到类似缺口的作用。

以上性质仅对强化而言，不适用其他目的。例如材料增韧，则分散相为针状时效果最好。

从固溶体中沉淀出来的第二相多为中间金属化合物。中间金属化合物由两种或多种元素构成，一般坚硬而脆。例如钢中的 Fe_3C，镍合金中的 Ni_3Al，钛合金中的 Ti_3Al 等。有的是计量化合物，有固定的组成；有的不是计量化合物，其组成是一个范围。但不论组成是否固定，一种中间金属化合物都有自己的晶格，在基体中形成第二相。

分散强化体系的代表是称为超合金的为铁 - 钴 - 镍合金，并含有大量的铬（25% ~ 30%）以保证抗氧性。超合金的强化是通过细微化合物粒子的分散（如 Ni_3Al、Ni_3Nb 和 Ni_3Ti）。虽然此类化合物常常通过沉淀与时效得到，但它们不发生内聚应变，且不发生凝聚。分散强化的合金不像沉淀强化合金会发生过时效，这是与时效强化的主要区别。此外，分散强化合金可以用不同于时效强化合金的制造方法。氧化物分散强化合金可以通过将氧化物与金属粉末一同在球磨机中研磨进行混合的方法制备。

第 2 章 金 属 材 料

自从人类掌握金属材料的冶炼技术以来，铁碳合金成为了生产活动中最重要的材料。正是因为如此，以铁碳合金为基础的金属材料被单独列为一类，称作黑色金属材料。这一大类材料包括碳钢、合金钢和铸铁。其他金属材料则统称有色金属。我们将从铁碳相图入手，逐一讨论这几类材料。在黑色金属之后，再简要介绍有色金属。

2.1 铁-碳相图与碳钢

2.1.1 Fe-Fe₃C 相图

碳在铁中的溶解度很低，超过溶解度后会形成一种化合物 Fe_3C。Fe_3C 是一种硬而脆的化合物，对钢铁的强化有重要意义。Fe_3C 中碳含量为 6.69%，碳含量高于 6.69% 的铁碳合金没有工业意义，所以没有必要了解整个铁-碳相图，熟悉了 Fe-Fe₃C 相图（图 2-1）就能够了解全部铁碳合金。

图 2-1 中一些重要点的温度，碳含量及其意义见表 2-1。

要了解 Fe-Fe₃C 相图，就必须清楚一些令人眼花缭乱的"体"。还要分清哪些体是相，哪些体是微观结构。

（1）铁素体 即图 2-1 中的 α 相。是碳与 BCC 铁形成的间隙固溶体，BCC 结构。α 相中碳的溶解度极低，室温下只有 0.0008%，600℃ 时为 0.0057%，在共析温度（727℃）处最高，也只有 0.022%。所以是较软的合金。δ 相也是 BCC 结构，称高温铁素体，仅在 1394℃ 以上存在。

（2）奥氏体 即 γ 相。是碳与 FCC 铁形成的间隙固溶体。FCC 结构有较大的中央间隙（1/2，1/2，1/2），对碳有较高溶解度。共析温度的最高溶解度为 0.8%，1148℃ 下的最高溶解度达 2.11%。

（3）渗碳体 即化合物 Fe_3C。具有三方晶体结构，硬且脆。

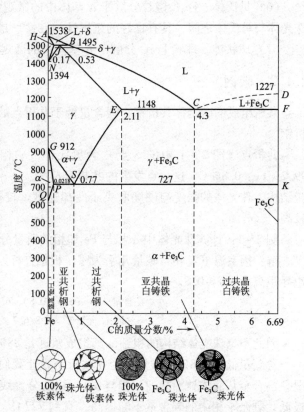

图 2-1 Fe-Fe₃C 相图

表 2－1

代码	温度/℃	碳质量分数/%	意　　义
			$Fe－Fe_3C$ 相图中重要的点
A	1538	0	纯铁的熔点
C	1148	4.3	共晶点 $L_C \longrightarrow \gamma_E + Fe_3C$
D	1227	6.7	Fe_3C 的熔点
E	1148	2.1	碳在 γ 相中的最大溶解度
G	912	0	$\alpha－\gamma$ 转变
P	727	0.02	碳在 α 相中的最大溶解度
S	727	0.8	共析点 $\gamma \longrightarrow \alpha_P + Fe_3C$

（4）马氏体　由 γ 相快速冷却（淬火）得到的亚稳相。因这不是平衡产物，所以在相图上找不到它的位置。马氏体具有四方体心（BCT）结构，与 BCC 结构相比，只是 c 轴被稍微拉长。它保持了 γ 相时的碳含量，非常坚硬，也非常脆。马氏体不是最后希望得到的形态，而是热处理过程中的一个中间产物。下面我们将用 M 代表马氏体。上面介绍的四个"体"都是相，以下三个"体"都是微观结构。

（5）珠光体　α 与 Fe_3C 形成的间层结构。共析组成（0.8%C）的 γ 相经缓慢冷却得到。硬度高于 α 相，但远低于马氏体。

（6）贝氏体　Fe_3C 微粒分散于 α 基体中的微观结构。从 γ 相中速冷却得到。硬度介于珠光体与马氏体之间，具有良好的延展性与韧性。是最希望得到的微观结构之一。

（7）球状体　球状 Fe_3C 分散于 α 基体中的微观结构。非常软，硬度低于珠光体。

2.1.2　碳钢

共析组成的碳钢称共析钢，碳含量低于共析点的碳钢为亚共析钢，高于共析点的为过共析钢。

共析点（图 2－1 中的 S 点）为奥氏体（γ 相）可存在的最低点，这一点的组成为 99.2%Fe：0.8%C。这一点发生的共析反应为：$\gamma \rightarrow \alpha + Fe_3C$，形成称为珠光体的平行片状微结构。珠光体的强度与硬度取决于冷却速度。较快冷却速度生成的片层较多且细，强度较高。

例 2－1：计算珠光体中 α 相与 Fe_3C 相的质量分数。

解：因室温下 α 相含碳量几乎为零，根据杠杆原则，共析点距相图左边界为 0.8，距右边界距离为 $6.7 - 0.8$。

$$\alpha \text{ 含量\%} = (6.7 - 0.8) / 6.7 \times 100 = 88\%$$
$$Fe_3C \text{ 含量\%} = 0.8/6.7 \times 100 = 12\%$$

因此不论珠光体结构的粗细，其组成永远是 88% 的 α 相与 12% 的 Fe_3C。

含碳量低于 0.8% 的碳钢称为亚共析钢。让我们来跟踪碳含量为 0.4% 的合金的冷却情况。当合金从液体被冷却到 γ 相与 $\alpha + \gamma$ 相的分界线时，α 相开始析出。由于 α 相中碳含量极低，剩余 γ 相中的碳含量不断提高，直到 727℃，碳含量提高到 0.8%。最后共析组成的合金转化为珠光体。沿 0.4%C 垂线上微观结构的变化见图 2－2。由于含较多的 α 相，亚共析钢比共析钢软。

含碳量高于 0.8%，低于 2.1% 的碳钢称为过共析钢。现在我们来跟踪碳含量为 1.2% 的合金的冷却情况。过共析钢在冷却过程中，首先析出的是 Fe_3C。合金不断冷却，γ 相中的碳含量不断降低，最后也达到共析点的 0.77%，转化为珠光体。从图 2-2 和图 2-3 可以看出，亚共析钢的结构是珠光体存在于 α 相中，而过共析钢的结构是 Fe_3C 存在于珠光体中。这种钢是非常脆的。

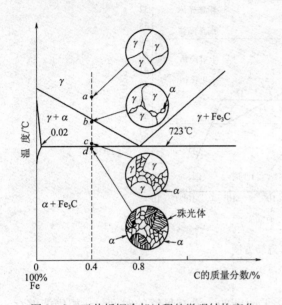 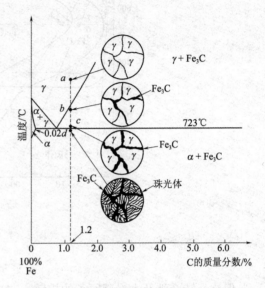

图 2-2 亚共析钢冷却过程的微观结构变化　　　图 2-3 过共析钢冷却过程的微观结构变化

将钢分作以上三类的根据是相图。而在实际应用中，碳钢按碳含量分作三类：

低碳钢：$C \leqslant 0.25\%$

中碳钢：$0.25\% < C \leqslant 0.6\%$

高碳钢：$C > 0.6\%$

低碳钢可用作汽车车身，中碳钢用于塑料模具，轴、齿轮等各种传动机构。共析钢属于高碳钢，最大的用途是作铁路钢轨。过共析范围的高碳钢用于弹簧与切削工具等。

2.1.3　碳钢的淬火

冷轧、热轧的钢板、棒材、线材等都是在近平衡条件下加工的。那些材料中的形态由相图明确描述。而多数情况下，需要通过热处理使钢具有所需要的强度和韧性，这就需要在非平衡条件下加工，其中主要是淬火（快速冷却）过程：

γ（淬冷）→马氏体

这是一个不可逆过程，从马氏体加热不可能直接得到 γ 相。马氏体加热时，必然先分解成为 α 相和 Fe_3C。如前所述，马氏体又硬又脆，不是人们所需要的目标产物，只把它作为一个中间产物。我们将在下面讨论如何由马氏体获得所需微观结构。由于马氏体是个亚稳相，它的生成过程不能用相图作指导，但可以用等温转变图（IT）预测其转变规律。我们取共析钢（0.8% C）的等温转变图（图 2-4）作为典型来研究非平衡过程。

图上部第一条虚线表示共析温度，在此之上完全是 γ 区，与时间无关。在共析温度以下，左侧曲线以左的区域也是 γ 区。这说明即使处在共析温度以下，热力学要求发生反应。

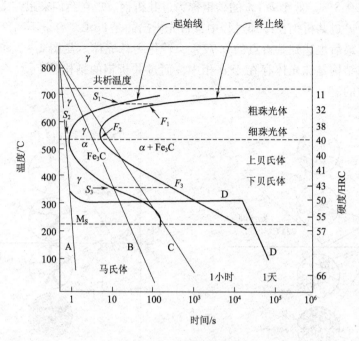

图 2-4 等温转变图

$$\gamma \rightarrow \alpha + Fe_3C$$

但这一转变涉及大量碳原子的扩散,这是需要时间的。没有足够的时间,γ 相仍能够存在。左侧曲线称为起始线,表示不同温度下 γ 相开始转变为 $\alpha + Fe_3C$ 的时间。右侧曲线为终止线,为 $\gamma \rightarrow \alpha + Fe_3C$ 反应结束的时间。所以两条曲线之间为 γ、α、Fe_3C 三相共存;而右侧曲线右边为 $\alpha + Fe_3C$ 的区域。两条曲线都呈鼻子状。处于较高和较低温度 S_1 和 S_3 时,γ 都能存在较长时间;而处于中间温度 S_2 时,γ 相只能存在数秒钟,就要发生转变。这是热力学因素和动力学因素共同决定的。温度越高,热力学的驱动力越弱,但对碳原子扩散越有利;温度越低,热力学的驱动力越强,但碳原子扩散越不利。处于中间温度时,二者取得平衡,最有利于 γ 相的转变。起始线与终止线规定了一定温度下 $\gamma \rightarrow \alpha + Fe_3C$ 反应开始与结束的时间。因此 $S_1 - F_1$,$S_2 - F_2$,$S_3 - F_3$ 分别代表了三个不同温度下 γ 相转变的时间。但不同温度下 γ 相转变的产物不同。从图 2-4 可以看出,$S_1 - F_1$ 附近温度下的转变产物为粗糙的珠光体,而 $S_1 - F_2$ 附近的产物则为精细的珠光体。在更低的温度下,则可以得到贝氏体。

最下面一条水平虚线上标有 M_s,意为低于此温度马氏体就开始生成。此温度以下就为马氏体区。设想我们以不同冷却速度将共析钢从 γ 区冷却。冷却手段按冷却速度排列可以是盐水,普通水,液体聚合物,油,空气或在熔炉内切断电源冷却等。图中的 A,B,C 三条斜线分别代表不同的冷却速度。虽然实际冷却速度不是一条直线,但我们使用直线可能更有助于对机理进行解释。A 线是盐水或纯水冷却,冷却速度最高,在不到 1 秒的时间内从 γ 区冷却到 220℃ 以下,不与转变曲线相交,直接落在马氏体区内。在此冷却速度下,不可能发生 $\gamma \rightarrow \alpha + Fe_3C$ 转变,只能发生 $\gamma \rightarrow M$ 的转变。要作到这一点样品必须很薄,才能从里到外都被迅速冷却。如果样品的厚度超过 20mm,只有表面生成马氏体,内部仍要发生 $\gamma \rightarrow \alpha + Fe_3C$ 转变。C 线为空气冷却,冷却速度最慢,若干分钟后才能到达室温。C 线与起始线和终止线都相交。在这种冷却速度下,不可能生成马氏体,只会生成粗糙的与精细的珠光体。用空气冷却已很接近平衡条件，不能称为淬火，而称为正火处理。

B 线（油冷）的冷却速度介于 A 与 C 之间，它只与起始线相交而不与终止线相交。在与起始线相交的温度，就开始 $\gamma \to \alpha + Fe_3C$ 的转变反应。但因为不与终止线相交，γ 相的转变尚未结束，就被冷却到马氏体区。此时剩余的 γ 相转变为马氏体。现在我们来看样品内都有些什么微观结构。在 723～550℃生成的结构是珠光体，而在 550～250℃生成的是贝氏体。贝氏体也是由 $\alpha + Fe_3C$ 组成，α 与 Fe_3C 虽有生成间层结构的倾向，但由于温度太低，只能生成具有取向倾向的 Fe_3C 微粒。根据温度的高低，可生成两种贝氏体。在 550～350℃生成的称上贝氏体，此时因温度相对较高，Fe_3C 形成棒状形态，350～250℃生成的称下贝氏体，Fe_3C 只能生成微粒。贝氏体是非常有用的微观结构，它在硬度、强度、韧性之间取得了最好的综合。硬度为 HRC40～45，拉伸强度 1208～1450MPa。

采用油冷可以得到含部分贝氏体的产物，但仍不是最理想的处理方法。由于贝氏体的重要性，需要找到一个途径，得到 100% 的贝氏体。我们可以设计冷却路线 D：先用盐水浴将样品淬冷到略高于 M_s 的温度，不与起始线相交，然后在该温度保持足够长的时间，直至与终止线相交。γ 相的转变完成后，可以用任何冷却方式冷却到室温。这样就能得到全贝氏体结构。这种热处理方法称为奥氏回火。以上讨论的四种冷却方式所得结果如表 2－2 所示。

表 2－2　　　　　　　　　　　　共析钢以不同方式冷却后的相态与微观结构

冷却介质	相态	微观结构	硬度/HRC
A: 水	马氏体	马氏体	65
B: 油	$\alpha + Fe_3C +$ 马氏体	珠光体，贝氏体，马氏体	40～45
C: 空气	$\alpha + Fe_3C$	珠光体	15～20
D: 奥氏回火	$\alpha + Fe_3C$	贝氏体	40～45

2.1.4　回火

回火是将亚稳的马氏体转变为稳定产物 $\alpha + Fe_3C$ 的热处理过程。虽然马氏体硬度很高，但我们还是宁愿牺牲一些硬度和强度，以得到韧性更高的产物。此时需要的反应是 $M \to \alpha + Fe_3C$。理论上，回火可以在共析温度之下任何温度进行，但在实际操作中，回火一般为在 400～450℃处理 30 分钟。如果需要较高的硬度，例如制造工具、模具等，可以在 200℃进行处理。回火的产物称为回火马氏体。但这是个非常荒谬的用词，因为回火之后马氏体就不再存在，只有 $\alpha + Fe_3C$。Fe_3C 的颗粒非常细微，与贝氏体中相似。区别仅在于贝氏体中的 Fe_3C 颗粒稍有取向倾向，而回火马氏体中的颗粒则为无规分布。二者的硬度、强度和韧性都非常接近。因此我们又有了另一条取得所需结构的途径：淬火－回火。这一途径比奥氏回火更容易操作。这就是马氏体作为中间产物的意义。了解了回火，我们对奥氏回火的命名也就有了理解：其处理温度与回火相当，且是由奥氏体直接转变为贝氏体，故称奥氏回火。

碳钢的铁磁性是最突出的优点，可以制造磁性控制的机构。碳钢的模量在金属材料中是较高的，可达 207MPa。高于此值的金属材料只有镍合金、铍合金以及钨和钼。

2.2 合金钢

2.2.1 合金元素的作用

合金钢中除了铁与碳，还有足够量的另一种元素，称为合金元素。合金元素的加入，可以在许多方面对钢的性能造成影响。首先，合金元素能进一步对钢进行强化。合金元素既可以与铁生成化合物，也可以与碳生成化合物。合金元素的引入往往是同时以三种机理进行强化，即同时生成固溶体，形成具有固定化学组成的化合物（中间相），还会形成合金元素富集的区域。合金元素的存在方式不仅取决于热力学因素，还取决于合金元素的尺寸、电化学因素以及原子价位等。但有些元素如果强化不当，就会造成金属的脆化，所以对强化的过程应有适当的把握。

合金元素加入后最重要的影响是提高了钢的淬透性。淬透性的含义是淬火的深度。前面曾提到淬火强化的必要条件之一是足够高的碳含量。碳含量低于 0.6% 的钢不能进行淬火强化。但 0.6% 的碳含量并不能保证材料整体都被强化，这是因为碳钢的淬透性很差。从图 2-4 可以得知，共析钢（碳含量 0.8%）必须在 1 秒钟内从 870℃ 降到 530℃。这样高的冷却速度只能使用水冷，而且材料形状必须是薄片或直径不超过 25mm 的细棒。大尺寸材料则只有表面被强化，甚至连表面都不能强化。碳钢的淬透性与碳含量有很大关系，见图 2-5。但如果碳含量超过 1%，淬透性又会下降。所以使用碳钢时必须考虑材料的形状。尺寸较大而需要高强度或高硬度的不能使用碳钢。

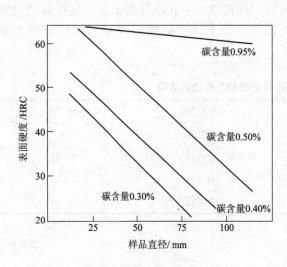

图 2-5 含碳量与淬透性的关系

合金元素的加入使淬火条件变得温和。例如在碳含量为 0.42% 的情况下，必须在 1 秒钟内从奥氏温度降到 500℃ 以下才能获得所需硬度。相同碳含量情况下，加入合金元素镍、钼与铬后，只要在 10 秒内完成同样的冷却就可以了。淬透性可用 Jominy 端部淬火法进行测定（图 2-6）。在这种方法中，直径 25mm，长 100mm 的钢棒固定在支架上，加热到奥氏温度以上，然后用水喷射其一端。结果用水喷的一端快速冷却，另一端几乎是空气冷却，中间部位的冷却速度沿长度方向平滑过渡。样品完全冷却后，测定不同部位的硬度，对距离作图。所得曲线就是淬透性的度量。通过这样的测量发现，一种碳含量为 0.20% 的碳钢，如果加入 1% 的钼，其淬透性就相当于含碳 0.45% 的碳钢。

除了提高淬透性之外，合金元素还能够提高耐腐蚀性，机加工性和一些物理性质。铜能够提高耐腐蚀性，硫与磷可以提高机加工性。但如果硫的含量超过 0.06%，就会破坏材料的焊接性。表 2-3 列出了常见的合金元素及其作用。可以看到，大多数合金元素的作用都包括提高淬透性，或是通过改变转变温度，或通过使转变条件温和化。

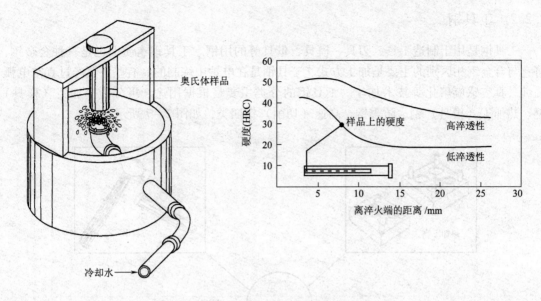

图 2-6 淬透性的 Jominy 端部淬火法

有一类钢称为"高强低合金钢"，碳含量低于 0.20%，锰含量为 1%，还含有不超过 0.5% 的其他合金元素。由其碳含量可知，这种钢不能淬火强化，都以热加工状态使用。铜是高强低合金钢中最重要的元素。当含量低于 0.5% 时，它的作用是生成固溶体进行强化，同时生成坚硬的氧化膜提高耐腐蚀性。如果含量超过 0.75%，就能够发生沉淀强化。铬、镍、磷的作用也都是生成氧化保护膜。为进一步对材料进行强化，铌、钛、钒等元素被用来进行沉淀强化。由于加入量不高于 0.2%，不会使材料的成本增加太多。高强低合金钢大多用于建造桥、塔、护杆和楼梯等建筑。此类钢的屈服强度为 275 ~ 550MPa，拉伸强度为 370 ~ 620MPa，机加工性和焊接性都很好。通过各种合金元素的加入，高强度与抗腐蚀性是其特色。

表 2-3 合金元素的主要作用

元素	典型用量/%	主要作用
铝	<2	促进氮化，限制晶粒生长，从熔体中脱氧
硫	<0.5	提高机加工性，降低焊接性与延展性
铬	0.3 ~ 4	提高耐腐蚀性与耐氧化性，提高淬透性，提高高温强度，可与碳结合生成坚硬微组织
镍	0.3 ~ 5	促进奥氏组织，提高淬透性，提高韧性
铜	0.2 ~ 0.5	生成坚硬氧化膜提高抗大气腐蚀性
镁	0.3 ~ 2	提高淬透性，促进奥氏组织，与硫结合降低其不利影响
硅	0.2 ~ 2.5	促进脱氧，提高韧性，提高淬透性
钼	0.1 ~ 0.5	促进晶粒细化，提高淬透性，提高高温强度
钒	0.1 ~ 0.3	促进晶粒细化，提高淬透性，可与碳结合生成坚硬微组织

2.2.2 工具钢

工具钢是用于制造工具、刃具、模具、量具等的用钢。工具钢本质上也是一种合金钢，将它与合金钢相区别的主要是加工方式。工具钢是在电炉中炼制的，有些还要经过真空电弧提纯、真空感应熔化等技术加工。工具钢的分类主要是根据用途，可分为冷加工（模具）钢、热加工（模具）钢、防震钢、高速（切削）钢四类，如图2-7所示。

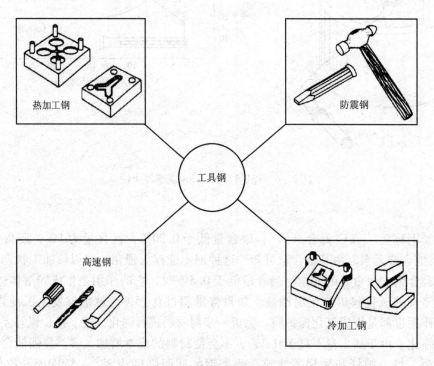

图2-7　四类工具钢

由于加工方式不同，工具钢在组成和结构上与碳钢、合金钢有所不同。图2-8表示了三者之间的异同。首先在产品种类上，工具钢没有冷加工的品种，没有钢板的品种，只有热加工的圆钢与型钢。因为工具钢的冷加工或加工成板材是很困难的。合金钢也没有冷加工品种，但有板材供应。而碳钢则具备冷、热加工的各种品种。在化学组成上三者有显著的不同。工具钢中含有的合金元素种类多，含量高。所含的钨、钴、钒等元素一般不见于普通合金钢，而碳钢中更不含显著量的合金元素。由于合金元素多与碳原子生成碳化物，而不与铁原子生成固溶体，故不赋予工具钢抗腐蚀的性质，这一点是有别于不锈钢的。图2-8也比较了三种钢的TTT图，可以看出工具钢的淬透性胜过合金钢，其热处理条件比合金钢还要温和，这就避免了淬火过程中可能发生的材料变形或开裂等现象。工具钢的淬火硬度与碳钢和合金钢相当，但回火性质有很大区别。回火很难使工具钢变软，甚至在426℃处回火可使工具钢变得更硬，而碳钢与合金钢在高于204℃后就已经变软了。由于碳化物的形成，使工具钢在微观结构上有别于其他钢种。碳钢与合金钢的完全硬化产物的主要形态是马氏体，而工具钢则是一定比例的碳化物分散在马氏体的基体中，比例从1%到20%不等，主要是钒、铬、钼等的碳化物。这些碳化物的硬度高于马氏体，所以使工具钢具有很高的耐磨性。正是这些碳化物的存在，使工具钢具有独特的优异性质而可以成为独立的一类钢种。

　　图 2-9 是工具钢微观形态的示意图。图 2-9（a）是合金钢中碳化物的形态，颗粒非常细微，在 400 倍显微镜下几乎不可辨。当合金元素与碳含量增加时，碳化物的含量增加，形态也在改变。有些碳化物呈圆形，如高速钢的形态为图 2-9（b），粉末冶金法制造的工具钢具有图 2-9（c）的细微结构。有些呈块状图 2-9（d）至图 2-9（f）。块状碳化物往往按轧制的方向取向，冷加工工具钢具有这些形态。

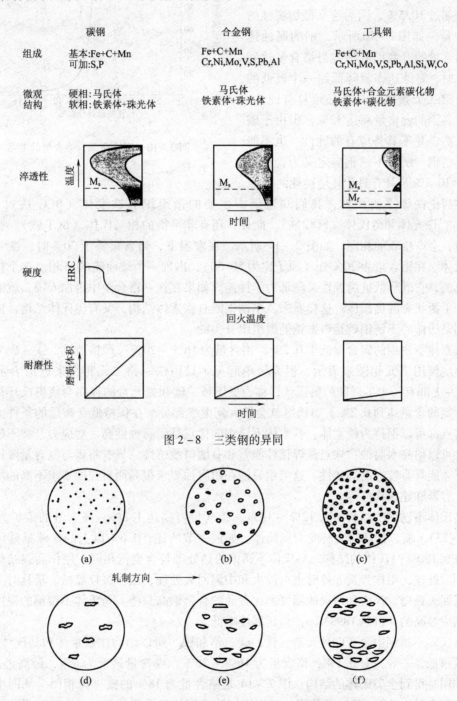

图 2-8　三类钢的异同

图 2-9　工具钢中的微观形态（放大 400 倍）

（a）合金钢极细微　　（b）高速钢球状均匀分布　　（c）粉末冶金工具钢细微球状，均匀分布

（d）少量碳化物　　（e）较多碳化物　　（f）大量碳化物

2.2.3 不锈钢

不锈钢是铁、铬与其他元素的合金，可以抵御许多环境的腐蚀。铁铬合金必须具备两个条件才能称为不锈钢。一是铬含量必须超过 10.5%，因为这是抵御腐蚀的最低含量。如图 2-10 所示，钢的腐蚀速率随铬含量的升高而降低，当铬含量达到 10.5% 时，腐蚀速率就降低到一个极低的水平。第二个条件是合金必须具有钝性。有些工具钢的含铬量高达 12%，但由于碳含量太高，并不具备应有的钝性，也不能称为不锈钢。所以不锈钢应定义为含铬量不低于 10.5%，具有氧化环境钝性的钢。

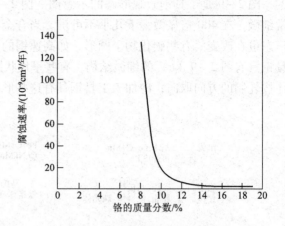

图 2-10　腐蚀速率与铬含量的关系

在讨论铁碳平衡图时，我们知道钢中主要的微组织有铁素体（BCC 铁），渗碳体（Fe_3C），珠光体和奥氏体（FCC 铁）。此外，还有非平衡的相马氏体（BCT 铁）。铬元素加入铁时，会产生新的相图，如图 2-11 所示。在室温下，铬含量低于 20% 时，铁-铬合金为铁素体。在铬含量为 20% 处（原子比为 50∶50），出现一个硬而脆的 σ 相。这个相是我们不需要的，它既降低抗腐蚀性又降低力学性能。如果在铁-铬合金中再加入镍，就能够在室温得到平衡状态的奥氏体。这样看来，不锈钢既有铁素体结构，又有奥氏体结构，还可以淬火得到马氏体。不锈钢就是根据钢的微组织分类的。

铁素体不锈钢的碳含量低于 0.2%，铬含量为 16%~20%。严格地讲，铁-碳-铬的三元合金应该用三元相图来表示，但为简单起见，只用铁-铬二元相图来近似表示。在图 2-12 左上部有一个半椭圆的奥氏区，称为奥氏环。碳和氮元素的存在会使奥氏环扩大。如果碳+氮的含量达到 0.2%，奥氏区就会扩大到虚线部分。在保持低含碳量的条件下，从室温到熔点都可以保持为铁素体。铁素体不锈钢的优点是耐腐蚀性高，对应力开裂不敏感，个别品种可以耐海水腐蚀；缺点是焊接性能差和有缺口敏感性。只有将碳与氮含量降得很低的情况下才能具有较好的焊接性。这类钢只能在耐腐蚀要求很高而对强度要求不高的场合，如管道、容器和建筑构件等。

马氏体不锈钢的铬含量为 12%~18%，碳含量可高达 1.2%。高含量的碳扩大了 γ 环（图 2-13），所以加热时会转变为奥氏体。如前一节所述，0.6% 以上的含碳量就可以通过淬火得到 100% 马氏体的结构。马氏体不锈钢的热处理与合金钢相同。用作高强结构零件时进行调质处理，用作弹簧元件时进行淬火和中温回火处理，用作医疗器械、量具时进行淬火和低温回火处理。淬火和回火的温度都比普通的合金钢高一些。马氏体不锈钢的强度是所有不锈钢中最高的，可达 1897MPa，但延展性略低。

奥氏体不锈钢中含有四种元素，铁、碳、铬和镍，所以结构比铁素体和马氏体要复杂。含碳量很低，一般只有 0.1%，铬含量为 16%~26%，镍含量最低为 8%，最高可达 24%。镍的作用是得到全奥氏体的结构。图 2-14 是铬含量为 18% 的铁-镍相图。从图中可以看出，在镍含量为 8%~10% 的范围，奥氏体与铁素体处于平衡状态。而在实际操作中，是通过水冷使这种钢处于全奥氏体结构。虽然处于亚稳态，但在室温下不会变化。除了镍以外，锰的加入也可以得到奥氏体结构。奥氏体不锈钢的主要优点是延展性好，易于加工。

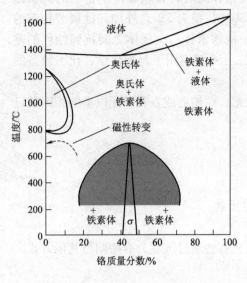

图 2-11　铁-铬相图

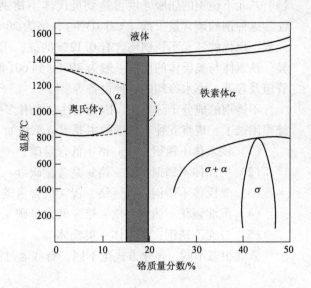

图 2-12　铁素体不锈钢的相图

沉淀强化不锈钢可在得到很高的强度（1380MPa）的同时保持良好的延展性。获得高强度的机理是通过中间化合物的沉淀强化，包括铁或镍与钛、铝、钼、铜的化合物。典型的化合物有 $NiAl_3$，$NiTi_3$，$NiMo$ 等。铬含量在 13% ~ 17%。沉淀强化不锈钢可以兼具奥氏体的延展性与接近马氏体的强度，在航空与运动领域有广泛的应用。

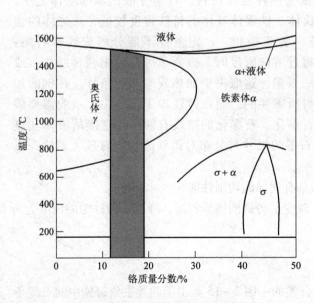

图 2-13　马氏体不锈钢的相图

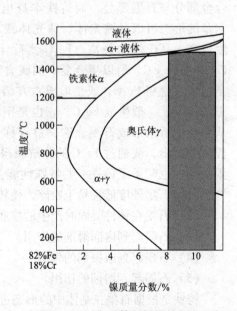

图 2-14　奥氏体不锈钢的相图

二元不锈钢是铁素体与奥氏体的混合物。不仅铬、镍与锰对不锈钢的相态有影响，其他元素也有类似作用。硅、钼、钒、铝、铌、钛、钨可促进铁素体的生成，钴、铜、碳、氮都可促进奥氏体的生成。适当调节不锈钢中的元素成分，就能得到铁素体与奥氏体共存的产物。二元不锈钢的屈服强度可达到奥氏体不锈钢的两倍，同时具有铁素体不锈钢的抗腐蚀性。这种钢的碳含量很低（≤0.03%），铬为20%～30%，镍为5%，外加其他调节相态的元素。现代的二元不锈钢还含有0.12%的氮，用以平衡铁素体与奥氏体之间抗腐蚀性的差异。铁素体与奥氏体的比例一般为40:60到60:40。二元不锈钢用于制造化学、化工设备的管道及容器，海水冷却的各种设备等。

不锈钢的成分十分复杂，因为它往往含有多种元素，而构造或查看三元以上的相图就已经很困难了。现将五种不锈钢的主要成分总结如下：

(1) 铁素体不锈钢：铁－铬＋低含量碳

(2) 马氏体不锈钢：铁－铬＋高含量碳

(3) 奥氏体不锈钢：铁－铬－镍＋低含量碳

(4) 沉淀强化不锈钢：铁－铬＋低含量碳＋沉淀元素

(5) 二元不锈钢：铁素体＋奥氏体

微观相态不同，强化方式也不同，有些通过淬火，有些通过沉淀，有些则是其他方式。

2.3 铸铁

铸铁也是一种铁碳合金，碳含量高于2%。由于含碳量高，材料呈脆性，不能用与钢相同的加工方法成型，而只能用浇铸的方法，故名铸铁。除碳含量外，铸铁与钢之间的另一个重要区别是碳的存在形式。钢中的碳或处于合金状态，或处于化合物 Fe_3C 状态。而在铸铁中，碳或处于合金状态，或处于石墨的状态。因此铸铁中的碳可分为两部分，合金部分与石墨部分。而铸铁本身也可视为一种复合材料，石墨分散在钢的基体之中。钢基的形态可以是铁素体、珠光体或马氏体。铁素体基体的铸铁强度较低，珠光体的强度较高，马氏体的最高。Fe_3C 实际上是一种亚稳相，一定条件下能分解成铁和石墨：$Fe_3C \rightarrow 3Fe + C$。所以当合金中的碳含量超过溶解限度时，碳原子可发展出两种结构，或是形成亚稳相 Fe_3C，或是形成六方结构的石墨，这取决于加热或冷却的条件。在钢的加工条件下，一般生成 Fe_3C，它也是钢材料所需要的。而在铸铁加工过程中，一般需要碳从合金中析出形成石墨，这一过程称为石墨化。石墨化的路线有两条：直接从液体和奥氏体中析出，或通过 Fe_3C 的分解获得。石墨的尺寸与分布对铸铁的性能有较大影响，石墨的存在也赋予了铸铁一些特殊性能：

(1) 石墨硬度低且易于粉碎，使铸铁具有优异的切削性能。

(2) 石墨在铸件凝固时产生的膨胀，减少了铸铁的体积收缩，降低了铸件中的内应力。

(3) 石墨起到内润滑剂的作用。

(4) 石墨起到减振剂的作用。

(5) 石墨起到增韧的作用。

铸铁是根据石墨在基体中的形态进行分类的。图2-15画出了四类主要铸铁中的石墨形态。石墨呈片状的铸铁因其断口发灰色，称灰口铸铁或灰铸铁；石墨呈球状的为球墨铸铁；石墨呈蠕虫状的称蠕墨铸铁；石墨为团絮状的称可锻铸铁。还有一种铸铁不经热处理，直接浇铸成型，材料中不含石墨，因其断口发白色，称为白铸铁。图2-16为各类铸铁的碳与硅含量。

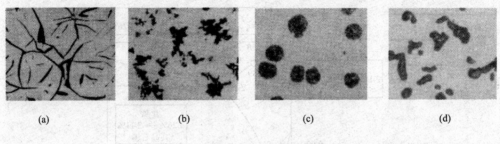

图 2 - 15　四类铸铁中的石墨形态

（a）片状石墨　（b）团絮状石墨　（c）球状石墨　（d）蠕虫状石墨

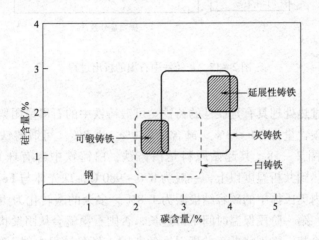

图 2 - 16　各类铸铁的碳与硅含量

　　灰铸铁的化学组成是 2% ~ 4% 的碳与 1% 的硅。石墨以片状分布在基体之中。灰铸铁中的硅促进石墨的形成并抑制 Fe_3C 的生成。灰铸铁的石墨化过程是从液体或奥氏体中析出，简要过程如图 2 - 17 所示。假设有一碳含量为 3.0% 的铸铁从液体开始冷却。遇到液相线 BC 后，开始析出低碳含量的奥氏体，液相中的碳含量沿 $B \rightarrow C'$ 从 3.0% 上升至共晶点的 4.26%，奥氏体中的碳含量沿 $J \rightarrow E'$ 线变化，从 1.39% 上升至共晶点的 2.08%。在共晶反应中体系固化为碳含量为 2.08% 的奥氏体与石墨。这是析出的第一阶段，所得石墨称为共晶石墨。在奥氏体的冷却过程中，碳含量沿 $E' \rightarrow S'$ 线降低，从 2.08% 降到 0.68%，同时析出石墨，这是第二阶段，得到的是二次石墨。冷却至共析点时，奥氏体转变为铁素体与石墨。铁素体的碳含量仅为 0.02%，大量石墨析出。这是析出的第三阶段，得到的是共析石墨。在第三阶段中，奥氏体不一定转变为铁素体，根据铸铁化学组成的不同与处理工艺的不同，可以转变为珠光体或淬火成为马氏体。以上介绍的析出石墨化过程并非灰铸铁所独有，球墨铸铁与蠕墨铸铁也遵循这一石墨化过程。

　　灰铸铁中的石墨含量约有体积分数 10%，减振性能良好，因此常用作设备的底座。多数环境中灰铸铁的抗腐蚀性质优于碳钢，因为石墨为基体抵制了环境的腐蚀作用。灰铸铁广泛用于管道体系。传统上城市中的饮用水管与消防水管道都是用铸铁制造，许多城市中的铸铁体系都已使用了百年以上。

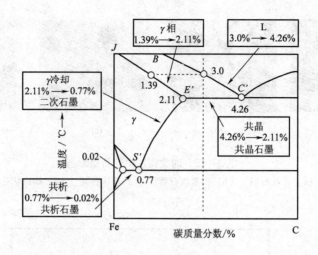

图 2 - 17　灰铸铁中石墨的析出过程

可锻铸铁是经过热处理具有延展性的铸铁。可锻铸铁中的石墨呈团絮状。可锻铸铁也是铁 – 碳 – 硅合金，碳含量为 2% ~3% ，硅含量为 1% ~1.8% 。可锻铸铁的加工过程与上述几种铸铁不同，见图 2 - 18。其起始原料是白铸铁，白铸铁中含有珠光体与独立存在的 Fe_3C。将白铸铁加热到共析温度以上，一般为 870 ~980℃，珠光体与 Fe_3C 开始转变为奥氏体。这一温度范围内奥氏体中的碳容纳极限为 1.8% ，多余的碳转化为团絮状的石墨，这是石墨化的第一阶段。第一阶段保温时间不可过长，否则石墨就会从团絮状转变为片状。从第一阶段的温度缓慢冷却，降到略低于共析温度的范围，降温过程中碳不断从奥氏体中析出，这是第二阶段。在共析温度以下，奥氏体逐步转化为铁素体，并析出石墨。这是第三阶段。待转化完成后再冷却至室温。同灰铸铁的处理方法一样，根据化学组成或处理工艺，从奥氏体可以转变为珠光体或马氏体。可锻铸铁有较高的强度、延展性和韧性，可代替部分碳钢。常用来制造形状复杂，承受冲击的振动载荷的零部件。可锻铸铁的热处理时间较长，一般为70 多个小时，最长的可超过 100 小时，这是阻碍可锻铸铁应用的主要因素。

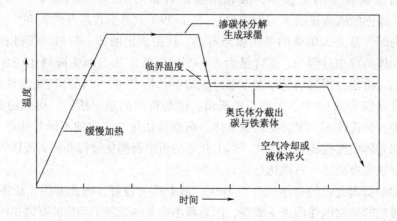

图 2 - 18　制备可锻铸铁的热处理过程

2.4 有色金属

铁以外的金属合称有色金属。虽被归为一类，但有色合金的性质与加工方法千差万别。镓的熔点在人的体温附近，而钨的熔点在 3000℃ 以上；有的强度只有几 MPa，有的可以高达 1500MPa。铝、镁、铍的密度都在 3g/cm³ 以下，而钨的密度超过 19g/cm³。有色金属为我们提供了宽广的材料选择余地。在选用有色金属时，同其他材料一样，主要还是看比强度（表 2 - 4）。比强度即强度与密度之比。

表 2 - 4 　　　　　　　　　　　　　　主要有色金属的性能

金属	密度 / (g/cm³)	拉伸强度 /MPa	比强度 / (m²/s²)	金属	密度 / (g/cm³)	拉伸强度 /MPa	比强度 / (m²/s²)
铝	2.70	570	211000	镍	8.90	1360	153000
铍	1.85	380	205000	钛	4.51	1350	299000
铜	8.93	1300	146000	钨	19.25	1030	54000
铅	11.36	70	6000	锌	7.13	520	73000
镁	1.74	380	218000	铁	7.87	2070	263000

2.4.1 铝合金

铝是自然界蕴藏量最丰富的金属，地壳质量的 8% 为铝。许多岩石与矿物中都含有大量的铝。

作为一种金属材料，铝有三大优点，使得它在有色金属中占据头等重要的地位。首先是重量轻，比强度高。铝的密度为 2.7g/cm³，除镁和铍以外，它是工程金属中最轻的。虽然强度比铁合金低得多，但比强度却与之相仿；第二个优点是高的热导率与电导率。其电导率为铜的 60%，如果按单位重量计，铝的电导率则超过了铜；第三个优点是耐腐蚀性。铝可与氧气迅速作用，在表面生成一层极薄的氧化膜，保护内部的材料不受环境侵害。其他优点包括良好的焊接性、高反射率、易加工成型等。25% 的铝用于容器与包装，20% 用于建筑材料，如门窗、扶梯、栏杆等，10% 用于导电材料，其余部分用于车辆、飞机与消耗品。各类铝合金的性能见表 2 - 5。铝的缺点是疲劳极限不高，会在低应力下疲劳破坏；硬度低，容易磨损；熔点低，不能在高温下工作。

表 2 - 5 　　　　　　　　　　　　　　铝合金与纯铝性能比较

材料	拉伸强度/MPa	屈服强度/MPa	伸长率/%	合金屈服强度/纯铝屈服强度
纯铝（99.999%）	45	17	60	1
工业纯铝（99%）	90	35	45	2.0
固溶强化（1.2% Mn）	110	41	35	2.4
75% 冷加工（99% 铝）	165	152	15	8.8
分散强化（5% Mg）	290	152	35	8.8
时效强化（5.6% 锌 2.5% 镁）	572	503	11	29.2

液态铝能与许多金属混溶，但固态铝对其他元素的溶解度只有百分之几，易生成中间金属化合物构成合金中的另一相。没有一种元素可与铝在固态完全混溶。铝的中间金属化合物一般硬而脆，会对力学性能产生不利影响。铝合金中的其他元素含量一般不超过 15%，最重要的合金元素为铜、锰、硅、镁和锌。这些元素与铝的二元相图都大同小异，在高温下有较高溶解度，而在室温的溶解度非常有限。利用这一性质，可以对铝进行时效强化。许多铝合金是沉淀强化的，如 Al – Mg, Al – Zn, Al – Si, Al – Mg – Si, Al – Mn, Al – Li, Al – Ni 合金等。Al – Zn 体系是铝合金中最强的。最经典的例子是铝 – 铜合金的时效强化，已在前面详细讨论过。重要合金元素的溶解极限见表 2 – 6。

表 2 – 6　　　　　　　　　　重要合金元素在铝中的溶解度

合金元素	纯铝中的室温溶解度/%	凝固温度/℃	凝固温度下的溶解度/%
铜	0.02	548	5.65
镁	2.5	450	14.9
锰	0.3	659	1.8
硅	0.1	577	1.65
锌	2	382	82

除了时效强化，固溶强化的作用外，合金元素对铝还有其他影响。正面与负面的影响都列于表 2 – 7 中。

表 2 – 7　　　　　　　　　　合金元素对铝的影响

合金元素	影　　　　响
铜	含量12%以下可提高强度，太高导致变脆；改善高温性能与机加工性
镁	固溶强化；铸造困难
锰	与铁结合提高铸造性能，降低收缩，提高冲击强度与延展性
硅	提高铸造与焊接流动性，降低热开裂，提高耐蚀性；超过3%使合金难加工
锌	与其他元素结合产生极高强度；超过10%产生应力腐蚀开裂；二元合金无意义
铁	矿石中的天然杂质；可提高强度与硬度，降低铸件的热开裂
铬	提高传导性，低含量可降低晶粒尺寸
钛	矿石中的天然杂质；亦可作晶粒细化剂
铅/铋	提高机加工性

铝的弹性模量远低于钢，比铜与钛也低。弹性挠曲为相同尺寸钢材的三倍。合金对模量的影响不大。铝合金的硬度在 20～120HB。在材料选择时不必考虑铝的硬度，因为最硬的铝合金也不如最软的钢。铝的拉伸强度变化很大，可从纯铝的 90MPa 到铝与锌铜锰合金的 676MPa。在铝材料的发展中，有两个倾向最值得关注。一是开发出了铝 – 锂合金，二是铝基复合材料。锂是最轻的金属，密度 $0.534g/cm^3$。在铝中加入 1% 的锂就能降低密度 6%，加入 2%～3% 的锂可以将密度降低 10%，这在航空工业中是非常重要的。锂的加入可同时

提高合金的耐疲劳性能与耐低温性。铝－锂合金还可以超塑性加工成复杂形状。铝－锂合金的高强度是时效强化的结果。锂的含量不大于 2.5% 时可以用传统的热处理加工。要进一步减轻重量以及提高强度，就需要将锂的含量提高到 4%，此时必须采用快速凝固加工法。快速凝固法是将合金以液体状态喷成微小的液滴，使之快速凝固，得到合金的粉末。再使用粉末冶金技术加工成所需的形状。在快速凝固过程中能够形成铝与一些过渡金属（铁、铬等）的中间化合物，如 Al_6Fe。这样的合金在常温下与普通合金没有什么区别，而在高温下就显示出很高的强度。因为其他合金在高温下会发生再结晶或过度时效，而快速凝固合金中的中间化合物的结构不会改变。

铝基复合材料可能是提高强度与模量最便捷的途径。氧化铝、碳化硅与碳纤维对铝的增强都是非常有效的。加入体积分数 35% 的碳化硅后强度可达 1723MPa，模量可达 214GPa，而密度却没有增加。这意味着比强度与比模量大大提高了。发展铝基复合材料存在的问题与聚合物基复合材料是一样的：基体与纤维的黏结问题，增强纤维的高价格问题与性能的方向性问题。

2.4.2　镁合金

镁通过从海水中的氯化镁电解得到，比铝还轻，密度只有 1.74g/cm³；熔点也略低于铝的 650℃。耐腐蚀性能在许多方面与铝相似，但在海水环境中会很快锈蚀。镁虽然强度低于铝，但比强度相仿，因而广泛应用于航空工业、高速机床与运输业。镁的弹性模量很低（45GPa），不耐疲劳、蠕变和磨损。加工、浇铸时易于与氧气作用而起火。不容易被强化。镁的价格较高，所以尚不能对铝构成挑战。但已有一些飞机和汽车部件用镁合金制造。海水中含有大量氯化镁与含镁的光卤石，镁的前途在于其丰富的来源。

纯镁具有 HCP 结构，延展性较差。合金化后增加了滑动平面，在室温下就能进行应变强化。但由于应变强化系数低，效果并不明显。室温下合金元素在镁中溶解度不高，因此固溶强化效果也不好。但许多元素的溶解度随温度升高，因此可以进行分散强化与时效强化。许多镁合金是可以时效强化的，其中最重要的一种是镁－铝合金（图 2-19），强度为 345MPa。含 Zr，Th，Ag 和 Ce 的合金在 300℃ 的高温下都有很好的抗过度时效性。含锂 9% 的合金具有很低的重量。典型镁合金的性能见表 2-8。Ce 含量超过 5% 的合金属于先进镁合金，也需要采用快速固化法进行加工。这种合金能够形成保护性 MgO 薄膜，在强度与耐高温性能上都有显著提高。加入碳化硅纤维的复合材料性能更高。

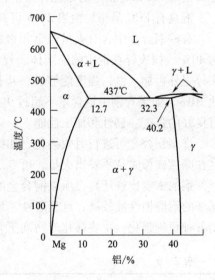

图 2-19　镁－铝合金的相图

表 2 – 8　　　　　　　　　　　　　　　**重要镁合金的性能**

组成	拉伸强度/MPa	屈服强度/MPa	伸长率/%
冷加工纯镁	160	90	3 ~ 15
退火纯镁	180	115	2 ~ 10
10% Al – 0.1% Mn	275	150	1
7.6% Al – 0.7% Zn	275	85	15
6% Zn – 0.7 Zr	310	195	10
8.5% Al – 0.5% Zn	380	275	7
4% Zn – 0.45% Zr	275	255	4
3% Th – 0.6% Zr	260	205	8

2.4.3　铜合金

从历史角度看，铜是最早工程化的金属材料。铜与其他金属不同，铜在自然界既以矿石的形式存在，也同时以纯金属的形式存在。而且铜的应用也以纯铜为主，约 80% 的铜以纯铜状态用于导电材料和建筑材料，只有 20% 的铜用于合金形式。铜还具有多种颜色，纯铜为紫红色，黄铜为黄色，白铜为银色。铜的晶体为 FCC 结构。铜是热与电的良导体，用于导电材料的铜占了全世界铜产量的一半。电气应用的铜中杂质含量应低于 1%，一般都使用纯铜。但少量的镉，银或 Al_2O_3 可提高其硬度但对电导率无显著不利影响。故工业上纯铜的定义是 99.88%，铜中的银也算作铜含量。

铜具有 FCC 晶格，由表 2 – 9 可知，具有很高的应变强化系数。

有些铜合金中含有大量合金元素却仍能保持均相。例如铜锌合金（黄铜）中锌含量可达 40%，构成锌在铜中的固溶体。锌含量越高，强度越高，甚至伸长率也随之提高。如果在锌之外再加入锰，强度能够进一步提高。铜锡合金（青铜）也是均相固溶体，锡含量可达 10%。如果青铜中铝含量不超过 9%，硅含量不超过 3%，都能保持均相。这些合金都具有良好的强度、韧性和加工性能。

许多铜合金可进行时效强化，如锆铜、铬铜、铍铜等。铍铜尤其具有高强度和高模量，且在摩擦碰撞时从不发出火星，可专门在可燃气体附近使用。

铜的密度比铁还高，所以铜合金的比强度低于铝、镁等轻合金。但铜合金的耐疲劳、耐蠕变的耐磨损性能较高，且延展性、耐腐蚀性、电导率和热导率都高于铝、镁等合金。铜可用各种机理强化，主要强化产物列于表 2 – 9。

表 2 – 9　　　　　　　　　　　　　　　**典型铜合金的性能**

合金材料	处理方式	拉伸强度/MPa	屈服强度/MPa	伸长率/%	强化机理
纯铜	退火	210	35	60	—
工业纯铜	退火至粗晶粒	220	70	55	—
工业纯铜	退火至细晶粒	235	75	55	细晶
工业纯铜	70% 冷加工	395	365	4	应变
Cu – 35% Zn	退火	325	105	62	固溶

续表

合金材料	处理方式	拉伸强度/MPa	屈服强度/MPa	伸长率/%	强化机理
Cu – 10% Sn	退火	455	195	68	固溶
Cu – 35% Zn	冷加工	675	435	3	固溶 + 应变
Cu – 2% Be	时效强化	1310	1205	4	时效
Cu – Al	淬火 – 回火	760	415	5	马氏体反应
锰青铜	浇铸	490	195	30	共析反应

固溶强化的合金都是铜的取代固溶体，呈单相的 FCC 结构，是最常用的铜合金。沉淀强化的机理与前面铝的沉淀强化机理相同。在铜基合金中，铜 – 铍体系是强度最高的，其相图如图 2 – 20 所示。870℃ 下铍在铜中的溶解度为 2.7%，而在室温下为 0.5%。淬冷后可在 315℃ 进行时效强化。冷加工应变强化的铜的强度为 345MPa，而含 2% 铍的铜铍合金通过 CuBe 沉淀强化强度可达到 966MPa，称为铍铜。其他时效强化的体系包括 Cu – Ti、Cu – Si 等。

铜的主要合金有以下几种。

（1）黄铜　铜与锌的二元合金有两种晶体结构。α 黄铜为 FCC 结构的固溶体，锌含量低于 38% 的合金均为这种结构。锌含量高于 38% 后，开始产生 BCC

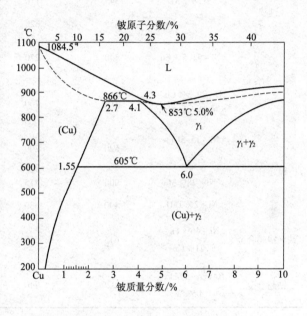

图 2 – 20　铜 – 铍合金相图

的 β 结构。锌含量为 40% 时 α 与 β 结构共存，锌含量为 50% 时则全为 β 结构。两种结构的黄铜性能有很大差异。

（2）青铜　按照传统定义，是铜与锡的合金。锡在铜中的溶解度不高，室温下只有 1%。当锡含量超过 1% 时，就会有硬而脆的 δ 相生成，对铜起到强化作用。硅青铜中的硅含量最高可达 4%，但一般工业材料中的硅含量都低于此值。硅的加入会生成复杂结构的化合物，起到强化、硬化与提高耐蚀性的作用。铝青铜中不含锡，正确的名称应为铜 – 铝 – 铁合金。铝在铜中的溶解度为 8%，在此范围内生成单相固溶体。两相合金中的铝含量一般为 8% ~ 12%。加入铁的目的是提高强度与硬度。三元合金可进行淬火 – 回火热处理。

（3）白铜　铜与镍可以任意比例互溶，这是罕见的冶金现象。最重要的白铜是 70% 铜 –30% 镍，常用于防腐蚀的场合。白铜延展性很好，一般用冷加工强化。

（4）镍银　实际上为铜 – 镍 – 锌三元合金。含量范围为铜 45% ~ 75%，5% ~ 30% 镍，5% ~ 45% 锌。可以为柔软的，具有延展性的单相合金，也可以为延展性稍差的，较硬的两相合金。最重要的用途是装饰。调整镍与锌的比例可以得到银子的外观，故名镍银。镀银后可以制造各种仿银器具。因材料颜色与银极为接近，银层磨损不易被发现。

2.4.4 镍与钴合金

镍与钴的合金用于腐蚀保护与耐高温。镍具有 FCC 晶格，加工性能良好。钴为多晶形金属，417℃以上为 FCC，低温下为 HCP 结构。钴合金耐磨性极好，因能够耐受人的体液，常用于制造假肢。典型的合金与应用见表 2－10。

表 2－10　　　　　　　　　　　一些镍与钴合金的组成与性能

合金类别	合金组成	拉伸强度/MPa	屈服强度/MPa	伸长率/%	强化机理	应用
纯镍	99.9% Ni	345	110	45	退火	耐腐蚀
	—	655	620	4	冷加工	耐腐蚀
镍－铜合金	Ni－31.5% Cu	540	270	37	退火	阀，泵，热交换器
	Ni－29.5% Cu－2.7% Al－0.6% Ti	1030	760	30	时效	轴，弹簧，推进器
镍超合金	Ni－15.5% Cr－8% Fe	620	200	49	碳化物	热处理设备
	Ni－28% Mo	900	415	61	碳化物	耐腐蚀
	Ni－2% ThO$_2$	490	330	14	分散	汽轮机
铁－镍超合金	Ni－46% Fe－21% Cr	615	258	37	碳化物	热交换器
钴超合金	60% Co－30% Cr－4.5% W	1220	710	4	碳化物	耐磨

镍及其合金都具有良好的耐蚀性与加工性。当铜加入镍时，在镍含量约 60% 处可达到最大强度。在这一组分附近开发出一系列合金，称为 Monel。有些 Monel 含少量的铝和钛。这些合金都可时效强化，沉淀出 Ni$_3$Al 或 Ni$_3$Ti，使强度提高近一倍。这些沉淀在 425℃ 不发生过度时效。

有些镍合金具有特殊性能。Ni－50Ti% 合金具有形状记忆功能，即第 1 章中提及的 Nitinol。Ni－36% Fe 合金加热时不膨胀，这一性能用于制造双金属复合材料。

以镍、钴为主制造的最主要的合金是所谓的"超合金"。超合金指含有大量合金元素，能够在超过 1000℃ 的温度下保持高强度、抗蠕变、抗腐蚀的镍、镍铁或钴合金。合金的应用包括涡轮发动机与喷气发动机的叶轮、叶片，换热器，化学反应釜与热处理设备等。为获得高强度与耐蠕变性，合金元素必须在高温下形成强而稳定的组织。固溶强化、分散强化与沉淀强化都可以应用。

（1）固溶强化　大量添加铬、钼、钨以及少量钽、铌、锆、硼等将造成固溶强化。固溶强化的效果是稳定的，尤其当钼和钨存在时，合金具有良好的抗蠕变性。

（2）碳化物分散强化　所有合金都含有少量的碳。碳原子与合金元素结合，就形成精细的稳定碳化物网络。碳化物网络阻止位错运动，同时可阻止晶界滑动。可能生成的碳化物包括 TiC，BC，ZrC，TaC，Cr$_7$C$_3$，Cr$_{23}$C$_6$，Mo$_6$C，W$_6$C，有些结构更为复杂并含有多种元素。这些碳化物赋予合金优异的耐磨性能。

（3）沉淀强化 许多含铝和钛的镍基或镍铁基超合金可在时效过程中生成凝聚的沉淀（Ni_3Al 或 Ni_3Ti）。这些沉淀相的晶体结构和晶格参数与镍基体相近，因此表面能较低，使过度时效的可能性大大减小。在高温下也能保持高强度与抗蠕变性。控制时效温度，可得到不同尺寸的沉淀。低温下产生的沉淀物尺寸较小，它们在较高温度下会发生凝聚形成较大尺寸，同时使强度进一步提高。

在超合金表面涂上陶瓷或中间金属化合物涂层可进一步提高其高温性能。涂饰工艺之一是先涂一层 NiCoCrAlY 合金，再涂一层 ZrO_2 型的陶瓷。这样的超合金就能防止高温氧化，可用于喷气发动机中。

超合金的强度随温度升高而下降。但人们更关心的是一定温度和应力下发生断裂的时间，这对超合金在高温下的使用十分重要。100h 的断裂应力与温度的关系见图 2-21，1000h 的断裂应力与温度见表 2-11。可以看到温度越高，抗蠕变性能越低。而蠕变主要是由于晶界滑移所致。为克服晶界滑移，最好的办法就是制造没有晶界的单晶材料。20 世纪 70 年代，人们已制造出单晶的超合金涡轮叶片。现在这种单晶合金广泛应用于高速军用飞机。

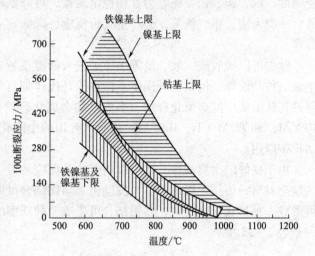

图 2-21 超合金的断裂应力与温度的关系

表 2-11　　　　　　　　一些超合金的 1000h 断裂应力与温度

组成	断裂应力/MPa	温度/℃
52.1Ni, 19.0Cr, 18.5Fe	225	750
73.0Ni, 19.0Cr, 7.0Fe	125	800
55Ni, 17.9Cr, 14.7Co	340	800
78Ni, 20Cr, 0.5Ti, 1.0Fe, 0.6 氧化物	149	760
74Fe, 20Cr, 0.5Ti, 4.5Al, 0.5 氧化物	63	982
37Co, 22Cr, 22Ni, 14W	165	750
13Cr, 40Ni, 45Fe	240	750
60Ni, 10Co, 9Cr, 10W, 5.5Al	470	800
64Ni, 8Cr, 5Co, 8W, 6Ta, 5.6Al	325	870

2.4.5 钛合金

钛在地壳中的含量为 1%，20 世纪 40 年代走上工业舞台时被称为"梦幻金属"。钛的熔点为 1671℃，密度为 $4.54g/cm^3$，比钢轻得多；且具有 127GPa 的高模量，使钛的比模量居各种金属的前列。金属钛通过 Kroll 法从 TiO_2 中提炼。先将 TiO_2 转化为 $TiCl_4$，再用钠或镁还原为金属钛。由于钛对氧非常活泼，熔炼与浇铸过程必须在真空中进行。钛具有耐腐蚀性、高比强度、以及优异的高温性能，会自动生成保护性 TiO_2 薄膜，可保护内部的钛直至535℃。在 535℃ 以上，氧化膜脱落，一些小原子如碳、氧、氮、氢会侵入。

钛具有同素异构性，883℃ 以下为 HCP 结构（α 钛），883℃ 以上转变为 BCC 的 β 钛。合金元素可造成固溶强化并能改变同素异构转变温度。合金元素可分为四类：锡与锆可造成固溶强化，但不改变转变温度；铝、氧、氢等元素对 α 相有稳定作用，能提高 α 相向 β 相的转变温度；钒、钽、钼、铌等为 β 相稳定元素，可降低转变温度，甚至可使 β 相在室温存在；最后一类为锰、铬、铁等，会产生共析反应，降低 α-β 转变温度，可使 α 相与 β 相在室温共存。

钛也可以吸收碳、氧、氮等小原子进入间隙位置进行强化；也可以像钢那样用水淬火，生成一种马氏体，但钛的马氏体不像钢的马氏体那样坚硬。其他金属在钛中的溶解度很低，但易与钛生成中间金属化合物。多数钛的金属化合物都是脆性的，但两种铝化物 TiAl（Ti，40% Al）和 Ti_3Al（Ti，16% Al）是非常有用的中间化合物，可在高温涡轮发动机与汽车发动机中应用。

由于良好的耐腐蚀性，钛可以用于化学反应装置、水下装置及生物植入物。钛又是重要的航空材料，可用于机体与喷气发动机。与铌结合可形成超导的中间金属化合物，与镍结合可形成一种形状记忆材料，与铝结合可生成一种新型的中间金属合金。几类代表性的钛合金列于表 2-12 中。

表 2-12　一些钛合金的性能

合金类别	合金组成	拉伸强度/MPa	屈服强度/MPa	伸长率/%
工业纯钛	99.5% 钛	240	170	24
	99.0% 钛	550	485	15
α-钛合金	5% Al-2.5% Sn	860	780	15
β-钛合金	13% V-11% Cr-3% Al	1290	1210	5
α-β 钛合金	6% Al-4% V	1030	970	8

（1）工业纯钛　价值在于优异的耐腐蚀性。氧气之类的杂质能够提高其强度，但对耐腐蚀性有损害。用途包括石油及化工行业的换热器、管道、反应器、泵、阀等。

（2）α 钛合金　普通的全 α 钛合金含有 5% 的铝及 2.5% 的锡，造成固溶强化。合金先在 α 区的温度下退火。迅速冷却可得到针状的 α 晶体，具有良好的疲劳性能；如果在炉中缓慢冷却，则会得到盘状的 α 晶体，耐蠕变性较好。

（3）β 钛合金　通过加入大量钒、钼、钽、铌等可使 β 相在室温稳定化。但实际上的 β 合金不需要加特别多的 β 稳定剂，就能够通过快速冷却得到全 β 的亚稳结构。合金元素造成了固溶强化，未经热处理的 β 合金有很好的延展性和加工性。许多 β 合金可以沉淀出 β 相或中间金属化合物进行时效强化，强度可大幅度提高，但延展性与韧性有所降低。两种全 β 相合金的组成例子为 Ti-10% V-2% Fe-3% Al 和 Ti-13% V-11% Cr-3% Al。用途包括航空工业中的紧固件及梁等。

（4）α-β 钛合金　适当调节 α、β 两相的稳定剂，就能够使 α 相与 β 相在室温共存。

利用两相的相互转变，可通过不同的热处理方法控制合金的微观结构与性质。

退火处理可得到韧性与强度的综合性能。将合金加热到恰低于 β 转变温度（图 2 – 22），缓慢冷却得到等轴的 α 晶粒，可为合金提供延展性与加工性。如果冷却速度较快，会得到针状的 β 相。这种结构具有较大的两相界面，使材料具有较高的断裂韧性与抗蠕变性。

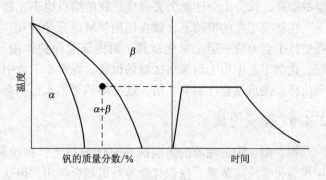

图 2 – 22　α – β 钛合金的退火

β 相在高温下淬火处理可产生两种微观结构，如图 2 – 23 所示。如果合金含量较低，冷却线就要跨越马氏体起始线，形成钛马氏体（α'）。钛马氏体是一种较柔软的过饱和相，进行加热回火时，β 相沉淀就会从过饱和的 α' 相中析出：

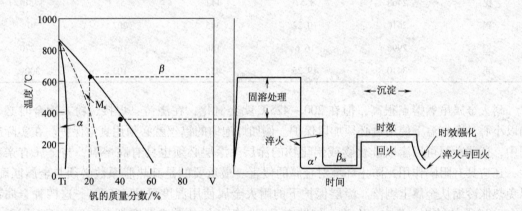

图 2 – 23　α – β 钛合金的淬火

$$\alpha' \rightarrow \alpha + \beta \text{（沉淀）}$$

细微的 β 相能够提高 α' 相的强度，这与钢回火的效果正相反。但如果回火温度过高，材料就会变软。

如果合金元素含量较高，淬火时就不会遇到马氏体起始线，得到含过饱和钛的 β_{ss} 相。对 β_{ss} 相进行时效处理，就会得到针状的 α 相沉淀：

$$\beta_{ss} \rightarrow \beta + \alpha \text{（沉淀）}$$

这种结构具有很高的强度与疲劳韧性。飞机机身、火箭、喷气发动机、着陆架等是 α – β 钛合金的典型应用。Ti – 6% Al – 4% V 就是这样一种 α – β 相合金，拉伸强度为 1140MPa，是所有合金中比强度最高的。这一合金至今仍占钛用量的 55%。以 Ti – 6% Al – 4% V 为代表的许多钛合金都是超塑性的，形变可达 1000%。

由于钛合金的高比强度，其用途几乎全部在航空工业。超音速飞机如协和式以及军用战斗机的机身都使用钛合金。但钛并没有达到最初人们的期望，钛的最高使用温度只有 500℃，高温下它与氧和氮发生作用。没有保护涂层时，不能用于喷气发动机。随着操作温度的提高，钛合金会逐渐失去强度。钛的熔点也不比超合金高。

在航空工业的带动下，钛在民用领域也开始应用。同铝和铬一样，钛是一种钝化金属。在空气中会形成一层二氧化钛膜，对内部起保护作用。在医学上钛被用来制造植入物与假肢，化学工业中用于与海水接触的设备，在汽车工业中也开始应用。阻碍钛应用最大的障碍是价格，按重量它比铝贵 5 倍，这一障碍恐怕永远不会消失。

2.4.6 耐火金属

钨、钼、钽、铌等的熔点都在 1900℃ 以上，被统称为耐火金属，可以在发动机、核反应堆、化学反应装置、白炽灯丝等高温场合应用。但这些金属的密度一般较高，比强度都较低。耐火金属的一些性能见表 2－13。

表 2－13　　　　　　　　　　　　四种耐火金属的性能

| 金属 | 熔点/℃ | 密度/（g/cm³） | t = 1000℃ | | 脆－韧转变温度/℃ |
			拉伸强度/MPa	屈服强度/MPa	
铌	2468	8.57	117	55	－140
钼	2610	10.22	345	207	30
钽	2996	16.6	186	165	－270
钨	3410	19.25	455	103	300

耐火金属虽然熔点很高，但在 200～425℃ 就会氧化，在浇铸、焊接、粉末冶金时必须加以小心，在高温下使用也必须加以保护。例如灯泡中的钨丝就必须用真空保护。在实际应用中，这些金属可以涂以硅化物或铝化物的涂层。涂层必须也具有高熔点，与金属有亲和性，还应具有阻隔作用，防止环境对金属的侵害。最重要的是其热胀系数必须与金属匹配，以免热胀冷缩从金属上剥落。涂层保护下的耐火金属使用温度可达 1650℃。这四种金属都具有 BCC 晶体结构，具有一个脆－韧转变温度。铌与钽的转变温度都在室温以下，因而加工性能良好。钨与钼的转变温度在室温以上，常温下呈脆性。但它们在热加工后产生纤维状组织，可使转变温度降低。因而也具有较好的加工性。

耐火金属一般都是固溶强化的。钨、铼、或碳的合金可工作到 2100℃ 以上。钨与钼还可形成多比例的固溶体，就像铜与镍那样。有些合金，如 W－2%ThO₂，属于分散强化。氧化物是在粉末冶金时分散到基体中的。另外将钨丝分散到铌的基体中形成的复合材料，可具有优异的高温性能。

2.5 金属基复合材料

以金属或合金为基体的复合材料称作金属基复合材料（MMC）。MMC 的增强体多为陶瓷材料，故 MMC 利用了金属的导热性、延展性和陶瓷材料的高模量、耐磨性与低的热胀系数。故与金属基体相比，MMC 具有高的比强度、比模量、抗蠕变、耐腐蚀性。但由于陶瓷材料的存在，延展性、韧性、导热性降低了。

MMC 一般按增强体及其几何形状分类。主要可分为两类：

（1）连续纤维或单丝增强的复合材料。

（2）短纤维、晶须或粒子增强的复合材料。

增强体须根据应用、与基体的相容性进行选择。普通的增强体包括碳化硅、氧化铝、硼化钛、硼与石墨。粒子型是最普遍使用的也是最经济的。

用连续体增强复合材料最有可能得到优良的综合性质。沿增强体的方向具有更高的力学性能（特别是疲劳强度），故材料是各向异性的。

用非连续体增强可赋予材料更高的硬度、磨损阻力、疲劳阻力、尺寸稳定性与压缩阻力。模量也会有显著增加，但延展性与韧性会有所降低。非连续体增强复合材料（特别是增强的铝合金）最大的优势是可用常规技术进行滚压、挤出与锻造。

MMC 中最常用的基体金属是铝、钛、锰与铜，中间化合物因其耐高温而日益受到重视。主要的 MMC 体系列于表 2 - 14。

表 2 - 14　　　　　　　　　　　　　　主要的 MMC 基体与增强材料

	铝	锰	钛	铜	超合金
长纤维	碳化硅，氧化铝，石墨	氧化铝，石墨	碳化硅	氧化铝，石墨	—
短纤维	氧化铝，氧化铝 - 硅	—	—	—	—
晶须	碳化硅	碳化硅	—	—	—
粒子	碳化硅，碳化硼	碳化硅，碳化硼	碳化钛	碳化钛，碳化硅，碳化硼	—
单丝	—	—	—	铌 - 钛	钨

基体与增强体的选择还要考虑所生成的界面。在材料的加工与工作条件下，沿纤维 - 基体界面会产生化合物与相，对复合材料的性能会产生影响。界面可为简单的化学键区段（如纯铝与氧化铝的界面），也可为基体与增强体的反应物（轻合金与碳纤维间的碳化物）或真正的增强涂层（碳化硅纤维与钛基体间的碳涂层）。MMC 的主要力学性质与热性质见表 2 - 15。

表 2 - 15　　　　　　　　　　　　　　MMC 的主要力学性质与热性质

项目	数值	项目	数值
密度/（g/cm^3）	2.5 ~ 3.1	拉伸强度/MPa	300 ~ 700
弹性模量/MPa	9 ~ 300	热导率 W/（cm·K）	120 ~ 200
比模量 ρ	30 ~ 60	热胀系数/（μm/K）	7 ~ 20

MMC 的加工过程决定了其力学性质与物理性质。通用的 MMC 加工技术分为两类：一次加工与二次加工。一次加工是材料的复合，不必得到最后形状与最后微组织。二次加工的目的是对材料的形状与微组织进行改变。

2.5.1　液态加工

（1）浇铸或液体渗透　用液态金属渗透纤维或粒子预制件。液相渗透的关键是熔融金属对陶瓷增强体的润湿。当对纤维预制体进行渗透时，会发生纤维与熔融金属间反应，显著降低纤维的性质。如果在渗透前对纤维施加涂层，就能改善润湿，控制界面反应。一种使用粒子预制体的液体浇铸过程称作 Duralcan 过程（图 2 - 24），是将陶瓷粒子与铝混合后熔融成型。为使熔体黏度不致太高，陶瓷粒子的尺寸控制在 8 ~ 12μm。如果使用更细的粒子，界面区太大，熔体黏度就会太高导致加工困难。

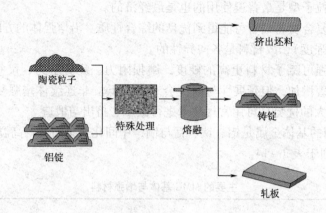

图 2 - 24　粒子或短纤维 MMC 的浇铸过程

另一种无压液体金属渗透过程称作 Primex 过程，用于活泼金属如 Al – Mg 合金渗透于陶瓷预制件，见图 2 – 25。渗透温度为 750 ~ 1000℃，在富氮气氛下，典型的渗透速率小于 25cm/h。

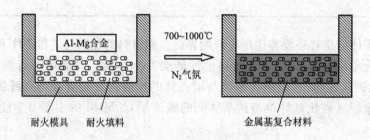

图 2 – 25　反应液体渗透过程

（2）挤压浇铸或压力渗透　使用外力将液体金属进入纤维或粒子预制体（图 2 – 26）。压力一直施加到固化完成。由于是强制熔融的金属进入预制体的小孔，就不必要求熔融金属对增强体的润湿性。由于加工时间短，金属与增强体间的反应可降到最低。此类复合材料也没有普通浇铸的缺陷如气孔等。

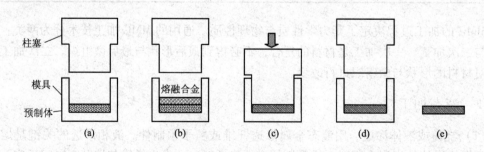

图 2 – 26　挤压浇铸或压力渗透过程

（a）预制体置入模腔　（b）加入精确量的合金　（c）闭模施加压力　（d）移除压块　（e）取出制件

纤维预制件的渗透一般在压力罐中有压力的惰性气体中进行。纤维体积含量一般很高。得到复杂形状的结构。氧化铝增强的中间金属基体复合材料如 TiAl，Ni_3Al 和 Fe_3Al 一般用压力浇铸制备。将基体合金在真空下熔融，纤维预制件另外加热，将熔融基体（T_m 以上 ~ 100℃）浇入纤维同时引入氩气。氩气驱动熔体，同时含有助剂帮助润湿纤维。

2.5.2　固态加工

有多种固态加工技术。

（1）扩散连接　是连接金属材料的传统技术。高温下清洁金属表面的原子相互扩散造成键合。主要优点是可用于多种金属基体，可控制纤维取向与体积含量。缺点是加工时间长，温度与压力高，不适用复杂形状。如图 2 – 27 所示，先将基体合金箔与纤维按设计安放，进行真空热压。热压可为一维的也可为等静压热压。

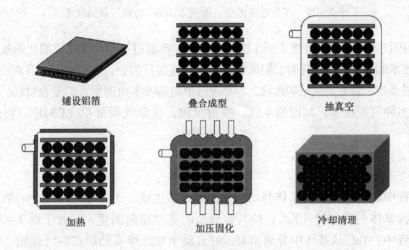

铺设铝箔　　叠合成型　　抽真空

加热　　加压固化　　冷却清理

图 2 – 27　扩散连接过程

（2）形变加工　通过模锻、挤出、拉伸和滚压等手段使两相材料变形，使其中一相在另一相中被拉长成为纤维。这样的材料有时被视为原位复合材料。形变加工复合材料的性质很大程度上取决于初始材料。

（3）形变加工结合粉末加工　可制造粒子或短纤维增强的复合材料。基体与增强粉末均匀混合如图 2 – 28。冷压得到 80% 密化的预制件。预制件脱气后再行热压得到完全密化的复合材料，再进行挤出。挤出过程中坚硬的粒子或纤维使基体显著变形。此外，在粒子/基体界面上的动态重结晶也发生于挤出过程。

（4）烧结锻压　是一种新颖与低价的形变加工技术。基体与增强体的混合物先被冷压实，经烧结、锻造到基本密化，见图 2 – 29。这一技术的主要优点是产生几乎

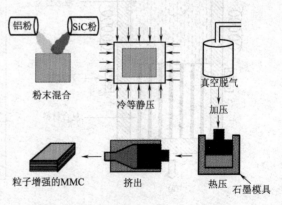

铝粉　　SiC粉　　　　　　　真空脱气

粉末混合　　冷等静压　　　加压

粒子增强的MMC　　挤出　　热压　石墨模具

图 2 – 28　粉末加工，热压与挤出过程，用于粉末或短纤维增强的 MMC

净形状的材料，不需要再机械加工，无废料。

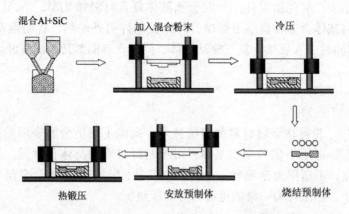

图 2 – 29　产生近净形状、低成本 MMC 的锻压烧结技术

（5）沉积技术　是先在纤维表面涂覆基体材料，再通过扩散连接制成固化的复合材料板或结构。常务技术的主要缺点是耗时。但优点是①界面连接易控制，可形成渐变界面；②可制成单丝缠绕的单层条带，容易制成结构形状，容易进行单向的或多角度叠合的复合材料。

可使用多种沉积技术，如浸泡电镀、喷射沉积、化学气相沉积（CVD）、物理气相沉积（PVD）等。

2.5.3　原位加工

在此过程中，复合材料的基体与增强相同时一步生成，不必经过两组分的结合。一个经典的例子是镍基体与碳化钽（TaC）的共熔合金的受控单向固化，示意于图 2 – 30（a）。在单向冷却过程中，TaC 从基体中分离出来，并自动生成纤维或筋形式的增强相。尽管增强体的体积分数是固定的，但生成的增强相的尺寸与间隔可通过控制固化速率简单控制。图 2 – 30（b）是不同冷却速率下所得合金的截面。为了能够观察到增强相的形态，照片所

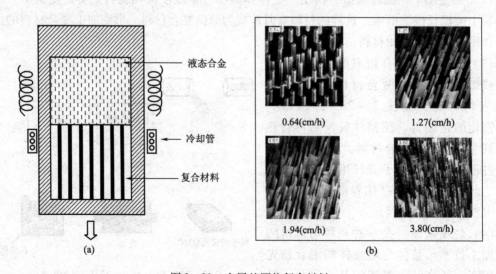

图 2 – 30　金属基原位复合材料

（a）原位复合材料固化原理示意　（b）不同固化速率（cm/h）得到的横截面

示材料中的基体已被除去。实际工作中的固化速率限制在 $1 \sim 5\mathrm{cm/h}$，因为需要维持一个稳定的生长前锋，而生长前锋需要较高的温度梯度。

另一种原位过程利用两组分间的放热反应产生第三组分，有时又称作自增长高温合成。反应过程得到的是高体积分数陶瓷粒子的金属合金母料。再将母料与基体合金混合、再熔融就得到所需量的粒子增强体。典型应用是铝、镍或中间金属中含 SiC 或 TiB_2 的复合材料。

2.5.4　金属陶瓷

顾名思义，金属陶瓷是金属与陶瓷的结合体，实际上是一种复合材料。其分散相是陶瓷颗粒，多为碳化物，如碳化钛、碳化钨等。基体是一种金属或几种金属的混合物，如镍、钴、铬、钼等。实际上金属仅起到黏合剂的作用，将坚硬的陶瓷粒子黏合在一起。金属陶瓷家族中最著名的成员是钴黏合的碳化钨。

碳化钨/钴的起点原料是钨的粉末，通过碳化将钨粉转化为碳化钨。然后将碳化钨粉末与钴一起球磨，一方面减小碳化钨的粒度，一方面将钴涂到陶瓷表面。涂饰好的粉末按粒度分级，取所需粒度压成型坯。型坯在真空下或氢气氛中烧结成型。所谓烧结不过是将金属熔融，把陶瓷粒子彻底"焊"在一起。图 2-31 是金属陶瓷的一般制备流程。

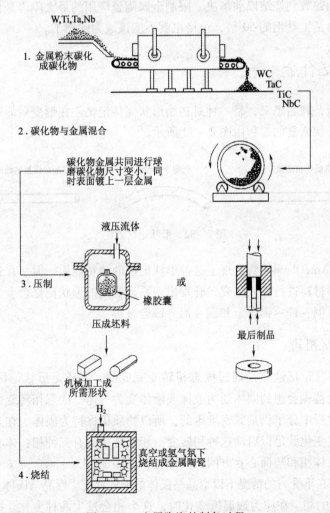

图 2-31　金属陶瓷的制备过程

陶瓷金属比任何工具钢都硬，耐磨性能极佳。可作切削工具，可作任何软、硬表面的摩擦件。如果单纯使用陶瓷，因为其脆性，不能用作切削工具、模具或振动强烈的机器部件。而金属陶瓷中的金属提供了韧性，陶瓷提供了硬度与强度，这种复合产生了性能上的协同效应。

金属陶瓷有下列共同的特点：

（1）模量比钢高（413~620GPa）；

（2）密度高于钢；

（3）压缩强度高于大多数工程材料；

（4）硬度高于任何钢与其他合金；

（5）拉伸强度与合金钢相当（1380MPa）。

金属含量越低，陶瓷粒度越细（<1μm），耐磨性能越好。所有金属陶瓷都具有室内耐腐蚀性，含有镍和铬的金属陶瓷可耐化学环境的腐蚀。表中侧向断裂强度一项是机械强度的度量，该项强度越高，冲击强度越高。但作为陶瓷，抗冲击性能毕竟是有限的，比任何金属都要低。作为最坚硬的材料之一，金属陶瓷的加工性能很差，不能车，不能锯，甚至不能钻孔，只能进行电火花加工。如果同一个部件需要两件以上，最经济的办法就是加工一个烧结模具。把加工的问题放到烧结以前解决。限制金属陶瓷应用的最大障碍是价格问题，但考虑到金属陶瓷的寿命是工具钢的50倍，价格也就不应该成为问题了。

2.6　形状记忆合金

形状记忆合金，顾名思义，是一种对初始形状保持记忆、在形变后能够恢复所记忆形状的金属材料。其形状恢复的过程由图2-32所示。

低温初始形状　　　　　　低温下形变　　　　　　加热恢复初始形状

图2-32　形状记忆效应

早在1938年ArneOlander就发现了这种形状记忆的独特性质，但一直到20世纪60年代人们才开始对这种材料进行深入研究，开发出一系列实用的形状记忆合金。最有代表性的材料有镍-钛合金、铜-锌-铝合金和铜-铝-镍合金等。

2.6.1　形状记忆机理

上述独特的形状记忆性质是通过固态相转变完成的，本质是形状记忆合金中的分子重排。一谈到相转变首先会想到固体变为液体或液体变为气体。固态相转变中的分子重排是类似的，只是转变过程中分子仍是紧密堆砌的，所以物质仍保持为固体。在多数形状记忆合金中，几十度的温度变化就足以启动这种相转变。相互转变的有三种相：体心单斜的孪晶马氏体相、非孪晶马氏体相和与面心立方的奥氏体相，见图2-33。

低温下，材料在不受力的情况下以孪晶马氏体的形式存在。孪晶马氏体是形状记忆合金中较软的、较易变形的相。在应力或温度变化时，这个相会发生两种变化。第一种，只升高温

低温相 体心单斜　　　　　　　　　　高温相 面心立方

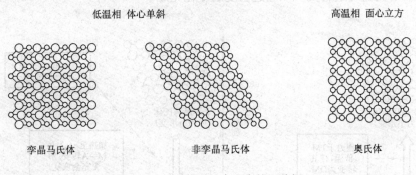

孪晶马氏体　　　　　　　　非孪晶马氏体　　　　　　　　奥氏体

图 2 - 33　形状记忆合金中的三种相

度，不受应力。在高温下，孪晶马氏体会转变为奥氏体。奥氏体相是较硬的相，只存在于高温区。奥氏体相与孪晶马氏体相在宏观上尺寸相同。降低温度，奥氏体又会自动恢复低温下的孪晶马氏体相（图 2 - 34）。但无论是马氏体转变为奥氏体或奥氏体转变为马氏体都不是突变，而是随着温度变化逐步完成的。每一个方向的转变各会经历两个温度节点：从马氏体转变为奥氏体需要经历 A_s 和 A_f，A 代表奥氏体，s 代表转变开始，f 代表转变结束。从奥氏体转变为马氏体需要经历 M_s 和 M_f，M 代表马氏体。所以每个形状记忆合金各有四个温度节点。

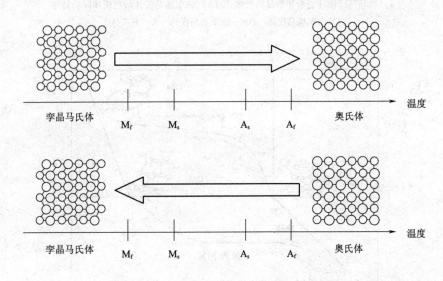

图 2 - 34　无应力时温度变化引起的相变

　　第二种相变是只施加应力，不改变温度。孪晶马氏体受力发生形变时会转变为非孪晶马氏体［图 2 - 35（a）］。但这一转变是单向的，应力消除后材料仍保持在非孪晶马氏体，不会回到孪晶马氏体。当温度升高时，非孪晶马氏体会转变为奥氏体相［图 2 - 35（b）］。奥氏体相与孪晶马氏体相在宏观上尺寸相同，故可观察到合金恢复到初始形状。当温度降低时，如图 2 - 34 所示，奥氏体又回到孪晶马氏体，此时合金在宏观与微观上都回到了初始状态。

　　图 2 - 36 总结了形状记忆合金中三种相态的相互转化。在低温下，孪晶马氏体向非孪晶马氏体的转化动力是应力，不涉及温度的变化。力消除后合金仍保持在非孪晶马氏体，不会回到初始形状。而由非孪晶马氏体向奥氏体转变的动力是温度的升高。但这种转变不是瞬间完成的，而是随着温度的升高，逐步转变为奥氏体。由奥氏体回归孪晶马氏体的动力是温度

的降低，故二者间的可逆转变可以通过温度的变化完成。

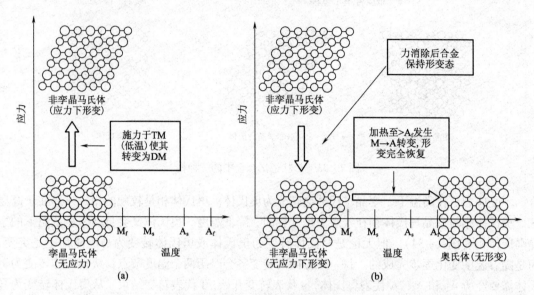

图 2 – 35　应力下的晶型转变

（a）孪晶马氏体转变为非孪晶马氏体　（b）非孪晶马氏体与奥氏体间的转变

TM—孪晶马氏体　DM—非孪晶马氏体　A—奥氏体

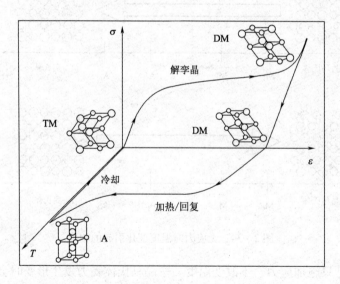

图 2 – 36　形状记忆合金中三种相态的相互转化

TM—孪晶马氏体　DM—非孪晶马氏体　A—奥氏体　T—温度

　　无应力的非孪晶马氏体加热时转变为奥氏体，那么应力下的非孪晶马氏体加热时会发生什么？仍会转变为奥氏体，只是 A_s 和 A_f 相比无应力状态都提高了。同时，应力下奥氏体回到非孪晶马氏体时 M_s 和 M_f 也提高了。M_f、M_s、A_s 和 A_f 的提高与施加的应力几乎是线性的，如图 2 – 37 所示。这并不难理解。奥氏体与非孪晶马氏体之间的相互转变伴随着体积或形状的变化，而施加的应力是抵抗这一变化的，故需要在更高的温度下才能完成。

在恒定应力条件下，奥氏体与非孪晶马氏体之间可以随温度变化而相互转变。如图 2-38 所示，一根螺旋金属丝上悬挂一个重物（恒定应力）。室温下金属丝处于发生形变的非孪晶马氏体。通过电池对金属丝加热，使其转变为奥氏体，即回复到非形变的初始形状。停止加热，金属丝冷却到室温，又会转变回到非孪晶马氏体的形变形状。

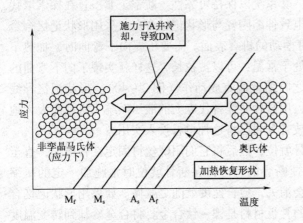

图 2-37　应力对转变温度的影响

图 2-38　形状记忆效应的演示

当合金完全由奥氏体组成时（温度高于 A_f），就能观察到假弹性现象。与形状记忆效应不同，假弹性的出现不需要温度的变化。如图 2-39 所示，对奥氏体相施加应力，材料连续穿越 A_f、A_s、M_s 和 M_f 线，最终转变为非孪晶马氏体。在形状记忆合金上的负荷一直增加，直到奥氏体完全转化为非孪晶马氏体。负荷被较软的马氏体所吸收，而这是转化的唯一动力。一旦负荷开始降低，材料的晶相又会反向转变，回到奥氏体相（因为温度始终高于 A_f），直至完全恢复初始形状。从表象上看，好似材料具有一种恢复形状的弹性。但这种形状恢复的机理是出自晶相的转变而非真正的虎克弹性，故称之为假弹性。

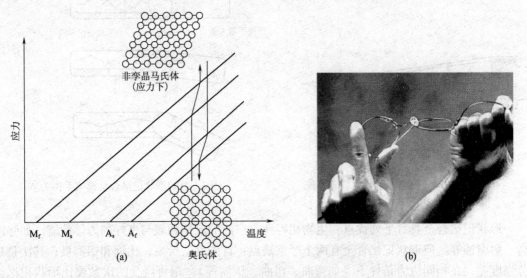

图 2-39　应力变化引起的假弹性
（a）原理示意　（b）眼镜框

2.6.2 形状记忆合金的应用

飞机控制航向主要依靠尾翼的升降。现存多数飞机的尾翼升降仍依赖液压系统。液压系统体积庞大、负荷重，且每个尾翼都要用一套系统以保持可靠性。航空工业一直在探索取代这种液压系统，最有前途的是压电纤维、电致伸缩陶瓷与形状记忆合金。采用形状记忆合金时是将其制成导线（红色线），用以控制可摆动的机翼表面。需要机翼向下弯曲时，加热下面的导线，使之发生收缩，而上面的导线处于常温，可以被拉长，这样就实现了向下弯曲的动作。需要回复原位时，加热上面导线使之收缩就能完成动作（图 2-40）。形状记忆导线的加热只需通过电流就能完成。显而易见，用这种导线替代庞大的液压系统飞机就能大大地减重，制造与维修费用也会大幅度降低。波音公司已将这种材料投入实用。

骨板是治疗骨折的重要工具。先将断骨就位，然后将它们用螺丝钉固定在骨板上，直至愈合。骨板常用钛或不锈钢制造。为了加速断骨的愈合，在断骨就位时常施加一定的压缩力。但在几天之后，最初施加的压缩力就会消失，愈合速度就随之减慢。如果用形状记忆合金制造骨板，就能克服这一不足。最常用的骨板材料是镍-钛合金。将合金冷却到转变温度以下，固定断骨的操作与常规材料并无区别。在体温的加热下，合金逐步发生收缩，这样就对断骨持续地施加压缩力而不会消失。所以用形状记忆合金制造的骨板能直到加速愈合的作用。

形状记忆合金还能够形象地模仿手部关节和肌肉的动作。我们只用手指的中关节动作进行示例，如图 2-41 所示。上部平衡弹簧的作用是将手指伸直。下面的形状记忆金属丝在加热时发生回缩，能使关节向下弯曲。加热也是通过电流来实现，电流的时间与幅度可以控制关节的运动。

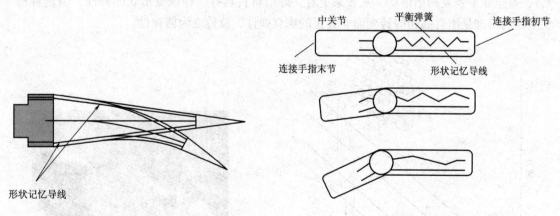

图 2-40 使用形状记忆合金的尾翼摆动系统　　　图 2-41 形状记忆合金模拟手指关节

形状记忆合金具有下列优点：生物相容性、广泛的应用领域与良好的力学性能，如强度高、耐腐蚀等。但形状记忆合金有两个严重缺点：首先是造价高，比钢和铝都贵；其次是疲劳强度差，在相同应力条件下（如弯曲、扭曲、压缩等），钢可经受的次数要比形状记忆合金高一百倍以上。

第3章 陶瓷材料

金属元素与非金属元素的化合物均可称作陶瓷。这里"陶瓷"一词来自英语"Ceramic"，大致相当于我国的"无机非金属材料"。因此，陶瓷所包括的范围远不止金属与非金属的化合物。除了以上定义所覆盖的材料外，以二氧化硅为主体的玻璃、碳化硅等无机非金属化合物都被归入陶瓷的范畴。碳材料也被算作陶瓷家族的一员。上述定义为陶瓷材料的分类提供了方便，可以按照化合物中的非金属元素分成氧化物、氮化物、碳化物、氢化物、卤化物等。卤化物一般不用作材料，只以溶液形式作试剂使用。但在光学透镜和分析样品载体方面，卤化物还是有一定应用的。

人类使用陶器与瓷器的年代甚至要早于使用金属。直到现代，一提起陶瓷，人们不免想起饭碗、茶杯等用具，想起砖头、水泥、混凝土，但很难想到像近年来出现的高科技陶瓷。

大约在20世纪60年代，人们开始开发新一代的陶瓷材料。被开发的陶瓷材料有的是传统材料的新利用，如氧化铝、碳化硅、氮化硅等，有的则是人工合成的新材料如碳化钨、碳化铌等。半稳定的氧化锆更是高科技的产物。人们给新一代陶瓷材料冠以各种各样的名称：高科技陶瓷、高性能陶瓷、精细陶瓷、新型陶瓷、高增值陶瓷、工程陶瓷及先进陶瓷等。在本书中我们倾向于使用"先进陶瓷"一词。

先进陶瓷的工业化应用还只是近十几年的事情。先进陶瓷有许多性质是其他材料所难以企及的，如耐热性、硬度、耐磨、化学稳定性、韧性等。陶瓷制造的发动机部件正在悄悄地取代金属部件，光导纤维已全面占领了通信领域，陶瓷燃料电池正在试制之中。陶瓷的高硬度与高耐磨性被用来制造摩擦构件与切削工具，其寿命比金属材料要长数十倍。图3-1画出了陶瓷的部分应用。

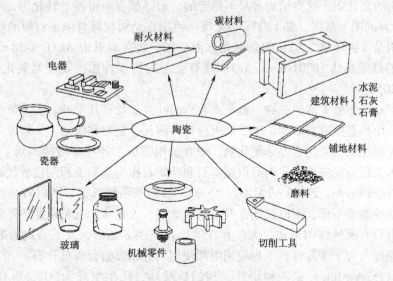

图3-1 陶瓷的应用

陶瓷由于本身就是化合物，不容易再进一步发生化学反应，受环境的影响最小；陶瓷加工过程中对环境造成的影响也最小，陶瓷的废弃物对环境也不会有太大的不利影响。在金属、陶瓷、聚合物三类材料中，陶瓷是最为环境友好的一类材料。

3.1　工程陶瓷材料

3.1.1　氧化物

氧化物是最大的一族陶瓷材料。氧可以与几乎所有金属形成化合物，也可以与许多非金属元素化合。氧化物可分为单氧化物与复氧化物两大类。单氧化物是氧与另一种元素形成的二元化合物，而复氧化物是氧与两种以上元素形成的化合物。单氧化物是按氧原子数与另一种原子数的比例分类的。以字母 A 代表另一种元素，单氧化物可以有 A_2O，AO，A_3O_4，A_2O_3，AO_2，AO_3 等类型。AO 型中比较重要的有氧化镁（MgO）、氧化锌（ZnO）和氧化镍（NiO）；AO_2 型中较重要的有二氧化硅（SiO_2）、二氧化钛（TiO_2）和二氧化锆（ZrO_2）；A_2O_3 型中最重要的是三氧化二铝（Al_2O_3）。在陶瓷的语境中，往往省略表示原子比的数字，如将三氧化二铝简单地称作氧化铝。氧化物体系由图 3 - 2 所示。

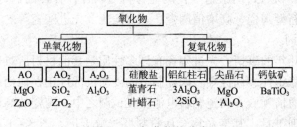

图 3 - 2　氧化物的分类

氧化钛（TiO_2）有三种晶形：低温下稳定的锐钛（anatase）、板钛（brookite）与高温下稳定的金红石（rutile）。锐钛与板钛在 400 ~ 1000℃ 时会不可逆地转化为金红石。

氧化铝（Al_2O_3）是在铝钒土（$Al_2O_3 \cdot 2H_2O$）的加热过程中制得的。在不断升温的过程中，会产生一系列不同结构的氧化铝，这些结构都是不稳定的，最终都会不可逆地转化为 $\alpha - Al_2O_3$。$\alpha - Al_2O_3$ 具有六方的刚玉结构，是 1200℃ 以上唯一可用作结构材料与电子材料的稳定形式。另一个稳定结构是 $\alpha - Al_2O_3$，但只能在催化方面应用。故在本书中 Al_2O_3 专指 $\alpha - Al_2O_3$。由于 O—Al 键的键能高达 1670J/mol，Al_2O_3 具有突出的物理性质，硬度是氧化物中最高的，而熔点高达 2050℃。

硅酸盐是地壳中最丰富的矿物，有正式名称的硅酸盐就有几千种。大多数硅酸盐都不是人工合成的，而是直接取自矿物，用于耐火材料、砖瓦、瓷器和陶器。一般说来，硅酸盐的力学性能低于氧化铝、氧化锆等单氧化物，但在民用领域，各种硅酸盐得到了广泛的应用，也有少数作为工程陶瓷应用。我们只以堇青石和叶蜡石作为此类工程陶瓷的代表加以介绍。

堇青石（Cordierite，$2MgO \cdot 2Al_2O_3 \cdot 5SiO_2$）的热胀系数极低，所以有很高的抗热冲击性能。其力学性能也不低，所以被用在发动机过滤器、火花塞、汽轮机换热器的叶轮等热敏感部位。堇青石有两种结构形式，天然存在的形式是四方晶形，人工合成的形式是六方晶形。为保证纯度与加工重复性，工程应用中都使用六方晶形的合成堇青石。

叶蜡石（Pyrophyllite）是一种层状结构的硅酸盐，化学组成为 $Al_2(Si_2O_5)_2(OH)_2$。它的用途非常广泛。由于价廉易得，不仅可以烧制成各种陶瓷，还可以机械加工，在西方被称为"魔石"。层间作用力主要是范德华力，因此材料较软，易于机械加工。热处理时，在

800℃发生脱羟基反应，在 1100℃ 时发生相转变，产生白硅石（SiO_2）和铝红柱石（$3Al_2O_3 \cdot 2SiO_2$）的双相结构。在脱羟基和相转变过程中尺寸变化仅有 2%。

铝红柱石在自然界非常罕见，主要矿藏发现于英国 Mull 岛，故称为 Mullite（莫来石）。其热胀系数低于 Al_2O_3，故具有更好的抗热冲击性，尤其是在 1000℃ 以上的温度。工程上应用的铝红柱石都是人工合成的。最初的合成方法是将 Al_2O_3 与 SiO_2 在 1600℃ 下烧结，但强度与韧性都不高。采用新技术合成的新一代铝红柱石，具备了高强度和高韧性，强度达到 500MPa，断裂韧性可达到 $2 \sim 4MPa \cdot m^{1/2}$。铝红柱石的传统用途是熔炉中的耐火材料。工程化的铝红柱石的用途大大加宽，包括电子元件的基板、保护性涂料、发动机部件和红外透射窗等。各类氧化物的性质见表 3 - 1。

表 3 - 1　　　　　　　　　　氧化物陶瓷的性质

性质	氧化铝	铝红柱石	尖晶石	董青石	氧化铝/氧化锆
化学成分	Al_2O_3	$3Al_2O_3 \cdot 2SiO_2$	$MgO \cdot Al_2O_3$	$2MgO \cdot 2Al_2O_3 \cdot 5SiO_2$	20.0% Al_2O_3 75.7% ZrO_2 4.2% Y_2O_3
熔点/℃	2015	1830	2135	1470	—
热胀系数/（10^{-6}/℃）	8.3	4.5 ~ 5.3	7.6 ~ 8.8	1.4 ~ 2.6	9
导热系数/（W/cm · K）	0.27	0.059	0.15	—	0.035
杨氏模量/GPa	366	150 ~ 270	240 ~ 260	139 ~ 150	260
挠曲强度/MPa	550	500	110 ~ 245	120 ~ 245	2400

3.1.2　碳化物

一般意义上的碳化物可以分为三类：①离子碳化物，即碳与 I，II，III 族金属或镧系金属形成的化合物；②共价碳化物，只包括两种：碳化硅（SiC）与碳化硼（B_4C）；③间隙碳化物，包括许多与过渡元素形成的化合物，如 IVa 族的钛、锆，Va 族的铌、钽，VIa 族的铬、钼、钨，以及 VIII 族的铁、钴、镍等。从工程的角度看，离子碳化物可以不必考虑。因为它们在空气中极不稳定，还容易与潮分作用分解为烃类。间隙碳化物虽然数量众多，但目前有工程价值只有碳化钨与碳化钛两种。主要碳化物的性能见表 3 - 2。

表 3 - 2　　　　　　　　　　碳化物的性能

碳化物	密度/（g/cm^3）	熔点/℃	韧性/（MPa · $m^{1/2}$）	模量/GPa	拉伸强度/MPa	导热系数/（W/m · K）	硬度/（kg/mm^2）
B_4C	2.51	2450	—	445	155	28	2900 ~ 3100
SiC	3.1	2972	3.0	410	300	83.6	2800
TiC	4.94	3017	—	—	—	—	2500
ZrC	6.56	3532	—	—	—	—	—
WC	15.7	2800	—	—	—	—	2050 ~ 2150
TaC	14.5	3800	—	—	—	—	1750

3.1.2.1 碳化硼

在工业上碳化硼不单独使用，而是以与石墨的复合材料的形式使用。碳化硼是通过氧化硼与碳在熔炉中作用生成。这种共价的陶瓷很难制成 100% 密度的制品，所以常用石墨粉与碳化硼混合使用，形成两者的复合材料。石墨的加入降低了碳化硼的使用性能，但目前还找不到更好的助剂。工业上的碳化硼制品一般用热压法成型，少数制品先进行烧结，再进行均匀热压。热压条件为 2100℃，35MPa，30min。典型的烧结条件为 2200 ~ 2250℃，30min，压力只需 10Pa 左右。烧结后的均匀热压条件为 2000℃，200MPa 和 120min。热压只能加工简单形状的制品，如管、板、轴向对称的喷管等。复杂形状的制品必须先经过烧结。碳化硼能够捕捉热中子，同时释放出低能粒子。$_5B^{10}$ 原子吸收中子后的蜕变并不放出高能射线：

$$_5B^{10} + _0n^1 \rightarrow _3Li^7 + _2He^4$$

故其主要用途是中子吸收剂和屏蔽材料。

3.1.2.2 碳化硅

碳化硅有上百种结构，最简单的一种具有金刚石结构，每隔一个碳原子被硅取代一个。这种立方结构被称为 β 体，其他的六方和菱形结构合称为 α 体。碳化硅粉末用 Acheson 法生产。将电流通过 SiO_2 与焦炭的混合物。当混合物温度升到 2200℃ 左右时，焦炭会与 SiO_2 作用生成 SiC 与 CO。根据反应时间与温度的不同，还原产物可能是细粉末，也可能是团块。结团的产物则必须粉碎后使用，较细的级分可以用来烧结，较粗的级分直接用作磨料。

根据不同的用途，碳化硅可用三种方法加工。①将碳化硅粉末与第二相材料如树脂、金属、氮化硅、黏土等混合，然后根据第二相材料进行处理，将碳化硅粘接起来。②将碳化硅粉末与纯碳粉或纯硅粉混合，制成型坯。让碳与硅蒸气反应形成碳化硅，新形成的碳化硅会将原有的碳化硅融合起来，这一过程称为自融合。如果让硅粉与氮气作用生成氮化硅，也可将碳化硅融合起来。这两种加工技术都称为反应融合。③用碳化硼作助剂，烧结碳化硅制品。这种方法可得到高密度的制品。以上三种方法各有优缺点。第二相融合法多用于烧蚀与耐火材料。第二材料的性质限制了材料的应用。自融合碳化硅中常含有残留的硅粉，在温度高于 1400℃ 时会熔融流出。用火焰或真空处理可除去这些游离硅。自融合时如果使用过量的碳就会避免硅的残留。自融合碳化硅比烧结产物抗氧化能力强。烧结碳化硅只能在非氧化场合使用。由于产物中含硼与游离碳，抗氧化能力较差。

碳化硅的膜、涂层与渗透加工产物不是用碳化硅粉末制造的，而是用化学气相沉积（CVD）或化学气相渗透（CVI）法制造的。

3.1.3 氮化物

与金属相比，氮化物陶瓷的主要优势是耐高温性能，在 1000℃ 以上仍能保持高强度；以及抗氧化与抗腐蚀性能。

氮化物家族中最主要的成员是氮化硅。氮化硅的粉末通过硅粉与氮气在 1250 ~ 1400℃ 的温度下反应制得。氮化硅在陶瓷材料中的优势是抗热冲击性能，其导热系数几乎为 $Al_2O_3 \cdot TiC$ 的两倍，热胀系数却只有 Al_2O_3 的一半，是制造陶瓷发动机的有力竞争材料。使用氮化硅的主要问题是烧结比较困难。纯氮化硅在高温下不能发生有效的体积扩散，即粒子之间很难互相黏合在一起。欲得到密实的氮化硅材料，必须使用烧结助剂。氮化硅的性能，尤其是高温性能，主要取决于烧结助剂。氮化硅最有效的烧结助剂是氧化铝（Al_2O_3）、氮化铝（AlN）与二氧化硅（SiO_2）。氮化硅材料基本上都是氮化硅与其他材料的合金，而不用纯粹的氮化硅。氮化硅材料可以用许多不同的方法加工，根据加工方法的不同分为以下几类：反应融合氮化硅、热压氮化硅、烧结（无压）氮化硅、烧结反应融合氮化硅、均匀热压氮化硅等。不同加工方法所制得的氮化硅性能不同，见表 3 - 3。

表 3 - 3　　　　　　　　　　不同方法加工的氮化硅的性能

项目	反应融合	热压	无压烧结	反应烧结	均匀热压
杨氏模量/GPa	120 ~ 250	310 ~ 330	260 ~ 320	280 ~ 300	310 ~ 330
挠曲强度/MPa	150 ~ 350	450 ~ 1000	600 ~ 1200	500 ~ 800	600 ~ 1200
断裂韧性/（$MPa \cdot m^{1/2}$）	1.5 ~ 2.8	4.2 ~ 7.0	5.0 ~ 8.5	5.0 ~ 5.5	4.2 ~ 7.0
相对密度/%	77 ~ 88	99 ~ 100	95 ~ 99	93 ~ 99	99 ~ 100
热胀系数/（10^{-6}/K）	3.0	3.2 ~ 3.3	2.8 ~ 3.5	3.0 ~ 3.5	3.0 ~ 3.5
导热系数/［W/（m·K）］	1.4 ~ 3	5 ~ 10	4 ~ 5	—	22

由于在氮化硅的烧结过程中要加入 Al_2O_3、AlN 或 SiO_2 等助剂，铝原子可能取代部分硅原子的位置，氧原子可能取代部分氮原子的位置，这样的结合体就形成了一类特殊的陶瓷——硅铝氧氮陶瓷。这种陶瓷具有 $Si_{6-z}Al_zO_zN_{8-z}$ 的通式，晶格与 $\beta - Si_6N_8$ 相似。这种氮化物的烧结要容易得多，但烧结过程中会有部分玻璃相形成。玻璃相限制了高温下的使用，但在较低温度下的优异性能仍使此类陶瓷有广泛的应用。

氧氮化硅从氮化硅和二氧化硅的混合物中合成。在 Al_2O_3 存在的情况下，具有一定的固体溶解性。可以用无压或压力烧结加工。氧氮化硅的性能略低于氮化硅，但由于其杨氏模量较低，热胀系数较高，在热机械方面有应用的潜力。

氮化铝具有较高的导热系数，在微电子工业中用作绝缘基板。用氮化铝粉末与密化助剂和 CaO 或 Y_2O_3 在 1650 ~ 1800℃ 下在氮气氛中烧结而成。用 Y_2O_3 作烧结助剂时，会有钇铝化合物在颗粒边界形成。氮化铝的导热系数随 Y_2O_3 的含量迅速增加。这是由于当 Y_2O_3 含量很低时（<0.8%），钇铝化合物会在氮化铝颗粒外形成一层连续的外壳，阻止了氮化铝［导热系数 50 ~ 90W/（m·K）］颗粒间的热传导。当钇的含量增加时，钇铝全结成较大的瘤（可达 15μm），氮化铝颗粒之间能够直接接触。钇含量达到 4.2% 时，导热系数可达 160W/（m·K）。氮化铝的力学性能不高，且在 800℃ 以上发生氧化，所以不能作为结构材料使用。

氮化硼的电子结构与碳相似，晶体有两种变体，一种类似于石墨（六方），一种类似于金刚石（立方）。六方氮化硼较软，具有片层结构，可以热压成型。材料具有各向异性，因为层片垂直于压力方向取向，不同方向上的导热系数与导电率大不相同。可以用化学沉积法制造坩埚一类薄壁制品。立方氮化硼的密度和硬度要高得多，用六方氮化硼在高温高压下制得，类似人造金刚石的制法。可用作磨料或切削刀具。

氮化硅基体的复合材料主要用碳化硅晶须和碎片增强，目的是提高韧性和高温强度。由于碳化硅晶须的存在，阻碍了氮化硅基体的收缩，使无压烧结更为困难。因此，氮化硅复合材料只能用热压法才能得到致密的产品。在从烧结温度冷却时，由于基体与晶须的热胀系数不匹配，材料内会产生应力。碳化硅为 $4.4 \times 10^{-6}/K$，而氮化硅为 $3.2 \cdot 10^{-6}/K$。这样，纤维会处于张力状态而基体处于压缩状态。因此使基体开裂的应力就应更高。在径向上，晶须会收缩而减弱与基体的结合，这样会使裂缝偏移并会使晶须容易拔出，也造成增韧。虽然碳化硅晶须的加入使强度略有降低，但有显著的增韧作用，报道的最高断裂韧性为 $10MPa \cdot m^{1/2}$。上述各类氮化物的性能见表 3 – 4。

表 3 – 4 氮化物陶瓷的性能

项目	硅铝氧氮	氧氮化硅 (Si_2N_2O)	氮化铝 （AlN）	六方氮化硼 （平行于晶片）	六方氮化硼 （垂直于晶片）	立方 氮化硼
杨氏模量/GPa	300	275 ~ 280	260 ~ 350	100	20	150
挠曲强度/MPa	750 ~ 950	450 ~ 480	235 ~ 370	低	低	高
理论密度/%	—	2.90	3.20	2.27	2.27	3.48
热胀系数/（$10^{-6}/K$）	3.0 ~ 3.7	4.3	4.4 ~ 5.7	2 ~ 6	1 ~ 2	—
导热系数/（W/m·K）	15 ~ 22	8 ~ 10	50 ~ 170	20	33	

3.1.4 氧化锆体系

氧化锆是一类特殊的氧化物陶瓷，其特殊之处在于它的晶形转变。氧化锆有三种晶形：1170℃以下为单斜晶系，1170 ~ 2370℃为四方晶系，从 2370℃直至熔点为立方晶系。当从四方晶系冷却到1170℃向单斜晶系转变时，氧化锆发生剧烈的体积膨胀，膨胀率有3% ~ 5%（见图3 – 3）。这一体积突变远远超过氧化锆的弹性极限，材料或制品会立即发生开裂。但如果在氧化锆中加入一定量的稳定剂如氧化钙（CaO）、氧化镁（MgO）或氧化钇（Y_2O_3）时，就会阻止这种相转变的发生，把氧化锆稳定在立方晶形。这种晶形转变完全被限制住的氧化锆称为稳定氧化锆。如果加入稳定剂的量低于将氧化锆完全稳定所需的量，就会形成四方或单斜的晶粒（取决于加工条件）分散在立方晶体基体中的氧化锆多相体系。这种氧化锆中只有基体部分被稳定化，称为部分稳定氧化锆，或半稳定氧化锆（PSZ）。稳定氧化锆的断裂韧性只有 $6MPa \cdot m^{1/2}$，

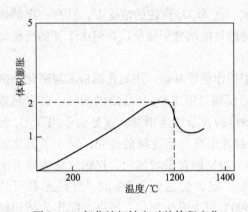

图 3 – 3 氧化锆相转变时的体积变化

而半稳定氧化锆竟能达到$15MPa \cdot m^{1/2}$。经研究发现，正是分散在基体中细微的四方晶粒的相转变起到了增韧作用。如果将细微的氧化锆粒子分散到其他基体如氧化铝中，也同样可以发现显著的增韧作用。这一性质使氧化锆受到空前未有的重视，引起广泛的研究，并对氧化锆的增韧作用提出了三种机理。

3.1.4.1 微裂纹化机理

将氧化锆粒子引入另一种陶瓷基体如氧化铝。温度低于转变点时，就发生四方 – 单斜的晶形转变，并伴随3% – 5%的体积膨胀。由于只是小晶粒的体积膨胀，不会使整个材料开裂，只会在晶粒四周引发一些微裂纹。由于这些微裂纹的存在，改变了晶粒周围的应力场。

当外部裂缝扩展经过这一晶粒时，就会发生裂缝偏移作用（陶瓷增韧部分），提高了断裂韧性。氧化锆的粒度不能太小，太小则不能发生相转变；也不能太大，太大则会引发可增长的大裂缝。为得到最大程度的增韧，氧化锆的加入量也必须在一个最佳水平。图 3－4 是氧化锆体积分数与断裂韧性的关系。可以看出断裂韧性呈一最大值。如果加入量过多，所引发的微裂纹就会迭加为较大的裂缝。

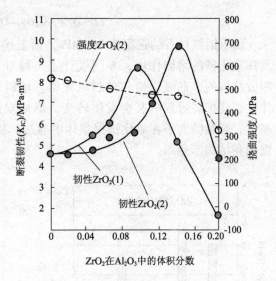

图 3－4　氧化锆体积分数与力学性能的关系

3.1.4.2　应力引发相转变机理

氧化锆冷却通过转变区时，应该发生四方－单斜的相转变。但如果氧化锆晶粒很细，且被周围的基体紧密压迫，相转变就无法发生。如果此时有一个裂缝在材料中扩展，裂缝经过之处，尤其是裂缝尖端，会有很大的应力产生。在应力作用下，基体对氧化锆晶粒的压迫不再起作用，氧化锆晶粒就会发生相转变。相转变所产生体积膨胀反过来会压迫四周的基体，使晶粒本身和基体都处于一种压缩应力的作用之下。此时，裂缝扩展的应力必须先要抵消掉压缩应力，才能继续扩展。这样就对材料进行了增韧。

3.1.4.3　表面层压缩机理

这一机理同上一个类似，也是四方－单斜相转变的体积膨胀造成了压缩应力。但区别在于着眼点是在材料的表面层。表面层中基体对氧化锆晶粒的压迫不如体相中那样强，于是表面附近的氧化锆容易发生相转变。表面打磨更容易引发表面附近氧化锆的相转变。表面层的相转变使 $10－100\mu m$ 深度的表面层受到压缩应力。压缩应力的深度取决于打磨的强度。如果压缩应力深度大于可增长临界裂缝的深度，相比于制品厚度又很小，材料的增韧就达到最佳状态。我们知道，陶瓷历来对裂缝敏感，尤其对表面划痕敏感。有了氧化锆的增韧，人们第一次不再惧怕陶瓷材料表面的缺陷。

上述三种机理虽然各不相同，可以看出，三者之间并无冲突，很可能三种增韧机理同时存在。人们利用氧化锆这种特殊的性质，开发出三类基于氧化锆的韧性陶瓷。

（1）氧化锆增韧的陶瓷　基体多为氧化铝（Al_2O_3）、铝红柱石（$3Al_2O_3 \cdot 2SiO_2$）、尖晶石（$MgAl_2O_4$）等。氧化锆颗粒是四方晶体与单斜晶体的混合物。氧化锆颗粒的临界尺寸因基体而异，一般为 $0.5～1.2\mu m$。一般还加入少量 Y_2O_3 来强化四方晶体相。最普通的制备方法是将氧化锆粉末与一种基体陶瓷粉末（如氧化铝）混合，然后烧结或热压。可以用纯氧化锆粉末也可以用半稳定氧化锆（PSZ）粉末。为获得最佳的强度与韧性，纯氧化锆的粒度应为 $1～2\mu m$，PSZ 粒度应为 $2～5\mu m$。氧化锆在氧化铝中的体积分数应为 15% 左右。图 3－5 是氧化锆对几种陶瓷的增韧效果。陶瓷基体与氧化锆的混合不一定要通过粉末机械混合，也可以采用溶胶－凝胶法等。但一定要保证材料的致密性，以保证基体对氧化锆粒子的压迫。而同时氧化锆必须保证一定的粒度，既能保证必要时发生相转变，又不能使粒度过大，发生破坏性的体积膨胀。为保证氧化锆在基体中的粒度，可以采用化学反应法，通过锆石与氧化铝的反应将氧化锆引入铝红柱石中：

$$2ZrSiO_4 + 3Al_2O_3 \rightarrow 2ZrO_2 + 3Al_2O_3 \cdot 2SiO_2$$

热压铝红柱石的强度为 269MPa，而上述材料热压制品的强度可达 400MPa。为进一步发挥氧化锆的增韧作用，专门设计了一种双重增韧的结构。以氧化铝为基体，同时加入四方结构的多晶氧化锆和单斜氧化锆。单斜氧化锆造成微裂纹化增韧，而亚稳的四方晶体在裂缝扩展过程中又会发生转变，形成双重增韧。由于氧化锆的弹性模量小于氧化铝基体，裂缝倾向于在氧化锆聚集体中通过，故增韧效果十分明显。图 3-6 为双重增韧陶瓷的相结构示意图。

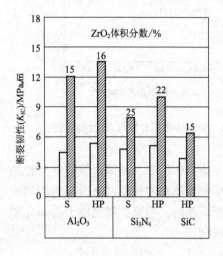

图 3-5　氧化锆对几种陶瓷的增韧作用
S—烧结　HP—热压

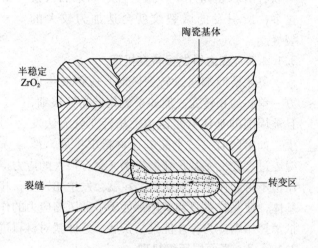

图 3-6　氧化锆对裂缝的双重稳定作用

（2）半稳定氧化锆（PSZ）　氧化锆常用的稳定剂是 MgO，CaO，Y_2O_3，其中 Y_2O_3 是近年来最常用的。只要稳定剂的用量低于将氧化锆完全稳定的水平且进行适当的热处理，就能形成四方晶体或单斜晶体分散在立方晶体基体中的半稳定氧化锆。例如，用 8%MgO 稳定的 PSZ 中，基体为 $40 \sim 70\mu$ 的立方氧化锆，含有亚微米级的四方或单斜氧化锆颗粒。用 MgO 和 CaO 稳定的氧化锆性质相差不多，只是发生破坏性转变的氧化锆临界粒子尺寸不同，MgO 体系中是 $25 \sim 30nm$，而 CaO 体系小得多，为 $6 \sim 10nm$。Mg-PSZ（3%MgO）的主要性质见表 3-5。

表 3-5　　　　　　　　　　　　两种韧性氧化锆陶瓷的力学性能

材料	密度 /(g/cm³)	断裂韧性 /(MPa·m^{1/2})	拉伸强度 /MPa	弹性模量 /GPa	导热系数 /[W/(m·K)]
Mg-PSZ（质量分数 3%MgO）	5.75	8~12	352	200	2
TZP（摩尔分数 2%Y_2O_3）	6.05	14	900	200	2

（3）四方多晶氧化锆（TZP）　主要由精细的（$<1\mu$）四方氧化锆颗粒组成，含 2-3mol% 的 Y_2O_3 稳定剂。在氧化锆的各种稳定剂中，Y_2O_3 的稳定效果最好。使用 Y_2O_3，不

仅会稳定立方与四方晶体，临界尺寸要大得多。人们在研究中还发现，用 Y_2O_3 稳定的氧化锆中四方晶体相保留得越多，增韧效果越好。如果全部由四方晶体组成，则增韧效果最好。于是人们制备了基本由亚稳态的四方晶体组成的氧化锆（含少量立方晶体杂质），即四方多晶氧化锆（TZP）。TZP 的主要力学性能见表 3 - 5。

用氧化铝增强的 TZP 具有超高强度，可达 2500MPa。体系中含摩尔分数 2% 的 Y_2O_3 稳定剂和质量分数 20% 的氧化铝，通过均匀热压法成型。加入氧化铝起到了两方面的作用：一是提高了弹性模量与强度，但更重要的是，细微氧化铝颗粒的存在，限制了立方相粒子的发展，保证了陶瓷的细化。

氧化锆陶瓷具有优异的综合力学性能与化学稳定性。其主要用途是用来制造刃具与磨料。用氧化锆/氧化铝陶瓷制造的磨轮比纯氧化铝的寿命长 8 倍。由于氧化锆陶瓷的韧性与耐高温性，可用于制造汽油发动机中的关键部件，既提高了燃烧效率，又延长了发动机寿命。氧化锆还具有生物相容性，用氧化锆制造的关节已经在兔子体内进行实验。

3.2 陶瓷的先进加工技术

一谈起陶瓷的加工，不免令人想起影视中用泥制造型坯然后用火烧的场景。型坯的制造并无神奇之处，陶瓷加工的关键是用火烧。在希腊语中陶瓷是 keramikos，意为用火烧过的东西。用火烧的过程称作烧结，就是将材料粒子熔合在一起的过程。事实上，陶瓷的加工无非是两个过程，第一个是冷过程，将材料粒子黏合后制成型坯，第二个是热过程，烧结过程是将粒子熔合在一起。

为适应先进陶瓷的开发，人们发明了一系列先进的加工技术。它们的共同特点是高纯度、低加工温度、细颗粒尺寸与更均匀的微结构。

3.2.1 溶胶 - 凝胶法

溶胶凝胶方法提供了在分子水平上设计与控制陶瓷组成与结构的技术。为对这一技术进行描述先要了解几个术语。溶胶（sol）指小于 0.1μm 的粒子在液体中的稳定分散液，更一般的含义指固体胶体粒子在液体中的混合物。胶体（colloidal）指在液体中可悬浮一段时间不沉淀的细微粒子。当溶胶失去液体时就成为凝胶。溶胶 - 凝胶过程的用途包括制备玻璃涂层、光导纤维、复合材料的氧化物基体以及单件制品。

溶胶 - 凝胶法是通过烷氧化物的水解合成氧化物的化学加工方法。溶胶是指直径小于 0.1μm 的胶体粒子在液体中的稳定悬浮液，或者说是胶体粒子与液体的混合物，胶体粒子可以在液体中长时间悬浮而不会沉淀。胶体粒子之间发生化学反应或物理凝聚，可使体系黏度增大而失去流动性。在溶胶 - 凝胶过程的化学反应中，有机金属化合物溶液（溶胶）发生类似高分子的聚合，使相对分子质量增大。溶胶失去流动性即称为凝胶。凝胶是一种非晶固体，由化学反应生成而不是由熔融生成。或者说，凝胶是由溶胶凝固而成的果冻状物质，即由液体变成柔软的半固态物质。由粒子间作用形成凝胶的过程称为粉末过程。虽然这种方法的名称是溶胶 - 凝胶法，反应的起点也可以是溶液，例如烷氧化物通过水解直接形成凝胶。起点为溶液的过程称非粉末过程。

溶胶 - 凝胶法可以分为单组分过程与多组分过程。单组分过程可以用硅陶瓷的制备来说明。制备的起点配方是体积分数分别为 43% 四氧乙基硅，43% 乙醇，14% 水。四氧乙基硅水解生成硅醇与乙醇，硅醇之间再通过缩聚连接成为交联网络（图3-7）。在多组分过程中是由多种烷氧化物形成溶胶或溶液。典型体系如表3-6所示。多组分过程中会发生的问题是不同的烷氧化物的水解速率不同，造成体系的不均匀性。解决这一问题的途径之一是先对活性低的组分如四氧乙基硅进行水解，然后再加入活性高的组分如三丙氧基钛和铝等。反应起点的溶液或溶胶黏度很低，随着反应的进行，黏度逐渐增大。到了某一点，溶液或溶胶转变为凝胶。可以想象，当最后形成无限大网络的最后一个化学键生成的那一刻，就是溶胶-凝胶转变点。溶液或溶胶向凝胶转变的不同在于，溶液-凝胶转变是不可逆的，而溶胶-凝胶转变是可逆的。溶液-凝胶转变没有体积变化，而溶胶-凝胶转变涉及粒子的凝聚，发生体积收缩。

表3-6　　　　　　　　　　　单组分与多组分烷氧化物溶液配方

原料	相对分子质量	相对密度（20℃）	溶液浓度/（g/100g）		
			单组分：100% SiO₂	双组分（摩尔分数）：94% SiO₂ 6% TiO₂	三组分（摩尔分数）：15% Li₂O 3% Al₂O₃ 82% SiO₂
Si（OC₂H₅）₄	208	0.936	45	11	35
Ti（OC₃H₇）₄	284	0.955	—	1	—
Al（OC₄H₉）₃	246	0.967	—	—	1
LiNO₃	69	2.380	—	—	3
C₂H₅O	46	0.789	40	36	29
H₂O	18	1.000	15	52	33
最终氧化物含量/（g/100g）	—	—	11.3	3.15	10.6

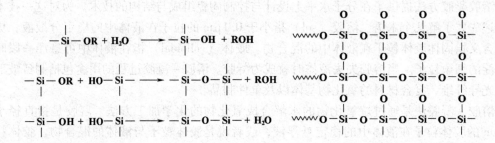

图3-7　硅凝胶的形成过程

　　凝胶化转变之后，体系由两相组成：氧化物的骨架与溶剂。要制成陶瓷制品，必须将溶剂脱除，即将凝胶干燥。

　　溶胶-凝胶法最广泛的应用是制造薄膜与涂层。制膜或涂层的主要方法是浸渍。使基材在溶液中通过，基材表面就会留下一层膜。膜的厚度取决于溶液黏度、表面张力、基材牵引速度和溶液中氧化物的浓度。设法将膜与基材相分离，就制得陶瓷薄膜。如果需要单面涂覆，就要使用流延法：使基材固定，将溶液均匀涂在基材表面。不管用什么方法，一次涂覆的厚度在50~500nm。更厚的涂层就需要多次浸渍或涂覆。

溶胶－凝胶法的另一应用是制造纤维。如果使用溶液，可以控制溶液的黏度，在最合适的黏度将溶液拉成纤维；如果使用溶胶，可以在溶胶中添加黏合剂，采用挤出的方法纺制纤维。最新探索的方法是将溶胶或溶液涂覆在有机纤维的表面上。除掉芯层的有机纤维，外面的壳层就能坍缩为陶瓷纤维。用这一方法还有可能制造出中空纤维。

陶瓷粉体的溶胶或凝胶也可以通过浇铸制成所需形状。将溶胶注入模具，并使粒子在模具内发生反应生成凝胶。待凝胶的形状固定之后便可脱除模具。使凝胶干燥，再进行烧结，就可以得到具有尺寸精度的制品。用这种方法可以制造陶瓷制品，也可以制造陶瓷复合材料。

溶胶－凝胶法的优点是高纯度、高均匀性和低温操作。由于组分间的结合是在溶液中完成的，结合的尺寸是纳米级的，所以热压密化温度只需熔融温度的 1/2 到 2/3。缺点是对原料要求高，提高了大件制品的成本。但在薄膜或纤维制造等特殊领域，本身就要求材料的高纯度，溶胶－凝胶法就成为首选方法。

3.2.2　气相加工法

气相加工法的过程是，加热一个固体使之转变为蒸气。当这一蒸气与冷的基体表面接触时，会迅速凝结为固体，黏附在基体表面上。用此类方法可在材料表面涂上一层牢固的薄膜，达到表面改性、表面保护或表面装饰等作用。化学气相沉积（CVD）是一种蒸气加工方法。用这种技术可以在任何金属和陶瓷材料表面涂密实的陶瓷或金属膜，膜的厚度可任意控制，并可使陶瓷与金属紧密结合。这些优点是传统陶瓷加工所不能比拟或无法做到的。

3.2.3　反应烧结法

反应烧结有别于传统的固相烧结与液相烧结。图 3-8 演示了两者的不同。图 3-8（a）是物理熔合过程，熔合的同时伴随着体积收缩。图 3-8（b）是化学熔合过程，材料体积可保持不变。物理熔合依赖的是颗粒的熔融，需要 2000℃ 以上的高温，而化学熔合是通过粒子间的化学反应，只需 1400℃。反应熔合碳化硅就是用这种方法加工的。将碳化硅与碳的粉末混合物制成所需形状，然后在高温下与硅的蒸气或硅的熔体作用。碳与硅反应生成碳化硅，将原有的碳化硅颗粒熔合起来。过剩的硅渗透到颗粒的每一个缝隙，最后形成无孔隙的复合材料（SiC/Si）。这种复合材料还有一种制法，就是将碳纤维的编织布浸到熔融的硅中，碳纤维逐步转变为碳化硅纤维分散在硅基体中。控制原料与反应条件，可以获得各种所需性能的材料。

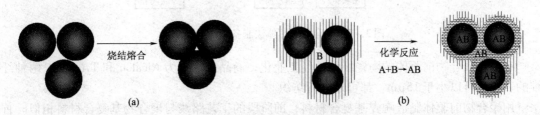

图 3-8　烧结过程的熔合方式
（a）物理熔合　（b）化学熔合

反应烧结氮化硅的加工方法与此类似。先用硅制成型坯，置于氮气、氮/氢或氮/氢混合气体中。先将温度升至1250℃，氮气开始渗入型坯与硅作用生成Si_3N_4，逐步将温度升至略低于硅的熔点附近以加快反应。这种反应要持续约一个星期，可以得到具有良好尺寸稳定性、抗热冲击性、良好导热性的陶瓷材料。唯一的缺点是材料仍具有通孔，耐氧化性略显不足。如果在充分的氧气下，会与氮化硅作用在表面生成二氧化硅（SiO_2）。这层二氧化硅会起到保护膜的作用，使氧气不能进到材料内部。这种氧化称为钝性氧化。如果氧气不足，就会生成气体一氧化硅（SiO）。此类氧化会连续不断地进行下去，称为活性氧化。在氧气不足的外层空间，最容易发生这种反应。因此氮化硅制品都预先氧化生成一层二氧化硅，就能对内部材料起到保护作用。

3.2.4 聚合物前驱体法

一种独特的加工技术能够以聚合物为起点加工出陶瓷制品。这种方法不能生产氧化物，却可以生产出碳化硅、氮化硅、氮化铝、氮化硼与氮化钛。广泛应用的制品形式包括纤维、涂层、非迁移性黏合剂与陶瓷基复合材料。制造陶瓷所用的聚合物都是硅树脂，如聚硅苯乙烯、乙烯基聚硅烷、聚硅氨烷、聚羰基硅烷等。从聚合物制造陶瓷，第一步是将聚合物制造成所需的形状，或为纤维，或为各种形状的制品。第二步是将聚合物转化为陶瓷，可以在惰性气体气氛下加热到1000℃以上，使体系中只剩下 SiC 或 Si—N—C 结构。也可以在常温下对聚合物进行氨解，得到 Si_2N_2O、Si_3N_4 的粉末或纤维。热解的结果使材料重量损失，体积收缩，密度增加。按质量计的得率在 60%～90%，而按体积计的得率只有 25%～35%。体积收缩对纤维制品影响不大，对涂层就会有较大影响。聚合物前驱体在陶瓷中的用途有四方面：纤维、复合材料、涂层和非挥发性黏合剂。图3-9是这些材料的加工工艺路线。

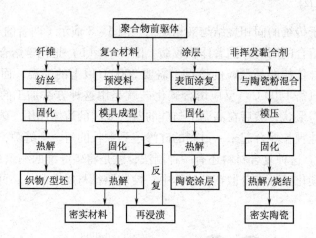

图 3-9　聚合物前驱体法制备陶瓷工艺路线

有两种聚合物前驱体的陶瓷纤维已经工业化，商品名分别为 Nicalon 和 Tyranno。两种纤维的直径都可以小于15μm，都可以进行纺织。

用聚合物前驱体制造陶瓷基复合材料，前阶段的工艺路线与聚合物基复合材料相似。首先是纤维的预浸及型坯的制备。可以是纤维预浸后纺织成织物，也可以是纤维纺织成织物后再进行预浸。预浸料可通过压制、树脂转移模塑、纤维缠绕等方法制成型坯。预成型之后，聚合物前驱体就被固化和热解。热解过程中聚合物会收缩，产生孔隙与裂缝。要得到密实的材料，需要进行多次浸渍与固化、热解的循环过程。根据纤维的用量与热解后的产率，循环次数可为 4～10 次。

有一种复合材料是用 Nicalon 纤维的织物增强的，基体材料为聚硅氧烷。聚合物在1200℃热解后的产率为 80%，化学组成为 Si：35%，C：45%，O：20%。在 6 次浸渍/热解循环后，达到 2.15g/cm³ 的密度。

聚合物前驱体制备的涂层可以赋予碳材料与金属材料抗氧化性与耐磨性。一种制法是将硼氧烷与聚羰基硅氧烷溶于一种有机溶剂，喷涂或刷涂在基底上。加热到 200～250℃ 以脱除所有的溶剂，并保证涂层具有 10～250μm 的厚度。涂层在 600～900℃ 的温度下热解。涂层厚度可以超过 250μm，但必须分层进行涂覆和热解。由于使用聚合物作原料，涂覆工艺非常简单，成本也远远低于 CVD 等过程。

用聚合物前驱体作为陶瓷粉末的黏合剂，可以提高型坯的强度，降低烧结时的收缩。由于聚合物的密度低于陶瓷，而型坯的密度主要取决于陶瓷颗粒的堆积。聚合物对烧结后制品的密度贡献取决于聚合物的产率。如果产率为 50%，就相当于为最后制品贡献了 9% 的密度。在一项工作中，采用聚硅烷、聚硅氨烷与 Si_3N_4 混合，同时加入 Al_2O_3 与 Y_2O_3 烧结助剂。型坯在 900℃、氮气氛下热解，再在 1700～1900℃，高压氮气下烧结。所得制品密度为2.94～3.30g/cm³。

以聚合物前驱体为陶瓷的加工开辟了一条新路。不仅操作简便，且能得到独特的结构与性质。目前所用的前驱体都是含硅聚合物，将来会有更多的聚合物成为陶瓷材料的前驱体。

3.3　陶瓷纤维

陶瓷的主要用途是作为复合材料的增强体，可用于金属、树脂、陶瓷基各种复合材料。从化学组成上说，碳纤维也可归入陶瓷纤维，但由于其特殊的重要性，我们用专门的一节进行介绍。

纤维的物理性质基本上由三种结构参数所决定：键型、结晶度与分子取向。化学键的性质决定了纤维的强度与模量，共价键与离子键具有最高的能量，其他类型的键都较弱，有三维共价键或离子键的陶瓷与玻璃纤维的性质远高于其他纤维。但由于分子是各向同性的、无分子取向，强度要低于碳纤维。因为碳纤维具有二维共价键，故有高结晶度与高度取向。由于结构参数的良好结合，碳纤维的模量可高达 600GPa，强度可高达 7000GPa。

3.3.1　陶瓷纤维的加工

陶瓷的熔点高、不溶解，必须使用独特的方法得到纤维。陶瓷纤维的加工过程可分为两类。

第一类方法是间接方法，使用一种其他纤维作为载体，让陶瓷前驱体沉积或附着在载体纤维表面，再将载体纤维与陶瓷前驱体同时进行热处理，由前驱体材料的热解形成无机纤维。

最简单的间接方法是用陶瓷前体金属盐溶液或溶胶浸渍有机纤维材料（常为纤维素类）。盐或溶胶充满基体纤维中沿纤维轴的纤状孔，干燥后形成假纤结构。将浸渍的纤维在严格的条件下（升温速率、最后温度、气体介质）进行热处理，将有机材料烧掉，就形成陶瓷纤维。由于有机载体的存在阻碍了陶瓷结构的形成，这种方法得到的纤维强度不高。

常用的载体纤维一般为钨丝或沥青基碳纤维单丝，使用挥发性的硼或硅化合物（一般为氯化物）形成涂层。例如通过氯化硅与载体上的碳或气相介质中的气体烃类反应得到碳化硅纤维。如果反应物与载体纤维中的氮化物或碳反应，就能得到高熔点的氮化物或碳化物纤维。这种情况下载体纤维可同反应物一起全部转化为纤维。

向载体纤维沉积成纤物质的方法又称化学沉积法（CVD）。硼纤维是用化学沉积法制造的（图 3 – 10）。将一根钨丝连续拉过玻璃管，同时将三氯化硼和氢气的混合物通入玻璃管。三氯化硼蒸汽沉积在炽热的钨丝表面上，使其直径不断增加。芯部的钨丝直径只有 $2\mu m$，最后制成的硼纤维直径有 $100 \sim 140\mu m$。硼纤维本身就是复合材料，其结构见图 3 – 11。硼纤维的密度为 $2.3 \sim 2.6 g/cm^3$，拉伸强度为 $3.65 GPa$，模量为 $400 GPa$。用于金属基复合材料的硼纤维表面可以再涂上一层碳化硅，以提高其与金属的相容性。

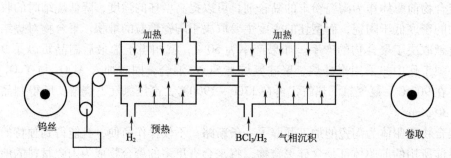

图 3 – 10　生产硼纤维的化学沉积法

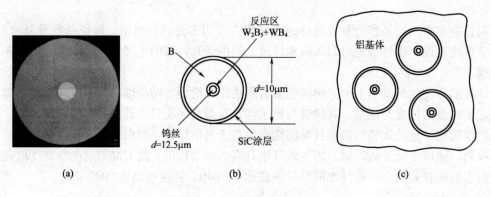

图 3 – 11　硼纤维
（a）硼纤维照片　　（b）硼纤维结构　　（c）硼纤维在铝基体中

硼纤维的实际生产过程要复杂得多，故硼纤维的价格很高。但尽管如此，用硼纤维增强的聚合物复合材料可以具有比铝还轻的重量，比钢还高的强度和刚度，在航空、航天行业中仍然有较大的市场。

碳化硅纤维也用这种化学沉积法制造。其芯部是一根直径约 $33\mu m$ 的碳纤维，反应物使用的是氯化烷基硅与氢气的混合物。最后产物的直径也在 $140\mu m$ 左右。密度为 $3g/cm^3$，拉伸强度在 $2.8 GPa$ 到 $4.6 GPa$ 之间，模量为 $400 GPa$。用这种化学沉积工艺还可以制造其他增强纤维，如表 3 – 7 所示。

表 3 – 7　　　　　　　　　　　　　　化学沉积法生产的几种纤维

芯纤维	反应物	产物纤维	熔点/℃
B_2O_3	NH_3	BN	3000
BN	$TiCl_4 + H_2$	TiN	2930
BN	$NbCl_5 + H_2$	NbN	2573
C	$BCl_3 + H_2$	B_4C	2350
C	$MoCl_5 + H_2$	Mo_2C	2687
C	$NbCl_5 + H_2$	NbC	3500

第二类方法称作直接法，即不需要载体纤维，直接使用无机前驱体（盐溶液、溶胶或前驱体熔体）进行纺丝。重要的纺丝方法包括熔纺、湿纺与干纺。在熔纺过程中，纤维由熔体生成。受到压力的熔体从喷丝板喷出，然后冷却固化。这种方法源于生产玻璃纤维和玄武岩纤维的技术，但纺丝温度高于玻璃纤维，达到 1250 ~ 1400℃。在干纺过程中使用前驱体聚合物溶液，从喷丝板喷出后让溶剂从溶液中蒸发得到纤维。在湿纺过程中也使用前驱体聚合物溶液，但使用沉淀液使聚合物沉淀得到纤维。纺得的纤维在热处理之前称作绿纤维。对绿纤维根据要求进行各种处理，如交联、热解、退火、烧结与特殊表面处理后就得到最终的陶瓷纤维。

根据前驱体的不同形式，直接法可分为以下几类：

（1）以溶盐作为纺丝液　盐类以离子形式溶解，即以分子水平分散于溶液于溶剂中，通常是水或水/乙醇混合物。为提高盐溶液的纺丝性能，常加入有机聚合物如聚氧化乙烯、聚乙烯醇和聚乙烯基吡啶等调节所需的流变行为。纺丝液中常加入纳米陶瓷粒子以控制陶瓷的结构。

（2）胶体分散液作为纺丝液　这种情况就是常说的溶胶凝胶法。溶胶凝胶过程又称化学溶液沉积，使用溶液、溶胶及其混合物作为陶瓷前驱体。以金属烷氧化物或氯化物作为陶瓷的前驱体时，先形成一个水溶液或水分散液（即溶胶）。前驱体在溶胶中经历各种形式的水解与缩合过程，并随着水分的不断脱除，逐渐从分离粒子过渡到连续网络。固相的连续网络与液相共存的体系就是凝胶。起始的粒子体积分数可以很低，需要排出大量液体才能显现凝胶性质。排出液体的方法很多，最简单的是沉降或离心。以所得凝胶作为纺丝液即得到绿纤维。与上一个过程相似，为提高可纺性，一般还要在纺液中加入有机聚合物。

（3）无机聚合物前驱体法　以无机聚合物的溶液进行干纺或用无机聚合物的熔体直接进行熔纺。这一过程毋须加入有机聚合物，因为溶液或熔体已经具备纺丝所需的黏弹流变行为。无机聚合物常含有有机官能团如甲基和丙基，热解时会被烧掉。熔纺的前驱体在热解前必须交联，否则材料到熔点以上将会再熔融而丧失纤维形态。该方法的陶瓷产率高于前两个过程。

3.3.2　主要陶瓷纤维

陶瓷纤维分为氧化物纤维与非氧化物纤维。

产业化的氧化物纤维多数基于 Al_2O_3 或 Al_2O_3/SiO_2 陶瓷。氧化物纤维的优点是具有高温抗氧性，缺点是在 1100℃ 以上会发生蠕变。如果在高温下长时间放置，纤维会团成颗粒。

由于界面扩散作用，大粒子还会吸收小粒子而生长，使纤维变脆。

非氧化物陶瓷纤维是基于 SiC 和 Si—C—（N）—O 的材料，多少含有不需要的氧，也会含有 Ti，Zr 和 Al。非氧化物纤维的强度与模量高于氧化物纤维。由结构所决定，多数情况下是无定形的，比氧化物晶体在高温下蠕变速率低。缺点是对氧化敏感，导致氧化条件下的纤维劣化。氧含量越低，抗氧性能越好。

（1）Nextel 纤维　是美国 3M 公司开发的一种氧化铝基纤维，化学组成主要为 Al_2O_3 - B_2O_3 - SiO_2。Al_2O_3 的来源可以是铝的氯化物、氮化物、甲酸酯、甲乙酸酯的水溶液以及 alphaaluminamonohydrate 的水溶胶，最常用的是碱式乙酸铝 ［Al（OH）$_2$OOCCH$_3$］。氧化硼的前驱体是硼酸（B_2O_3），碱式醋酸铝与硼酸的摩尔比为 1:3。直接添加市售氧化硅溶胶到溶液中就构成 SiO_2 组分。前驱体的复合体系经脱水浓缩后呈糖浆状，即可进行纺丝形成纤维。为提高前驱体的纺丝性，一般要加入水溶性有机聚合物，如聚乙烯基吡啶，聚乙烯醇等。Nextel 纤维有多种牌号，最常见的是 Nextel312 和 Nextel440，其组成与主要性能见表 3 - 8。

表 3 - 8　　　　　　　　　　两种主要 Nextel 纤维的组成与性能

组成/%	Nextel312	Nextel440	组成/%	Nextel312	Nextel440
铝	62	70	强度/MPa	1.725	2.070
硅	24	28	模量/GPa	138	186
硼	14	2	伸长率/%	1，2	1，1
直径/微米	10 ~ 12	10 ~ 12	工作温度/℃	1200	1370
密度/（g/cm³）	2 724	3 045	熔点/℃	1.800	1.800

（2）Nicalon 纤维　是一种碳化硅纤维，由日本 NipponCarbon 公司生产，其起始材料为无机聚合物聚碳硅烷。聚碳硅烷的单体为二甲基二氯硅烷，先在钠存在下脱氯，再在 450 ~ 470℃的热压釜中热处理得到。所得聚合物数均相对分子质量为 1250 ~ 1750，部分具有图 3 - 12 中的梯形结构。

图 3 - 12　Nicalon 纤维的前驱体聚合物

聚碳硅烷在氮气中不分解，可以在 300℃左右熔纺，速度为 500m/min。聚碳硅烷单丝经历两段热处理，第一段在 300℃空气中进行交联，使纤维不熔；第二段在 1200 ~ 1300℃的氮气中处理以完善网络结构，使纤维具有高强度与高模量。最后得到的 Nicalon 纤维可在 1200℃的空气中长期使用。在此温度以上会与大气氧发生反应：$SiC + O_2 = SiO + CO$，生成不稳定的单氧化硅，使纤维分解。此外，碳化硅的重结晶也会在 1200℃以上加速，使晶体尺寸增加，纤维强度下降。

（3）Tyranno 纤维　是含钛的碳化硅纤维，由日本宇部公司生产。其前驱体是一种有机金属聚合物 polytetanocarbosilane（PTC），以低分子硅烷化合物与钛系化合物为原料合成。经纺丝和烧结，得到含钛的碳化硅纤维。元素组成为（质量分数）：45% ~ 50% Si；25% ~ 30% C；1.5% ~ 4% Ti；17% ~ 18% O。它与熔融金属的反应性低、耐热性能高，在高温下有较高的强度保留率。Tiranno 纤维的结构式如图 3 – 13 所示。

Tonen 纤维使用的聚合物前驱体为聚硅氨烷，结构如图 3 – 14。先将前驱体交联聚合物，将温度从 400℃ 逐步升高到 800℃，在碱催化剂作用下脱除氢与甲烷，在 1500℃ 即转化为 Si_3N_4 纤维。

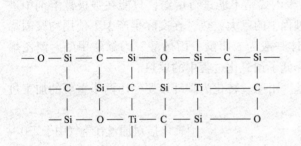

图 3 – 13　Tiranno 纤维的结构式

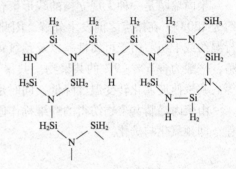

图 3 – 14　Tonen 纤维的聚合物前驱体聚硅氨烷

3.4　碳纤维

碳纤维是无氧环境中最耐温的材料，升华温度高达 3730℃。单质碳可以多种形式存在，如金刚石、石墨、无定形碳、富勒烯、碳纳米管与石墨烯。在石墨中，每个碳原子与另外三个碳原子相连接，形成一个二维的平面六元环网络，强度非常高，但平面间的作用力较弱。

在碳纤维中存在类似石墨的层状结构。但与石墨不同的是碳纤维中的碳层不是整齐堆砌的，而是无规排布的，碳层也不是平的。碳纤维根据前驱体的不同可分为三类：丙烯腈基、沥青基与黏胶基碳纤维。前驱体不同，碳层结构就不同，性能有很大区别。丙烯腈基碳纤维强度高，模量偏低。因为其中的碳层是波浪状的，可称作波浪状石墨。液晶相沥青基碳纤维中的碳层结构与真正的石墨更接近，模量与热导率很高，强度略低；黏胶基碳纤维强度与模量都很低，但纤维中金属离子含量可以为零，具有专门的用途。

依据力学性能进行分类，碳纤维可分为高强、高模量与高强高模碳纤维三类。碳纤维的弹性模量主要取决于平面沿纤维轴的取向，而强度取决于缺陷数量。为得到高强度、高模量的碳纤维，碳平面应沿纤维轴取向并使结构最优化（缺陷数量最低）。1500℃ 左右在惰性气体中处理可使结构达到最优化，可获得强度的最大值；在更高的温度下处理则可以进一步提高碳层的取向度，得到很高的模量。垂直于纤维轴的方向上一般没有碳层的取向。不同的碳纤维在取向度、碳层径向排布、层间相互作用、微孔（缺陷）数量与形状方面都不同，故性能各不相同。

3.4.1 聚丙烯腈基碳纤维

丙烯腈基碳纤维的生产过程可大致分为五个阶段。

（1）聚丙烯腈的合成；

（2）聚丙烯腈原丝的纺制；

（3）原丝的预氧化；

（4）预氧丝的碳化；

（5）碳纤维的表面处理。

聚丙烯腈是一种无规立构的线形聚合物，带有强极性侧基——腈基。其玻璃化转变温度约为120℃，在熔点之前发生分解。因此，聚丙烯腈不能进行熔纺，只能在强极性溶剂中进行湿纺或干纺。由于可纺性差以及预氧化过程中的巨大放热，在实际生产中不使用均聚丙烯腈，一般为含6%~9%的共聚物。共聚单体一般为衣康酸、丙烯酸、丙烯酸甲酯、溴乙烯等。共聚使玻璃化转变温度降低，同时也降低了预氧化过程中的放热。

由聚丙烯腈共聚物纺得的纤维称作原丝。由原丝转化为碳纤维要经历两步重要的加工过程，即预氧化与碳化。

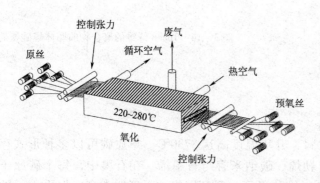

图3-15　预氧化工艺

预氧化指对原丝在空气中于230~280℃进行热处理。预氧化的主要作用是将原丝中的线形结构进行交联，将分子链与纤状结构的取向程度固定下来，使之不会在其后的加工阶段丧失。预氧化时必须对原丝施加张力，以保证原丝在最大的拉伸状态发生交联并得以固定（图3-15）。在预氧化阶段的主要化学反应是环化与脱氢反应，生成梯形结构（图3-16）。这种过程对立体结构有要求。有人认为等规结构易发生环化反应，但也有人提出间规结构也具有相同的环化能力。而我们认为，由于腈基强烈的分子内推斥作用，PAN聚合物链呈一种不规则的棒状螺旋，等规结构未必对成环过程有利。人们发现在低温下（低于290℃）主要发生棒状螺旋的分子内反应，而在300~380℃的温度下易于发生相邻螺旋间的分子间反应。

预氧化之后，PAN纤维就要于1000~1500℃在惰性气体中，进行碳化。碳化同样是拉伸条件下进行。在此阶段，纤维中的非碳原子将以甲烷、氢气、氰化氢、水、一氧化碳、二氧化碳、氨等形式被驱除（图3-17）。这些化合物的逸出使纤维的质量降低55%~60%，纤维的直径也随之收缩。一般情况下，拉伸前原丝直径为35μm，拉伸后收缩到10.5μm，经碳化后得到的碳纤维直径只有7μm。大量的质量流失看似是缺点，实际上是丙烯腈基碳纤维制造过程的优点。有了质量的流失，使碳纤维的前驱体可以在较大的直径进行加工，再通过质量流失过渡到较细的直径，这样就可以防止加工过程的断丝。

碳化过程中，碳平面结构被优化（降低缺陷），导致高强度。此后再在高温惰性气体（氮或氩）中，纤维结构进一步改善，得到高模量。处理温度可高达2800℃，增进碳平面的取向。但XRD表明这种状态也没有形成真正的石墨结构。

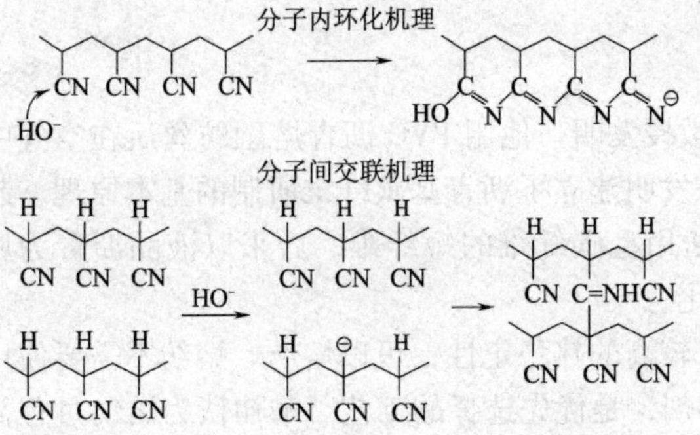

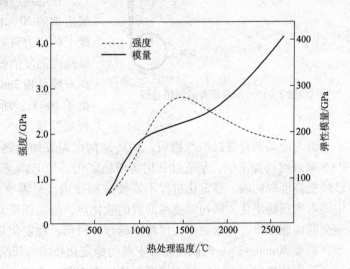

图 3 - 16　聚丙烯腈在预氧化过程中生成梯形结构 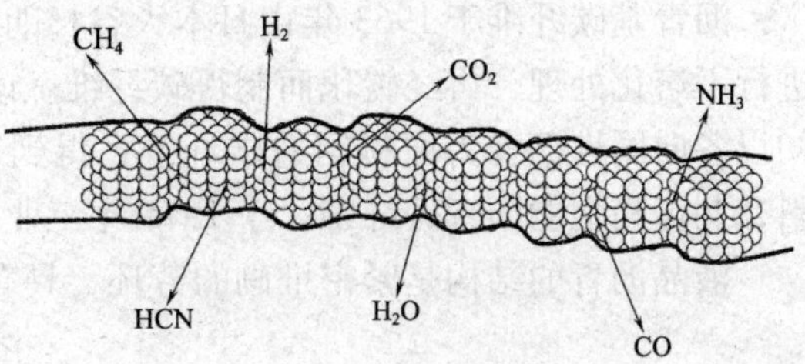　　　　图 3 - 17　脱除非碳原子

　　典型的纤维只须在 1000℃ 处理，得到约 2000MPa 的强度与 170GPa 的模量。处理温度提高到 1500℃，强度可达 3500MPa，模量可达 275GPa。处理温度为 2500℃ 时，纤维强度降低到 2800MPa（可能是由于晶体紧密堆砌时形成时的扁长孔），但模量可高达 480GPa。如果在高温处理过程中同时进行拉伸，可获得约 600GPa 的高模量。强度与模量这种变化趋势表明聚丙烯腈基碳纤维的模量随热处理温度持续升高，而强度则出现一个极大值，见图 3 - 18。

　　为了获得更高模量的碳纤维，可将碳纤维再经过接近 3000℃ 的高温热处理，也称石墨化处理，使纤维的含碳量增加至 99% 以上，以改进纤维的结晶在大分子轴向的有序和定向排列。石墨化工艺要绝对隔断氧气，炉子中气体只能选择氩气或氦气，不能使用氮气，因为氮在 2000℃ 以上会与碳反应生成氰化物。石墨化处理得到的碳纤维又称作石墨纤维。

　　碳纤维主要作为纤维增强材料应用，复合材料的强度取决于该纤维与基体树脂之间的黏合力，所以碳纤维需要经过表面处理，以改善纤维表面形态，增加表面活性，加强与基体树脂界面的复合性能。

图 3 - 18　碳化温度与碳纤维力学性能的关系

　　碳纤维的表面处理方法很多，有表面氧化法（如阳极电解氧化法、臭氧氧化法和等离子氧化法）、表面涂层法（如清洗与涂层、氧化与涂层）、表面化学法（如次氯酸钠、硝酸等溶液处理）。虽然表面处理的作用机理还不十分清楚，但处理后在碳纤维表面产生了活性点，较好地改善了纤维与基体之间的黏合力。

　　经表面处理后的碳纤维还要上胶处理，一般使用改性环氧树脂类的溶液作为上胶剂，主要作用中增强碳纤维与环氧树脂间的亲和力，还可以避免碳纤维在后续道加工中起毛而损伤。

3.4.2　沥青基碳纤维

沥青基碳纤维于 1963 年由日本大谷杉朗教授发明。他用 PVC 沥青熔融纺丝后在空气中进行不熔化处理，再经碳化而制得碳纤维。该发明建立了沥青基碳纤维研制的基本原理。起初以各向同性沥青为原料制造碳纤维，得到通用型碳纤维的短纤维，后来以液晶沥青为原料，制得高性能沥青碳纤维，于 1975 年工业化。

液晶沥青的结构是紧密堆砌的芳环，具有较高的热稳定性，可以熔纺。熔纺不需要使用溶剂，是优先选择的工艺。最初认为熔纺过程简单，前驱体又便宜，沥青基纤维应当便宜。后来发现没有这么简单。研究者发现沥青基碳纤维的结构与 PAN 基的完全不同，各有优缺点。

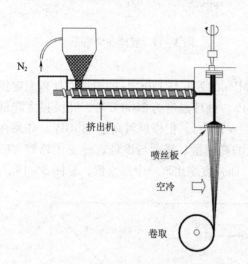

图 3 – 19　液晶沥青的熔纺过程

液晶沥青熔纺过程见图 3 – 19。熔融的沥青前驱体在高压下通过计量泵，进入喷丝板。经过喷丝板的小孔，经空气冷却，卷绕成为纤维。看起来非常简单，但实际上熔纺的工艺控制非常困难。在熔纺过程中，液晶沥青纤维的应力达到断裂应力的 20%，而尼龙的熔纺过程中，尼龙纤维上的应力只有断裂应力的 1%。沥青的黏度又是高度温度依赖的，会很快被拉细、很快冷却。离开喷丝板 2cm 后，沥青纤维已经比玻璃化温度低了 100℃，所以非常容易断裂，在碳化处理时极难控制。

因为液晶沥青是热塑性物质，初纺结构也需要加热固定，以防后处理过程的松弛。在 PAN 基纤维的加工中，是通过氧化实现稳定化。与 PAN 前驱体纤维不同，沥青前驱体纤维已经是高度取向的，稳定化过程不需要施加张力。只需要将它们暴露于 230～280℃ 的空气中即可实现稳定化。最初温度在沥青的软化点，然后逐步升温。设计升温程度的目标是尽快地交联前驱纤维，非碳原子入侵越少越好。目前，稳定化是沥青前驱体纤维加工中最慢的一步，需要 30min～2h。人们正在寻求新的稳定化技术与新液晶结构以加快稳定化。

稳定化之后，沥青纤维在惰性气体中在 1500～3000℃ 碳化。各种非碳原子以甲烷、氢、水、一氧化碳、二氧化碳等形式被驱除。由于液晶前驱体纤维中碳含量已经是 90%，只有 6%～8% 的氧，沥青基碳纤维的产率为 70%～80%，远高于 PAN 基碳纤维。但这也意味着，要得到直径 10μm 的纤维产品，预纺纤维的直径就应是 12μm。而欲得到相同直径的 PAN 基碳纤维产品，预纺纤维的直径就是 15μm。换句话说，沥青基预纺纤维的直径更细，从而加工更难，成本就越高。

沥青基碳纤维的生产虽然难以控制，其液晶本质还是具有其优势，前驱体中的分子取向既可通过提高喷丝温度来控制，也可以通过改变最后热处理温度来控制。只需要改变处理温度，就能生产各种模量等级的碳纤维。

从液晶沥青前驱体生产的碳纤维一般具有很高的模量。这是液晶前驱体在挤出过程形成的侧向分布与轴向取向结构造成的。只要保证这种侧向的分布与轴向取向在热处理过程中不被松弛，在碳化过程中还会被加强。侧向组织可以是放射状的也可以是层状的，如图 3 – 20

所示。石墨烯片层总是从碳纤维中央展开的，而层面方向总是平行于纤维轴的。这种侧向组织的优点是非常有利于石墨化，容易获得高模量，缺点是对缺陷敏感。所以 PAN 基碳纤维一般强度较高而模量较低，而沥青基碳纤维模量较高而强度较低。

放射型　　　　洋葱型　　　　无规型　　　　平片型　　　　折叠放射型

图 3 - 20　沥青基碳纤维的径向组织

3.4.3　黏胶基碳纤维

黏胶即再生纤维素，也用作碳纤维的前驱体。黏胶纤维由纤维素材料如木浆或棉浆的溶解与纺丝得到。由于纤维素是碳水聚合物，高温处理时水挥发得到碳残留。生产过程也分为几步，包括400℃以下的低温处理，高达1500℃的碳化与2500℃的石墨化。从黏胶的碳纤维产率较低，在10%～30%。力学性能不如聚丙烯腈基碳纤维，典型值为700MPa的强度与70GPa的模量。

由于黏胶纤维的强度较低，不能像聚丙烯腈纤维那样以高倍的张力进行预氧化处理。在完成预氧化后，形成的环化结构具有了一定的强度，在后续的高温处理阶段，就可以施加张力，可得到较高的力学性能，最高可以达到2800MPa的强度与550GPa的模量。

由于黏胶基碳纤维生产过程的复杂性，工业上不常用。由于黏胶纤维的原材料是天然产物，生产加工过程不需要使用催化剂，故纤维中的金属离子含量可以为零。这是黏胶基碳纤维的突出优点，是其他碳纤维所无法具备的。在碳纤维的某些场合使用，为了保证控制信号不受干扰，要求碳纤维中不能含有金属离子，就必须使用黏胶基碳纤维，这使得它成为不可或缺的一个品种。

3.4.4　廉价碳纤维——木质素基碳纤维

以上三种碳纤维不论性能如何，有一个共同的缺点，就是价格高昂。它们可以用于高端领域，但在民用领域使用可以说是奢侈品。现在人们寻求价格低廉的碳纤维品种，目标指向了木质素。

木质素是一种可持续、可再生资源，在地球上的有机物储量中仅次于纤维素，而价格则远低于纤维素。欲使用木质素不需要新的生产线，因为全世界的造纸业和发酵业每年就会产生2亿吨的木质素下脚料，可以说是取之不尽、用之不竭。排除了原材料的成本，每千克碳纤维的生产成本可以低到每千克1.1美元，这已经是普通纤维的价格。

使用木质素进行纺丝的工艺是最简单的熔纺。初步的工业实验发现纺制直径10μm的丝时，可保持1500m/min的速度，这个速度是液晶沥青纺丝的3倍，是聚丙烯腈基湿纺速率的4倍。原丝的预氧化与碳化速率也高于其他品种的生产过程。X光衍射证明，在预氧化与碳化过程中碳层结构不断完善，经2000℃以上的碳化后，形成了近似石墨的规整片层

（图 3-21）。随碳层结构的完善，力学性能不断提高。当前已达到的水平是强度达到目标 1720MPa 的 70%，模量达到目标 172GPa 的 50%。

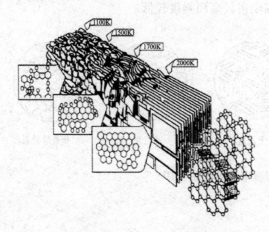

图 3-21　木质素碳纤维中碳层结构随处理温度的完善化（Griffiths, 1982）

3.5　陶瓷基复合材料

开发金属基和树脂基复合材料的目的主要是为了增强。但陶瓷基复合材料不同，陶瓷基体一般都具有足够的强度，不需要进一步增强，但传统的陶瓷材料如氧化铝、碳化硅、氮化铝、氮化硅和氧化锆等的主要缺点是脆性。在机械或热机械作用下极易碎裂，就像玻璃一样。为提高其断裂韧性，可将纤维、单晶晶须或晶片加入陶瓷基体形成陶瓷基复合材料。故开发陶瓷基复合材料的主要动机是增韧，但根据复合材料中的习惯说法，将纤维引入陶瓷基体仍称作增强。晶须或晶片的增韧效果十分有限，只有纤维能够显著地提高陶瓷的延伸率和断裂韧性。

陶瓷基复合材料中使用的纤维首先要求能够经受相对高的温度而不发生损坏，应具备的性能包括长时间高温稳定性、抗蠕变、耐氧化。聚合物纤维在 500℃ 以下就降解，故不能使用于陶瓷基复合材料。传统的玻璃纤维在 700℃ 就会软化，也不能在陶瓷基复合材料中使用。只有在 1000℃ 以上的稳定的纤维才能使用，如氧化铝、莫来石、碳化硅、氧化锆与碳纤维等。虽然碳纤维在氧化环境下在 450℃ 就发生降解，但在非氧化条件下可经受 2800℃ 的高温。

最常用的陶瓷基体是碳化硅、氧化铝、莫来石与石墨碳，一般与纤维材料相同。陶瓷基复合材料的命名一般是纤维材料/基体材料。例如 C/C 代表碳纤维增强的碳基材料，C/SiC 代表碳纤维增强的碳化硅。C/C，C/SiC，SiC/SiC 和 Al_2O_3/Al_2O_3 等都是重要的工业材料。有时还会把加工方法写在名称上，如 LPI-C/SiC 代表液体聚合物渗透法生产的碳纤维增强的碳化硅材料。

增强纤维的引入除了提高韧性与断裂伸长率以外，对陶瓷基体其他性能也能有所改进，如提高热冲击阻力与动态负荷承载力等。纤维还可使材料的性能呈各向异性，在某些场合能够物尽其用。

3.5.1　陶瓷基复合材料的加工

陶瓷基复合材料的加工可分成以下几个步骤：
（1）按所需形状铺设与固定纤维体；
（2）引入基体材料；
（3）机加工、涂装或浸渍处理。

以上第一步和第三步对所有的陶瓷基复合材料都是一样的，甚至与金属、树脂基复合材料中的加工方法也相通。关键在于第二步。因为陶瓷一般没有流动性，不可能以流体方式将陶瓷充满增强体，故一般的做法是先将陶瓷的前驱体引入纤维，再通过烧结等方法形成陶瓷基体。基体的生成有以下四种方法。

3.5.1.1　气相基体沉积

这种方法是用气体反应物渗透纤维，在纤维单丝的间隙发生化学气相沉积，故又称化学气相渗透（CVI）。通过化学蒸汽渗透法可生成多种基体，如硼化物、碳化物、氮化物、氧化物等。例如 C/C 复合材料的生产：碳纤维预制体置于氩气与烃类气体（甲烷、丙烷等）的混合物中，压力为 100kPa，温度高于 1000℃。从气体分解出单质碳沉积于纤维之间。又如碳化硅的沉积：气体混合物是氢气与三氯甲基硅烷，在反应条件下细小的晶体碳化硅沉积在预制体的表面。这种方法最大的优点是制备温度低，可以避免损害增强纤维；也不需要使用高压。例如制备碳化硅纤维在

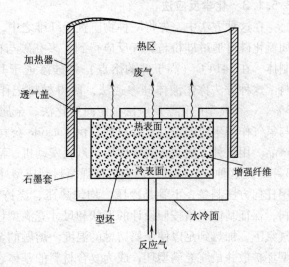

图 3 – 22　化学蒸汽渗透装置

三氧化二铝中的复合材料。碳化硅纤维直径只有 10μm，经受不住传统加工方法中的应力与压力。而化学蒸汽渗透法使用低压力与气体原料，渗透纤维的每一个缝隙，将基体材料包覆在纤维上，最后使之成为一个整体。图 3 – 22 是一个 CVI 炉的示意图。

用 CVI 方法得到高密实程度的复合材料比较困难，因为越来越多的沉积物会阻挡反应物向内部的渗透。为提高复合材料的密实程度，在纤维预制件中预置一个温度梯度，同时还施加一个反方向的气体压力梯度，迫使反应气体强行通过型坯低温区。由于温度低而不发生反应。当反应气体到达温度较高的区域后发生分解并沉积。在纤维上与纤维间形成基体。在此过程中，温度界面不断由型坯顶部的高温区向底部的低温区推移。由于温度梯度与压力的存在，避免了沉积物将孔隙过早的封闭，提高了沉积速率。

由于 CVI 是个分子过程，基体材料一分子一分子地沉积在缝隙中，经济性较差。反应熔体渗透法可以弥补这一不足。CVI 需要几天的过程，反应熔体渗透法只需几分钟，花费的成本也仅有 CVI 的一半。例如制备碳化硅/碳化硅复合材料，先将碳化硅纤维与碳纤维制成型坯。用熔融硅进行渗透，硅与碳反应再生成碳化硅，包覆在原有的碳化硅纤维上。这种方法也能制造复杂形状的制品，尺寸精度高，制品密度接近 100%。

3.5.1.2　聚合物的热解

用无机聚合物制造陶瓷材料或陶瓷基复合材料的方法在 3.3.1 节中已经做过介绍。如果需要制造碳基体，就要使用有机聚合物进行热解。所以碳碳复合材料的制造方法也可视作是聚合物前驱体法。先用树脂浸渍碳纤维。预浸料可用涂敷法、真空成型法或压制法成型，制成所需形状，并使树脂固化。固化后的预制体需要在高温下进行碳化，脱除非碳成分。在碳化过程中，材料会失去重量，密度降低，在体内出现空隙与裂缝。因此，初步碳化的复合材料必须再次进行浸渍，再次碳化。有时需要反复多次，才能得到密实、高强度的材料。为保证碳碳复合材料的质量，对浸渍材料有一定要求。树脂应当是低黏度的，与碳纤维有一定相容性。应当使用热固性树脂，保证在加热过程中完全固化，不能有熔融现象。树脂的含碳量

越高，碳化或石墨化时出现的空隙越少，所以含碳量越高越好。最常用的是含大量芳环的热固性树脂，如酚醛、呋喃树脂或高芳环含量的煤焦油、沥青等原料。

3.5.1.3 化学反应法

在这种方法中，先将一种物质置于纤维之中，再与第二种物质反应，形成陶瓷基体。例如氮化硅可通过硅粉与氮气反应得到；多孔碳与硅反应得到碳化硅。如果采用多孔 C/C 预制体，在 1414℃（高于硅的熔点）将硅渗透于其中，便得到以 C/C 增强的碳化硅复合材料。这种方法称作液体硅渗透法，所得材料记作 C/C - SiC。这种过程得到的孔隙率低达3%。一种典型的化学反应法是定向氧化法。金属定向氧化法（Dimox 法）是由熔融的金属与氧气作用生成陶瓷基复合材料，由 Lanxide 公司于 1983 年开始研制，1989 年生产第一批产品。用这种方法制备的零件用于汽轮发动机、活塞发动机、火箭发动机、高温熔炉等。图3-23 是这种方法的演示。先将增强填料制成型坯，其尺寸与最后制品完全一致。型坯可以用任何方法制备，不管是冷压、均匀热压、浇铸、还是注射成型。型坯外壳是一层阻隔材料，保证基体严格按照设计的形状和尺寸充满型坯。将型坯放在基体金属锭上面，置于氧气气氛下，加热到足以使金属熔融的温度。熔融的金属与氧气迅速作用生成氧化物，氧化物向型坯扩散并最终充满型坯，成为复合材料的基体。金属的氧化会生成固体陶瓷层，阻隔了金属的进一步氧化。此时可加入助剂镁或硅，可帮助熔融金属对陶瓷的润湿并降低陶瓷粒子的颗粒稳定性，从而保证了金属不断被氧化。这一方法的奇特之处在于仿佛金属是被自己的氧化物吸着走，一直向材料内部深入，而且在运动过程中不断被氧化，直到金属被耗尽或型坯被充满。金属氧化物在充满型坯的过程中几乎不发生尺寸变化，保证了最后制品的尺寸精度和密度。陶瓷加工过程中难以克服的问题是产生孔隙和尺寸收缩，而用金属定向氧化法可以完全避免这两个问题。

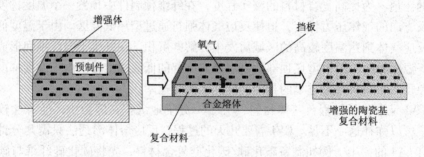

图 3-23 定向氧化法

用金属定向氧化法可以很容易地进行外形复制，如图 3-24 所示。将被复制金属件嵌入型坯，型坯中含有增强的碳化硅粒子。这个被复制的金属件同时又充当了定向氧化的金属原料。当温度升到金属熔点以上时，液体金属一面向型坯渗透，一面被氧化，最后以氧化物的形式完全充满型坯。金属耗尽留下的空间恰恰就是要复制的形状。

金属定向氧化法的一个例子是硼化锆（ZrB_2）碎屑增强的碳化锆（ZrC）。为形成这种复合材料，金属锆在 1850~2000℃ 下的熔体定向地与石墨模具中的 B_4C 粉末作用，同时生成两个陶瓷相 ZrB_2 与 ZrC，ZrB_2 以六方晶片的形式分散于 ZrC 连续相之中，也有少量金属锆存在于连续相中。金属锆的含量对材料韧性有很大影响。低金属含量时的韧性为 10 ~ 12MPa·$m^{1/2}$，高金属含量时可提高到 15MPa·$m^{1/2}$。此类复合材料可以短时间在 2700℃ 的

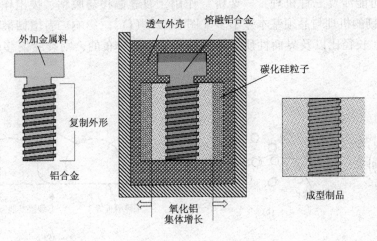

图 3 – 24 外形复制

高温下工作，被用在火箭发动机中，但不能在高温下长期工作。利用此类复合材料强度、韧性、耐磨性与生物相容性的综合性能，可以用于制造假肢。

3.5.1.4 低温烧结法

陶瓷的烧结温度一般高于 1600℃，是普通陶瓷纤维所不能承受的，故采用烧结法制造陶瓷基体的温度都在 1000～1200℃，故称低温烧结，只适用于氧化物纤维/氧化物基体的陶瓷基复合材料。一个例子是氧化铝粉末与液体的偏硅酸四乙酯（硅源）与丁酸铝（铝源）的混合物与纤维预制体一起烧结，产生铝红柱石基体。也使用溶胶凝胶法。用这一方法制造的陶瓷基复合材料一般有 20% 的孔隙率。

3.5.2 增韧机理

我们知道，所谓增韧就是使材料断裂前吸收更多的能量。

研究者们提出了一系列不同的增韧机理，如微裂纹化、相转变、裂缝偏移、裂缝弯弓、金属相造成的塑性形变；以及纤维或晶须增强的种种机理如应力传递、基体预应力、界面摩擦、纤维拔出等。在许多情况下是多种现象同时发生，故增韧是多种机理共同作用的结果。

微裂纹化机理［图 3 – 25（a）］源于增强体与基体的热胀系数或模量不匹配。温度变化时就会产生局部应力，同时引起体积膨胀，并使裂纹化区域模量下降。微裂纹化常与其他机理一同导致材料的增韧，如相转变。

裂缝偏移机理［图 3 – 25（b）］源于在基体/分散相界面上围绕分散相粒子的应力场，该应力场也是由于模量或热胀系数不匹配而引起的，也会造成局部的张应力与压缩应力。裂缝增长时，必然选择局部的张应力区域而不会进入局部压缩应力区域，故会偏移增长方向，造成增韧。

如果分散相的断裂韧性大于基体，则分散相粒子可以阻碍裂缝增长，裂缝不能从分散相中间通过，使其增长的路线呈弓形，这一机理称为裂缝弯弓［图 3 – 25（c）］。

陶瓷体内的金属对陶瓷有显著的增韧作用，这一作用与橡胶增韧塑料十分相似。金属能够发生塑性形变，这一过程消耗了大量能量；金属还能够通过变形，在裂缝上"架桥"，阻止裂缝的增长［图 3 – 25（d）］。

晶须增强可能涉及三种机理："架桥"作用，裂缝偏移与脱粘、拔出作用［图 3 – 25（e）］。晶片增韧的机理与晶须基本差不多［图 3 – 25（f）］。影响二者增韧最重要的因素是增韧体的取向、长径比以及界面性质。如果晶片是无规分布的，则裂缝偏移成为主要增韧机理。

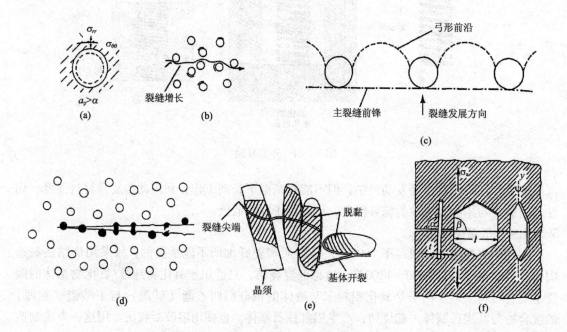

图 3 – 25　陶瓷的各种增韧机理

（a）微裂纹化　　（b）裂缝偏移　　（c）裂缝弯弓　　（d）金属粒子形变
（e）晶须增韧　　（f）增韧体形状影响

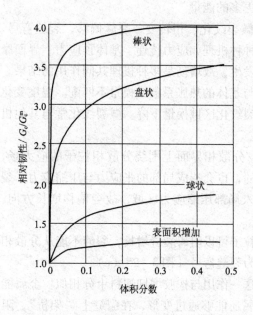

图 3 – 26　增强体几何形状对韧性的影响

由以上各种机理可以看出，脆性固体中影响裂缝增长的主要因素是微观结构与增韧体的几何形状。增韧体的形状偏离球形越远，增韧效果越好。从图 3 – 26 可以看出，盘状粒子的效果优于球状，而棒状又优于盘状粒子。最高的增韧效果来自连续纤维。

用纤维增韧陶瓷基体公认的机理是所谓架桥机理。如图 3 – 27 所示，纤维在裂缝间"架桥"，当裂缝扩展时，陶瓷基体与纤维间发生脱粘，基体沿纤维表面滑动，直至纤维从基体中拔出，从而吸收大量能量。这一机理的适用有一个前提条件，即纤维与基体间的结合适中较弱。如果结合太强，基体不能沿纤维表面滑动，纤维的断裂伸长率又十分有限，就会造成脆性断裂，这就形同普通陶瓷，不产生增韧。如果结合太弱，滑动太容易，吸收的能量有限，增韧的效果不大。只有当纤维与基体的结合适中时，才能发生显著的增韧。

在陶瓷基复合材料中纤维与基体往往是同一种化学组成的材料，一般是结合过强的情况居多。欲生产高断裂阻力的陶瓷基复合材料，需要有一个步骤来弱化纤维与基体间的结合。在纤维上沉积一层热解碳或氮化硼就能弱化界面键合，裂缝扩展时可使纤维在断裂面上能够拔出（见图 3 - 28）。在氧化物陶瓷基复合材料中，基体的孔隙率较高，与纤维的结合较弱，就不需要界面的弱化。

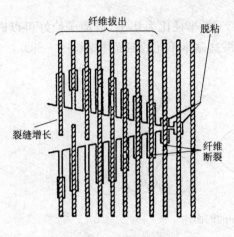

图 3 - 27　纤维增强机理

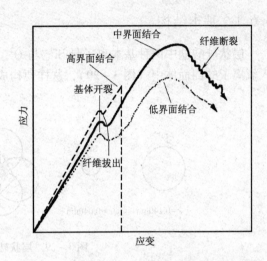

图 3 - 28　不同纤维/基体界面结合力的陶瓷基
复合材料的应力 - 应变曲线

预应力法会导致一种另类的增韧机理。预先使陶瓷材料受到一个压缩应力，当它受张力的时候，必须先超过预加的压缩应力，故提高了断裂所需能量。先使纤维处于拉伸状态。在纤维上包覆基体材料，并使之固化。完全固化后再撤消纤维上的拉力，纤维要恢复原先的弹性形变，材料就受到一个压缩应力。利用基体与纤维之间热胀系数的差别也可以预置内应力。在复合材料从高温开始冷却时，只要纤维的热胀系数大于基体，纤维收缩的倾向就大于基体。在纤维收缩倾向的作用下，基体内自然就会产生一个压缩应力。要想将此材料拉伸，首先必须克服基体内的压缩应力，从而起到了增韧的作用。

3.5.3　陶瓷基复合材料的用途

陶瓷基复合材料克服了传统陶瓷的脆性，并同时具备了耐热冲击、耐高温、耐腐蚀与耐磨损等特性，从而在金属材料达不到的领域开辟了应用领域，主要有热保护系统、高温内燃机、刹车轮，滑动轴承等。

空间飞行器重返大气层时，热隔离系统要经受 1500℃ 的高温几分钟，只有陶瓷基复合材料能经受这个热冲击。在这个高温下，氧化物纤维蠕变太严重，而碳化硅纤维会在 1250℃ 发生重结晶而丧失强度，故只有碳纤维增强的碳化硅基体才符合要求。

在内燃机中使用 CMC 可提高工作温度，从而提高燃烧效率。首先开发的是形状简单的燃烧室。使用的材料是碳化硅/硅化硅，已成功实验了 15000 小时。定子叶轮因形状较为复杂，用陶瓷基复合材料的制造尚在探索之中。

碳/碳与碳/碳化硅复合材料已成功用于制造赛车与飞机的刹车盘。碳/碳化硅刹车盘的磨损非常低，寿命可达到 30 万公里。除了显而易见的耐腐蚀功能外，陶瓷基复合材料刹车轮的重量只有金属的 40%，这就同时降低了弹簧与转子的重量。

3.6 层状硅酸盐

3.6.1 基本结构

层状硅酸盐中两种基本离子是 Si^{4+} 与 O^{2-}。Si^{4+}/O^{2-} 半径比为 0.3，硅离子恰好可以嵌入氧离子的四面体中（图 3-29），这样便构成了硅酸盐基本单元的四面体结构——SiO_4。

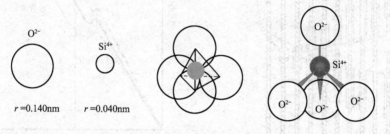

图 3-29 层状硅酸盐中的四面体

四面体之间可以通过共享氧离子而相互结合。将四面体底面排在一个平面上，底面上的三个氧离子与相邻 3 个四面体结合，连接成六元环，在平面上可延伸到无穷大。四面体底面上的 3 个氧离子均连接两个 [SiO_4]，称作桥氧；而顶端的氧离子称作顶氧。片层中四面体的顶氧均指向同一方向，故片层的叠合是顶对顶或底对底。由于每个氧离子最多只能被两个 SiO_4 所共有，故基本结构单元又是 $Si_2O_5^{2-}$（图 3-30）。

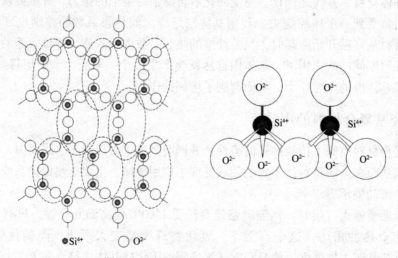

图 3-30 层状硅酸盐中的六元环结构

底层内氧离子的价键是饱和的，而顶端氧的价键尚未饱和，需要与阳离子（如 Mg^{2+}，Al^{3+}，Fe^{3+}，Fe^{2+} 等）连接。为使电价平衡，层状结构中都有 OH—出现。OH 位于六元环的中央，故结构单元变成 $[Si_2O_5(OH)]^{3-}$，如图 3-31 所示。

　　黏土的结构中有两种片层：四面体片和八面体片。四面体片如上所述，由 SiO_4 构成平面延伸的六边形网格。八面体片则主要是由 6 个氧原子或羟基围绕一个 Al^{3+} 或 Mg^{2+} 离子构成 [图 3-32 (a)]。如果阳离子为 Al^{3+} 或其他三价离子，片层中每半个单元含 2 个阳离子和一个空位，称作二八面体结构。典型的二八面体矿物为水铝石（gibbsite），在八面体单元中每个氧离子与两个铝离子共享 +0.5 个电荷，氧只剩下一个负电荷。这个负电荷可连接一个质子（氢离子）来中和，故铝离子周围都是羟基。如果阳离子为 Mg^{2+} 或其他二价离子，片层中每半个单元含 3 个阳离子，没有空位，称作三八面体结构 [图 3-32 (b)]。典型的三八面体矿物为水镁石（亦称水滑石，brucite）。八面体片层中也可含有其他阳离子如 Li^+，Fe^{2+} 和 Fe^{3+} 等。八面体位在平面上也是无限延伸的。

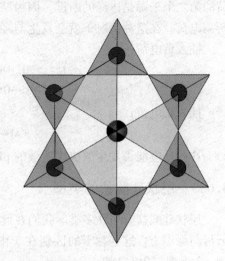

图 3-31　羟基在层状硅酸盐中的位置

　　黏土的结构就是四面体层与八面体的叠合。变化两种片层的组合方式与片层的组成，就得到五花八门的各种黏土矿物。

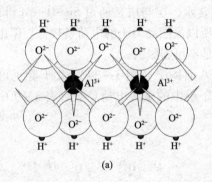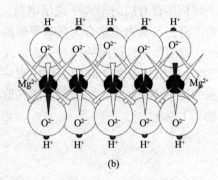

(a)　　　　　　　　　　　　(b)

图 3-32　八面体片层
(a) 二八面体　　(b) 三八面体

　　八面体片层中的其他离子包括 Li^+，Fe^{2+} 和 Fe^{3+}。

3.6.2　等形取代

　　四面体与八面体中的离子都可以取代，如果取代没有显著改变矿物的结构，就称作等形取代（isomorphoussubstitution）。取代往往造成电荷的不平衡。如果是低价正离子取代高价的，就会造成负电荷，如四面体片层中的 Al^{3+} 取代 Si^{4+}，八面体片层中的 Mg^{2+} 取代 Al^{3+}。如果是高价正离子取代低价的，就会造成正电荷，如 Al^{3+} 取代 Mg^{2+}，Al^{3+} 取代 Fe^{2+}。在八面体中还存在 Fe^{2+}，Fe^{3+}，Mn^{2+}，Zn^{2+}，Cu^{2+}，Ti^{4+}，Li^+，Cr^{3+} 等多种可取代的离子。等形取代涉及不同价的离子时，唯一的价键要求是局部电中性。并不要求逐个原子的中性，只

需几个 Å 的范围之内保持中性即可。所以不同电荷离子的置换会产生永久电荷。矿物中电荷的第二个来源是边缘的断键。因为结构不可能无限延伸，故某些点上的氧不能满足阳离子所需电荷。在这种情况下就会发生与羟基或氢离子有关的反应：

插入负电荷：

$$> Al—OH + OH \Leftrightarrow > Al—O^- + H_2O$$
$$—C—OH + OH \Leftrightarrow —C—O^- + H_2O$$

插入正电荷：

$$> Al—OH + H^+ \Leftrightarrow > Al—OH_2^+$$

这些反应能否发生取决于溶液的 pH。故这种电荷称作 pH 依赖的或可变电荷。

3.6.3 层状硅酸盐的类型

层状硅酸盐有 400 多类。我们在此只介绍最普通的、最有用的几种。蒙脱土、高岭土、云母与绿泥土。这些黏土的区别在于由硅层与八面体层的配比不同，最重要的配比有 1:1 型、2:1 型与 2:1:1 型。

1:1 型黏土的结构是一层硅四面体与一层八面体的结合体。如图 3-33 所示，未共享的顶氧原子成为相邻八面体中的一层氧离子。结果顶氧离子上的电荷可通过一个硅离子与两个铝离子来平衡。

八面体中的阳离子只有铝而四面体中只有硅，未发生任何取代，这种矿物就是高岭土。如果有部分 Al 被 Mg 取代，就是三八面体的温石棉（chrysotite）。

高岭土结构中没有层间阳离子或层电荷，不含水，层与层是通过 Si—O—Al 键结合的。顶氧离子的电荷是与氢离子结合为羟基平衡的。所以虽然高岭土的电荷量较低，但由于氢键与 Si—O—Al 键的作用，层间的结合力非常强，是不可膨胀的。

2:1 型黏土的结构是两个硅四面体层夹一个八面体层（图 3-34）。2:1 黏土可分为两类：可膨胀的与不可膨胀的。是否能够膨胀取决于层中的永久电荷总数。表 3-9 中列出了不同类型的 2:1 黏土。

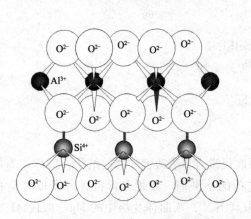

图 3-33　高岭土 1:1 黏土不可膨胀

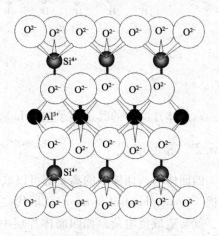

图 3-34　2:1 型黏土的结构

云母每半单胞层含有大于 0.9 电荷，故片层间能够牢固结合，层间吸水或改变层间阳离子都不能使之膨胀。故云母成为不可膨胀黏土的代表。

可膨胀的 2:1 黏土由非常弱的氢键相结合，受潮时即会发生膨胀，Smectites（蒙脱土、滑石）是此类黏土的代表。蒙脱土的八面体中 Al^{3+} 是主要离子，但有八分之一的 Mg^{2+}。在滑石的八面体中 Mg^{2+} 是主要离子，也有部分 Al^{3+} 取代。两者的结构见图 3 − 35。Smectites 每半单胞层含有 0.2 ~ 0.6 负电荷，故层间总含有正离子保持电中性。使阳离子与片层的结合力取决于水量。干态下蒙脱土键合力较强。湿条件下水被吸向层间使黏土剧烈膨胀。水量取决于许多因素，如阳离子的种类、层间电荷量、电荷在四面体与八面体间的分布等。Ca^{2+} 或 Mg^{2+} 存在下，Smectite 层间一般有两层水，层间距为 4Å，总层周期为 14Å（层厚 10Å）。Na^+ 或 Li^+ 存在下发生剧烈膨胀，如果相对湿度足够高（接近 100%），则层周期可膨胀到 100Å。即使在此极端条件下，层与层仍能相互平行，用 XRD 仍能测量。

表 3 − 9　　　　　　　　　　　　　　　不同类型的 2:1 黏土

层电荷	组群	普通种类
<0.2	滑石（talc） 叶蜡石（pyrophyllite）	滑石（talc） 叶蜡石（pyrophyllite）
0.2 ~ 0.6	蒙脱石（smectite）	蒙脱石（montmorillonite） 贝德石（Beidellite）
0.6 ~ 0.9	蛭石（vermiculite）	蛭石（vermiculite）
>0.9	云母（mica）	白云母（muscovite） 黑云母（biotite）
~2.0	脆云母（mica）	珍珠云母（margarite）

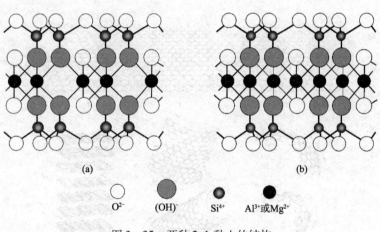

O²⁻　　(OH)⁻　　Si⁴⁺　　Al³⁺或Mg²⁺

图 3 − 35　两种 2:1 黏土的结构
(a) 蒙脱土　(b) 滑石

2:1:1 黏土的代表是绿泥石（Chlorite）。绿泥石是绿色细粉物质。由图 3 − 36 可以看出，绿泥石是一个 2:1 结构再叠合一个八面体。在四面体层中有 Al^{3+} 取代 Si^{4+}，造成净负电荷；在 2:1 结构的八面体中，金属离子以 Al^{3+} 为主，有一些二价 Fe/Mg 取代，也造成净负电荷。在中间的八面体中，金属离子以 Mg^{2+} 为主，有一些 Al^{+3} 取代，故带有净正电荷。不同八面体中的正、负电荷基本相抵，故层间没有金属离子而只有氢离子，造成较强的氢键作用，故

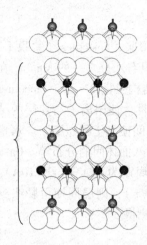

图 3-36 绿泥石的结构

绿泥石是不可膨胀的。

黏土的离子交换作用在自然界十分重要，它关系到阻止向地下水释放污染物。关系到池塘的渗透性，也关系到向植物的养料供应。对植物学家而言，黏土粒子与植物要部的离子交换是仅次于光合作用的重要过程。

3.7　纳米碳

碳是自然界中同素异构体最丰富的元素，包括最硬的物质金刚石，也包括最软的物质石墨。碳的熔点与升华点是所有元素中最高的。在常压下没有熔点，因为碳的三相点高达 10MPa，只能在 4000K 升华。虽然在热力学上容易氧化，但碳的抗氧化能力高于铁和铜。原子碳的寿命非常短，稳定的碳结构都是多原子的，称作同素体。最熟知的碳同素体是金刚石与石墨。石墨是一种层状材料，每一层是碳原子以 sp^2 杂化在平面上相互连接形成的六方形二维晶体片层，而层与层之间以弱的范德华力相互结合。从石墨的结构分离出的单片层就称作石墨烯。

可将石墨烯视作无限大的芳环，石墨烯是许多碳同素体的基本结构单元，即从石墨烯出发，可以构造出其他的碳同素体，如焦炭、石墨、碳纳米管与富勒烯。如图 3-37 所示，石墨烯片层的相互叠合就回到三维的石墨，石墨烯中 C—C 键的长度为 0.142nm，在石墨中的层间距为 0.335nm。从石墨烯片层中剪裁出一部分，可包裹成零维的富勒烯，也可卷绕成一维的碳纳米管。

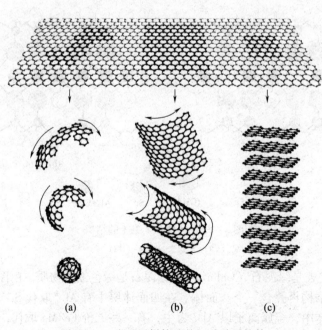

图 3-37　由石墨烯构造的三种碳异构体
（a）富勒烯　（b）碳纳米管　（c）石墨

3.7.1　石墨烯

尽管石墨烯是许多碳同素体的基本单元，但它是最晚被发现的。其发现者与研究的先驱是曼彻斯特大学的 AndreGeim 与 KonstantinNovoselov，他们于 2010 获得诺贝尔物理学奖。

石墨烯的单片结构（图 3 - 38）曾被认为是不稳定的。而实际上石墨烯不仅稳定，而且显示出不寻常的电子与力学性质，室温电荷迁移率为 $250000 cm^2/(V \cdot s)$，热导率为 $5000W/(m \cdot K)$，模量 $=1TPa$，是迄今人们发现的强度最高的材料。

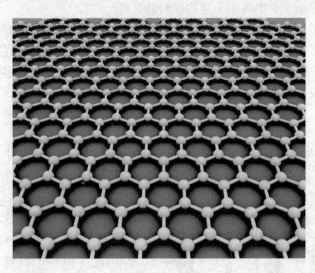

图 3 - 38　石墨烯

在石墨结构中，相邻的石墨烯片层通过 pz 轨道交叠相互作用，使石墨烯片层不能用简单的机械作用从石墨本体中分离。用超声等传统机械剥离方法只得到石墨烯片的叠层与极少量的单片。使用重复氧化还原的化学方法可到一种类石墨烯物质，称作氧化石墨烯（HRG），含有局部的石墨烯区、缺陷以及表面含氧基团。目前常用的生产石墨烯与 HRG 的方法主要有六类：

（1）使用 Scotchtape 从本体石墨上机械剥离单片；

（2）沿向生长法（epitaxialgrowth）；

（3）化学气相沉积法（CVD）；

（4）在长度方向"解开"碳纳米管；

（5）二氧化碳还原法；

（6）石墨烯衍生物的还原，如氧化石墨烯或氟化石墨烯，都可从石墨的化学剥离得到。

为生产克级的石墨烯粉末或大张的（$\geq 2cm^2$）石墨烯单层，方法（1）～（5）都不可行。目前使用的主要方法石墨烯衍生物的还原。尽管所得到的产物含有缺陷，但却最适合大规模生产的。从氧化石墨烯出发不仅可以得到石墨烯，还可以加工出各种石墨烯衍生物。

石墨烯具有突出的电导率与透明度，在电子元件制造上有广阔的应用前景。例如触摸屏、液晶显示、有机光伏电池、有机发光二极管（OLED）等。石墨烯的力学性能与柔性都优于脆性的氧化铟锡（ITO），并可通过溶液沉积得到大面积元件。

2008 年，研究者成功地从甲烷通过化学气相沉积制备出超薄的透明石墨烯片。先将石墨烯膜从甲烷沉积到镍板上，在上面盖一层保护性塑料层，再通过酸处理去除镍板。最后将塑料膜保护的石墨烯片转移到柔性聚合物片材上，并用作光伏电池的阴极。装配的太阳能电池的功率转化效率达到 1.71%，为使用（ITO）同类元件的 55.2%。这种石墨烯/聚合物片的尺寸达到 150cm^2，这为像印报纸那样大面积生产廉价太阳能电池奠定了基础。用石墨烯阴极的 OLED 也制造出来，其电子与光学性能与 ITO 同类产品相仿。

氧化石墨烯膜具有特殊的渗透特性，除了水蒸气，任何气体都不能透过氧化石墨烯膜，包括氦。只有水蒸气可以通行无阻，就像膜材料不存在一样。这种性质在制酒工业中可用于提高乙醇浓度，在油脂工业中可用于生物燃料的生产。

石墨烯还可以用于单分子传感器。没有表面基团的石墨烯不能吸附气体分子，所以纯石墨烯不能用作传感器。但如果使石墨烯表面官能化，例如涂覆某种聚合物薄层，就能突然提高对气体的敏感性。因为石墨烯的电导率非常高，哪怕就是吸附一个气体分子，也会显著改变其局部电阻，通过检测电阻就能感知气体分子的存在。

3.7.2 富勒烯

富勒烯于 1985 年由 Rice 大学和 Sussex 大学的研究梯队发现，三个学术带头人于 1996 年获诺贝尔化学奖。富勒烯的分子结构是纯粹由碳原子构成的空心球（图 3-39）。由科学

家兼建筑学家 RichardBuckminster 提出的球状结构命名。富勒烯用构成空心球的碳原子数进行标识，如 C_{60}，C_{70}，C_{76} 和 C_{84} 等，化学通式为 C_{20+2n}。碳原子数量不同，球的尺寸不同。最著名的富勒烯是 C_{60}，又称作巴克球（buckyball）。C_{60}，C_{70}，C_{76} 和 C_{84} 等可产生于自然界，隐藏在闪电形成的烟尘之中。其他富勒烯则由人工合成得到。

图 3-39 富勒烯 C_{60} 与足球外形的对比

很少有溶剂能够溶解富勒烯，已知的溶剂只有甲苯与二硫化碳。富勒烯是唯一能够溶解的碳同素体。C_{60} 的溶液为深紫色，C_{70} 的溶液为红褐色。从 C_{76} 到 C_{84} 的富勒烯有多种颜色。C_{76} 有两种光学异构体，而更高的富勒烯都有多种异构体。

图 3-40 C_{60} 的一种合成路线

显而易见，富勒烯的合成步骤十分繁复。C_{60} 合成的最后一步如图 3 - 40 所示。一个多环芳烃含 13 个六元环与 3 个五元环在 1100℃ 的温度与 0.01Torr 的压力下真空回流热解。从三个碳—氯键产生自由基，通过一系列自由反应将球"缝合"起来，化学产率为 0.1% ~ 1%。任何烃类的燃烧都会产生少量富勒烯，燃烧的产率常高于 1%。以上方法比普通燃烧好不到哪儿去，所以富勒烯的有机合成仍是个挑战。富勒烯的物理与化学性质都非常稳定，要将球破坏需要 1000℃ 的高温。

富勒烯既坚硬又富有弹性，可被压缩到原体积的 70%，压力去除后就能很快恢复原状。这种性质可被利用作为盔甲材料。

实验证明富勒烯的水溶衍生物可以抑制 HIV - P 病毒。分子模拟证实，富勒烯可被容纳于酶的憎水腔内，阻断 HIV - P 的催化段与病毒基质间的相互作用。

在 C_{60} 上接上其他元素或基团可得到大量衍生物，最重要的应用之一是制造有机太阳能电池。在有机太阳能电池中，需要一种供体与一种电子受体。对电子受体具有高的电子亲和性与电荷传导率，而 C_{60} 的衍生物 PCBM（图 3 -41）是公认最好的电子受体。PCBM 可溶于有机溶剂，故可以用喷墨或旋涂的方法加工（详见 6.7 节）。

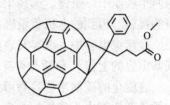

图 3 -41　用于有机太阳能电池的 C_{60} 衍生物

3.7.3　碳纳米管

碳纳米管是碳原子的空心筒，可以想象成由石墨烯卷成的筒，一端用半个富勒烯结构封闭。有三类碳纳米管：座椅状、之字状与螺旋状。根据卷绕之前石墨烯"切割"，就能得到三类不同构型的碳纳米管（图 3 -42）。每一个具体类型中，卷绕的石墨烯面积越大，得到的碳纳米管半径就越大。管可以很长，可达到数百纳米乃至数微米。碳纳米管可排列成束（三角晶格中平行排列），成为单壁碳纳米管；也可以是小半径管套在大半径管中，成为多壁碳纳米管（图 3 -43）。碳纳米管于 1991 年由 SumioIjima 发现，现已有多种技术应用。

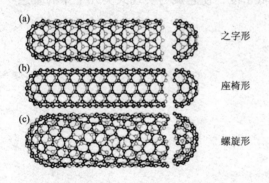

(a) 之字形

(b) 座椅形

(c) 螺旋形

图 3 -42　不同构型的碳纳米管

图 3 -43　多壁碳纳米管

碳纳米管的合成方法一般是化学气相沉积，激光烧蚀与电弧放电。除电弧放电外，都需要金属催化剂。残余金属粒子是碳纳米管中的主要杂质。如果不用适当方法去除，就会影响元件性能。除了金属粒子，碳纳米管中还普遍含有无定形碳、富勒烯与碳纳米粒子。这些杂质可以用氧化方法加以去除，但氧化也会影响碳纳米管的许多性质。

碳纳米管的电导率高于铜，热导率高于金刚石，强度比钢高一百倍而重量仅为六分之一。这肯定是现有纤维中最强的。所以不仅在电子领域，在结构材料领域也得到广泛应用。

光学透明电极（OTEs）是太阳能电池与 OLED 的基本组件。薄层的碳纳米管对光透明，可取代 ITO 制造透明电极，节省稀有金属铟。这一点与石墨烯较为类似，但它比石墨烯更为柔性。使用碳纳米管电极的 OLED 在弯曲条件下工作性能不变，而 ITO 电极的电阻会因表面裂缝而急剧增加。

碳纳米管的高表面积在锂电池中十分有用。计算表明锂可插入单壁碳纳米管，插入密度为两个碳原子一个锂，远高于石墨。用导电聚合物 PEDOT 作衬底就能实现碳纳米管与外电极的接触。得到的电极重量轻，多次循环后稳定性高。

在超级电容中，电容与表面积成正比。碳纳米管具有天然的高表面积，能量密度可达到碳基电容的七倍（参见 5.4 节）。

官能化的碳纳米管容易可作为催化剂的载体。与 Al_2O_3 和 SiO_2 相比，碳纳米管对铂和钯的负载性能更为优越。在直接甲醇燃料电池的制造中，铂催化剂的价格是一个限制因素。将催化剂纳米粒子沉积于碳纳米管表面，可降低铂的使用量。

其他的功能性应用还包括制造非挥发性储存，最终可得到 1TB 容量的记忆元件。这样将取代 PC 中的硬盘。碳纳米管可用于生产其他材料如金、氧化锌和氮化镓的纳米线。氮化镓是亲水的而碳纳米管是憎水的，故氮化镓纳米线可与碳纳米管的应用形成互补。

碳纳米管具有非常高的强度，高分子工作者首先想到的是用它进行聚合物的增强。但碳纳米管的长径比非常大，强烈的缠结作用使它在聚合物基体中的分散非常困难，故用碳纳米管的增强始终成效不大。为促进碳纳米管在聚合物基体中的分散，人们试图对其表面进行官能化。碳纳米管的端部常由富勒烯半球封端，故端部的曲率远大于侧壁，化学活性不同，可以选择性功能化。使用 H_2SO_4/HNO_3 处理可将长碳纳米管切短并在端部产生官能团。用碳纳米管制造的纳米复合材料已经取得了一定进展。

碳纳米管天然的超高长径比使人们想到可用来生产下一代的碳纤维，或直接制造绳索。碳纳米管的理论强度高达 300GPa，加之它的低密度，使它成为实现人类几十年的梦想——天梯的首选材料。天梯将在本书的结语中介绍。

第4章　高分子材料

高分子材料是以高分子为基础的一类材料。高分子有两个特征，一是由小分子单元（称作单体）相互连接而成；二是相对分子质量非常高，可以高达数千万。单体相互连接的过程称作聚合。虽然能够进行聚合的单体种类非常多，但单体所涉及的元素却非常有限，主要是碳、氢、氧、氮、硫等，也有一些高分子含有氯、氟、硅、磷、硼等元素。这些元素无穷的排列组合构成了高分子材料的庞大家族，成为与金属、陶瓷材料鼎足而三的一类材料。

许多高分子材料是天然存在的，如木材、棉花、蚕丝、动物皮毛等。天然高分子材料的使用可以追溯到远古时代，而且今天仍在使用。19世纪40年代，Goodyear将硫磺与天然橡胶混合后共热，得到现代意义上的橡胶材料，这是天然高分子材料第一次理性使用，高分子材料也从此登上了现代材料的舞台。

今天人们使用的高分子材料主要通过合成（聚合）制造的。第一种工业化的合成高分子是酚醛树脂，由ArthurSmith于1899年获得专利。从19世纪末到20世纪30年代，人们陆续合成了脲醛树脂、醋酸纤维素、聚苯乙烯、聚氯乙烯、聚甲基丙烯酸甲酯，以及最重要的塑料聚乙烯。第二次世界大战刺激了对合成材料的需求，一系列材料在20世纪30年代～20世纪40年代被开发和大量生产，如丁苯橡胶，尼龙，聚四氟乙烯，蜜胺树脂等都是在战争年代问世的。二次大战以后，聚合物材料的发展更为迅速，新旧材料更新换代的速度明显加快。20世纪50年代出现了高密度聚乙烯、聚丙烯、聚碳酸酯、聚甲醛、丙烯腈－丁二烯－苯乙烯；20世纪60年代出现了聚砜，聚苯醚和芳香聚酯；20世纪70年代出现了芳香尼龙，20世纪80年代出现了聚芳醚酮。20世纪90年代，塑料的用量达到钢铁用量的1.3倍，一个熟悉而陌生的"高分子时代"已经悄然来临。

2000年，诺贝尔化学奖授予了美国的AlanJ. Heeger、AlanG. MacDiarmid和日本的HidekiShirakawa，这是高分子材料发展史上的又一个里程碑，它标志着高分子材料已经突破作为结构材料的樊篱，进入功能材料的领域。一批新型共轭高分子已经在光伏电池、燃料电池、发光二极管、锂离子电池、压电材料等领域崭露头角。二十一世纪将是高分子材料的世纪。

4.1　聚合物科学基础

4.1.1　聚合过程

形成聚合物的聚合反应可分为两大类：连锁聚合与逐步聚合。连锁聚合中最主要的是加成聚合。参与加成聚合的单体一般含有双键，在引发剂的作用下，双键打开并与另一个单体相连接。这一过程不断重复，就形成了长链分子，如下面的加成聚合过程：

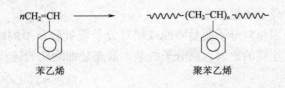

苯乙烯　　　　　　　　　　　聚苯乙烯

含有共轭双键的单体，可按下面的方式聚合：

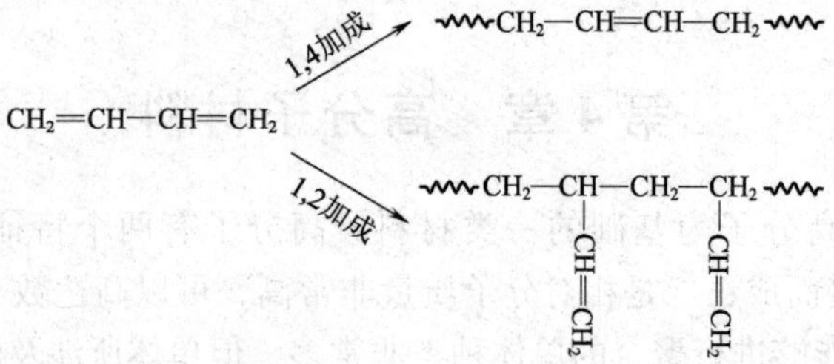

$$CH_2=CH-CH=CH_2$$

1,4加成 → $\sim\sim CH_2-CH=CH-CH_2\sim\sim$

1,2加成 → $\sim\sim CH_2-CH-CH_2-CH_2\sim\sim$

环状单体的开环聚合也属于连锁聚合：

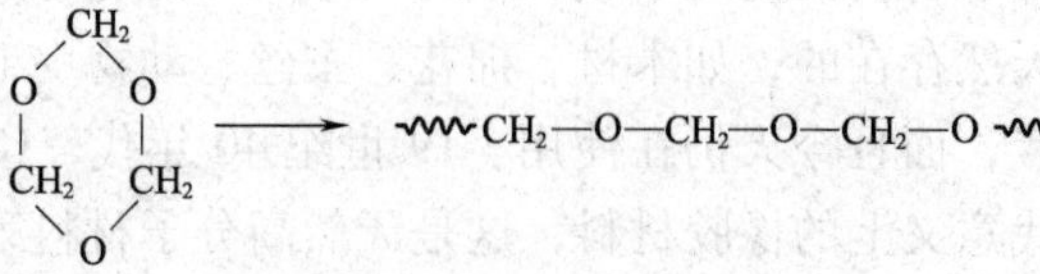

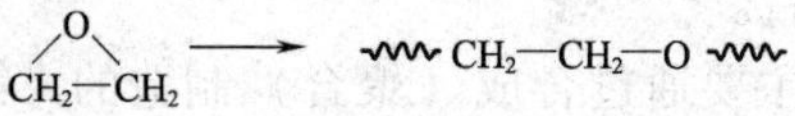

逐步聚合可以是缩合聚合，也可以是加成聚合。缩合聚合的单体都含有官能团，通过单体官能团之间的相互作用，缩掉一个小分子，使两个单体连接起来。如尼龙的聚合是羧基与胺基之间缩掉一分子水而连接：

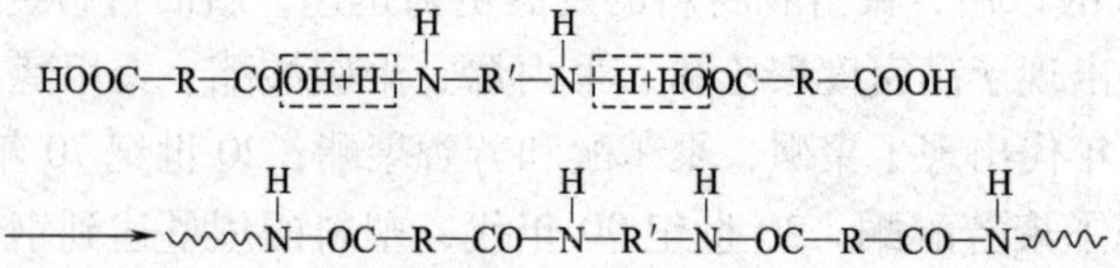

聚酯是通过羧基与羟基之间缩掉一分子水：

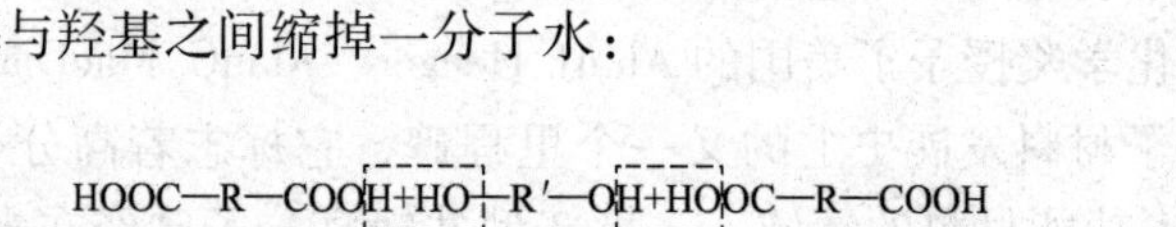

逐步加成聚合的典型示例是聚氨酯的合成过程，详见4.3.1节。

4.1.2 相对分子质量

如上所述，高分子由小分子单体相互连接而成。构成高分子的小分子单体可多可少，少可以是十个以下，多可以是成千上万，甚至上百万，但不论多少，只要单体相同，就可以归为一种高分子。这种分子的概念与小分子是不同的。一种高分子没有一个确定的相对分子质量，因为它是不同相对分子质量同系物的混合物。对高分子相对分子质量的描述只能使用平均相对分子质量，或者对各个同系物所占比例进行全面的统计。同系物在不同相对分子质量所占的比例称作相对分子质量分布。

一种高分子材料因相对分子质量不同或相对分子质量分布不同而显示性能的巨大差异。由于小分子单体相互连接的原因，高分子的基本形态是细而长的链状，故高分子又常称作分子链。当分子链的长度超过一个临界值时，链与链之间就会纠缠在一起，术语称作缠结。缠结为材料带来除化学键和范德华力以外的又一种作用，限制了高分子链的运动。故高分子材料一般的倾向是相对分子质量越高，力学性能越高而流动性越差。力学性能涉及使用而流动性涉及加工，故实际使用的高分子材料的相对分子质量被控制在一个适中的范围。

4.1.3　等规度与间规度

如果分子链上具有不对称碳，该碳原子上的两个不同的取代基的位置就会使分子链的行为有所不同。我们以乙烯基类聚合物为例进行说明，如图 4-1。不对称碳 C ∗ 上各有一个基团 R 与一个氢原子。假设我们将主链碳原子在一个平面上展成锯齿，这两种取代基就可能处在平面之上或平面之下。如果同种取代基同处于平面一侧，就称该分子链是全同的或等规的；如果相同取代基相间地处在平面的上下两侧，就称该分子链是间同的或间规的。如果取代基的位置杂乱无章，就称分子链为无规的。当然在实际高分子材料中，取代基的分布不可能完全整齐划一，结果只能一部分链是等规的或间规的，于是就用等规度或间规度来描述这种取代基位置的规律性。

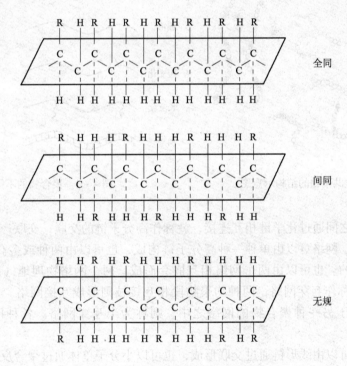

图 4-1　乙烯基聚合物的立体结构

4.1.4　均聚与共聚

只有一种单体参与的聚合反应称作均聚，所得产物称为均聚物，如以上的聚氯乙烯、聚苯乙烯、聚甲醛等。两种或两种以上单体参与的聚合反应称作共聚，所得产物称为共聚物。例如乙烯与丙烯共聚得到的乙丙橡胶，氯乙烯与醋酸乙烯酯共聚得到氯醋树脂，苯乙烯与丁二烯共聚则可得到许多不同的共聚物。

不同单体在分子链中可有多种排列方式，形成多种不同的共聚物，如图 4-2 所示。

两种单体在分子链上交替排列生成的共聚物称作交替共聚物。如果两种单体无规律地出现在分子链上，则称无规共聚物。嵌段与接枝共聚物均聚段的不同装配方式构成。嵌段共聚物由均聚物段相互连接而成。接枝共聚物的主链是一种均聚物，支链是另一种均聚物。

4.1.5 线形与网络

高分子的基本形态是链状的线形分子。线形的分子链上可连接或长或短的官能团，也可与其他分子链相连接，这样便派生出各种不同的形状，称作高分子的构造（图 4-3）。如果分子链上的基团较短，就将分子链仍看作是线形的。如果基团有一定长度，就将该基团称作支链，将分子链称作支化链。如果若干根分子链结合于一点，就称为星形分子链。

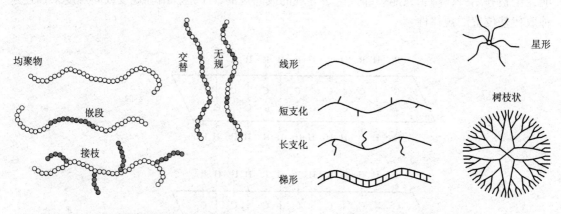

图 4-2　四类共聚物的结构示意图　　　　图 4-3　聚合物的不同构造

如果链与链之间通过化学键相互连接，就称作高分子链的交联，交联产物称作高分子网络或交联聚合物。网络可以由单独一种高分子链构成，也可以由两种或多高分子共同构成，网络可以是独立的。也可以由两个网络相互嵌套而成。两个网络物理地（网络间没有化学键）嵌套在一起称作互穿网络，两种均聚物段相互接枝则形成互接网络。如果一种聚合物的线形分子贯穿于另一种聚合物的网络之中，则称为半互穿网络。各种网络的示意图见图 4-4 所示。

聚合物网络可以由线形链通过交联形成，也可以小分子单体通过聚合反应直接生成。生成网络的单体的平均官能度必须大于 2，在相互连接过程中就不会生成线形链而生成网络，热固性塑料都是此类网络。

4.1.6 半结晶与无定形

高分子链如果满足一定条件，就能同小分子一样结晶。结晶的基本条件是分子链中存在等同周期并具有一定运动能力以排入晶格，这两个条件缺一不可。我们前面已经介绍了高分子链各种不同的结构形式，可以知道任何高分子链中不可能具有完全严格的等同周期，也不可能在链的各个部分都具有结晶所需的运动能力。故高分子材料不会像小分子那样理想地结

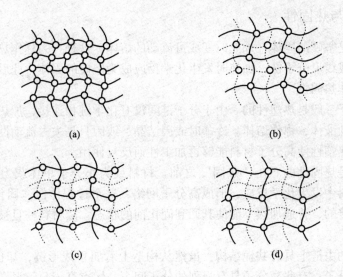

图 4 - 4　线形高分子交联网络

（a）简单网络　（b）互穿网络　（c）互接网络　（d）半互穿网络

晶，只能处于部分半结晶状态或无定形的状态（图 4 - 5）。我们用结晶度描述高分子材料中结晶部分的体积百分比或质量百分比。习惯上将可达到较高结晶度的高分子材料称作结晶高分子，反之称作非结晶高分子或无定形高分子。结晶度"较高"的尺度是约定俗成的，没有一定的标准。例如最简单的高分子是聚乙烯，能够达到 95% 以上的结晶度，理所当然地被称作结晶高分子。聚丙烯的情况就复杂一些。等规聚丙烯可达到 50% 以上的结晶度，间规聚丙烯可达到 25% 左右的结晶度，也被称作是结晶高分子。无规聚丙烯中因缺少结晶所需的等同周期，只有 5% 左右的结晶度，就认为是非结晶高分子。按照这个标准，尼龙、聚甲醛、聚乙烯醇等都是结晶高分子，而聚氯乙烯、聚苯乙烯、聚甲基丙烯酸甲酯是非结晶高分子。聚碳酸酯和聚对苯二甲酸乙二醇酯的分子结构都具有等同周期，但都因为缺乏分子链的运动能力，故只能以非结晶的状态使用。当然，从透明度的角度，非结晶并非缺点而是优点。

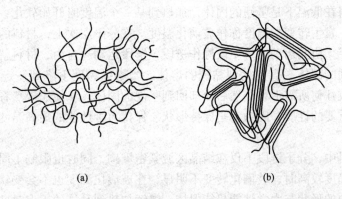

图 4 - 5　半结晶与无定形

（a）无定形态　（b）半结晶态

4.1.7 热塑性与热固性

较低温度下是坚硬的固体，加热时变成可流动的熔体，这种行为称作热塑性。较低温度下是液态的单体或线形分子链，加热时发生化学反应成为坚硬的固体，此后再不会发生溶解或熔化的行为称作热固性。

非网络高分子一般是热塑性的。由于分子链间没有化学键相连接，加热时分子链发生流动，就成为黏稠的液体，称作熔体。冷却时或因结晶、或因只是失去流动性，材料又回到坚硬的固体。这种热塑性使高分子材料能够再加工性而反复使用。

高分子网络是热固性的。在"热固"之前，材料或为小分子单体或为未交联的线形分子链。加热使材料中发生化学反应，形成高分子网络，这个过程称作"固化"。由于网络是通过化学键相连接的，普通加热不能使其回到固化前的状态。故材料一旦被固化，就不能够再次加工。

有些高分子的主链上具有共轭结构，虽然从构造上看属于线形链，却也是不溶不熔的，如大多数导电高分子；有些高分子具有强烈的分子间力，熔点高于分解温度，如芳香尼龙和聚丙烯腈等。此类高分子不是热固性的，也不具有典型意义上的热塑性，需要使用特殊的方法进行加工。

4.2 热塑性塑料

热塑性塑料是高分子材料中的最大品种。根据性能与价格，热塑性塑料可分为通用塑料、工程塑料与特种工程塑料三个层次。性能越高，价格越贵，越在高技术领域应用。热塑性塑料用途广泛，品种繁多，不可能在此一一介绍。业界有五大通用塑料、五大工程塑料之说，但具体是哪"五大"有不同的版本。本书介绍的版本是：五大通用塑料为聚乙烯、聚丙烯、聚氯乙烯、聚苯乙烯和丙烯腈 – 丁二烯 – 苯乙烯（ABS）；五大工程塑料为聚酰胺（尼龙）、聚碳酸酯、聚甲醛、聚酯和聚苯醚。以上每一个塑料名称都不是一个单一品种，而是指一类塑料，每一类中又包括许多品种。当然，"五大"之所以版本众多，说明高分子材料的重要性随国家地区、资源分布和社会发展而变化，所以本书并不按"五大"的线索进行介绍。

从微观结构上看，热塑性塑料又可分为结晶性与非结晶性的两大类。

非结晶性塑料在低温下是坚硬的固体，加热到某一个温度时开始软化，这个软化的过程称作玻璃化转变，发生转变的温度称作玻璃化温度。在分子层次上，材料的软化是分子链开始分段运动的结果。协同运动的每一段称作链段。链段运动越自由，材料就越软。软化过程是连续的，从坚硬的固体一直变化到黏稠的熔体。当熔体黏度下降到一定程度时就发生流动，可以将其制成任何所需形状，然后冷却回到坚硬的固体。从使用观点看，玻璃化温度是非结晶性塑料最重要的性质，因为它是保持形状、保持力学性能的最高温度，同时又是塑性加工的最低温度。

在结晶性塑料中，分子链段不仅在结晶区域紧密堆砌，同时也限制了周围非结晶链段的运动。所以当结晶度较高时，玻璃化转变不明显，在玻璃化温度也不会变软，因为晶体结构仍然存在，材料中的形状与力学性能仍能保持。继续加热到晶体的熔点时，晶体熔化，材料变成完全无定形的，此时会发生一个从坚硬固体到黏性熔体的突变。材料可以熔体的形式进行加工成型，并按控制的形状冷却。结晶性塑料的冷却过程也与非结晶塑料不同。后者是连续的硬化过程，而前者冷却到一个温度时发生结晶而硬化，硬化的过程也是突变的。发生结晶的温度称作结晶温度，低于熔点几度到几十度（这点与小分子不同）。就像玻璃化温度于非结晶塑料一样，熔点是结晶性塑料最重要的一个性质。

热塑性塑料的品种都是按化学组成进行分类的。虽然组成高分子的元素只有区区十余种，但它们却可组成数以千计的单体，不同单体的排列组合又能构成数以万计的高分子。再考虑到不同的相对分子质量、立体构型、结晶度、支化度、共聚等因素，在每一个塑料品种名称之下又是一个庞大的家族。所以任何一个塑料品种都可以写成一本书。在本书中仅能选择人们耳熟能详的、最普通的几个品种进行蜻蜓点水般的介绍。

4.2.1　热塑性塑料品种

4.2.1.1　聚乙烯

聚乙烯的单体是乙烯，是结构最简单的聚合物。因为乙烯直接来自石油的裂解，产量高、价格低，故聚乙烯一直占据着全世界产量第一的位置。使用不同的合成条件，可以制备出不同相对分子质量、不同结晶度、不同支化度的聚乙烯，主要的品种是高密度聚乙烯与低密度聚乙烯。高密度聚乙烯基本上为线形分子，结晶度在 95% 以上，熔点为 136℃；而低密度聚乙烯的分子链有较高的支化度，结晶度低，熔点只有 110℃。加入少量丁烯与乙烯共聚，可得线形低密度聚乙烯。这里需要解释的是虽然这种塑料是共聚产物，但也可以看作全部由乙烯单体组成，故仍称聚乙烯。线形低密度聚乙烯兼具高的结晶度与低密度，性能与高密度聚乙烯接近。一般聚乙烯的相对分子质量在 3 万 ~5 万，而超高相对分子质量聚乙烯具有 300 万 ~500 万的相对分子质量，其最大的特色是突出的耐磨性能，可以制造许多机械零件以及高强纤维（见 4.5.1 节）。

4.2.1.2　聚丙烯

聚丙烯有等规、间规、无规之分。无规聚丙烯是黏稠的液体，不能作为塑料使用。等规与间规聚丙烯都是结晶的，模量、强度、硬度都超过高密度聚乙烯，其疲劳强度在整个塑料材料中是第一流的，是制造整体合页的最佳选材。聚丙烯的密度低于 $0.9 \mathrm{g/cm^3}$，能够浮在水面上。用橡胶增韧之后的聚丙烯具有出色的韧性，目前广泛用来制造汽车保险杠与其他零部件。聚乙烯与聚丙烯在室温下都没有溶剂将其溶解，所以它们都可用于制作化学品的容器。

4.2.1.3　聚氯乙烯

聚氯乙烯是排在聚乙烯之后的第二大宗塑料。乙烯单体中的一个氢原子用氯取代就成为氯乙烯，但氯乙烯链节的构型是难以控制的，故聚氯乙烯是无定形。聚氯乙烯的热稳定性很差，在 170℃ 以上就会发生脱氯化氢的反应，变成黑色的烧糊状材料。所以聚氯乙烯加工时必须配合稳定剂。相对分子质量较高的聚氯乙烯必须与增塑剂混合以便在较低温度下加工成型，生产软制品。相对分子质量较低的聚氯乙烯可以不添加增塑剂，称作硬质聚氯乙烯。硬制品最大宗的产品是塑料门窗与管道等。

4.2.1.4　聚苯乙烯与丙烯腈－丁二烯－苯乙烯

工业化生产的聚苯乙烯都具有无规构型，不具有结晶能力，故具有很高的透明度。大多数透明包装都使用聚苯乙烯。但聚苯乙烯脆性较高，在光照下容易发黄，不能用于窗玻璃。聚苯乙烯另一大用途是泡沫包装。家用电器的泡沫包装和食品包装都是聚苯乙烯材料。聚苯乙烯泡沫的另一大用途是挤出工艺生产的板材，英文缩写是 XPS，用于建筑物外墙保温。但聚苯乙烯泡沫不具备阻燃能力，曾酿成严重的火灾，现在有被其他材料取代的趋势。

苯乙烯几乎可以与任何其他单体共聚，形成数不清的共聚物，其中最重要的三种塑料是高抗冲聚苯乙烯、ABS 与 SAN。进行共聚的目的无一例外地是为了克服聚苯乙烯的脆性。将一定量的橡胶溶于苯乙烯再行本体聚合，就得到高抗冲聚苯乙烯。高抗冲聚苯乙烯实际上是苯乙烯链在橡胶上的接枝共聚物。SAN 是苯乙烯与丙烯腈的共聚物，透明度高于聚苯乙烯均聚物，但有更高的韧性。ABS 是在 SAN 基础上再引入丁二烯单体的产物，集强度、韧性、加工流动性于一体，可称得上是开发最成功的共聚材料。高抗冲聚苯乙烯、ABS 与 SAN 这三种材料占据了几乎全部家用电器外壳的市场。

4.2.1.5　尼龙

尼龙的学名是聚酰胺，是具有酰胺基团 CONH 的聚合物的统称。尼龙或是二酸与二胺的缩合产物，以单体中二酸中的碳原子数和二胺中的碳原子数命名，如尼龙 66（己二酸与己二胺的缩合物），尼龙 610（己二酸与癸二胺的缩合物）等；或是内酰胺的开环聚合产物，以内酰胺中的碳原子数命名，如尼龙 6 为己内酰胺的开环产物。尼龙是最早的工程塑料之一，其力学性能可以满足许多场合的结构应用，连续使用温度为 120℃。尼龙中的 CONH 基团容易吸潮，尼龙 6 最多可以吸收 10% 的水分。吸水的正面影响是提高韧性及自润滑性，负面影响是降低了强度与尺寸不稳定。尼龙 6 与尼龙 66 是尼龙中的最大品种，占了全部尼龙的 90%，尼龙的强度与低强度铝合金相当。

4.2.1.6　聚酯

本标题下讨论的聚酯专指对苯二甲酸乙二醇酯（PET）与对苯二甲酸丁二醇酯（PBT），其分子式如图 4-6 所示。PET 是人们非常熟悉的塑料，因为它是最常见的饮料包装，占了 PET 用量的 45%。另有 45% 的 PET 用于摄影胶片、包装与纤维（涤纶）。PBT 的每个链节中比 PET 多两个亚甲基，具有更好的加工流动性，更低的吸潮性，强度仅略低一点。PBT 与 PET 用途十分相似，PBT 更多地用于合金材料，如与 PET 共混的 Valox，与聚碳酸酯共混的 Xenoy，与聚苯醚共混的 Gemax 都是工业化产品。

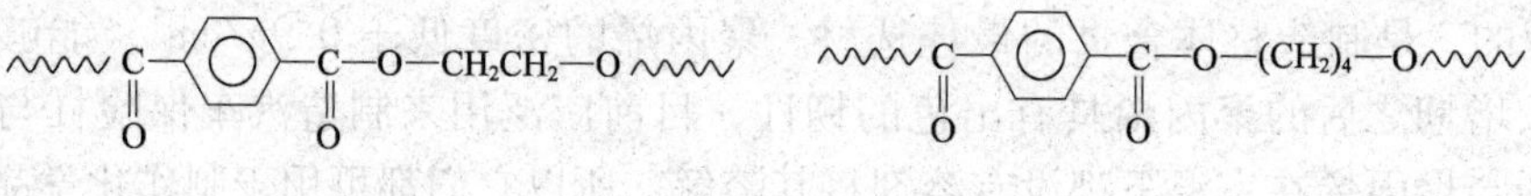

图 4-6　两种聚酯的分子式

（a）聚对苯二甲酸乙二醇酯（PET）　　（b）聚对苯二甲酸丁二醇酯（PBT）

4.2.1.7　聚碳酸酯

在本标题下我们专指具有双酚 A 结构的聚碳酸酯，结构式如图 4-7 所示。

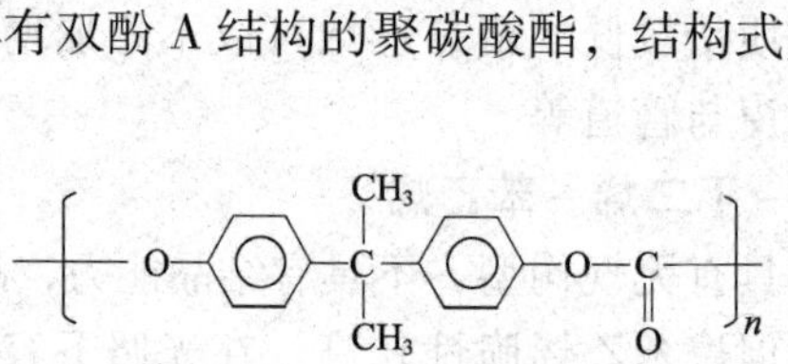

图 4-7　聚碳酸酯

聚碳酸酯是线形无定形聚合物，集高冲击强度、高透明度、耐高温和优良的加工流动性于一身。其透明度与有机玻璃相似，虽然价格较高，但其冲击强度却高出 16 倍，是要求耐冲击场合必须选用的。聚碳酸酯的拉伸强度与尼龙、聚甲醛、ABS 相近，但冲击强度远胜于后三者，因此在汽车部件在竞争是占有优势。聚碳酸酯具有良好的抗紫外光性质，长期在室外使用不会影响其机械强度和透明度。由于是无定形塑料，具有较高的加工精度和尺寸稳定性。缺点是容易在溶剂作用下发生环境应力开裂。

4.2.1.8 聚苯醚

聚苯醚（PPO）具有优良的综合性能，刚性大、耐热性高、耐水、难燃，最大的特点是在长期负荷下，具有优良的尺寸稳定性和突出的电绝缘性。使用温度范围广，可在 − 127 ~ 121℃ 范围内可长期使用。纯的聚苯醚流动性较差、加工成型困难且价格较高。故聚苯醚一般不单独使用，而只以其他塑料的合金形式使用。最常见的合金是聚苯醚/聚苯乙烯，聚苯乙烯的比例一般为 20%。工业化的还有聚苯醚与尼龙的合金，尼龙比例与聚苯乙烯相似。聚苯醚合金的力学性能类似于 ABS 与聚碳酸酯，但价格略低。

4.2.1.9 聚芳醚

1970 年以来，人们陆续开发出一系列新型工程塑料。在性能上，这些塑料都具有耐高温性和高强度，在结构上，都具有芳香族聚醚的结构，因此可统称为聚芳醚。到目前工业化的聚芳醚品种不下数百种，在此只列举两个代表，聚苯硫醚（PPS）和聚醚醚酮（PEEK），其分子式见图 4 - 8。聚苯硫醚的一个特点是与填料相容性极佳而与其他塑料相容性很差。聚苯硫醚的连续使用温度为 260℃，化学稳定性极高，204℃ 以下没有溶剂。

聚醚醚酮的连续工作温度高达 315℃，而却是热塑性塑料，可以在 400℃ 下注射加工成型。其强度相当或高于尼龙，用碳纤维填充后模量高达 125GPa，比模量高达合金铝的三倍。聚醚醚酮还有突出的阻燃性，燃烧时排烟速率是所有塑料中最低的。

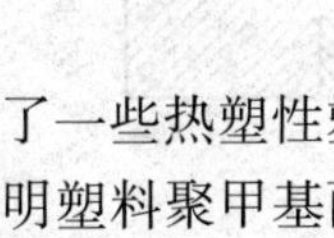

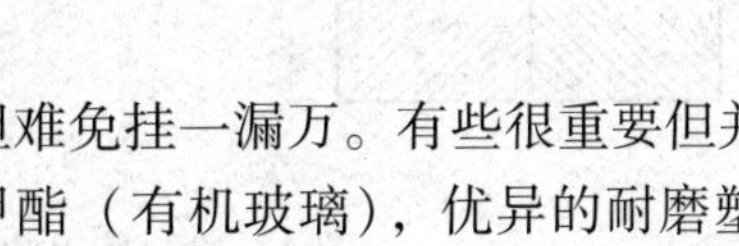

图 4 - 8 两种聚芳醚的分子式
（a）聚苯硫醚 （b）聚醚醚酮

虽然以上列举了一些热塑性塑料，但难免挂一漏万。有些很重要但并非大类的塑料品种都没有介绍。如透明塑料聚甲基丙烯酸甲酯（有机玻璃），优异的耐磨塑料聚甲醛，防水性能最佳的聚砜等。在了解各种塑料的时候，最重要的是要记住每一类塑料的特色，例如氟塑料的化学惰性，聚碳酸酯的抗冲击性，聚醚醚酮的耐高温性和低燃性等。虽然众多材料被归入热塑性塑料一类，它们在化学组成上并无共性可言，只有一点是共同的，即它们都可以熔体加工，废旧产品或边角料都可以回收利用。这点是有别于热固性塑料最大的不同。

4.2.2 热塑性塑料的加工

4.2.2.1 挤出成型

挤出成型是最常用的加工方法。如图 4 - 9 所示，挤出与混合过程在螺杆与料筒间的缝隙中进行。螺杆的转动既起到混合作用，同时将物料推向前进。混炼好的物料在料筒的出口处通过机头，形成并固定为一定的截面积。塑料、橡胶都可以采用挤出加工。挤出加工本身有多种方法，在一个机筒中可以是单螺杆挤出，也可以是两根螺杆的双螺杆挤出，还可以四螺杆挤出。如果是两个机筒的两种物料同时挤出到一个机头中，则称为共挤出。凡是固定截面的产品都可以用挤出方法加工，如棒材、管材、片材、板材等。挤出后的物料可以是最后产品，还可以进一步加工。例如图4-10所示的挤出吹塑。先用挤出方法制出一个型坯，再用模具固定型坯，吹入压缩空气，物料就附在模具壁上成为容器。挤出的物料还可以吹成薄膜，吹成的薄膜又可以直接制成塑料袋。这使得挤出方法成为应用最为广泛的一种加工方法。

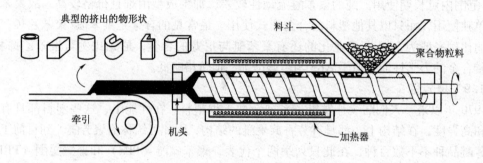

图4-9 单螺杆挤出机挤出成型

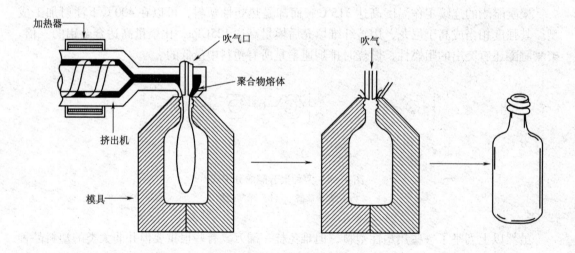

图4-10 挤出吹塑法

4.2.2.2 注射成型

注射方法（图4-11）是先使物料在料筒中熔融并混合均匀，并集中到料筒的前部。这一过程称为预塑，与挤出基本相同。注射过程是螺杆将预塑好的熔体注入并充满模具，物料在模具中冷却定型。开启模具，即可得到最后制品。注射成型是制造单件制品的最方便方法。使用最多的是热塑性塑料，热固性塑料也可以使用注射方法。利用热固性塑料固化前的流动性，将物料注入模具。树脂在模具中固化。同挤出一样，可以向模具中注射一种物料；也可从两个机筒注射两种物料，称为共注射。两种物料可以同时也可以先后注射，后注射的物料构成外壳。注射成型可以与发泡过程同时进行。将有发泡剂的物料部分充满模具，让其通过发泡充满模具，就得到注射的泡沫制品。最常见的聚苯乙烯泡沫制品都是注射成型的。

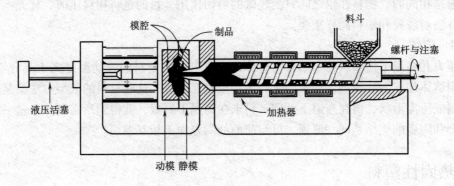

图 4 - 11　注射成型

反应注射成型（RIM）是注射成型的一个变种。如图 4 - 12 所示，将反应物与固化剂同时用泵打入模具，物料在模具中反应、固化、成型。采用反应注射成型最多的材料是发泡聚氨酯。物料被打入模具后，发泡过程自动形成一个压力，而反应热又自动加速固化反应，使整个反应成型过程可以在两分钟内结束。这种方法最适合制造大型制品，如汽车保险杠、仪表盘等。

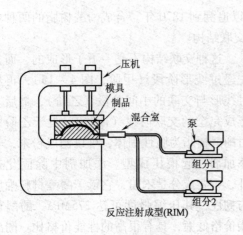

图 4 - 12　反应注射成型

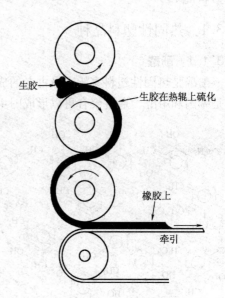

图 4 - 13　压延成型

4.2.2.3　压延

压延法（图 4 - 13）是使用热辊对物料进行混炼与成型加工的总称。实际上混炼的压延与成型的压延是两种不同的过程。在混炼过程中，采用两个相向转动的钢辊，且两个辊的转速不同。物料在两辊之间受到剪切，在塑化的同时被混合均匀。不管是两种或多种材料的混合，还是塑料或橡胶与填料的混合，都可以通过压延手段完成。虽然挤出方法可以实现物料的均匀混合，但压延法是效率最高的手段。橡胶被混炼时，因受强烈的剪切作用，相对分子质量会显著降低。生胶的相对分子质量很高,不容易加工。在加工前常常"素炼",即通过压延手段大大降低其相对分子质量,使其易于加工。成型过程中使用三联辊或四联辊,各个辊的转速是相同的。物料在辊之间只受轻微的剪切作用,目的是将物料压薄、轧光。压延这一加工方法对橡胶和塑料同样重要。

4.2.2.4 烧结

在压力和高温下使塑料粉末结合为整体的过程。有些塑料的流动温度高于其分解温度,无法采用熔体加工方法成型,如聚四氟乙烯和聚酰亚胺等。这些材料的成型方法就是先将其粉末压制成所需形状,再在高温下处理。粉末在高温下凝聚,就得到所需制品。这一方法与粉末冶金和陶瓷的烧结是同一原理。可与前面的陶瓷加工相互参照。

4.3 热固性塑料

热固性塑料实在算不上是"塑"料,因为它们在加热固化后就永久地失去了可塑性,不能再熔融,也不能再溶解,废料不能回收利用。它们也不能像热塑性塑料那样方便地挤出或注射加工。但热固性塑料有另一种方便的加工途径:在固化前黏度很低。这有利于表面涂覆,有利于浇铸,还有利于对纤维和织物的浸渍,制作复合材料十分方便。由于固化后不熔不溶的特征,耐温性往往高于一般的热塑性塑料。热固性塑料的用量占整个塑料的15%。

4.3.1 热固性塑料品种

4.3.1.1 酚醛

酚醛是热固性塑料家族中最古老的成员,可以追溯到1870年。合成酚醛树脂的两种单体是苯酚和甲醛,通过聚合可以形成图4-14的交联结构。

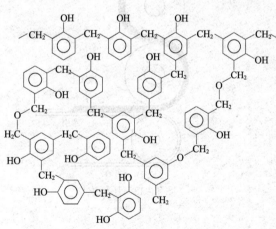

图4-14 酚醛树脂的生成过程

这种交联结构不是一下子形成的,而是先经过线形阶段(甲阶,图4-15),再经过线形与交联的中间阶段(乙阶),最后才形成完全的交联阶段(丙阶)。处于乙阶段时酚醛树脂为脆性固体,可以制成粉末,与添加剂一起模压成型。添加剂中除固化剂外,主要成分是木粉,它赋予酚醛材料强度与韧性,其压缩强度可达275MPa。酚醛树脂价格低廉,具有很高的性能价格比。酚醛是普通电器行业中的首选材料。它可以经受短路,但仍能继续工作;它可能受电击炭化,但从不燃烧;甚至还能经受电弧的打击。酚醛广泛用作涂料,但最大的用途是黏合剂。泡沫酚醛板材因其优异的阻燃性能在建筑中广泛应用。酚醛树脂还具有一种耐烧蚀性能,在高温下能够通过自身的分解吸收大量热量,同时通过成炭对内层材料进行热保护。这种性能被用于航天器重返大气层的迎风面材料。

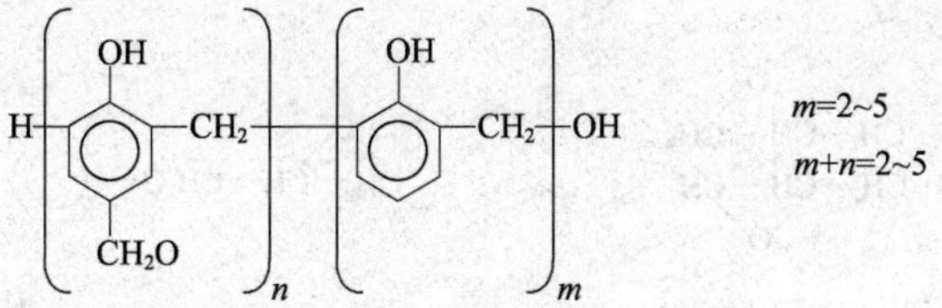

图 4 - 15　甲阶酚醛树脂

4.3.1.2　不饱和聚酯

不饱和聚酯有许多种，其共同点有两点。第一是分子链中含有醇与酸或酸酐作用生成的酯键—OCO—，第二是分子链中含有双键。最典型的是乙二醇与马来酸酐缩合的不饱和聚酯。

由于主链中含有双键，在过氧化物的作用下，它可以形成活性反应点。图 4 - 16 所示反应体系是不饱和聚酯与苯乙烯的混合物。苯乙烯在大分子链充当架桥作用。不饱和聚酯的主要用途是浸渍织物，制备船体、车体、浴缸等大型制件。树脂在浸渍前与固化剂混合，24 小时内即可完成固化。

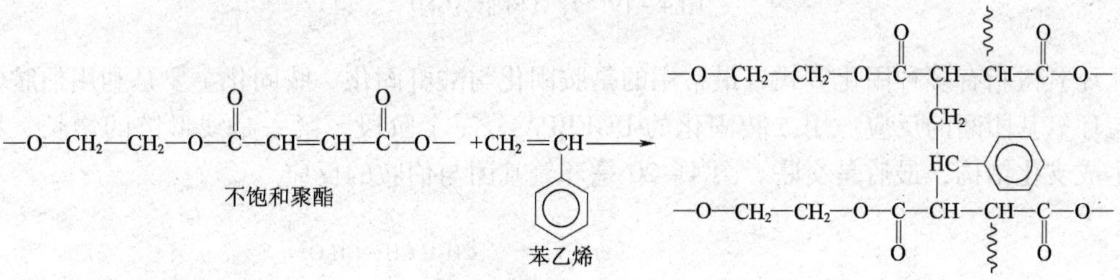

图 4 - 16　不饱和聚酯与苯乙烯的固化体系

4.3.1.3　环氧树脂

环氧树脂是一大类聚合物前驱体的总称，凡是含两个或两个以上环氧基以上的化合物均可称作环氧树脂。环氧树脂与固化剂反应得到一个交联网络，这个聚合物网络可称作环氧树脂。最通用的环氧树脂是含有双酚 A 的 DGEBA，在我国的商品代号为 E51，如图 4 - 17 所示。

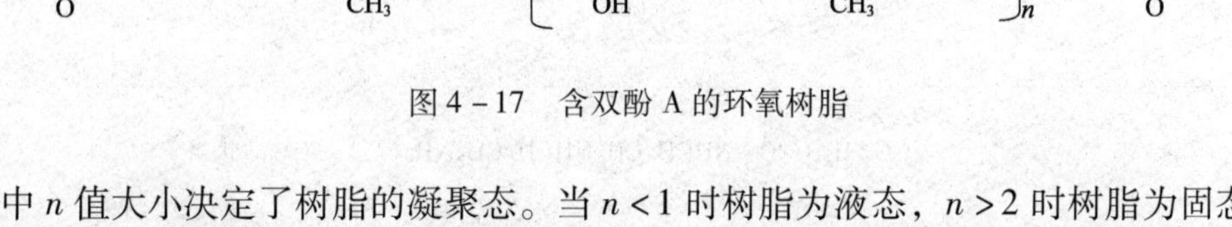

图 4 - 17　含双酚 A 的环氧树脂

其中 n 值大小决定了树脂的凝聚态。当 $n < 1$ 时树脂为液态，$n > 2$ 时树脂为固态，市售 DGEBA 的 n 值一般为 0.2。E51 每分子含有两个环氧基团。其他品种的环氧树脂可含有 3 个或 4 个环氧基团，如含三个环氧基团的 TDE85 和三缩水甘油基对氨基苯酚（triglycidylp - a-minophenol，TGAP）（图 4 - 18）。

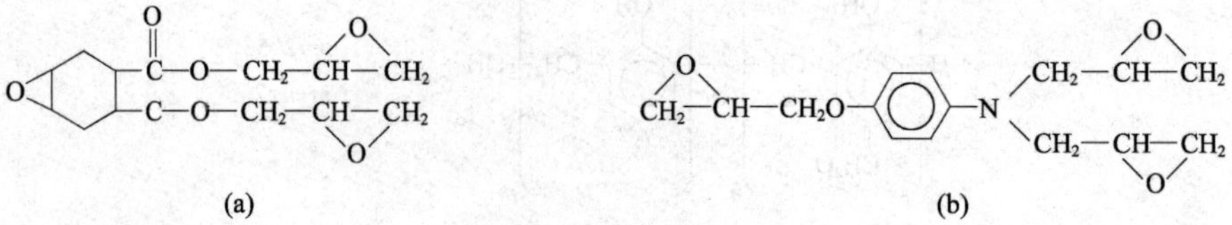

图 4 - 18　环氧树脂

(a) TDE85　　(b) TGAP

以及含 4 个环氧基团的 AG80（图 4 - 19）：

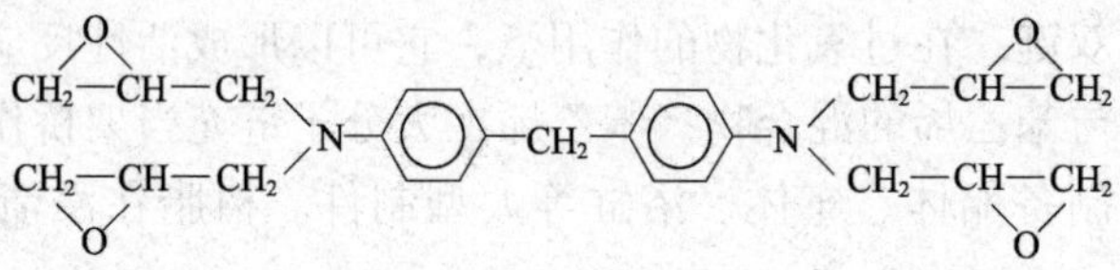

图 4 - 19　环氧树脂 AG80

环氧树脂有多种固化方式，最常用的是胺固化与酸酐固化。胺固化主要是利用伯胺与仲胺与环氧基团间的反应。用二胺固化的 DGEBPA 分三个阶段，第一是线形链的增长，第二是生成支化结构，最后是交联。图 4 - 20 是环氧基团与伯胺的反应。

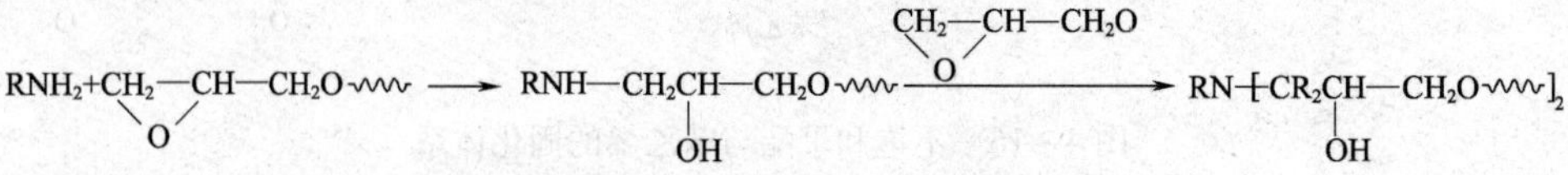

图 4 - 20　环氧基团与伯胺的反应

常用的胺固化剂如图 4 - 21 所示。

$$H_2N - CH_2CH_2NH - CH_2CH_2NH_2$$

（a）

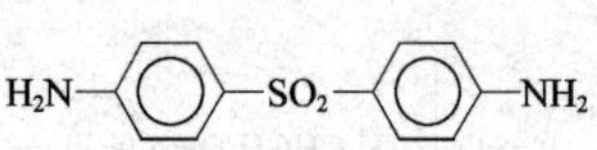

$$H_2N - \text{（苯环）} - SO_2 - \text{（苯环）} - NH_2$$

（b）

$$C_{34}H_x \leftarrow \overset{O}{\overset{\|}{C}} - NHCH_2CH_2NHCH_2CH_2NH_2)_2$$

（c）

图 4 - 21　常用胺固化剂

（a）二亚乙基三胺（DETA）　　（b）二苯硫砜二胺　　（c）聚酰胺

酸酐固化反应分为两步：第一步是环氧树脂上的羟基在酸酐环上进行加成，使酸酐开环；第二步是环氧基团与生成的羧基进行加成反应，如图4-22。

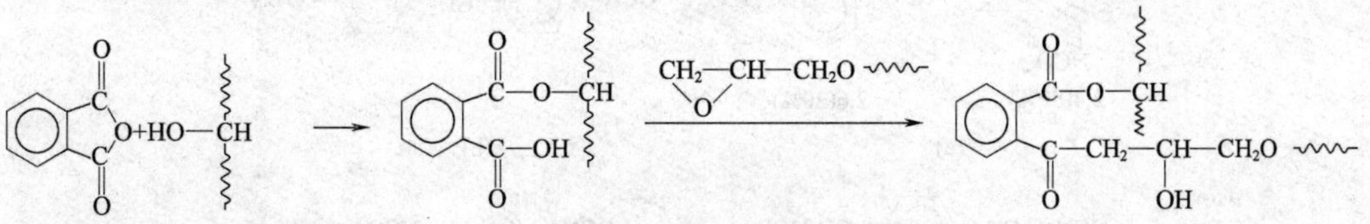

图4-22　酸酐固化

环氧树脂的一个特点是固化前的分子链极短，固化时的交联剂也成为网络的一部分。由于交联剂的加入，使环氧树脂具有了一个极为宝贵的性质：固化过程几乎没有体积收缩。这使得环氧成为理想的复合材料基体。

环氧树脂的分子结构不同，所用固化剂也不同。环氧树脂的性质由不同的环氧单体和交联剂所决定。一种同样的树脂可因交联剂的不同而产生五花八门的性质。

环氧树脂的大宗的应用是复合材料基体、涂料、黏合剂，电子元件的封装和线路板等。美中不足的是耐热温度还不够高，通常在160℃以下。实验室中小批量试制的环氧树脂的耐热已可突破240℃，但离工业化应用尚有一段距离。

4.3.1.4　聚氨酯

凡分子链中含有氨基甲酸酯结构—NH—CO—O—R—的聚合物都可称作聚氨酯。无论在化学组成、材料性能与应用领域都有极高的覆盖面。聚氨酯既可以是热固性的，也可以是热塑性的，既可以是柔性的，也可以是刚性的，也可以制造泡沫、涂料、黏合剂。本书将聚氨酯放在热固性介绍，是因为聚氨酯具有两个特征，起始单体是小分子以及多数制品最后形成网络结构。事实上，聚氨酯制品多数是柔性的，将它作为弹性体（下节）介绍也无不可。

形成聚氨酯最基本的反应是图4-23所示的异氰酸酯与羟基间的加成反应：

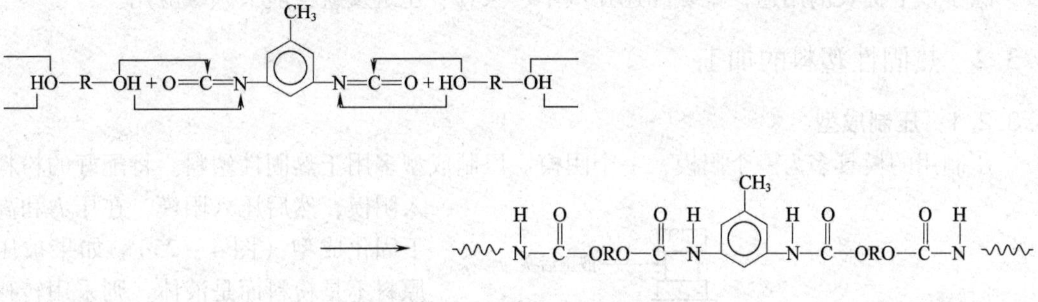

图4-23　聚氨酯的加成反应

可以看到，聚氨酯中有两种基本链段，各由异氰酸酯与羟基组分引入，故聚氨酯的性质就由异氰酸酯与羟基组分的结构所决定。聚氨酯的性能根据组成与凝聚结构有非常宽的跨度，例如密度范围能够在 $0.006 \sim 1.22 g/cm^3$ 的范围内调整。常用的羟基组分包括聚酯、聚醚、环氧树脂、蓖麻油、丙烯酸树脂等。常用的异氰酸酯如图4-24所示。

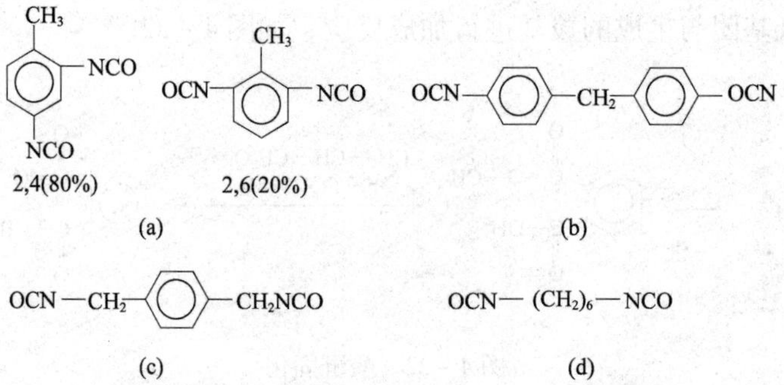

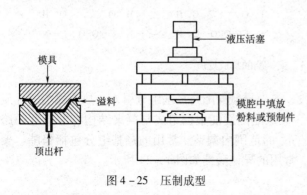

图 4 – 24　常用异氰酸酯
（a）甲苯二异氰酸酯（TDI）　　（b）二甲苯甲烷二异氰酸酯（MDI）
（c）对苯二亚甲基二异氰酸酯（XDI）　　（d）己二异氰酸酯（HDI）

聚氨酯可做弹性体、泡沫、纤维、黏合剂等。

聚合过程本身产生固体聚氨酯，是一种弹性体。这种弹性体抗油、耐磨，最大的用途是制造充气轮胎。将聚氨酯弹性体溶解在溶剂中，可以纺得聚氨酯纤维。聚氨酯大量用于织物的涂饰剂与黏合剂。目前仿皮革的合成革面料几乎都是聚氨酯。用聚氨酯仿制的皮革可以乱真，连皮革专家都难以分辨合成革与真皮革。

如果在聚合混合物中伴随气体的生成，就生成聚氨酯泡沫。泡沫可分为三类，低密度柔性泡沫，低密度刚性泡沫的与高密度柔性泡沫。低密度柔性泡沫在密度范围是 $0.01 \sim 0.08 \mathrm{g/cm^3}$，是具有开孔结构的轻度交联聚合物。主要用作生活与保护性衬垫。低密度刚性泡沫的密度范围是 $0.028 \sim 0.05 \mathrm{g/cm^3}$，是具有基本闭孔结构的高度交联体。孔与孔之间环材料壁隔开。这种材料具有较高的比强度外，还具有热绝缘性能。为保持较低的热导率，90% 的孔都应是封闭的。

高密度柔性泡沫的密度在 $0.1 \mathrm{g/cm^3}$ 以上。材料形式是一个多孔芯和相对密实、装饰性的皮层。

除了以上提及的用途，聚氨酯还在汽车、家具、建筑及航空航天领域应用。

4.3.2　热固性塑料的加工

4.3.2.1　压制成型

压制用的模具多为一个阳模，一个阴模。压制成型多用于热固性塑料。将配好的粉料倒入阴模，然后压入阳模，在压力和高温下固化成型（图 4 – 25）。如果被压制原料不是粉料而是液体，则采用转移模压法，如图 4 – 26 所示。先在一个料筒中将物料进行预热，通过柱塞将物料打到模腔中，再进行压制成型。这一方法常用来代替注射成型。由于热固性塑料固化所需时间较长，转移模压法更为经济实用。

图 4 – 25　压制成型

液压活塞

模具

溢料

顶出杆

模腔中填放粉料或预制件

4.3.2.2　浇铸

将液体树脂倒入模具，并使之固化。这一方法既可制造实心制品，也可制造空心制品。热塑性树脂的熔体或热固性液体树脂都可采用这一方法。由于热固性树脂固化前黏度很低，更适合于浇铸成型（图4-27）。

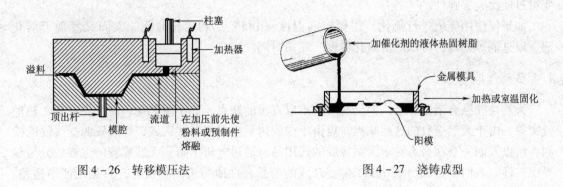

图4-26　转移模压法　　　　　　　　　　图4-27　浇铸成型

热固性塑料多用作树脂基复合材料的基体，故其加工往往与复合材料的成型同时进行，详见4.6节。

4.4　弹性体

弹性体是广义的橡胶，指一大类具有橡胶弹性的聚合物。美国测试与材料协会（ASTM）将弹性体定义为"较小应力下可发生较大形变，释放应力后可迅速恢复初始尺寸和形状的高分子材料"。这一定义描述了弹性体的三个特征：首先它是高分子材料；其次是小应力下发生大形变的能力；第三是迅速恢复大形变的能力。后两个特征实际上对"橡胶弹性"也做出了定义。这三个特征使"弹性体"这一词具有了特指性，排除了除高分子以外的其他材料，并明确规定了橡胶弹性与其他弹性的区别。因此，钢、锰等金属不能称为弹性体，Nitinol等弹性极好的形状记忆材料也不能称作弹性体。

4.4.1　天然橡胶

天然橡胶是最早的弹性体。天然橡胶的原料是北美洲橡胶树中渗出的液体树脂，称为胶乳。胶乳干燥后类似热塑性塑料。哥伦布将这种弹性材料带回欧洲，但此后三百年无人对这一新奇东西感兴趣。因为干燥的原胶强度很低，弹性也不高，且容易氧化腐败，人们很难发现它有什么用途。只是发现它能够擦掉纸上的铅笔字，于是给它起了个名字：橡皮。直到1839年，Goodyear发现在胶乳中加入硫磺，使这一材料发生质的变化：强度大大提高，抗氧化性能显著增强，最可贵的是产生了惊人的弹性。这一发现就像是炼金术士发现了点石成金的魔法，从此便产生了世界上第一种弹性体——天然橡胶。天然橡胶很快被用于制造轮胎，同时使"固特异"（Goodyear）的名字永远和轮胎连在了一起。

橡胶与硫磺作用的过程称为硫化。硫化当然不是魔法，而是使天然橡胶的分子结构发生了变化。天然橡胶的主要成分是顺式聚异戊二烯。这种分子链的特点是：①分子间力很小；②主链上含有大量双键。分子间力小导致材料的强度低，但同时使材料很容易发生形变；但分子间容易发生滑移，因而弹性很低。主链上的大量双键也是容易发生形变的一个原因，也是材料不耐氧化的主因。加入硫磺后,在邻近分子链的双键之间形成硫链,使材料发生了交联。交联将聚异戊二烯分子链用化学键连在一起,提高了强度,同时控制了分子链间的滑移,产生了巨大弹性,同时降低了双键的数量,提高了抗氧化性能。这些就是橡胶硫化的化学与物理本质。硫化程度(交联度)必须控制在一定水平。如果硫化程度过高,橡胶就会变得过硬而失去弹性。

如果仅使用硫磺进行硫化,需要较高温度(145℃)和较长时间。人们又发现了活化剂、促进剂等助剂,可以降低硫化温度、缩短时间。

4.4.2 合成橡胶

天然橡胶纵有诸多优点,但仍有一些难以克服的缺点,如不耐老化,易受光、氧、热的侵害等。由于天然橡胶的这些缺点,更由于橡胶树只生长于某些区域,橡胶资源受气候的控制,所以人们一直在努力寻求天然橡胶的代用品。通过分析了解到天然橡胶的主要成分是聚异戊二烯,人们也合成出聚异戊二烯。合成的产品在性质与天然物接近,只是延伸率稍差。而用于替代天然橡胶最大宗的品种是丁苯橡胶。

丁苯橡胶是丁二烯与苯乙烯的无规共聚物,可以根据苯乙烯含量调节强度与弹性。以其性能接近天然橡胶而价格低廉而获得广泛应用。主要应用是轮胎,此外还用于导管、垫圈、传送带等。其他主要合成橡胶:丁腈橡胶是丁二烯与丙烯腈的共聚物。丙烯腈的引入使该种橡胶具有极性,因而具有优异的耐油性,专门用于石油产品的传送与密封。氯丁橡胶是氯化丁二烯的聚合物,与天然橡胶相比主要优点是耐候、耐光照和耐溶剂,多用于汽车上的垫圈与导管。缺点是电绝缘性较差。顺丁橡胶的化学组成是顺式聚丁二烯,其性能与天然橡胶相仿,但价格稍高。因此只能作为其他橡胶的添加剂,以改善滞后性质和抗撕裂性质。丁基橡胶的主要成分是异丁烯,含少量异戊二烯。具有极佳的空气阻隔性和耐臭氧性质,广泛用于制作充气内胎。在丁基橡胶中引入氯原子可提高其耐热性与加工性。丁基橡胶耐油性较差,引入氯原子后耐油有所提高,但仍不可浸在油中使用。乙丙橡胶主要是乙烯与丙烯的共聚物。不加第三组分的称为二元乙丙橡胶,加入一种双烯组分的称为三元乙丙橡胶,目前后者是生产、应用的主流。乙丙橡胶也具有优异的耐候性、抗老化性与电绝缘性。但与丁基橡胶一样,由于缺少耐溶剂性,限制了在轮胎上的应用。聚硫橡胶是一大类橡胶的统称,具有下列结构:

$$\left[R-S-S \right]_n$$

R 基可以是多种碳氢结构,S 原子也可以变化。聚硫橡胶具有优异的耐油与溶剂性、对气体与水的阻隔性和耐老化性能。聚硫橡胶的拉伸强度、抗撕裂强度及回弹性都不及天然橡胶与丁苯橡胶。其最大的特点是可以制备成双组分体系,可以在氧气、空气或潮分的作用下迅速固化。适合作为密封、堵漏、浇铸等方面的应用。硅橡胶实际上是无机聚合物。其主链并非碳链而是硅氧链,因此具有极高的热稳定性。变化侧链上 R 基,可以调节硅橡胶的性质。硅橡胶在印刷工业中极为重要,因为它可以将油墨完全传递给其他材料而本身不会沾上油墨。合成橡胶的品种数不胜数,图 4-28 为上述重要品种的结构式,在此不一一列举。

4.4.3 热塑性弹性体

热塑性弹性体是热塑性与橡胶弹性的结合体。构成橡胶弹性有两个必要条件:链的柔性

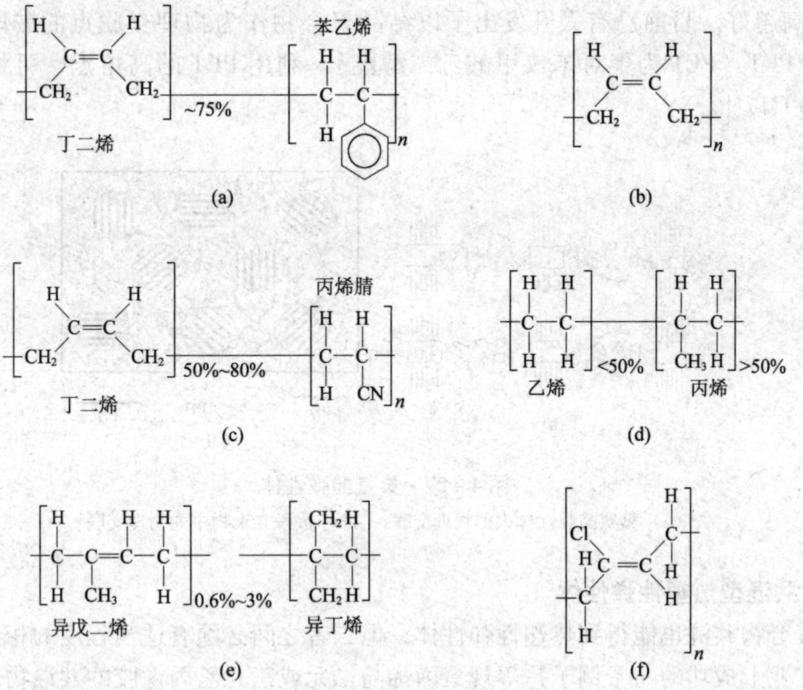

图 4 - 28　一些重要合成橡胶的分子式

（a）丁苯橡胶　　（b）顺丁橡胶　　（c）丁腈橡胶

（d）乙丙橡胶　　（e）丁基橡胶　　（f）氯丁橡胶

与链间交联。以上讨论的弹性体都采用化学交联，所得弹性体为热固性的，交联过程不可逆。本节中的弹性体采用物理交联，故就能够得到热塑性的弹性体。重要的热塑性弹性体有以下三类。

4.4.3.1　聚氨酯弹性体

聚氨酯弹性体的分子链由硬段和软段连接而成，如图 4 - 29（a）所示。合成聚氨酯的原料有三类，长链二醇、短链二醇和二异氰酸酯。在聚合过程中，一边反应一边发生相分离，长链二醇的长链部分构成软段相，短链二醇和二异氰酸酯部分构成硬段相，以氢键结合在一起。硬段区就是弹性体的物理交联点。具有这种结构的聚氨酯在室温下是良好的弹性体，硬段区在低于 200℃ 的温度发生黏性流动，可进行熔体加工。聚氨酯的软硬程度可任意调节，控制软、硬段的种类和比例，就能制备从软橡胶到抗冲塑料范围内的材料。聚氨酯弹性体因交联均匀，具有出色的拉伸强度。因为是物理交联，受力时硬段区会发生结构重组，使应力均匀分配。结构重组会造成硬段的取向，极端情况下会引起软段的应变结晶，这两个过程都会大大提高拉伸强度。

4.4.3.2　嵌段共聚物

此类材料最熟知的是线形或星型的苯乙烯 - 丁二烯 - 苯乙烯嵌段共聚物（SBS）。因为聚苯乙烯室温下处于玻璃态，构成物理交联点图 4 - 29（b）。分散相微区的形状与尺寸取决于组分的分数与相对分子质量。根据具体的表面能情况，可以得到球状、柱状、层片等不同形态。这种材料的使用温度受到两个组分的玻璃化温度的限制。SBS 在 70℃ 以上就无法使用。欲使嵌段共聚物在宽广的温度范围内使用，橡胶相的 T_g 越低越好，塑料相的 T_g 越高越好。目前已有人开发出了以结晶聚合物作为物理交联点的嵌段共聚物，如 PET－PB－PET（PET 为聚对苯二甲酸乙二醇酯）。利用 PET 的高熔点，可将材料的弹性保持到 200℃ 以上。

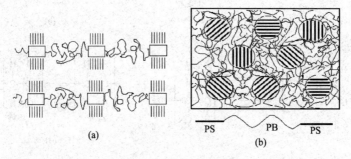

图 4－29　聚氨酯弹性体
（a）聚氨酯弹性体中的物理交联　　（b）嵌段共聚物中的物理交联

4.4.3.3　共混型热塑性弹性体

两种聚合物共混也能得到热塑性弹性体，但二者之间必须有适当程度的相分离以生成分相结构。工业上成功的一个例子是等规聚丙烯与二元或三元乙丙橡胶的共混物。在这种混合物中，乙丙橡胶构成软相，结晶的聚丙烯构成硬相。两相间没有化学键连接，只通过无定形的聚丙烯与乙丙橡胶链的缠结结合在一起。由于聚丙烯的熔点高达 160℃，弹性体的使用温度至少高于 100℃。由于软、硬段间结合较差，共混型热塑性弹性体的拉伸性能也比较低，可通过加入增容剂改进。目前较成功的方法是选择适当的接枝共聚物来增进两相之间的结合。

4.5　高性能有机纤维

所谓高性能，一般是指"三高"，即高强度、高模量与耐高温。对于纤维材料，拉伸强度大于 1.7GPa（17.6cN/dtex）、弹性模量在 43GPa（440cN/dtex）以上即可称作高性能纤维。至于耐高温，则因材料的组成与具体应用场合有不同的含义。高性能纤维的研发背景是先进的军事装备和航空航天事业的需求。20 世纪 80 年代，高科技产业迅速兴起，高速交通、海洋开发、超高层建筑、医疗器材、运动器材等行业，都对高性能纤维提出了需求。在要求"三高"之外，还要求材料有较低的密度，故高性能有机纤维应运而生。

高分子材料属于软物质，在人们的心目中是低模量、低强度的代名词。高分子材料由有机长链构成，主链一般由 C—C 共价键相连接，而链与链之间的结合是能量很低的范德华力。从理论上计算，以共价键相连接的有机纤维应具有 20～50GPa 的强度与 200～300GPa 的模量。但实际使用的有机纤维如聚乙烯纤维，模量最高不超过 9.7GPa（100cN/dtex），与理论值相差甚远。这里既有结构上的问题也有加工上的问题。

新型的有机纤维从 20 世纪 70 年代开始开发，人们认识到欲达到最高的断裂强度与初始模量，聚合物分子必须处于伸展构象与完善的晶体堆砌。链的伸展可以让 C—C 共价键承担更多的负荷，有利于模量；而完善的晶体堆砌则意味着缺陷的降低，有利于强度。提高分子链的取向能够同时提高链的伸展与晶体的完善程度，故生产高性能有机纤维的关键是取向度。为使高分子纤维中的链充分取向，可以采取以下三项措施：

（1）拉伸　在纺丝过程中通过施加剪切与拉伸力让链尽可能地沿长度方向伸展。

（2）液晶化　使高分子链具有足够的刚性，让它具有自动整齐排列的能力与倾向。这样就能在低倍率轻微拉伸的条件下达到足够的取向。

（3）梯形化　如果在高分子链中引入芳环或杂环，实际上等于在链的某些局部以两个C—C键取代原先的 C—C 单键，模量与强度自然能够显著提高。梯形结构的引入又大大提高的链的刚性，强化了液晶化的倾向，轻微拉伸就能使高分子链取得充分的取向。

在以上设计思想的指引下，大批新型纤维被陆续开发出来，包括芳纶纤维、聚乙烯纤维及各种芳杂环纤维。这些纤维的性能列于表 4－1 中。从表中数据可以看出，高性能有机纤维的强度、模量远远高于钢纤维，在低密度上的优势更是其他材料所无法比拟的。

高性能有机纤维的出现与发展只有 40 多年的时间，已经成为高技术领域不可或缺的材料。防弹衣、宇宙服、光纤电缆、先进复合材料等尖端科技产品都离不开高性能纤维的支撑。就是体育比赛用品，如高尔夫球杆、赛车及车手防护头盔等，也是高性能纤维制造的产品。

表 4－1　　　　　　　　　不同纤维的性能比较

纤维种类		商品名	强度/GPa	模量/GPa	断裂伸长率/%	密度/（g/cm³）
对位芳纶		Kevlar	2.8	132	2.4	1.44
		waron	2.8	121	2.0	1.44
间位芳纶		Nomex	0.6	9.0	35	1.38
芳香聚酯		Vectran	2.8	69	3.7	1.40
杂环类		PBO	5.5	280	2.5	1.59
		PBI	0.38	5.7	30	1.43
		M5	3.96	271	1.4	1.7
聚乙烯纤维		Spectra	2.95	101	3.2	0.97
		Dyneema	3.4	160	2.0	0.98
碳纤维	高强	T700	4.9	230	2.1	1.8
	高模	M55J	3.92	540	1.8	1.8
玻璃纤维		S 玻璃纤维	3.5	87	2.0	2.50
钢纤维		—	1.8	48	2.0	7.85

4.5.1　聚烯烃纤维

超高分子量聚乙烯（UHMWPE）纤维最早由荷兰 DSM 公司发明，以 Dyneema 为商名。美国 AlliedSignal 公司购得专利使用权，进行工业化生产，商品名为 Spectra。

在使用拉伸技术制造高性能纤维的探索中，人们不约而同地把注意力集中在聚烯烃身上。由于聚烯烃分子结构简单，结晶能力强，且易于高倍拉伸。聚烯烃的多种凝聚态都可实施拉伸，如稀溶液态、凝胶态、挤出的熔体和结晶态。由于聚合物相对分子质量越高，可实现的拉伸比越高,晶体中的缺陷也越少,所以制备高性能纤维常采用相对分子质量高达300万乃至500万的树脂。人们最初试探了多种聚烯烃,如聚乙烯、聚丙烯、聚1-丁烯、聚氯乙烯、聚四氟乙烯等。最终发现只有超高分子量聚乙烯能够达到高性能的标准。这是因为分子链在晶体中的构象必须是锯齿状的而不能是螺旋状的,螺旋构象即使充分取向后也不能获得高的模量。除聚乙烯以外,其他聚烯烃均属于螺旋构象,故不适合制造高性能纤维。超高分子量聚乙烯可达到350倍的总拉伸比,获得大于200GPa的模量;而超高分子量聚丙烯(UHMWPP)只能达到88倍的总拉伸比,模量只有几十GPa。于是高性能聚烯烃纤维为UHMWPE所独享。

超高分子量聚乙烯的黏度太高,不适合常规纺丝法,必须寻找新的纺丝技术。当前最成功并已工业化生产的是凝胶纺丝方法,工艺流程示意图见图4-30。

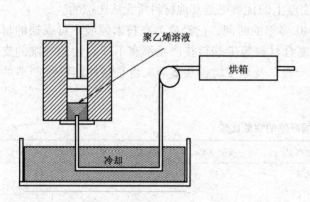

图4-30 超高分子量聚乙烯纤维的生产工艺流程

超高分子量聚乙烯的分子链中含有大量缠结点,对于浓溶液或熔体,这种缠结影响了加工性。必须在溶解过程中降低缠结点的密度,才能够容易地进行纺丝和拉伸。凝胶纺丝的技术要点是把超高分子量聚乙烯溶解于特定的溶剂中(如十氢萘)制成纺丝原液,从喷丝孔喷出后经过空气层,在低温凝固浴里成型为带有大量溶剂的凝胶状丝条,所以被形象地称作"凝胶纺丝"。凝胶丝经萃取处理后进行高倍热拉伸。在溶液的喷丝过程先进行一步拉伸,所得到的凝胶丝再进行一步更大的拉伸,总拉伸比达到300倍以上,故又称"超倍拉伸"。

从凝胶纺丝得到的超高分子量聚乙烯纤维强度高于Kevlar,密度又低于Kevlar。商业化聚乙烯纤维Dynnema和Spectra的力学性能如表4-1所示。在高性能纤维中,聚乙烯纤维是唯一密度小于1的,其比强度和比模量明显高于其他高性能纤维。

聚乙烯纤维非常柔软,挠曲寿命长,又因有较低的摩擦因数,因此比其他高性能纤维有更优越的耐磨性。聚乙烯是化学惰性化合物,耐化学性优良,在酸碱溶液中强度不会降低。在海水中也不会溶胀和水解,有抗紫外线及抗霉的能力。

超高分子质量聚乙烯纤维的不足是熔点较低,只有140℃左右,其强度和初始模量随温度上升而降低,所以不宜在高温下使用,但却有优异的耐低温性能,即使在-150℃下也不脆化。超高分子质量聚乙烯纤维的第二个不足是结构的化学惰性,作为复合材料与树脂基体的黏结性差。用表面化学处理的方法,如化学氧化刻蚀、电晕放电等,还有在表面化学接枝,使纤维表面产生活化中心,接入羟基、羧基等极性基团,以改善纤维表面性能。

4.5.2 芳纶

4.5.2.1 Kevlar

芳纶是芳香族聚酰胺纤维在我国的通称。聚对苯二甲酰对苯二胺最先由美国杜邦公司的StephanieKwolek发明,由对苯二甲酰氯和对苯二胺缩合而成:

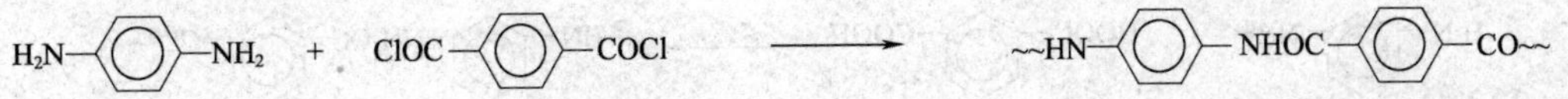

$$H_2N\text{—}⟨◯⟩\text{—}NH_2 \quad + \quad ClOC\text{—}⟨◯⟩\text{—}COCl \quad \longrightarrow \quad \sim\!HN\text{—}⟨◯⟩\text{—}NHOC\text{—}⟨◯⟩\text{—}CO\!\sim$$

由于分子链中的苯环都是对位取代的，故又称对位芳纶，杜邦公司产品的商名为 Kev-lar。此后，帝人公司也开发出了对位芳纶，商名品为 Twaron，该公司的共聚芳纶商名为 Technora。国内将 Kevlar 称作芳纶 1414。因 Kevlar 最先开发，名气也最大，故我们以 Kevlar 作为对位芳纶的代称。

从 Kevlar 的结构式可以看出，全链没有可以旋转的 ρ - 单键，故很容易沿应力方向取向，形成高分子液晶。链与链之间可以生成氢键，具有极高的分子间力（图 4 – 31）。这种结构使 Kevlar 的熔点高于热分解温度，且在大部分常规溶剂中都不溶解。

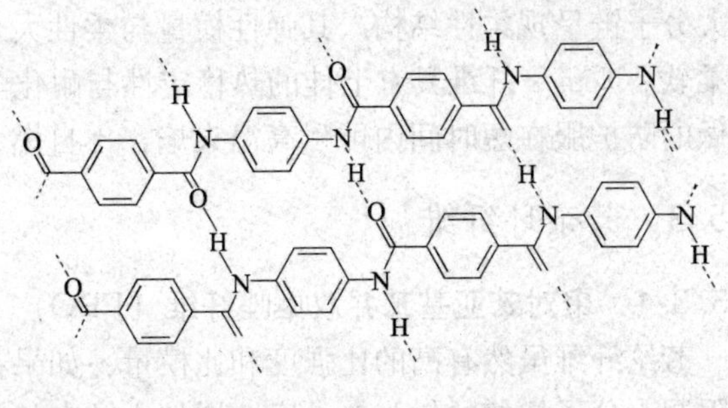

刚性聚合物分子溶解时与柔性分子不同。柔性聚合物链在溶液中为无规线团，即使增加聚合物浓度也不能得到高度有序。而刚性聚合物当浓度增加时，刚性的链就开始平行排列。形成无规取向的微区，而微区内部聚合物链是高度取向的。在剪力作用下，溶液通过喷丝板，无规取向的微区沿剪切方向充分取向，并以近乎完美的排列方式从喷丝板喷出。喷出的溶液细流又会很快受到拉伸应力的作用而抑制解取向，在空气层中进一步细化伸长，获得高度取向，并在低温的凝固浴中冷却凝固形成冻结液晶相纤维。

图 4 – 31　Kevlar 中的氢键片层

StephanieKwolek 于 1966 年发现 Kevlar 可溶解于浓硫酸中。当 Kevlar 浓度较低时，与普通聚合物溶液没有什么区别。用这种溶液纺出的是无定形的低强度纤维。而当 Kevlar 的前驱体——聚对苯二甲酰对苯二胺的浓度增加到 18% ~202% 时，溶液黏度会迅速下降到稀溶液的水平（图 4 –32）。黏度的突降标志着向列型液晶的形成。这种溶液纺出纤维就是高强度的 Kevlar。所以 Kevlar 是以溶致液晶的形式进行纺丝，初生丝无须拉伸就能得到高强度高模量的纤维，而且能耗很低。这种纺丝工艺又称液晶纺丝。这种加工方法是个新型的、低能耗的方法，可达到分子链的高度取向，得到强度、模量都非常高的纤维。

Kevlar 是第一个成功开发的液晶高分子，为人们进一步开发更先进的高性能纤维起到了示范作用。后续开发的高性能纤维无不以 Kevlar 作为比较的标准。Kevlar 以其优越的性能在军事、航空航天、交通等多个尖端领域得到应用。

4.5.2.2　Nomex

芳香聚酰胺纤维中另一大品种是聚间苯二甲酰间苯二胺纤维，美国杜邦公司的注册商标是 Nomex，我国称之为芳纶 1313。早在 20 世纪 60 年代，杜邦公司首先开发 Nomex 纤维，成为最具盛名的耐热纤维。制备所用的化学反应与 Kevlar 相似，由间苯二胺和间苯二甲酰氯缩合反应而得，如图 4 –33 所示。

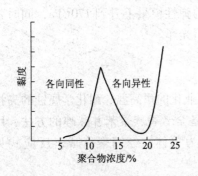

图 4 – 32　Kevlar 溶液黏度随浓度的变化

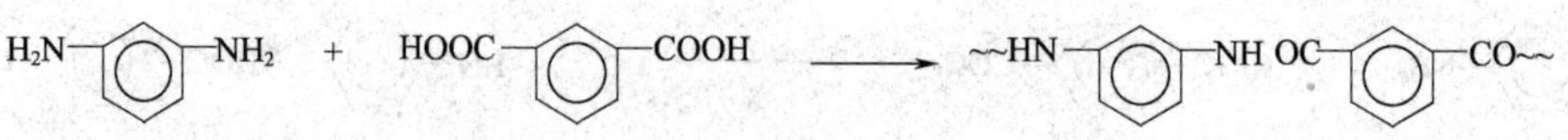

图4-33 聚间苯二甲酰间苯二胺纤维的制备

Nomex 纤维的特征是在200℃高温下，能连续使用而不出现热分解，同时保持其物理力学性能，在300℃的高温下也可短时间使用。与 Kevlar 不同，Nomex 由于是间位苯环连接酰胺基，苯环的共价键之间没有共轭效应，键的内旋转位能相对处于低位，容易自由活动，因此大分子链呈现柔性结构。其弹性模量与柔性大分子链处于同一数量级，伸长较高，因而手感柔软。Nomex 纤维具有上佳的热稳定性与耐化学腐蚀性，同时具有突出的阻燃耐热性，用它做的防护服在短时间内可耐高温火焰，不自燃，不熔融。

4.5.3 芳杂环纤维

4.5.3.1 聚对苯亚基苯并双噁唑纤维（PBO）

芳纶纤维虽然有高的比强度和比模量，如果在从分子结构中上再引入杂环基团，可更大地限制大分子构象的伸张自由度，增加主链上的共价键结合能，纤维的模量、强度和耐热性可得到进一步的提高。

PBO 合成的关键是得到高相对分子质量的聚合物。采用 2，6 - 氨基间苯二酚盐酸盐与对苯二甲酸缩聚，以五氧化二磷作为脱水剂，其反应式如图 4 - 34。

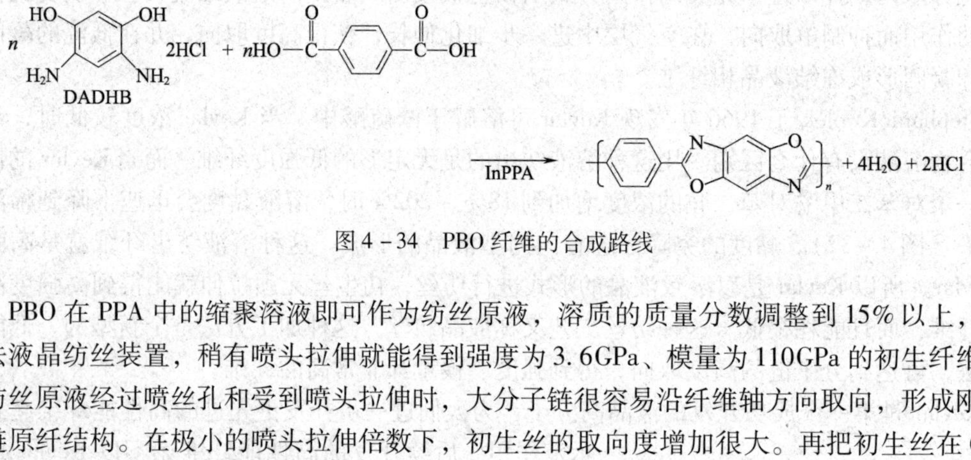

图4-34 PBO 纤维的合成路线

PBO 在 PPA 中的缩聚溶液即可作为纺丝原液，溶质的质量分数调整到 15% 以上，用干湿法液晶纺丝装置，稍有喷头拉伸就能得到强度为 3.6GPa、模量为 110GPa 的初生纤维。因为纺丝原液经过喷丝孔和受到喷头拉伸时，大分子链很容易沿纤维轴方向取向，形成刚性伸直链原纤结构。在极小的喷头拉伸倍数下，初生丝的取向度增加很大。再把初生丝在 600℃左右进行张力热处理，使微纤结构进一步致密化，纤维的弹性模量上升到 170GPa，同时强度不下降。经过热处理的 PBO 纤维，表面有金黄色的金屑光泽。

PBO 纤维的模量比 Kevlar - 139 纤维高一倍以上。

4.5.3.2 聚苯并咪唑纤维（PBI）

聚苯并咪唑纤维是美国塞拉尼斯公司研制开发并且工业化的耐高温、耐化学腐蚀的高技术纤维。20 世纪 60 年代初期，Vogel 和 Marvel 发表了制备全芳香族聚苯并咪唑的方法，用四氨基联苯胺（TAB）和间苯二甲酸二苯酯（DPIP）为单体，经缩聚合成，反应式见图 4 - 35。

文献上报道由 TAB 和 DPIP 缩聚反应制备 PBI 的方法有三种。

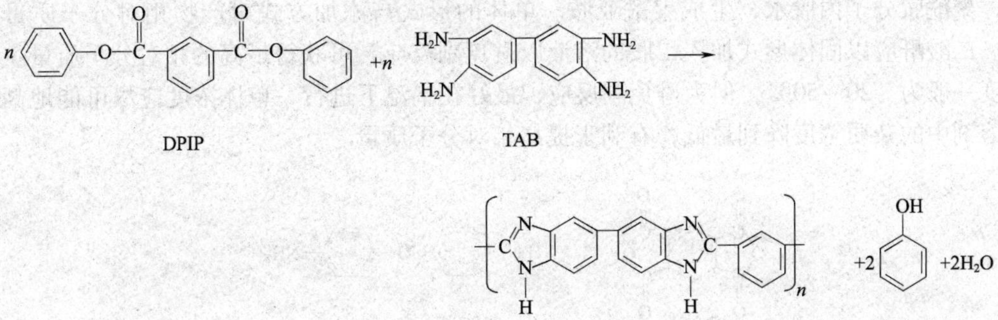

图 4 – 35　PBI 纤维的合成路线

（1）在多聚磷酸中溶液缩聚，用比较低的反应温度（180℃以下）得到均匀的聚合物溶液，但它的固含量只有 3% ~ 5%。这是实验室常用的合成方法。

（2）在熔融的二苯砜中进行缩聚反应，去除二苯砜后得到高相对分子质量的 PBI。这种合成方法不适合工业生产。

（3）用固相缩聚法生产 PBI，可直接溶解成纺丝原液进行纺丝。

PBI 缩聚反应要求 TAB 和 DPIP 的纯度非常高，TAB 的纯度是 PBI 缩聚中的关键因素。

PBI 纤维具有一系列特殊的性能，如具有耐高温性、阻燃性、尺寸稳定性和耐化学腐蚀性。PBI 纤维在恶劣环境中耐化学腐蚀性相当突出，在酸及碱溶液中浸泡 100 小时以上，强度保持率达到 90%。各种有机液体对其几乎不产生影响。

由于 PBI 纤维具有优异的耐高温性能，可应用于特殊纺织制品，如宇航服、飞行服等防护服装，太空飞船中密封垫、救生衣。PBI 纤维在高温下具有石墨化的倾向，可用于制造石墨纤维。

4.5.3.3　M5 纤维（PIPD）

M5 纤维的重复单元为聚（对苯二酚 – 二咪唑并吡啶，polyhydroquinone – diimidazopyridine），如图 4 – 36。

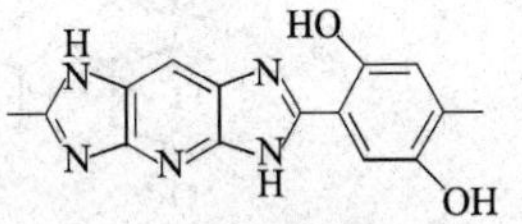

M5 纤维由荷兰的 AkzoNobel 公司开发，发明者为 Doetze Sikkema 团队。现由美国 MagellanSystemsInternationalLLC 公司生产。

图 4 – 36　M5 纤维的重复单元

M5 纤维由四氨基吡啶盐酸盐（tetraaminopyridine）二羟基对苯二甲酸（dihydroxytereph-thalicacid）缩合而成，以五氧化二磷为脱水剂。缩合产物直接加热挤出可得到亮蓝色纤维。用水洗涤脱除纤维中的磷酸，经加热拉伸脱除水分，分子间氢键得以生成，达到很高的强度。M5 纤维的优势在于兼具类似 PBO 的杂环结构与类似芳纶的链间氢键，主链方向的梯形结构与侧向的氢键。平均模量为 310GPa，拉伸强度高达 5.8GPa，可与 PBO 媲美。M5 纤维的阻燃性与溶解性均优于芳纶，可以认为是迄今开发的高性能有机纤维中综合性能最全面的。

4.5.3.4　聚酰亚胺纤维

聚酰亚胺（Kapton）由二酸酐和二胺缩聚而成，形成含氮的杂环结构，如图 4 – 37 所示。合成可使用一步法与两步法，其中最常用的是图 4 – 37 中所示的两步法。第一步由胺基与酸酐作用生成聚酰胺酸。聚酰胺酸溶于有机溶剂，尤其是酰胺类溶剂。由于溶剂与产物间的可生成氢键络合物，降低了逆反应的速率，故可生成高相对分子质量的聚酰胺酸。第二步，聚酰胺分子内脱水，生成聚酰亚胺。单体的形式与添加方式对产物相对分子质量有影响。二酸酐应以固体形式加入二胺的溶液以避免副反应，可获得最高的相对分子质量。反应温度一般为 -20~50℃，但为避免副反应，最好在室温下进行。单体浓度应尽可能地高，可使溶剂中的杂质浓度降到最低，有利于提高相对分子质量。

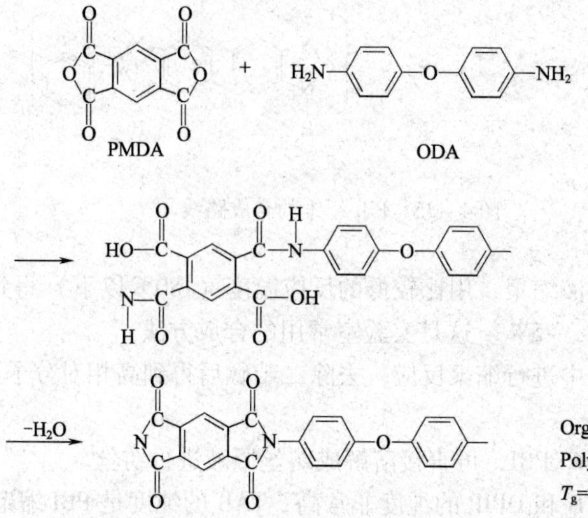

图 4-37　Kapton 的二步法合成路线

聚酰亚胺合成的一步法既可以指二酸酐与二异氰酸酯的反应（图 4-38），也可以指二酸酐和二胺在高温下的快速反应。将二酸酐和二胺在 180~220℃ 的有机溶剂中搅拌，链增长与亚酰胺化几乎是自发进行的。常用的溶剂是 α-氯萘与间甲酚。

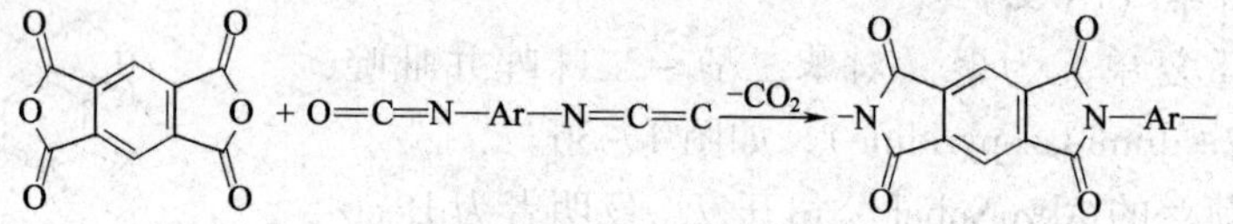

图 4-38　二酸酐与二异氰酸酯的反应的一步法

聚酰亚胺具有很强的分子间力，使其具有高的力学与热性能。还具有一种独特的分子内作用力，即推电子与拉电子作用力。如图 4-39 所示，氮原子的电子密度大于羰基，故两个氮原子附近的部分成为电子供体，而四个羰基围绕的部分成为电子受体。聚酰亚胺的分子间可以交错排列，使受体与供体距离尽可能地近，形成吸引作用。这种分子内与分子间作用使分子结构极为稳定，在很高温度下也不会分解。

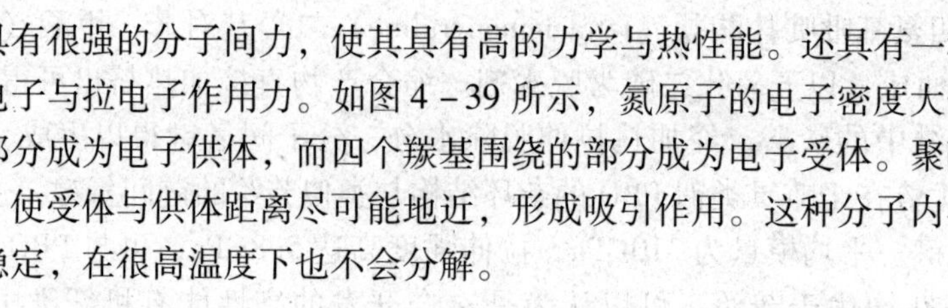

图 4-39　聚酰亚胺分子内的电子推拉作用

4.6　树脂基复合材料

在复合材料的语境中，"树脂"是塑料的同义语。由于所用基体大多数为环氧树脂、酚醛树脂、不饱和树脂（聚酯）等"树脂"，故称树脂基而不称塑料基。树脂基复合材料是使用最早，使用量最大的复合材料。纤维增强的复合材料中树脂基占 3/4。高分子材料用体积分数 20% 到 40% 的玻璃纤维增强后，强度与模量都可以提高到未增强材料的两倍。如果用连续纤维增强，强度与模量可以提高 4 倍。增强的同时使热胀系数降低，蠕变速率降低，抗冲击性、热变形温度、尺寸稳定性提高。

复合材料的加工方法多种多样。夸张地说，有多少种复合材料，就有多少种加工方法。每出现一种新的复合材料，就会伴随着出现一种新的加工方法。因此加工方法不能根据基体材料归类，而只能按纤维的几何形状进行分类。

无规取向的短纤维、晶须和颗粒填充的复合材料可以归为一类。其加工方法与普通塑料或橡胶没有明显的分别。填充只会降低聚合物的加工流动性，并没有从本质上改变加工方法。因此我们在此不再重复已在聚合物一章中讨论过的压制、挤出、注射、压延、浇铸等各种方法。所有这些方法，除了挤出方法外，都产生各向同性的复合材料。

连续的或基本连续的纤维复合材料有许多加工方法，包括缠绕、层合与拉挤。纤维增强复合材料的两个加工阶段是涂覆与固化。涂覆指使增强物（纤维束或织物）浸润基体的过程。固化指使基体材料聚合、交联或干燥，形成增强纤维间或层间永久黏合的过程。固化过程可以独立进行，也可以和模压、热压、真空成型等过程同时进行。

4.6.1　模面成型

手工涂覆是最简单的加工方法。只需要简单的模具，将增强纤维（或织物）铺在模具面上，用手向纤维上涂树脂，使纤维表面完全浸润。然后再加一层纤维，再用树脂进行浸润，直至达到所需要的厚度。制成的层合体在室温固化。这种加工过程也称为表面模塑如图 4 - 40（a）。

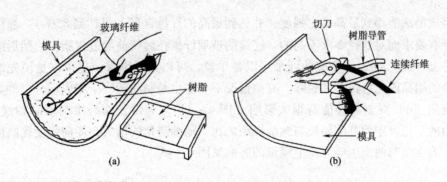

图 4 - 40　复合材料模面成型方法
（a）手工涂覆　（b）喷涂法

喷涂模塑法可以大大加快涂覆的速度。将固化剂与树脂同时通入喷枪，在喷涂的同时混合均匀 ［图 4 - 40 (b)］。在喷枪上还装有切刀，可以将连续纤维切成一定长度，并与树脂一同喷到模具表面。这样，混合过程与浸润过程同时发生，喷到预定厚度时就可以室温固化。这一方法适合制造大型制品，如船体、浴缸等。但喷涂制品的强度不如手工涂覆制品，因为短纤维增强毕竟不如连续纤维或织物增强的材料强度高。

4.6.2　模压成型

将预制片或预混料放在模具中加温加压得到所设计的形状［图4-41（a）］。所用树脂不同，模压条件不同。例如汽车的车体，使用玻璃纤维增强的预制片，在120℃下用1.72MPa的压力成型。树脂转移模压法［图4-41（b）］可不用预制件，而直接用树脂、纤维与固化剂生产制品。先在打开的模具上将纤维按一定方向，一定厚度敷设，然后闭合模具，抽真空，用泵注入混好固化剂的树脂，将模具充满。固化完成后就能得到双面光洁的制品。这一方法特别适合制造大型热塑性制品。因为热塑性塑料熔体黏度大，温度高，不适宜手工成型。而用树脂转移法则类似普通塑料的注射成型，树脂充满模具冷却即可。

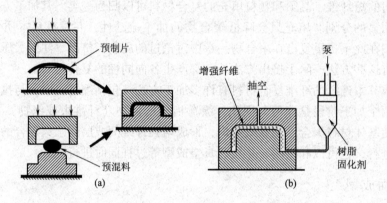

图4-41　模压成型
（a）热压成型　（b）树脂转移模压法

4.6.3　缠绕成型法

缠绕成型法能得到最高的比强度，并达到最高的纤维含量（可达到85%）。缠绕制品都是对内径有要求而对外径要求不高的。连续的玻璃纤维在缠绕前经过树脂浴，然后缠绕在转动的型芯上（图4-42）。缠绕的纤维可以是单丝，可以是纤维束，也可以是预先编织好的带。缠绕的制品固化后将型芯脱除。有些情况下型芯也是制品的一个组成部分，例如压力容器。缠绕角（α）对制品性能有很大影响（图4-43）。缠绕角指纤维与型芯轴线的夹角。这一夹角的正切等于型芯的周长与缠绕螺距之比。随缠绕角的增大，侧向强度提高而径向强度降低。缠绕角对两个主要方向上模量的影响见图4-43。

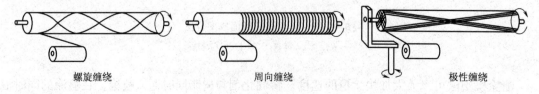

螺旋缠绕　　　　　周向缠绕　　　　　极性缠绕

图4-42　缠绕成型

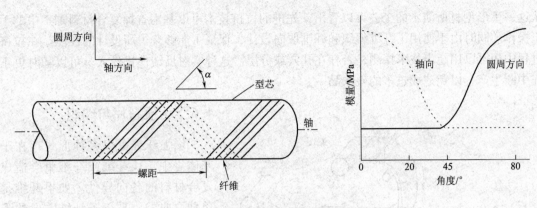

图 4 - 43　缠绕角及其对强度的影响

4.6.4　拉挤成型

拉挤成型法的前半部分与缠绕法相似，一束长纤维被拉过树脂浴，并使之完全浸润。被浸润的多束纤维被引入一个成型模，在模具中被紧密地挤压在一起。在经过模具时，同时发生树脂的固化与成型。从模具出口出来的已经是成品的型材了。这种方法与热塑性塑料挤出成型十分相似，适用于生产固定截面的制品，制品截面可以是任意形状。图 4 - 44 （a）是拉挤工艺的示意图，图 4 - 44 （b）是一种代表性制品的截面。这种 T 型材的材料是石墨纤维增强环氧树脂，用作飞机结构的加强筋。图 4 - 44 （c）是 T 型材上的纤维取向。所用纤维束为 12K （即每束 12，000 根单丝）。型材由 8 层预浸片组成，各层上的纤维取向依次为 0°，90°，+45°，-45°，+45°，-45°，90° 和 0°。两层不同取向的纤维是用聚酯线缝在一起的，0°（长度方向）与 90°（宽度方向）的两层间是织在一起的，用这两种方法将各层纤维按各自的位置结合在一起。纤维体积占 54%。纤维编织、预浸、叠合、成型一次完成。

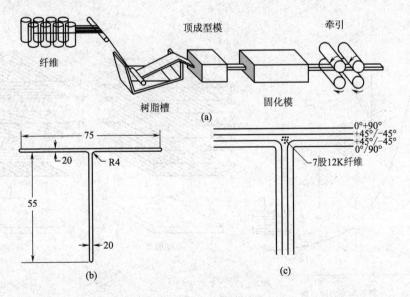

图 4 - 44　拉挤成型
（a）拉挤工艺示意图　（b）一种型材截面　（c）型材各层纤维取向

从这一 T 形型材所演示的工艺可以看出，先进的拉挤技术可以基本省掉复合材料加工中的手工操作。同时由于使用了纤维编织和纤维取向设计，保证了能够获得所设计的性能。在拉挤过程中还可以用超声技术探测是否存在孔穴或分层。这种实时反馈使操作人员可以随时更正或中断生产，以免造成过多的残次品。

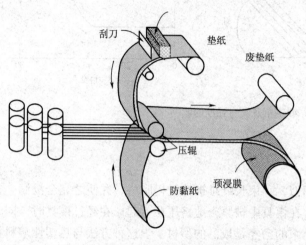

图 4 - 45　预制片的加工工艺

4.6.5　预制片与编织

　　增强纤维可以多种形式存在于基体之中。长纤维或纤维束会造成复合材料的各向异性。如果纤维是单轴取向的，平行于纤维方向的强度与模量极高，而垂直于纤维方向的性质就很差。而单轴取向又是复合材料制备中最方便的。于是人们就采用这样一种加工路线：先制备纤维一维取向的预制片，再根据取向的需要用预制片再加工成所需的制品形状。预制片的加工如图 4 - 45 所示。由纤维束形成的一排纤维束先通过树脂单体或预聚体或熔体，再经过压辊热成型即得到一维方向上无限长的预制片。

　　为了适应不同的受力情况，可以将不同取向的纤维迭合在一起。简单的可以为 0°与 90°交错，复杂些的可以按 0°，45°，90°或 0°，30°，60°，90°多种取向〔图 4 - 46 (b)〕。通过不同取向纤维层的迭合，至少可以保证在两维上各向同性。为了得到三维各向同性，需要预先将纤维编织，使之在三维方向上的取向均等。

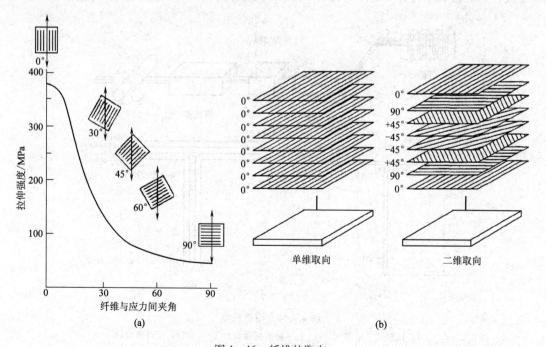

图 4 - 46　纤维的取向
（a）纤维取向与复合材料的强度关系　　（b）纤维单维取向与二维取向

为得到三维取向的正交结构，可以将纤维编织成预制件，见图 4 - 47。可供编织的纤维很多，有碳纤维、玻璃纤维、氧化铝、碳化硅与芳香尼龙纤维等。如果将纤维编织成一定截面的连续制件，就称为编辫。如果是围绕一个转动的型芯编织，就很像上面讲到的缠绕工艺。用编辫预制件可以制造出许多形状的制品，见图 4 - 48。

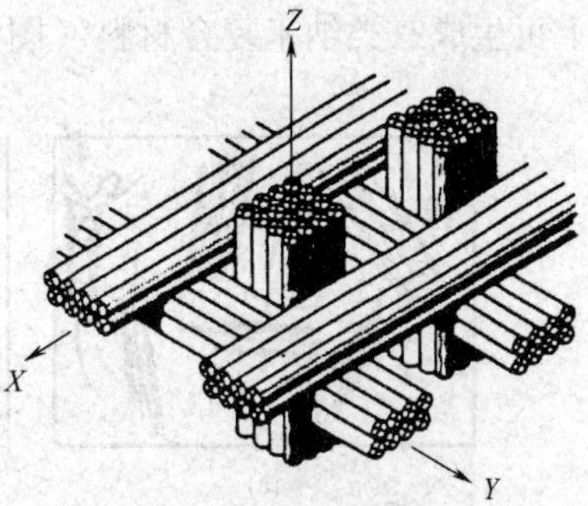

图 4 - 47 三维编织纤维示意

4.6.6 纳米复合材料

用层状硅酸盐增强的塑料体系常被称作纳米复合材料。普遍用于聚合物/层状硅酸盐（PLS）复合材料的层状硅酸盐属于 2:1 型。其晶体结构由两个四面体配位硅原子熔入一个边缘共享氢氧化铝或氢氧化镁八面体片的片层构成。层的厚度是 1nm，侧向尺寸从 30nm 到几微米。蒙脱石、锂蒙脱石与皂石是最常用的层状硅酸盐。制备聚合物/层状硅酸盐复合材料要考虑两个性质：第一个是硅酸盐分散为单层的能力；第二个是与有机或无机阳离子通过离子交换反应调整表面化学的能力。当然，这两个特征是相互联系的。因为在特定聚合物基体中的分散能力取决于层间的阳离子。

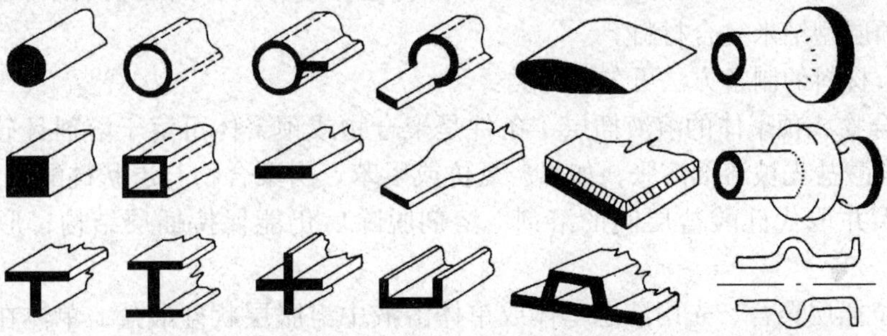

图 4 - 48 编辫法制造的制品形状

聚合物与层状硅酸盐的物理混合不能形成纳米复合材料。这种情况类似于聚合物共混物，多数情况下是分离为各自的相。在不相容体系中，相当于填充体系，有机与无机组分间不强的物理作用导致低下的物理与热性质。相比之下，聚合物与层状硅酸盐间强的相互作用导致有机与无机相以纳米水平分散。所以纳米复合材料显示出独特的性质。

天然层状硅酸盐常含有水合的 Na^+ 或 K^+ 离子。显然，处于天然态的层状硅酸盐只与亲水聚合物相容，如聚氧化乙烯（PEO）或聚乙烯醇（PVA）。欲使层状硅酸盐与其他聚合物基体相容，必须将亲水的硅酸盐表面转化为亲油，使适当的聚合物链可以插入。使用阳离子表面活性剂如一级、二级、三级或四级烷基铵或烷基膦对层状硅酸盐进行处理就能做到这一点。有机硅酸盐中的烷基铵或烷基膦阳离子可降低无机基体的表面能，提高聚合物基体的润湿并造成大的层间距。此外，烷基铵或烷基膦阳离子可提供与聚合物基体作用的官能团，某些情况下可引发单体的聚合，增强无机物与聚合物基体间的界面作用。

一般情况下，层状硅酸盐的厚度在 1nm 量级，长径比很大（10~1000nm）。几个百分比的层状硅酸盐充分分散于聚合物基体时可创造出相当高的表面积，极大地增强聚合物与填料间的相互作用。根据聚合物基体与层状硅酸盐（不论是否改性）间的相互作用强度，热力学上可生成三类纳米复合材料（图4-49）。

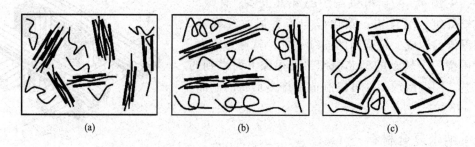

图4-49 三类聚合物/层状硅酸盐纳米复合材料
(a) 插层型   (b) 涨落型   (c) 剥离型

（1）插层型纳米复合材料：聚合物按晶格规则插入层状硅酸盐结构，不论黏土与聚合物比例如何。插层型纳米复合材料的层间一般为几个聚合物分子层。复合材料的性质与陶瓷材料相仿。

（2）涨落型纳米复合材料在概念上与插层型纳米复合材料相似。但硅酸盐片层有时由于羟基化的边缘–边缘相互作用而发生絮凝。

（3）剥离型纳米复合材料单个片层在聚合物基体中分离，间距取决于黏土的添加量。一般远低于插层型纳米复合材料。

纳米复合材料的制备方法可分为三类：

（1）聚合物或预聚体的溶液插层   条件是聚合物或预聚体可溶于溶剂且硅酸盐层可被润湿。层状硅酸盐先被溶剂溶胀，如水、氯仿或甲苯。当聚合物与层状硅酸盐溶液混合时，聚合物链插入并取代硅酸盐层间的溶剂。溶剂脱除后仍能保持插层结构，形成纳米复合材料。

（2）原位插层聚合   先用液态单体或单体溶液中溶胀层状硅酸盐，单体在片层间聚合形成聚合物。聚合可由热或辐射引发，也可由事先存在于层间的有机引发剂或催化剂引发。

（3）熔体插层   将聚合物与有机改性的硅酸盐混合物加热到聚合物的软化点以上，施加剪切，即促使聚合物链插入硅酸盐的片层之间。这种方法比以上方法都优越。首先因不使用有机溶剂而环境友好；其次适用于挤出或注射的工业过程。

与层状硅酸盐的复合可显著提高聚合物材料的模量、强度、耐热性、气密性与阻燃性，同时还可以提高生物降解性。这些改进都来自于基体与层状硅酸盐的相互作用。但人们在纳米复合材料方面的工作仅仅是一个开始，层状硅酸盐的用量仅在百分之几，使用的加工方法仍局限于传统的简单方法。关于聚合物与硅酸盐片层间的相互作用仍等待着人们的深入探讨。

4.7 膜分离技术

膜分离指用半透膜作为选择障碍层，利用膜的选择性（孔径大小），以膜的两侧存在的能量差作为推动力，允许某些组分透过而保留混合物中其他组分，从而达到分离的技术（图4-50）。被分离物可以是固体、液体或气体，可以处在小到分子、大到宏观颗粒的任意尺寸。可从混浊的溶液中分离悬浮颗粒，从盐水中分离溶解的电解质，从血液中分离毒性的

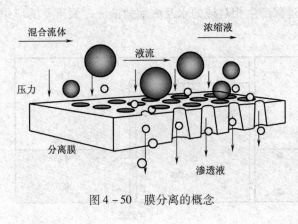

图 4 – 50　膜分离的概念

代谢产物，从气体混合物中分离单一气体等。

膜分离的优势是不需要加热，比传统热分离过程（蒸馏、升华或结晶）节能。分离过程纯粹是物理的，温和的，故渗透物与保留物都可使用。共沸混合物或异构结晶体使用传统的蒸馏或重结晶是不可能分离的，但可使用适当的膜分离技术完成选择性分离。由于这些优点，膜过程在许多方面取代了其他分离技术。

4.7.1　基本术语

在膜分离过程中，两个相由膜隔开，不同化学物质是否能通过膜由化学物质与膜的性质所决定。膜可以是致密的、微孔的、介孔的或大孔的。根据 IUPAC 的规定，尺寸在 2 ~ 50nm 间的孔为介孔，50nm 以上的孔称大孔。膜可以用聚合物、金属、陶瓷或复合材料制造，可以是固体甚至也可以是液体的。使化学物质通过膜的驱动力很多，包括静压差、温度差、浓度差、偏压差或电势梯度等。

膜的性能可用两个参数描述，即透过通量与溶质保留率或溶质选择性。透过通量是单位时间、单位面积上的质量或摩尔流速。任意物种 i 的透过通量与驱动力成正比，与膜的有效厚度成反比。如果驱动力是静压梯度 p 或分压差 p_i 或浓度差 c_i，则

$$J_i = P_i \ (p \ 或 \ p_i \ 或 \ c_i) \ /\delta \tag{4 – 1}$$

其中 J_i 是物种 i 的透过通量，P_i 为透过率（permeability），δ 为有效膜厚度。

保留率或选择性是不同组分的相对透过率，常表示为选择性系数。A 相对于 B 的选择性为：

$$\alpha_B^A = P_A/P_B \tag{4 – 2}$$

选择性系数也可表达为两个物种在透过液与保留液中浓度的比值：

$$\alpha_B^A = \ (c_A/c_B)_P/ \ (c_A/c_B)_C \tag{4 – 3}$$

其中 c_A 与 c_B 代表物种 A 和 B 的浓度，下标 p 和 c 代表透过液与保留液。

4.7.2　重要的膜分离过程

4.7.2.1　反渗透（ReverseOsmosis，RO）

用半透膜将溶液与纯溶剂分开，纯溶剂会在浓差的驱动下向溶液一侧迁移，使溶液一侧的液面升高。这个过程称作渗透。当溶液一侧的液面升高到一定程度，所产生的压力能够抵消渗透的压力时，即达到渗透平衡，溶液侧液面高出纯溶剂产生的压差称作渗透压 [图 4 – 51 （a）]。将这个过程反过来，如果在溶液一侧施加一定的压力，则溶剂就会通过半透膜向纯溶剂一侧迁移，这个过程就称作反渗透（RO）。在反渗透过程中，使用静压差将相对纯的溶剂从盐溶液中分离出 [图 4 – 51 （b）]。静压差范围为 2 ~ 6MPa，取决于混合物的盐化程度。溶剂从膜透过，电解质与低相对分子质量溶质被膜截留。适用于保留相对分子质量低于

300 或有效尺寸小于 1nm 的微小溶质。此过程产生相对纯的水及浓缩盐溶液,最重要的应用是从海水产生饮用水。

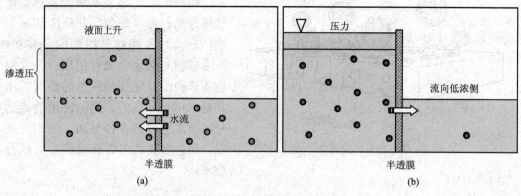

图 4-51　渗透与反渗透
(a) 渗透　(b) 反渗透

4.7.2.2　纳滤 (Nanofiltration,NF)

纳滤与反渗透略有不同,透过物种是溶剂加上低相对分子质量溶质或低价态溶质。也使用静压差,在 1.5~2MPa;膜孔径略大于反渗透膜,1~3nm。用于将溶质根据价态分级或分离低相对分子质量有机物,见图 4-52。

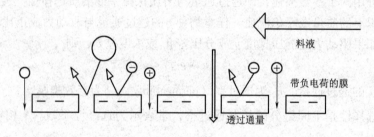

图 4-52　纳滤

4.7.2.3　超滤 (Ultrafiltration,UF)

在超滤过程中溶剂与微溶质被滤过,大溶质被保留。类似于过筛,驱动力是静压差。用于溶质根据尺寸或相对分子质量分级。大溶质的保留尺寸取决于膜的孔径。驱动力约为 500kPa,孔径范围为 3~20nm。典型应用在牛奶中浓缩蛋白质制奶酪,从废水中分离胶体颗粒、油或大分子。

4.7.2.4　微滤 (Microfiltration,MF)

微滤过程用于从溶液中分离亚微米级 (<0.1μm) 颗粒。同样依赖静压力梯度,约为 100kPa,同超滤一样,也是过筛过程。典型应用是从水中除菌,除尘,从气体中除颗粒物。消除废水的需氧量是另一重要用途。

4.7.2.5　透析 (Dialysis)

溶液与溶剂分处膜的两侧。溶质由浓度驱动,从溶液一侧透过膜向溶剂一侧的迁移称作透析 (图 4-53)。一般称溶质脱离的流体相为料液,接受溶质的称作透析液。选择适当的孔径,只让微溶质透过而不让大溶质透过。典型透析孔径为 2~6nm。最常见的应用是净化血液，称作血液透析或人工肾。

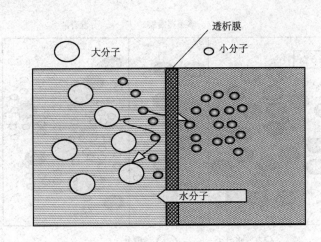

图 4 - 53　透析

4. 7. 2. 6　电透析（Electrodialysis，ED）

电透析是电解质的透析，从一个溶液迁移到另一个。驱动力是电势差，用于盐水的脱盐。所用的膜对离子有选择性，阴离子通过阴离子选择膜，阳离子通过阳离子选择膜。虽然反渗透与电透析都可用于脱盐，二者有根本的差别。在反渗透中，迁移的物种是溶剂，电解质与非电解质都被膜截留。而在电透析中，迁移的物种是电解质，溶剂与非电解质都不从膜透过。

4. 7. 2. 7　气体分离（GasSeparation）

用膜分离气体的概念已经提出一百年了，但广泛使用是近一二十年。气体分离膜过程使用静压差或分压差。气体混合物在高压下喂料，膜的另一侧保持低压。借助透过速率的不同发生分离。透过慢的组分在保留一侧保持高压，而透过快的组分在膜的另一侧逐步浓化。

气体组分的分离程度由膜对两种气体的区分能力以及相对驱动力所决定。气体在膜基体中的溶解度以及溶解气体分子在膜中的扩散性控制了选择性。许多气体分离膜都被认为是致密膜。用于气体分离的膜孔径必须比透过路径小得多。重要的应用包括制造高纯氮，氧气富集与提取氦。

4. 7. 2. 8　渗透蒸发（Pervaporation）

渗透蒸发是用膜分离液体喂料与蒸汽透过相的过程。液相中的组分首先汽化，并以蒸汽的形式透过膜，故分离过程伴随相变。驱动力是膜两侧透过组分的偏压差。气体透过物总是保持低压，喂料流处于高温以促进透过组分的汽化（图 4 - 54）。渗透蒸发是分离极性与非极性液体混合物、尤其是共沸液体混合物的有力手段，因为共沸液体混合物在气相与液相有相同的平衡组成，普通的蒸馏方法无法分离。重要的应用是乙醇脱水以及天然香料的提取与富集。

4. 7. 3　膜分离机理

4. 7. 3. 1　过筛（Sieving）

最简单的膜功能是过筛，又称流体力学机理。欲使传输有效进行，溶剂分子必须比溶质分子或离子小得多，而膜的孔径介于中间。如果溶质是聚合物，这一条件很容易达到。在超滤与微滤中，过筛是主要机理。但水分子与小无机离子与非电解质无显著差别时，分离机理显然不是过筛。

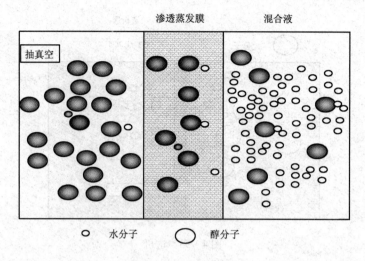

图 4-54 渗透蒸发

4.7.3.2 溶解-扩散（Solution-Diffusion）

溶解-扩散机理经常用来解释致密膜对无显著尺寸差别化学物种的选择性。许多化学物种必须先溶解吸附于膜，然后扩散通过膜，再从膜上脱附，其选择性取决于与膜的化学相似性。即使组分间的吸附性能无显著差别时，选择性透过仍能因扩散速率的差别进行。相对分子质量大的物质通过膜慢于相对分子质量低的。

透过与扩散都能描述化学物种的传输，但二者有区别。扩散是分子的无规运动，产生从高浓度区到低浓度区的净传输。透过是指化学物种在驱动作用下从一个区域到另一个的传输，驱动作用可以是浓度、电势梯度或温度梯度。

如果把致密膜看作一个多孔体，吸附在孔壁上的是溶剂而不是溶质。溶剂的吸附将会充满孔，不给溶质的透过留下空间。溶剂的通过是从一个吸附位到下一个吸附位的连续传输。由于这一传输过程不需要完全打破溶剂分子与吸附位的结合，所需能量远低于溶质侵入吸附的溶剂。用于脱盐时，溶剂分子的吸附是通过氢键形成的，所以脱盐膜可允许氨、酚等溶质通过，却不允许盐通过，因为氨、酚等形成氢键的倾向与水相似。

4.7.3.3 选择性吸附-毛细流动（Preferential Sorption-Capillary Flow）

选择吸附-毛细流动机理是从海水中分离饮用水的反渗透实际机理。如果膜表面优先吸附水而排斥溶质，则会在表面形成一个纯水的多分子层。在压力下让水通过膜中的毛细管可连续脱除界面水。这一概念定义了从膜表面最大速率取水的临界孔径，即界面纯水层厚度的两倍。如果孔径大于临界值，则取水速率提高，但溶质分离程度将降低，因为不止是吸附的纯水，溶液本体也会流过孔。如果孔径太小，溶质分离程度将会达到最大，但渗透速率将会降低。从实用出发，为降低对透过水的总阻力，膜内部与膜表面的连接孔应当更大。

4.7.3.4 Donnan 效应

离子选择膜只允许特定电荷的离子透过。离子交换膜的化学结构是交联聚苯乙烯网络，在聚苯乙烯链上接有适当的基团。如果将膜浸入水性介质中，就会吸水膨胀，官能团发生解离，产生一个基体上的固定离子与一个电荷相反的移动离子。后者可在电场作用下自由运动，并可与从外部进入的相同电荷离子进行交换。

阳离子选择膜的固定离子为阴离子，移动的是阳离子；阴离子选择膜的离子电荷相反。离子选择膜一般在电解质的水溶液中工作，溶液中与固定离子电荷相同的离子称作共离子。当膜上的固定离子与膜内外的反离子达到电平衡时，来自外溶液的共离子就被聚合物基体所排斥，称作 Donnan 排斥。离子交换膜的选择性就来自 Donnan 效应。

4.7.3.5　Knudsen 流（Knudsen Flow）

Knudsen 流用于解释气体通过膜进行分离的可能机理。当气体分子的平均自由路径小于膜的孔径时，气体分子的透过符合黏性流动规律：气体分子的流速与压力梯度成正比。在这种情况下，没有组分分离可以发生，因为分子处于无规运动状态。当气体分子的平均自由路径远大于膜的孔径时，气体分子间的碰撞频率低于气体分子与孔壁的碰撞频率。这种情况的气体称作稀有场气体，此时的流动称作自由分子扩散或"Knudsen 流"。在 Knudsen 流中的气体各组分彼此独立地扩散过膜孔。所以可按相对分子质量差进行分离。这就是 U - 235 同位素以气体扩散过程进行分离的主要机理。

4.7.3.6　表面流（Surface Flow）

气体分子通过膜的速率可通过表面扩散机理加以强化。在表面扩散过程中，气体分子吸附在膜孔表面，然后沿孔壁扩散。如果膜优先吸附某一组分，则可获得高的选择性。表面流与前述优先吸附的毛细流动机理相似。将可压缩气体或蒸汽从不可压缩的永久性气体中分离就是通过这种表面流机理。这种分离常在气体临界温度以下的某个温度与压力下进行。如果压力太高气体分子在孔壁上会形成多层吸附，降低了孔的尺寸。达到某个压力时，全部孔体积被充满，气体分子在膜孔中凝缩，气体透过的通道就全部被阻塞。这一现象称作毛细凝缩。

4.7.4　膜的形状与流动几何

膜分离过程有两种流动构型（图 4 - 55）：封端流与十字流。在封端流构型中，液流垂直于膜表面；在十字流构型中，料流沿膜表面流动，保留物在同一侧被冲向下游，透过物渗透到另一侧。封端流为批量过程，将料液装入装置，在驱动下让一些粒子通过，故操作简便、成本低。封端流主要缺点是膜污染严重与浓度极化。驱动力越大污染越快。膜污染与料液中的粒子保留会形成浓度梯度与粒子反流。切向流装置成本高、操作不便，但不易污染，流动的高剪切具有清扫作用。

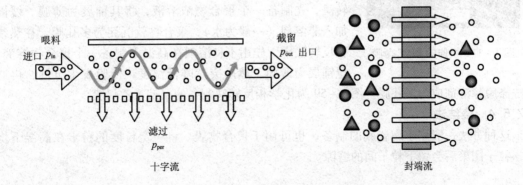

图 4 - 55　膜分离过程的两种流动构型

最常用的膜形状是平板、卷绕与中空纤维。平板是圆形薄膜用于封端模块。卷绕所用膜与平板膜相同，但是制成"口袋"形状：两层膜夹着一层多孔支撑，多个"口袋"卷绕在一根管子上，料液呈切向流动。中空纤维模块的纤维壁是致密的分离层，外有多孔层以支撑压力梯度（图 4 - 56）。中空纤维模块常包括 10000 根纤维，直径 200 ~ 2500μm。主要优点是表面积超大，分离效率高。

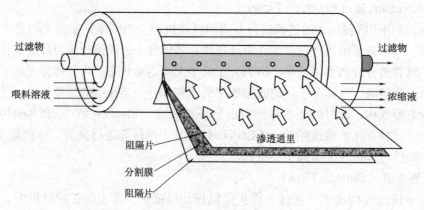

图 4 - 56　螺旋卷绕膜

4.7.5　分离膜制备方法

4.7.5.1　拉伸法

先制取半结晶聚合物（如 PTFE，PE，PP）的薄膜，然后在垂直于晶片的方向上拉伸，就会在晶片间隙间产生微隙，得到很高的孔隙率，常常达到 90%。图 4 - 57 为拉伸聚四氟乙烯薄膜的形态。

图 4 - 57　拉伸的 PTFE 薄膜

4.7.5.2　径迹刻蚀

用准直光束照射聚合物薄膜，使部分聚合物链发生断裂。再将该聚合物膜浸泡于刻蚀液中，液体会选择性地侵蚀链的断裂部分，形成薄膜中的微孔，过程如图 4 - 58（a）所示。图 4 - 58（b）为刻蚀的聚碳酸酯薄膜。

4.7.5.3　相反转法

分为化学致相反转法与热致相反转法。在化学致相反转法，先制备一个聚合物浓溶液，将其铺展为薄膜。缓慢加入非溶剂（一般为水），聚合物就沉淀为多孔膜。在热致相反转法中，先用不良溶剂在高温下制备一个聚合物溶液，也铺展为薄膜。然后突然降低温度，薄膜发生沉淀，再通过洗涤脱除溶剂成为多孔膜。图 4 - 59 为化学相反转法制备的聚偏氟乙烯膜。

4.7.5.4　烧结法

这种方法一般用于陶瓷膜的制备，也可用于聚合物膜。将一定粒度的粉末在高温下烧结，粒子团聚后会留下粒子间的缝隙。

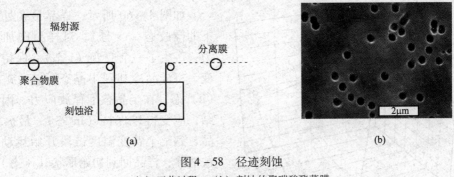

图 4-58　径迹刻蚀

（a）工艺过程　　（b）刻蚀的聚碳酸酯薄膜

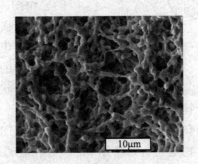

图 4-59　聚偏氟乙烯多孔膜

4.7.6　膜分离技术的应用

重要的应用包括饮用水的反渗透（全世界每年 700 万吨），海水（每升含 35000～40000mg 盐）与咸水（每升含 5000～10000mg 盐）的脱盐产生饮用水是熟知的工业过程。反渗透技术已使用了 20 年。除了脱盐，反渗透还用于工业废水的处理。超滤过程主要用于食品工业，用于从奶酪中提取蛋白质，使果汁澄清化。超滤的其他应用是表面水的脱色、脱味、除菌。使用超滤和微滤，可在水中去除粒子、胶体和大分子使水无菌化。透析过程最重要的应用血液的人工净化。病人体内不纯的血流过透析膜，膜的另一侧是生理盐溶液。这一过程在三个方面取代了肾的功能，去除了代谢废物，去除过剩的体水，恢复酸碱与电解质平衡。电透析最先用于海水脱盐，生产饮用水是目前电透析最重要的应用。副产品就是生产食盐。膜技术在环境保护方面日益重要，如汽油蒸气与电解氯气的回收以及废水的回收。

4.8　形状记忆聚合物

形状记忆聚合物是一种高分子智能材料。像 2.6 节中介绍的形状记忆合金一样，它在受外力作用时，会发生伸长、压缩、扭曲等形变，这些临时的形变可以通过降低温度固定下来，使材料具有一个"临时形状"。但不论以何种方式形变，也不管临时形状是什么样子，它总会记忆着形变之前的"永久形状"。在一旦外力被去除，外场刺激下（多数情况是加热），它就会回到形变前的永久形状。与形状记忆合金相比，形变与恢复所用时间短，形变量大。下面以交联聚环辛烯［poly（cyclooctene）］为例，对形状记忆聚合物的形变–恢复

147

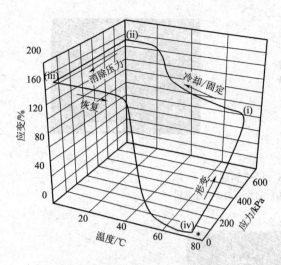

图 4-60　交联聚环辛烯的热机械循环

作一简单描述。

如图 4-60 所示，样品最初处在高温下的橡胶态（＊号）。对样品施加某一应力，产生了一个应变（i 态）。保持应力不变，将样品冷却到半晶态，链段被冻结在（ii）态。在半晶态下释放应力，因链段冻结，应变得以保持（iii 态）。最后加热样品，到某个转变温度链段开始运动，应变被消除，样品回到初始形状（iv 态）。如果应变恢复完全，（iv）态就等同于初态（＊）。由图 4-60 可知，形状记忆聚合物可被固定于临时形状（iii 态），并可通过外刺激（热、电、磁场，照射）恢复到初始形状。这种的能力使它们有别于传统聚合物材料。形状固定与恢复的程度反映了不同的微结构转变，也决定聚合物的实用价值。

形状记忆不是聚合物本身具有的性质，而是将聚合物加工成特殊的网络结构时所表现出来的性质。在无定形态，聚合物是完全无规分布的。处在玻璃态时，所有的链段运动都被冻结；当温度升高到玻璃化转变点附近时，开始向橡胶态转变。处于橡胶态时，链段运动几乎没有阻力，链段可在各种构象间"自由"变换。出现几率最大的构象态称作分子链的最可几态。高分子链具有自动趋向最可几态的性质，这种性质称作熵弹性。在最可几状态下，如果有张力在短时间内施加，聚合物链段间的缠结只允许发生较小的位移，在外力去除后会恢复初始形状。此时样品表现出对受力前状态的某种记忆。这种"记忆效应"基于高分子链段回归最可几态的倾向。但如果外力施加时间较长，聚合物间就会发生滑移，造成塑性的、不可逆的形变，对初始形状的记忆就会丧失，故高分子链固有的"记忆效应"还不足以具备形状记忆功能。

如果在高分子链间引入交联，就能几乎完全抑制链间的滑移。交联的聚合物网络是不溶不熔的，它们的形状由交联点所固定，形成后就不能再改变。换句话说，交联点确定了网络的永久形状。交联点可以是物理的也可以是化学的。化学交联点可以是共价键或其他化学键，而物理交联点则是某种链段形成的微区。

在物理交联的网络中存在两个相，一个是高转变温度（记作 T_H，玻璃化温度或熔点）的硬相，另一个是低转变温度（T_{trans}）的软相。当温度高于 T_H 时，两相都处于橡胶态，网络中没有交联点，也就没有固定的形状。当温度处于 T_H 与 T_{trans} 之间时，硬相处于玻璃态或晶态，不能运动，而软相处于橡胶态，硬相就起到软相交联点的作用。软相链段的最可几态决定了材料的形状。这个形状是材料固有的熵弹性所决定的，是被永久记忆的形状。由于软相中链段可以自由运动，此时的网络可以在外力作用下任意改变形状。在某种外力状态下，将材料的温度降低到 T_{trans} 以下，就可以将临时形状固定下来。此时材料在 T_{trans} 以下保持着一个临时形状，却记忆着 T_{trans} 以上的永久形状。一旦外力去除并加热到 T_{trans} 以上，材料就会自动恢复到它的永久形状，这就是所谓的形状记忆。

虽然形状记忆聚合物可以物理网络也可以是化学网络，人们往往倾向于制造物理网络，因为化学网络是不溶不熔的，不能二次加工；而物理网络可以在 T_H 以上反复加工而重复利用。启动形状恢复的 T_{trans} 可以是熔点也可以是玻璃化温度。由于高分子材料发生熔融的温度区域比发生玻璃化转变窄得多，具有较高的确定性，故多数情况下倾向于使用熔点。

图 4-61 是三种聚合物网络的形变与恢复行为。图 4-61（a）代表物理交联网络，使用软段的熔点作为 T_{trans}；图 4-61（b）代表化学交联网络，使用软段的熔点作为 T_{trans}；图 4-61（c）代表另一种化学交联网络，使用软段的玻璃化温度作为 T_{trans}。

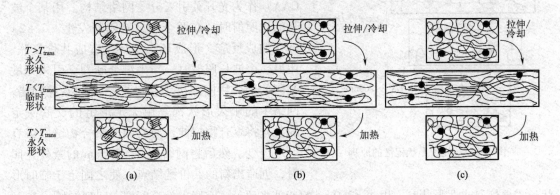

图 4-61 形状记忆聚合物的形变与恢复原理
（a）物理交联，结晶转变　（b）化学交联，玻璃花转变　（c）化学交联，结晶转变

图 4-61 中三种形状记忆效应的共同点是都通过改变环境温度来启动永久形状的恢复。环境加热是最普遍的启动手段，这种效应称作热致形状记忆。在许多应用场合中不允许通过环境进行加热，可以采取其他手段来启动形状记忆效应。

红外激光照射可在不改变环境温度的情况下实现形状恢复。这种方法已用于聚氨酯医疗元件。由于红外激光只能照射到样品表面，要求材料能够有效地将热传导到各个部分，为弥补聚合物导热性能的不足，可以在元件中加入导热填料如陶瓷、炭黑、碳纳米管等。在考虑光热效果的同时，还必须考虑粒子形状对样品形状恢复能力的影响。碳黑填充的材料形状恢复有限，只有 25%～30%；而碳纳米管填充的聚合物的恢复率几乎可达到 100%。这归功于碳纳米管的各向异性与聚氨酯结晶二者间的协同作用。

在形状记忆聚合物中加入含 Fe_2O_3 的氧化硅磁性纳米粒子，可利用交流磁场（$f = 258kHz$，$H = 7～30kA/m$）对纳米粒子进行感应加热，即可对形状记忆进行远程启动。这种材料称作磁致形状记忆聚合物。有两种热塑性材料用作磁致基体，第一种是脂肪族聚醚聚氨酯（TFX），第二种是生物降解多嵌段共聚物（PDC），以聚对二氧环己酮为硬段，聚（ε-己内酯）为软段。TFX 的链段是无定形的，而 PDC 的链段是可结晶的。在聚酯基聚氨酯中加入 Ni-Zn 铁素体粒子也可形状记忆的磁致启动。

无论是通过环境的间接加热还是通过光照或磁场对样品的直接加热，其本质都是使材料的温度高于 T_{trans}，通过链段运动来实现永久形状的恢复。如果能够保持样品温度不变而降低 T_{trans} 温度，得到的效果应当是一样的。将聚氨酯材料浸入水中，水分扩散进入聚合物体内作为增塑剂，T_{trans} 就会随水含量的增大而下降，造成形状恢复。所用聚氨酯以 T_g 为 T_{trans}。浸泡 140h 后达到最大吸水量 4.5%，相应地，T_g 从 35℃降低到室温以下。另一种水活化形状记忆聚合物为聚醚聚氨酯-聚倍半硅氧烷（polysilesquisiloxane）的嵌段共聚物，以 T_m 为 T_{trans}。聚醚段为低相对分子质量聚乙二醇（PEG）。浸泡在水中后，PEG 段溶解，使 T_m 消失，永久形状便得以恢复。

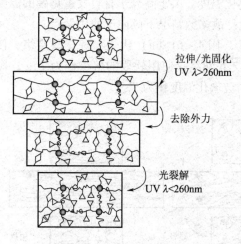

图 4 - 62　光致形状记忆的原理

通过光照引发化学反应实现形状恢复的聚合物称作光致形状记忆聚合物。注意此处的光刺激与温度完全无关，必须与前面的光照加热加以区别。将肉桂酸（cinnamicacid，CA）或 5 - 苯基戊烷 - 2，4 - 双酸（cinnamylideneaceticacid，CAA）作为光开关引入分子网络结构。用某个波长的光照射时，在两个光敏基团间发生［2 + 2］环化加成反应，形成环丁烯环，造成共价交联。用另一个波长照射时，新生键会断裂。引入光敏基团的聚合物网络可为接枝网络或为互穿网络。网络中的永久形状都是由无定形链的交联决定的。先将聚合物拉伸，使卷曲的聚合物链段带有一定应变。然后将网络用 $\lambda > 260nm$ 的紫外光照射，创造出新的共价键结点，使之固定于临时形状。需要恢复永久形状时，用 $\lambda < 260nm$ 的紫外光照射，交联点就会断裂，回到初始状态。

光致形状记忆的工作原理可以用图 4 - 62 来演示。最上层是样品的永久形状，图中的实心圆点代表化学交联点，空心三角形代表光敏基团。光敏基团间的临时交联用空心菱形表示。

形状记忆聚合物在包装、衣物、自动控制和军事方面都得到应用。由于聚合物重量轻、生物相容性好，故在生物医药方面的应用尤其引人注目，重要的应用有导管、人工血管、肌肉与隐形眼镜等。

用形状记忆聚合物制造手术钉时，也将玻璃化温度设计为略低于体温。材料的永久形状是闭合的，而在室温使用时的形状是打开的。运用于病人的身体中时，受到体温的加热，又回到闭合形状。

形状记忆聚合物也可用于断骨固定。这种材料的永久形状是骨骼正常形状的外形，而使用时却要制成病人当时的形状。安装到病人身体上后，受病人体温的作用，会逐渐恢复其永久形状，病人的骨骼也随之被固定于正常的位置。这种正骨的过程要比打石膏方便得多。

一种热塑性弹性体形状记忆聚合物可用于智能缝合。手术创口缝合时，很难将其按正确的应力叠合。如果固定缝合时用力过大，会生成坏疽；用力过小，就会留下伤疤。一个有效的解决方案是使用智能缝合。通过受控制应力将纤维伸长到一个临时形状，按临时形状先进行松散的缝合。受到体温加热时，纤维发生收缩，使伤口得到最佳的缝合力。图 4 - 63 是这种形状记忆缝合线受热拉紧伤口的过程。在常温使用时，缝合线是松动的，升高到体温 37℃ 时，缝合线发生收缩，伤口得到正确的缝合。如果进一步将局部温度升高到 41℃，缝合线会进一步拉紧，就会出现用力过大的情况，可以看到伤口过度的叠合。

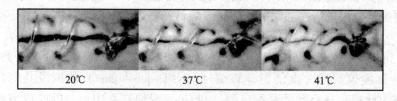

图 4 - 63　形状记忆缝合线的拉紧过程

形状记忆聚合物可用于治疗动脉瘤。颅内动脉瘤是个严重的问题，直至破裂不会被发现，破裂时会引起大脑周围蛛网膜下大出血。对大动脉瘤的典型治疗是用铂螺管固定化。但用铂管治疗的 15% 会因为铂的生物惰性最终重新开放。一个解决方案是使用生物活性的形状记忆聚合物进行螺管植入。植入时的形状是一根直棒，在体内自动恢复到螺管形状。由于聚合物的生物相容性比铂强得多，就可以避免重新开放的问题。

另一医学应用是用热固性聚氨酯微激励器机械去除血栓。如图 4-64 所示，微激励器的永久形状是锥形螺管，在手术前拉伸并固定为直丝，安装在导管的末端。导管引导直丝状聚氨酯刺穿血栓，使用导管中的光学纤维对直丝进行激光加热，使其恢复到螺管的永久形状。此时拉动导管就可将血栓取出。

图 4-64　形状记忆聚合物消除血栓的过程

形状记忆聚合物还有一个有趣的用途：可治疗因暴食引起的肥胖症。将这种聚合物植入肥胖症患者的胃里。患者只吃一点东西，局部温度就会升高，触发聚合物发生膨胀，使患者很快就有吃饱的感觉。这样就能控制患者的食量，使其减肥。

形状记忆聚合物的用途至今只开发了一少部分，只有少数几个品种在实际使用。多数聚合物的形状记忆功能尚未得到开发。随着多种聚合物功能的开发、多种形状恢复刺激方式的开发，这种材料将在医学和其他领域发挥更大的作用。利用材料的生物降解性，人体植入物可以在完成功能后自动降解排出，不需要再动手术取出。使用生物降解聚合物的元件，患者可以降低痛苦，减少医疗费用。从这个意义上说，形状记忆聚合物将引导着医学元件发展的明天。

4.9　水凝胶

凝胶（Gel）一词来自拉丁语 *gelu* 和 *gelatus*，*gelu* 意为冷冻、冰，*gelatus* 意为冻结、不流动。凝胶是一种固态的、类似果冻的物质，其性质可软而弱可硬而韧。从分子水平上，凝胶可定义为液体稀释的交联高分子体系，从这个意义上说凝胶是液体分子分散于固体（三维网络）的分散体，固体是连续相、液体是分散相。凝胶中的网络可通过物理键（物理凝胶）或化学键（化学凝胶）结合，任何液体都可用作分散体。以水为分散体的称作水凝胶，以油为分散体的称作油凝胶，以空气为分散体的称作气凝胶。无论从重量还是体积论，凝胶的组成都是流体占多数，故凝胶的密度接近液体。本节介绍人们最感兴趣的水凝胶。

4.9.1　水凝胶的分类

水凝胶是聚合物网络吸收大量水形成的体系，也可以认为是水溶胀的聚合物网络。聚合物网络可以是合成的也可以是天然的；可为均聚物也可以是共聚物；聚合物网络可以是物理的也可以是化学的；网络的形式可以是均聚网络，可以是共聚网络，可以互穿网络或半互穿网络。这些区别也成为对水凝胶进行简单分类的标准。此外，水凝胶还可以按溶胀能力与生物降解性进行分类。将聚乙烯醇、聚乙烯基吡咯酮、聚氧化乙烯网络的水凝胶称作高溶胀的，而聚甲基丙烯酸羟乙酯网络的水凝胶称作低溶胀的。全合成聚合物网络的归入非生物降解性水凝胶，而含有天然高分子以及聚乳酸的网络归入生物降解性的，不一而足。由于存在交联网络，水凝胶可以溶胀和保有大量的水，水的吸收量与交联度密切相关。交联度越高，吸水量越低。这一特性很像一种软组织。水凝胶中的水含量可以低到百分之几，也可以高达99%。凝胶的聚集态既非完全的固体也非完全的液体。固体的行为是一定条件下可维持一定的形状与体积，液体行为是溶质可以从水凝胶中扩散或渗透。有些水凝胶的体积会在外场如温度、溶剂质量、pH、电场等的刺激下发生改变，称作智能水凝胶。根据水凝胶网络的设计，水凝胶的体积可以在一段刺激水平连续变化，也可以在一个临界水平突变。此类智能水凝胶可按其敏感的外场类型进行分类，如温度敏感水凝胶、pH 敏感水凝胶、葡萄糖敏感水凝胶等。

4.9.2　水凝胶的制备

聚合物网络的制备技术可大致分为三类，简介如下。

（1）小分子单体的聚合/交联　小分子单体的聚合/交联，如图 4 - 65。最常用的单体是亲水的（甲基）丙烯酸酯与（甲基）丙烯酰胺。典型的乙烯基单体列于图 4 - 66 中。常用的交联剂包括 N，N' - 亚甲基双丙烯酰胺［N，N' - methylenebis（acrylamide）］（MBAAm）、聚乙二醇二甲基丙烯酸酯（polyethyleneglycoldimethacrylate）。一般采用紫外光引发交联。为提高溶胀能力，也可加入离子型共单体。由于水凝胶单体一般为固体，聚合反应一般在水溶液中进行。所得共聚物除了制造常见的隐形眼镜以外，还用作药物传递。

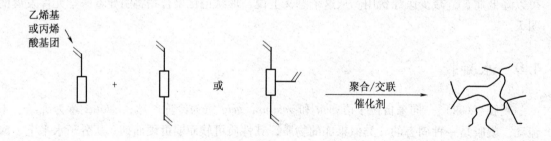

图 4 - 65　端乙烯基单体的交联

（2）大单体的交联　大单体的交联如图 4 - 67。

使用低相对分子质量亲水低聚物通过共聚和交联反应得到水凝胶。例如一种亲水聚氨酯是由 α，ω - 羟基聚合物、乙二醇、二异氰酸酯和三醇间的反应得到。另一个例子是先将聚乙二醇的端羟基转变为（甲基）丙烯酸酯再进行自由基交联。常见的大分子单体有聚氧化乙烯（PEG），聚乙烯醇（PVA）。聚乙烯醇除了具有典型水凝胶的优点（吸水，透气，软组织性能，柔性与生物相容性）以外，还具有优异的力学性能与保水性，可维持长期潮湿环境。用于生产隐形眼镜、软骨、人工器官，药物体系与疗伤敷料，为创伤治疗提供潮湿的环境。聚甲基丙烯酸羟乙酯水凝胶会挥发未束缚的水，只能保持少量潮分。

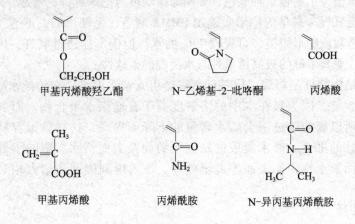

甲基丙烯酸羟乙酯　　　　　N-乙烯基-2-吡咯酮　　　　丙烯酸

甲基丙烯酸　　　　　　丙烯酰胺　　　　　N-异丙基丙烯酰胺

图 4-66　水凝胶常用的乙烯基单体

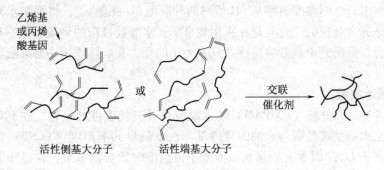

图 4-67　大分子单体的交联反应示意

（3）现有亲水大分子间的交联　这种方法既可用于合成的、也可用于天然的亲水聚合物。合成聚合物的例子是凝胶过滤色谱中固定相的制备，是以表氯醇交联右旋糖苷得到的。天然高分子也很常用，如葡聚糖（Dextran）、壳聚糖（Chitosan）、胶原蛋白（Collagen）、硫酸葡聚糖（Dextran Sulfate）等。当然，实际应用的水凝胶很多是聚合物与天然聚合物的结合体，多为不同组成、不同制造技术的产物。例如一种 PVA 水凝胶是先将 10% 的 PVA 水溶液在 120℃ 加热 1 小时，然后加入天然高分子进行改性，改性剂可为明胶（gelatin）、糊精（dextrin）、透明质酸（hyaluronicacid，HA）、胶原蛋白、右旋糖苷（dextrane，Dx）及壳聚糖等。

一种独特的逐步聚合方法称作"点击"（Click）聚合，特点是反应快、反应类型独特以及对生物结点的通用性。在典型的聚合反应中，带有叠氮与炔基官能团的大单体在催化作用下被"点击"而结合在一起，形成稳定的共价键连接。这一方法所得的 PEG 水凝胶具有良好的力学性质并可分别独立地控制物理性质与化学性质。

4.9.3　水凝胶的应用

4.9.3.1　隐形眼镜

隐形眼镜是水凝胶最具代表性的用途。人们选择隐形眼镜的理由很多，多数人是为了美观、轻便，但也有其他理由。有人为了改变眼睛的颜色，有人为了观看戏剧与电影的特殊效果，而有些运动员则为了增强某种颜色，如网球运动员为把球看得更清楚。对隐形眼镜的主要要求是润湿与透氧气。最早的隐形眼镜用 PMMA 制造，是硬质的，不透气。1971 年，聚丙烯酰胺用于制造软质隐形眼镜，可吸收 79% 的水，但仍不能透过氧气。1998 年，硅水凝胶隐形眼镜问世，兼具了硅的极高透氧性与水凝胶的柔软性。

硅水凝胶的结构特征是将聚二甲基硅氧烷链引入亲水网络。在传统水凝胶中为提高透氧性必须提高水含量，因为氧在水中的溶解度高于普通亲水聚合物。而氧在硅氧烷中的溶解度高于水，所以氧的透过率会随水含量的下降而提高，这样就很容易达成隐形眼镜中透氧性与润湿性的平衡。硅水凝胶的缺点是稍硬及表面憎水。影响了舒适程度。有多种措施可改善表面亲水性，如表面等离子处理、加入内润湿剂和增大相对分子质量同时降低交联度等。

4.9.3.2　药物控释

药物的控制释放一般使用刺激敏感的水凝胶。如上所述，在不同的内场与外场刺激中，人们更关注的是人体的内场刺激，因为可以通过对内场刺激的响应实现药物的智能释放。此类体系甚多，本书只介绍温度敏感与 pH 敏感两种。值得一提的是，将智能水凝胶归入某一种因素敏感不是完全合理的。尤其是在医用场合下，水凝胶经历的刺激一般不是一种，而是多种刺激的综合。只研究单刺激响应往往只是为了简化，在实际应用中必须要考虑对综合刺激的响应。

4.9.3.3　温敏水凝胶

聚 N - 异丙基丙烯酰胺（PNIPAM）的水凝胶是具有代表性的一种。在 PNIPAM 聚合物链上同时具有亲水的酰胺基团与亲油的异丙基。在下临界共溶温度（LCST）会发生亲水到憎水的突变：高于 LCST 时聚合物憎水，而低于该温度时聚合物亲水，这意味着当温度低于 LCST 时，聚合物链被水化，水凝胶被剧烈溶胀。当温度升高超过 LCST 时，憎水作用变强，凝胶坍缩，使溶质扩散出凝胶。PNIPAM 的 LCST 在 30~33℃，与人类体温接近，故广泛应用于药物控释。

但 PNIPAM 有个严重缺点，由于力学性能低，高度溶胀时会碎裂。为了弥补其力学性质，可将 PNIPAM 嵌套于另一个网络中（如聚丙烯酰胺，PAM）形成半互穿网络。这样就稳定了 PNIPAM 的形状，同时仍然保留着热敏性质。当前使用的 PNIPAM/PAM 互穿网络中的分子链是无规取向的，如果能够控制 PNIPAM 的排列，就能对释放机理有更好的控制，用途也更广。

4.9.3.4　pH 敏感水凝胶

pH 敏感水凝胶由聚合物主链与离子侧基组成，包括聚丙烯酰胺、聚丙烯酸、聚甲基丙烯酸、聚甲基丙烯酸二乙基氨基乙酯（PDEAEMA）和聚甲基丙烯酸二甲基氨基乙酯（PD-MAEMA）。在适当 pH 与离子强度的水性介质中，侧基离子化成为网络中的固定电荷，产生静电斥力，成为水凝胶溶胀与消溶胀的 pH 依赖性，从而控制药物释放。pH 的微小变化会引起网孔尺寸的巨大变化。阴离子侧基的水凝胶在聚合物的酸度系数（pKa）以下时发生消离子化，反之在聚合物 pKa 以上的 pH 时则发生离子化，使网络溶胀。阳离子水凝胶正好相反，在低 pH 时发生溶胀。多数情况下药物释放发生于水凝胶的溶胀，但有少数情况发生于水凝胶的收缩。另一有趣特征是引起网络结构变化的机理是完全可逆的，就像形状记忆一样，在刺激结束后水凝胶会恢复初始形状。

一种 pH 敏感聚合物网络用于胰岛素的传递。将葡糖氧化酶与过氧化氢酶固定在 pH 敏感的甲基丙烯酸羟乙酯基共聚物中，网络同时包裹着胰岛素的饱和溶液。人体中的葡萄糖扩散进入水凝胶，在酶催化下使葡萄糖转化为葡糖酸，降低了局部微环境的 pH，引起网络溶胀，促进了胰岛素向体内的释放。胰岛素的释放降低了水凝胶中葡萄糖的浓度，又使水凝胶收缩，降低了胰岛素的释放速率。这种释放的自动调节正好符合身体对胰岛素的需求。这种体系的 pH 敏感性从静观上看同时又是葡萄糖敏感性，故又称作葡萄糖敏感水凝胶。

4.9.3.5　组织工程

组织工程指通过细胞生长，对人体的组织或器官的功能进行维护、恢复、改进的治疗方法。此处的"组织"指骨头、动脉、血管、膀胱、皮肤、肌肉等。治疗器官损坏最有效的方法是器官移植，然而能得到器官捐赠的人寥寥无几。故组织工程成为最实用的治疗策略。利用病人自己的细胞进行生长。将特定组织的细胞从活体中分离，并放到一个支架上。支架可以用多种材料制造，但都需要通过手术将支架放入体内。如果使用聚合物水凝胶就避免手术的痛苦与风险，可以用注射的方法进入体内，以最小的创口完成进行细胞与聚合物支架的结合。支架起到组织内细胞外基质的作用，将细胞转移到病体需要的位置，并为新细胞生长提供空间，并对所制造的组织的结构与功能进行控制。聚合物可以模仿组织中细胞外基质的许多功能。细胞外基质由多种氨基酸与糖基大分子构成，将细胞聚集到一起，控制组织结构，造成营养质，代谢物与生长因子的扩散。用于组织工程的聚合物包括聚乙醇酸［poly（glycolicacid），PGA］、聚乳酸以及这些物质的共聚物。这些聚合物在长期使用中被证明是安全可靠的，其水凝胶的结构与人体内的大分子成分相似，具有生物相容性。许多组织都用这种方法制造出来，其中许多已经开始或接近临床应用。

4.9.3.6　超吸水聚合物

超吸水聚合物本身并不能算是凝胶，但吸水后就成为凝胶，故放在本节做简短介绍。最早商业化的超吸水聚合物是一种淀粉材料。20 世纪 60 年代美国农业部开发土壤保水剂时，将丙烯腈聚合物接枝到淀粉分子上。这种接枝淀粉可吸收自身重量 400 倍的水。

当前广泛生产与使用的超吸水聚合物是部分中和的聚丙烯酸，主要是聚丙酸钠。聚丙酸钠可吸收自身重量 800 倍的蒸馏水，但在 0.9% 盐溶液中，只能吸收 50 倍重量。分子链上有两种重要的基团，羧基与钠。这两种基团关系到聚合物的吸水能力。当聚合物处在水中时，钠从羧基解离，出现了两种离子：羧基负离子（COO^-）与钠正离子（Na^+）。羧基负离子由于电荷相同而相互排斥。排斥的结果是丙烯酸钠从线团形态伸展，并溶胀成为一个凝胶。溶胀使更多的液体与聚合物链结合。丙烯酸钠的吸收能力来自四个方面：链的亲水性、电荷排斥、渗透压与链间的交联。聚合物中的离子吸引水分子，使聚合物亲水。羧基负离子间的排斥使聚合物伸展，可与更多的水分子作用（图 4-68）。

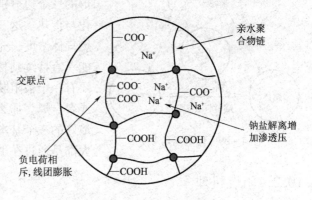

图 4-68　超吸水聚合物的吸水机理

渗透压作用使水从低浓度区域流向高浓度区域。在聚丙烯酸钠中，一旦钠离子从聚合物链上解离，就能够自由游走。在凝胶体内钠离子的浓度高于体外，就会将水吸入凝胶以平衡浓度的差别。

交联能够防止聚合物的溶解。这种对聚合物链运动的限制降低了无规运动，就是降低了熵，使凝胶呈刚性。交联点的数量既影响着吸水量也影响凝胶的强度。交联点越多，吸水量越少，凝胶强度越高。

4.10 聚合物的阻燃

4.10.1 燃烧

欲了解阻燃，首先要了解燃烧。燃烧是一种可燃气体与氧气作用的气相反应。一种固体物质要燃烧，首先要变成气体。以蜡烛的燃烧为例，熔融的蜡通过毛细作用沿蜡芯迁移，蜡芯表面温度为 $600 \sim 800℃$，在此温度下蜡裂解为烃类碎片，遇到氧气就会发生反应，放出光和热，即所谓燃烧。如果有足够的氧气，燃烧产物为二氧化碳和水。反应产生的热量再传回蜡芯，熔融和分解更多的蜡，保持燃烧反应。

聚合物的燃烧也经历类似的过程。聚合物被外源加热，温度足够高时，就开始降解，形成了可燃气体。可燃气体的浓度不断增加，达到一定水平就能被点燃。点燃可以是自发的，也可以来自外部的火焰或火星。燃烧产生的热量辐射回材料，持续聚合物的分解过程，就能够持续燃烧过程。

从固体的燃烧过程可以看到，有三个要素是必不可少的：热量、氧气和可燃气体。足够的热量将固体热解为可燃气体，可燃气体与氧气发生燃烧作用再产生热量，热量辐射回固体再持续热解。这样形成了一个燃烧三角形，如图 4-69 所示。三角形的三个边分别代表燃烧的三个基本过程：热解、氧化与传热。这三个过程循环往复，只要保持充足的可燃气体浓度、充足的氧气浓度和充足的热量，燃烧就能一直持续到材料消耗殆尽。而这三个基本过程中只要有一个被阻断，燃烧就不能维持，火焰就会被熄灭或者自熄。那么所谓阻燃的手段就是切断至少一个、最好的三个基本过程，使燃烧难以为继的措施。阻燃大都是通过在聚合物中加入阻燃剂来实现。

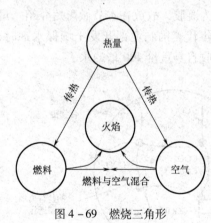

图 4-69 燃烧三角形

4.10.2 阻燃机理

阻燃过程可以是物理的，也可以是化学的。物理作用包括将基质冷却到燃烧温度以下，形成固体或气体保护层，或加入惰性气体稀释气相中的燃料。化学作用包括与气相中的元素作用，降低发生放热反应的速率，或形成碳质表面层对体系进行冷却。阻燃过程可以发生于气相、也可以发生于固相，大体上可以归为以下五类：

（1）吸收热量　阻燃剂分解时吸收热量，降低表面温度以延缓燃烧速率。金属氢氧化物、金属盐与某些含氮化合物常用于此目的。

（2）可燃气体稀释　通过阻燃剂的分解产生大量惰性气体，不仅稀释了可燃气体的浓度，也稀释了氧气的浓度，使二者低于燃烧的水平。金属氢氧化物、金属盐与某些含氮化合物常以此类方式作用。

（3）固体稀释　在固体聚合物中加入不可热解的填料如玻璃纤维或微球、矿物粉末等，既提高了聚合物的热容，又降低了热解时可燃气体的浓度。

（4）形成保护层　在固体表面形成液体或炭保护层，阻隔向聚合物的热量传导与辐射。磷系阻燃剂与三聚氰胺类膨胀体系是此类作用的代表。

（5）抑制氧化反应　利用阻燃剂降解产物在气相捕捉火焰中高活性的 H·和 OH·自由基，作用后产生非活性分子及低能量的自由基。

4.10.3　阻燃剂

市场上最常见的阻燃剂是溴类、氯类、磷基类与金属氢氧化物。

有机卤素化合物，尤其是溴化合物是最常用的塑料阻燃剂，其作用是通过捕捉高能自由基来降低体系温度，降低可燃气体的浓度。卤系阻燃剂降解时释放出的氯化氢或溴化氢是最有效的自由基捕捉剂。作用后产生的 Cl·或 Br·自由基比 H·和 OH·能量低得多，能够大大降低燃烧时的自由基氧化反应速率，从而抑制或阻断燃烧过程。

当然，阻燃性能的获得往往不是依赖一种作用，而是两种或以上作用的结合来完成的。有机卤素化合物，尤其是溴基化合物，是最常用的塑料阻燃剂。溴系阻燃剂的主要作用是分解时释放出溴化氢，与活泼的 H·和 OH·自由基作用，生成低活性的溴自由基：

$$H· + HBr \rightarrow H_2 + Br·$$
$$OH· + HBr \rightarrow H_2O + Br·$$

由于 C—Br 键能较低，溴化物一般在较低温度分解（一般为 200~300℃），释放出溴化氢或元素溴。这一温度区域与许多聚合物的分解温度重合，这是溴系阻燃剂迄今仍是最主要的阻燃剂的主因。

溴化合物是性价比最高的阻燃剂，加入量低、并可保持聚合物的力学与物理性质，提供高度可加工性。氯阻燃剂常以氯化石蜡的形式加入，价格低于溴基阻燃剂并具有良好的光稳定性，但热稳定性不够，对设备有腐蚀。

欲使溴化或氯化阻燃剂行使阻燃作用，配方中必须加有协同剂。三氧化锑是最有效的协同剂，硼化锌与钼酸锌也可用。三氧化锑本身没有阻燃性，但可形成三卤化锑或氧卤化锑作为自由基捕捉剂来阻止气相连锁反应。

卤系阻燃剂的生产与加工都会对环境产生不利影响，更严重的是，卤系阻燃材料的燃烧产物对人造成的危害甚至超过火灾本身。越来越多的证据表明，某些卤系阻燃剂具有致癌作用。越来越多的卤系阻燃剂在全球范围被禁止使用，高分子材料阻燃体系的无卤化已成为当前的发展方向。

无卤阻燃剂包括所有不含卤素的阻燃剂或阻燃体系。按所含阻燃元素分类，可分为磷系阻燃剂、硼系阻燃剂、氮系阻燃剂、硅系阻燃剂、金属氧化物与氢氧化物、膨胀阻燃体系等。同时含两种或以上阻燃元素的阻燃剂就称作复合阻燃剂，如磷-氮阻燃剂、磷-硅阻燃剂等。其中磷系阻燃剂因其适用面广、价格较低而受到青睐。

磷系阻燃剂包括有机、无机或元素磷化合物。包括有机磷酸酯、磷酸酯、含卤磷化物、含磷无机盐，以不同的方式熄灭火焰。公认磷系阻燃剂的阻燃作用发生于固相，作用机理是形成保护层。一般认为形成保护层的方式有两种：①阻燃剂的热降解产物促使聚合物表面迅速脱水而炭化，形成炭化层；②磷系阻燃剂在燃烧温度下分解生成不挥发的玻璃状物质，覆盖在聚合物表面，起到热隔离作用。磷系阻燃剂对高氧含量材料尤其有效，如聚酯，聚氨酯，环氧和纤维素。磷系阻燃剂高温下分解为磷酸，进一步分解为多聚磷酸。多聚磷酸使热解的聚合物酯化与脱水，形成不饱和聚合物然后成炭。聚合的磷酸不挥发，形成玻璃涂层同时形成炭化层，防止了进一步的热解。保护层可抗更高温度，屏蔽了氧与热辐射。除多聚磷酸外，还原化合物次磷酸盐也出现。它们降低了碳的氧化，有利于成炭。

虽然磷基阻燃剂在聚合物中非常有效，但会在高于250℃的挤出温度分解。释放出的磷酸对聚合物的性能有副作用，甚至损坏挤出生产线。

形成多孔炭层是无卤阻燃剂的主要作用机理。但有些聚合物不具有成炭功能，如聚丙烯、聚乙烯等，就需要在阻燃剂中提供成炭组分和成孔的组分，这就是所谓膨胀型阻燃剂。膨胀型阻燃剂一般由三个主要组分构成：酸源、碳源和氮源。酸源指受热时能够分解出无机酸（磷酸或硫酸）的组分；碳源一般为多元醇；氮源受热时释放出氮气，作为炭层的发泡剂。膨胀型发泡剂一个典型的例子是以磷酸铵为酸源、以二季戊四醇为碳源、以三聚氰胺为氮源形成的体系。磷酸铵首先分解出磷酸，使多元醇酯化，进而脱水碳化，形成炭层并伴随磷酸的再生。三聚氰胺分解产生的氮气使炭层发泡，将基体与氧和火焰隔离。膨胀阻燃剂在聚丙烯中表现最佳，可能是因为聚丙烯的分解与软化温度与膨胀组分的分解温度匹配。

金属氢氧化物也是常用的无卤阻燃剂。氢氧化铝价格低，在自然界大量存在。氢氧化铝在180～200℃生成氧化铝，吸收大量热量，可用于200℃以下的聚合物加工。氢氧化镁的作用方式相似，也可从自然界获取。使用氧化物或氢氧化物填充聚合物，可起到稀释聚合物的作用。有些金属氢氧化物受热时会形成微细的粉尘，使基体与热量隔离，同时又能阻隔基体的热解气体向气相扩散，对燃烧也有显著的抑制作用。金属氢氧化物的缺点是加入量较高，影响聚合物的力学性能与加工性。

氮系阻燃剂如蜜胺与硫酸铵的主要作用是在受热时释放出氮气，在气相稀释可燃气体，起到延缓或抑制燃烧的作用。

其他化学品也能赋予聚合物阻燃性包括硼化物、硅化物、聚合物－黏土纳米复合材料等。硼、硅化物可与碳元素共同形成表面保护涂层。值得一提的近年来逐步受到重视的膨胀石墨阻燃剂。

膨胀石墨从天然石墨屑生产。天然石墨屑是一种层状晶体，由碳原子片层构成。膨胀石墨通过石墨屑在硫酸中的氧化制成。石墨屑结构的毛细结构很容易吸收酸。在高温加热时插层的石墨屑可膨胀到原体积的100倍。膨胀的原因是插层物的挥发。膨胀剥离的石墨屑呈蠕虫状，周长为10mm左右，长度接近100mm。蠕虫的体积比初始石墨屑大100倍。

膨胀石墨受热膨胀，以蠕虫状结构覆盖整个燃烧面。膨胀石墨既起到成炭剂的作用，也会因形成石墨片层间的"气帽"作为阻隔剂。石墨的膨胀能迅速地抑制热量释放、物质损失、生烟与毒气释放。不是所有膨胀石墨都能阻燃，只有低温膨胀石墨才能作为阻燃剂。膨胀必须发生于分解、放热反应与点火同时发生的"临界温度"。临界温度范围取决于聚合物的化学结构。例如在聚氨酯中为300～500℃。

4.11 相变材料

材料吸收热量时会发生两种响应，一是提高温度，二是发生聚集态的改变。这两种响应可以石蜡为例进行演示，见图 4 – 70。先是固态的温度升高（OA 段），到达熔点时发生固态向液态的转变，即发生相变。相变过程中材料的温度并不升高，直至所有的材料全部转化为液体（AB 段）。进一步吸收热量，伴随发生的是液态温度的升高（BC 段），到达沸点时发生液态到气态的相变（CD 段）。

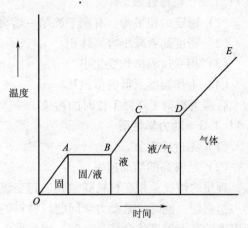

图 4 – 70 物质加热过程的温度时间关系

相应地，热量在材料中的储存有两种主要形式，即敏热储存（sensibleheatstorage，SHS）与潜热储存（latentheatstorage，LHS）。图 4 – 70 中的（OA）、（BC）与（DE）段是敏热储存，热量的储存伴随温度的升高。而（AB）段与（CD）段是潜热储存，即只通过相变储存热量，材料的温度并不升高。总热量用下式表示：

$$Q = m \left[\int_{T_O}^{T_A} c_{ps}(T)\,dT + q_t + \int_{T_B}^{T_C} \right] c_{pl}(T)\,dT + q_i + \int_{T_D}^{T_E} C_{pv}(T)\,dT \tag{4-4}$$

对于相同体积的材料，潜热储存的容量比敏热储存大 5～14 倍，故潜热储存成为能量储存的一种重要手段。所谓相变材料是潜热储存材料。材料发生从固态到液态的相变时储存能量，反过来，发生从液态到固态的相变时释放能量。相变在一个几乎固定的温度下发生，相变过程不伴随温度的升高或降低。

利用相变材料储存热量的优势是能量的储存或释放在一个恒定的温度发生。利用这一特点，可以通过材料的选择，预先设计在什么温度发生热量的储存或释放，就能实现热量的有效利用。

4.11.1 相变材料的性质

凡是熔融过程中产生大量熔融热的材料都可称作相变材料。但用于潜热储存材料时，必须具有所需的热力学、动力学与化学性质，还必须考虑经济因素。实用的相变材料应具有以下性质。

4.11.1.1 热学性质

（1）适当的相转变温度。

（2）较高的相转变潜热。

（3）良好的热导率。

相变材料的转变温度与工作温度必须相匹配。转变温度原则上是一个点，而工作温度是一个范围。转变温度点必须处于工作范围之内。这样当环境温度在工作温度范围内变动时，相变材料就能够根据需要进行能量储存与释放。在能量转换的同时，还对环境温度起到调节作用。单位体积潜热应尽可能地高。高的热导率是体系温度均匀的保证。如果热导率为无穷大，整个体系将始终处于同一个温度，这只是理想的情况。相变材料的热导率越高，能量的储存与释放就越顺利。

4.11.1.2 物理性质

(1) 稳定的相平衡：有利于冻结–熔融过程中热储存的稳定。

(2) 密度高：减小容器体积。

(3) 相变过程体积变化小。

(4) 工作温度下低的蒸汽压。

后两条都为了降低工作时的污染。

4.11.1.3 动力学性质

(1) 无过冷现象。

(2) 足够高的结晶速率。

理想的情况是相变材料降温到达转变温度时就发生结晶而释放出结晶热。但结晶不仅是热力学问题，同时也是动力学问题，材料的结晶往往会滞后于环境温度的下降，即在低于转变温度的某个温度才会结晶，这一现象称作过冷。过冷是相变材料的严重问题，尤其是盐的水合物。几度的过冷就会干扰热量的释放。结晶速率也同样干扰热量的释放。如果结晶速率太慢，造成的影响就相当于过冷。

4.11.1.4 化学性质

(1) 长期化学稳定性。

(2) 与容器材料的相容性。

(3) 无毒、无燃烧与爆炸问题。

化学稳定性问题包括水合物的脱水及化学降解。

以上性质均属于技术应考虑的问题，此外经济因素也不能不考虑。比如所选择的相变材料在自然界应有丰富的储量且容易获取，在价格上也应在能够接受的水平以下。

4.11.2 有机相变材料

有机相变材料可再分为石蜡与非石蜡两类。先介绍两个术语。一致熔融（congruentmelting）：有机材料的一致熔融意味着反复熔融与冻结而不发生相分离，不会导致熔融热的降低。自成核（self–nucleation）：意味着通过自身分子的成核结晶而不需外加成核剂，自成核结晶只有极小过冷或无过冷。

石蜡是直链烷烃 CH_3—$(CH_2)_n$—CH_3 的混合物。石蜡的链的结晶可释放大量的热。熔融热与结晶热都随链长而增加，故随 n 值的变化，石蜡的熔融与结晶覆盖了较宽的温度范围。但从价格考虑，只有部分石蜡可用于相变材料，这些石蜡称作技术级石蜡。表4–2为一些技术级石蜡的熔点与熔融热。

表4–2 技术级石蜡的熔点与熔融热

石蜡	熔点/K	熔融热/（kJ/kg）	石蜡	熔点/K	熔融热/（kJ/kg）
C_{14}	277.7	165	C_{18}	301.2	244
$C_{15} \sim C_{16}$	281.2	153	$C_{20} \sim C_{33}$	322.2	189
$C_{16} \sim C_{18}$	294.2	152	$C_{22} \sim C_{45}$	300.7	23.5
$C_{13} \sim C_{24}$	296.2	189	$C_{23} \sim C_{50}$	340.4	189
$C_{16} \sim C_{28}$	316.2	189			

石蜡具有化学惰性，在500℃以下是稳定的。熔融时体积变化极小，熔体蒸汽压低。由于这些性质，具有很长的循环周期，最重要的优点是一致熔融与自成核，故成为最常用的相变材料。石蜡的缺点是：①热传导率低；②与塑料容器不相容；③比较易燃。这些缺点可通过材料的改性储存单元的设计来克服。

酯类、脂肪酸、醇类与二醇类包括一些聚合物都属于非石蜡有机相变材料（表4-3）。与石蜡相比，非石蜡有机相变材料的熔融热较高，不易燃，但缺点是热导率也不高，闪点低，高温下不稳定并带有或多或少的毒性。非石蜡有机相变材料中最重要的是脂肪酸。脂肪酸的化学通式为$CH_3 (CH_2)_{2n} COOH$。其熔融热高于石蜡，也具有可再现的熔融与冻结行为，无过冷。但主要缺点是价格比技术级石蜡高2~2.5倍，具有中等毒性。

表4-3　　　　　　　　　　　　非石蜡有机相变材料的熔点与熔融热

化合物	熔点/K	熔融热/（kJ/kg）	化合物	熔点/K	熔融热/（kJ/kg）
聚乙二醇 E400	281.2	99.6	高密度聚乙烯	373.2	200
聚乙二醇 E600	295.2	127.2	反式-1,4-聚丁二烯	418.2	144
聚乙二醇 E6000	339.2	190.0	丙烯酰胺	352.2	168.2
十二烷醇	299.2	200	萘	353.2	147.7
十四烷醇	311.2	2.5	赤藻糖醇	391.2	89.8
联苯	344.2	190.0	二甲基亚砜	289.2	85.7

4.11.3　无机相变材料

无机相变材料有许多种类，这里只介绍盐水合物类。盐水合物可视作无机盐与水的合金，通式为$AB_n H_2O$。盐水合物的固-液转变在热力学上很像熔融与冻结过程，实际上是盐类的水合与脱水。盐水合物的熔融或为减少水的分子数成为低水合物：

$$AB \cdot nH_2O \rightarrow AB \cdot mH_2O + (n-m) H_2O \qquad (4-5)$$

或成为无水化合物与水：

$$AB \cdot nH_2O \rightarrow AB + nH_2O \qquad (4-6)$$

盐水合物作为相变材料的优势是：①单位体积潜热高；②相对高的热导率（比石蜡高近一倍）；③熔融时体积变化小。腐蚀性不强，与塑料相容，微毒。许多盐水合物用于储存的价格可以接受。一般来说，无机化合物的单位体积潜热（$250~400kg/dm^3$）比有机化合物（$128~200kg/dm^3$）高一倍。

1mol 六水氯化钙（$CaCl_2 \cdot 6H_2O$）可储存的热能可分两个阶段计算：

第一步，从293K加热到303K：

$$热能 (Q) = 温度变化 \times 质量 \times 比热容 \qquad (4-7)$$

$$Q = (10.0K) (219.1g/mol) (1.34J/kg) (1mol) = 2.94J \qquad (4-8)$$

第二步，在将303K水合物转变为无水化合物与水：

$$CaCl_2 \cdot 6H_2O (s) \rightarrow CaCl_2 \cdot 2H_2O (s) + 4H_2O (l) \qquad (4-9)$$

$$Q = \Delta H^\circ_{反应} = \sum \Delta H^\circ_{产物} - \sum \Delta H^\circ_{反应物} \qquad (4-10)$$

$$Q = (-1402.9kJ/mol) \times 1 + (-285.9kJ/mol) \times 4 - (-2607.9kJ/mol) \times 1 = 61.6kJ \qquad (4-11)$$

$$储存的总能量 = 2.94kJ + 61.6kJ = 64.54kJ \qquad (4-12)$$

熔融盐在转变点可有三种熔融行为：

①一致熔融，无水盐在熔融温度完全溶解于自身的水合水；②不一致熔融，盐在熔融温度不完全溶解于自身的水合水；③半一致熔融，由于水合物失水向低水物的转变，在相转变时处于平衡的液相与固相的熔融组成不同。

使用盐水合物作为相变材料时的主要问题是不一致熔融。由于 n 摩尔水合水不足以溶解一摩尔盐，形成的溶液在熔融温度是过饱和的。由于固体盐密度高，沉在容器底部，在逆过程冻结中不能再与水结合。造成熔融与冻结的不可逆，每一循环盐水合物的量就减少一部分。不一致熔融问题有以下几种解决方案：①机械搅拌；②将相变材料胶囊化减缓分离；③加入增稠剂保持悬浮，防止沉淀；④使用过量的水使熔融的晶体不产生过饱和溶液；⑤改变化学组成，使不一致的材料一致化。

第二个问题是过冷。在熔融温度，成核速率非常低，溶液必须过冷，所以能量释放要在低于熔融温度才能释放。为减缓过冷问题，一个方法是加入成核剂，另一种方法是在较冷的区域保留一部分晶体作为晶核。

第三个问题是放热过程中水分子数的自动减少。加入化学物质可防止低水物的成核，它会使低水物的溶解度高于初始的高水合物。

4.11.4 相变储氢

氢作为能源载体可为建筑、工业、运输提供无污染、无碳的功率。氢的广泛、经济适用需要构造氢的产生、储存与运输装置。用储罐装载氢气是最"方便"的，然而也是最不安全的。最安全的形式是利用化学吸收来储存氢气，即将氢吸收进入晶格成为金属氢化物。可用于吸收氢气的化合物包括稳定、相对温和的硼、钠、镁与铁钛合金、镍镁合金、镍镧合金等。合金作为"海绵"吸收氢气，氢气作合金粒子以"化合物"的形式储存于材料之中。

当氢与颗粒形式的金属合金结合时发生放热反应，再加热则释放出氢气。在汽车上应用时，可以利用发动机尾气进行加热。

$FeTiH_2$ 和 $LaNi_5H_7$ 是低温氢化物，与氢结合松散，在低温释放氢气；MgH 和 Mg_2NiH_4 为高温氢化物，只在高温释放氢气。利用可逆氢化物合金对氢进行热压缩可替代传统的机械氢压缩。金属氢化物中的氢压随温度升高指数增长。金属氢化物为氢动力车辆提供了安全的燃料储存方法。只要氢化物不被污染，氢化物的充放就能重复无数次。

4.11.5 相变记忆

相变记忆指利用材料中聚集态的不同进行信息储存的一项技术。固态物质可以有两种不同聚集态：晶态与无定形态。将材料中的每个小区域作为一个 bit。两种聚集态的电阻不同且相差悬殊。如果令低电阻 bit 代表 1，高低电阻 bit 代表 0，就实现了信息的储存与读取。

当前最常用的相变记忆材料是硫化物（chalcogenide）。硫化物具有可逆的相变能力：在无定形态，材料是高度无序的，缺少晶格中的有序性。在无定形相显示高电阻与高反射率。而在晶相，材料具有规则结构，具有低电阻与低反射率。图 4 – 71 是硫化物不同相态的示意。

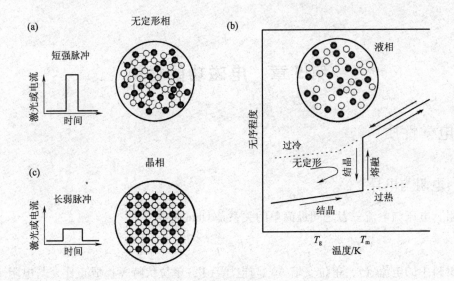

图 4 - 71　硫化物的两种相态

（a）短强脉冲引起熔融　（b）长弱脉冲引起结晶　（c）温度与无序程度的关系

当前最常用的硫化物为 $Ge_2Sb_2Te_5$（记作 GST225），熔点为 610℃，玻璃化转变温度为 350℃。多晶 GST225 合金的电阻为 ~ 25mΩm，而玻璃态高三个数量级，足以具备记忆读取能力。

相变记忆材料的擦写工作原理如下（图 4 - 72）：欲将一个 bit 写为 0 时，对局部材料施加一个高能量的短脉冲，使局部材料的温度升高到熔点以上，然后迅速冷却成无序的玻璃态。逆过程为使用低能量较长时间脉冲，将玻璃化的区域加热到熔点之下的某个温度，发生快速结晶，这个 bit 就被写作 1。

图 4 - 72 代表相变材料的基本储存单元。一层硫化物被夹在上下电极之间。电阻加热元件从底电极接触硫化物材料。电流注射进入硫化物的结，产生的热量引起相变，在多晶硫化物区形成了一个无定形的 bit。由于反射率的变化，无定形 bit 看上去像一个蘑菇帽。

相变材料中的相态一旦形成，只要不达到发生相变的温度，所写入的信息就能够长期保留，不需要电源来维持记忆。所以说相变记忆是非挥发性的。新信息的写入同时就擦去了旧的信息，不需要额外的擦去步骤。这种可变 bit 的记忆元件与其他类似元件相比，有着不可替代的优势。

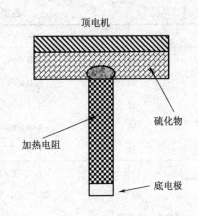

图 4 - 72　相变储存变元件

第5章 电磁功能材料

5.1 电学性质

5.1.1 电阻与电导

电阻、电压与电流三者之间最简单的关系是 Ohm 定律：

$$R = \frac{V}{I} \tag{5-1}$$

即材料中的电流（I，单位安培 A）与电压（V，单位伏特 V）成正比，与电阻（R，单位 Ω）成反比。Ohm 定律规定的电阻是材料的宏观性质而不是材料的特性，因为电阻与样品的尺寸有关。欲表征材料对电流的阻力，必须使用电阻率。电阻 R 与样品长度 L 成正比，与截面积 A 成反比。故有 $R = \rho L/A$，ρ 即为材料的电阻率，单位是 $\Omega \cdot m$。样品中的电场为电压除以长度，$E = V/L$（单位 V/m）。定义电流密度为单位截面积上的电流 $J = I/A$（单位 A/m^2）。代入这些关系式，Ohm 定律成为

$$\rho = \frac{RA}{L} = \frac{VA}{IL} = \frac{V/L}{I/A} = \frac{E}{J} \tag{5-2}$$

这样我们就把宏观版 Ohm 定律转换成科学版的 Ohm 定律。电阻率是材料的本征性质，与材料的形状与尺寸无关，但与温度有关。金属、陶瓷材料的温度越高，电阻率越高；半导体材料则恰好相反，这些现象将在后面介绍。

表 5-1   各类材料的电导率

	材料	电导率/（S/m）		材料	电导率/（S/m）
金属	银	6.8×10^7	聚合物	Phenol – formaldehyde （酚醛）	$10^{-9} \sim 10^{-10}$
	铜	6.0×10^7		Polystyrene （聚苯乙烯）	$< 10^{-14}$
	金	4.3×10^7		Polyethylene （聚乙烯）	$10^{-15} \sim 10^{-17}$
	铝	3.8×10^7		Polytetrafuoroethylene （聚四氟乙烯）	$< 10^{-17}$
	铁	1.0×10^7			
陶瓷	石墨	$3 \times 10^4 \sim 2 \times 10^5$	半导体	Si	4×10^{-4}
	陶土	$10^{-10} \sim 10^{-12}$		Ge	2.2
	硼玻璃	$\sim 10^{-13}$		GaP	2.25
	氧化铝	$< 10^{-13}$		GaAs	10^{-6}
	熔硅	$< 10^{-18}$		InSb	2×10^4

一些材料的电导率列于表 5-1。读者可发现材料的电导率之间有着天壤之别，相差达到 27 个数量级。根据电导率的大小，可以将材料分为三类：以金属为代表的导体，电导率

在 10^7（$\Omega \cdot m$）的数量级；绝缘体，电导率在 $10^{-10} \sim 10^{-20}$（$\Omega \cdot m$）的范围；两者之间为半导体，电阻率在 $10^{-6} \sim 10^{-4}$（$\Omega \cdot m$）的范围。

电导率的倒数称作电阻率，表征材料阻滞电流的能力。电阻率的单位也是电导率的倒数，为（$\Omega \cdot m$）。法定单位用 S/m 表示。

5.1.2　电子迁移率

在电场下，力作用于自由电子，使电子朝电场的反向加速运动。根据牛顿第二定律，自由电子应当一直被加速，电流随时间持续增大。但我们知道电流到达一个定值后就不会增大，说明存在一个"摩擦力"反抗着电子的加速。摩擦力来自晶格缺陷对电子的散射，包括杂质原子、空隙、间隙原子、位错甚至原子自身的热振动。每个散射事件都使电子失去动能并改变运动方向，如图 5–1。

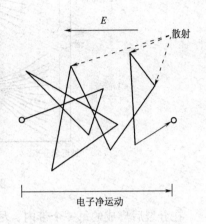

图 5–1　电子运动过程中的散射

在一定时间内，电子走过的路径不是其速率与时间的乘积，而是多次散射后走过的净长度。电压越高，散射越频繁；时间越长，散射事件越多；截面积越大，散射频率越低，故电子运动的净路径与电压和时间成反比，与截面积成正比，由此可定义出描述散射事件频率的物理量，称作电子迁移率 μ_e，单位为 $[m^2/(V \cdot s)]$。可以将材料的电导率 σ 表示为

$$\sigma = n|e|\mu_e \tag{5-3}$$

n 为单位体积（m^3）中自由电子数，$|e|$ 为电子电荷绝对值（$1.6 \times 10^{19} C$）。所以电导率与自由电子数和电子迁移率成正比关系。

5.1.3　能带结构

电导率与电子数成正比。但不是每个原子中的所有电子都能在电场下加速运动。参与电导的电子数与电子态的相对能量以及被电子的占据态有关。

每个原子中都有分立的能级供电子占据，分为层与亚层。层用正整数标识（1，2，3 等）而亚层用字母标识（s，p，d，f 等）。s，p，d，f 亚层各有 1，3，5，7 个态。多数原子中的电子只占据最低的能态，由 Pauli 不相容原理，每个态中只能有两个自旋相反的电子。这是孤立原子的电子构型。

在固体材料情况有所不同。固体可看作 N 个原子的聚集体。当原子相互靠近时，孤立原子中能量相等、分立的电子态分裂为能量略微不同的一系列电子态，称作电子能带。例如，N 个孤立原子中各有一个 $2s$ 态，能量是相等的。孤立原子聚集在一起时，$2s$ 态的能量不再相等，而是成为能量略有差别的 N 个 $2s$ 态，这就是所谓电子态分裂。分裂的程度取决于原子间的距离（图 5–2）。相距较远原子中的电子态不会发生分裂，等同于孤立原子。一旦原子间距靠近到一个距离时，电子态的分裂就开始了，这个间距称作平衡间距。距离越近，分裂程度越高。电子态的分裂与电子在原子中的层数也有关系。越靠近外层电子态分裂程度越高，因为它们受相邻原子的干扰越严重。

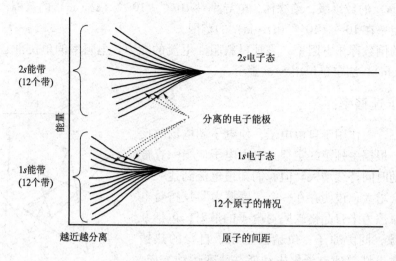

图 5 - 2　电子能级的分裂

在分裂后形成的每一个带内，尽管相邻态间的能差很小，能态仍是分立的。在相邻带之间会出现间隙，称作带隙，带隙中没有可供电子占据的能态，如图 5 - 3。

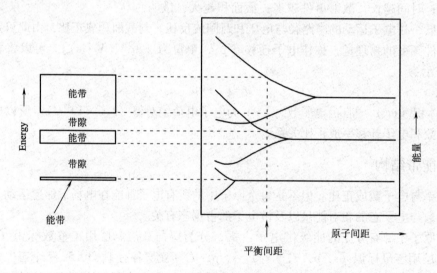

图 5 - 3　原子间距与分裂程度

每个带中的电子态数等于 N 个原子所贡献的总态数。例如，在 s 带中有 N 个态，在 p 带中有 $3N$ 个态。再来看占据情况。每个态只能容纳两个自旋相反的电子，而且每个能带只能容纳原先分立态相应能级的电子。比如固体中的 $4s$ 能带只能容纳原先孤立原子中的 $4s$ 电子。如果能带不能填满，就会出现空带，或者说能带仅是部分填充的。

在 0K，能带结构可能有三种情况（图 5 - 4）：

（1）最外带只有部分填充。在最高填充态的能量称作 Fermi 能 E_f。只有一个 s 价电子的金属具有这种电子结构，例如铜。每个铜原子只有一个 $4s$ 电子。如果固体中有 N 个原子，$4s$ 带中就有 N 个轨道，可以容纳 $2N$ 个电子。而 $4s$ 电子只有 N 个，所以只有一半被占据。

（2）空带与满带间重叠，镁具有这种结构。孤立的镁原子有两个 $3s$ 电子，没有 $3p$ 电子。但形成固体时，$3s$ 与 $3p$ 带相互重叠。如果固体中有 N 个原子，N 个态将被全部充满，Fermi 能为最高占据态的能量。

（3）电子结构分作三段：完全充满的价带，空的导带与二者之间的带隙。非常纯的物质中没有电子处于带隙之中。如果带隙很宽就是绝缘体，如果较窄，就是半导体。

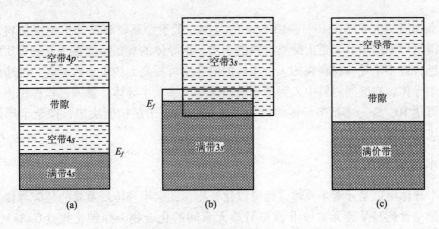

图 5 - 4　能带结构

（a）一价金属　（b）二价金属　（c）半导体或绝缘体

这里要交待一个重要概念：Fermi 能是电子能否参与传导的门槛，只有能量高于 Fermi 能的电子才能参与传导，称作自由电子。如果所有的电子能量都在 Fermi 能以下，材料就是绝缘体。

从能带结构就可以解释为什么金属的电导率而绝缘体电导率低。欲使一个电子自由运动，必须将它激发到 E_f 以上的一个空带上。对金属而言，E_f 紧邻最高填充态，只需极小能量就能将电子激发到最低的空态，如图 5 - 5。而只需少量电子被激发成自由电子，电导率就会很高。

在绝缘体和半导体中，电子欲自由运动，必须被激发超越带隙，进入导带底部。这就是说必须提供相当于带隙的能量，才能产生自由电子，如图 5 - 6。

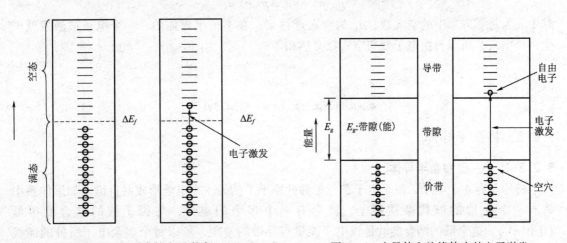

图 5 - 5　金属中的电子激发　　　　图 5 - 6　半导体和绝缘体中的电子激发

许多物质的带隙为几个电子伏特。在一定温度下，带隙越大，价电子被激发的几率就越小。换句话说，带隙越大，电导越低。所以半导体与绝缘体的区别就在于带隙的宽度。

5.2 半导体

有一类物质的电导率在 $10^{-1} \sim 10^5 \text{S/m}$ 的范围，低于金属材料又高于绝缘材料，故称作半导体。但电导率居中并未道出此类材料的本质。半导体的真正特征在于其电性质对杂质浓度非常敏感，许多半导体材料在加入杂质后的电导率可提高大约 7 个数量级。纯净的半导体称作本征半导体，在纯净材料中人为掺入杂质即形成掺杂半导体。掺入过程称作掺杂，杂质原子浓度可达 $10^{-7}\%$。本征半导体的行为由纯物质的电子结构所决定，掺杂半导体的行为由杂质所决定。

5.2.1 本征半导体

本征半导体可以是元素半导体，也可以化合物。元素半导体最重要的是硅与锗。半导体化合物必须是Ⅲ族与Ⅴ族元素或Ⅱ族与Ⅵ族元素间的化合物，如砷化镓（GaAs）、锑化铟（InSb）、硫化镉（CdS）与碲化锌（ZnTe）等。如上节所述，半导体与绝缘体的差别在于带隙的宽度。如果带隙能量在 2eV 以下，即可称作半导体。两种元素半导体硅与锗的带隙分别为 1.1 和 0.7eV。半导体化合物中两种元素在周期表上离得越远，电负性相差越远，原子间的键离子性越强，带隙越大，材料越倾向绝缘体。

在本征半导体中，每当有一个电子被激发进入导带，在价带就留下一个缺电子位置。在电场作用下，这个缺电子位置会被其他电子的运动填充，所以可将缺电子位看作一个带正电荷的粒子，称作空穴。空穴携带的电荷与电子大小相等（$1.6 \times 10^{-19}\text{C}$），方向相反。这样，电子既可以在导带中迁移而传输电荷，也可在价带中以填充空穴的方式传输电荷。后一种方式人们习惯描述为空穴的迁移运动。如果习惯了这种描述方式，在半导体材料中电荷的载体（称作载荷子）就不是一种而是两种，在电场作用下电子与空穴朝相反的方向运动，半导体材料的电导率公式必须修正为两项：

$$\sigma = n|e|\mu_e + p|e|\mu_h \tag{5-4}$$

其中 p 为每立方米中的空穴数，μ_h 为空穴迁移率。在本征半导体中，一个电子被激发就产生一个空穴，所以自由电子数与空穴数必然相等：

$$n = p \tag{5-5}$$

故有

$$\sigma = n|e|(\mu_e + \mu_h) = p|e|(\mu_e + \mu_h) \tag{5-6}$$

5.2.2 掺杂半导体

5.2.2.1 n–型掺杂半导体

硅原子有 4 个电子，每个电子都与相邻硅原子上的另一个电子形成共价键。如果体系中含有一个 5 价的取代杂质原子，就会有一个多余的电子，与原子核的结合能很低（0.01eV）。这个低的结合能就是该电子能量与导带的差距，所以每个多余电子所处的能级位于纯硅带隙中离导带底不远的地方（图 5–7）。微小的激发就能使其变成自由电子且并未在价带留下空穴。这种电子的状态称作供体态。此类材料称作 n - 型掺杂半导体，其中多数载荷子（简称多子）是电子，少数载荷子（简称少子）是空穴。在 n - 型半导体中，Fermi能级在带隙中向上迁移，直至供体态附近，具体位置取决于温度和供体浓度。

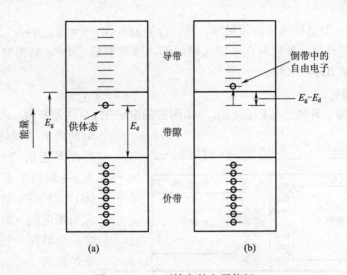

图 5 - 7　n - 型掺杂的电子能级

（a）供体态位于导带底不远处　（b）从供体态的激发产生导带的自由电子

在室温下的热能足以使大量电子从供体态激发。当然也有从价带到导带的激发，但可以忽略。这样，在导带的电子数远远多于价带中的空穴数（$n > > p$），式（5 - 6）可写成

$$\sigma \approx n|e|\mu_e \tag{5-7}$$

5.2.2.2　p - 型掺杂半导体

与以上情况相对照，如果一个 3 价原子进入体系，该原子周围的共价键中就缺少一个电子，可看作是一个空穴。这个空穴可通过与相邻电子的换位而移动，亦即参与传导过程。每个此类杂质原子创造出一个能级，位于带隙中价带顶不远处（图 5 - 8）。这种因杂质存在而出现的电子态称作受体态。如果有个电子从价带激发到受体态，仅在价带产生一个空穴，在杂质态或导带都没有产生自由电子。此类材料称作 p - 型掺杂半导体，材料中多子是空穴，少子是电子。在 p - 型半导体中，Fermi 能级在带隙中的受体态附近。

在 p - 型半导体中，空穴浓度远高于电子浓度（$p \gg n$），故主要是空穴负责电的传导，式

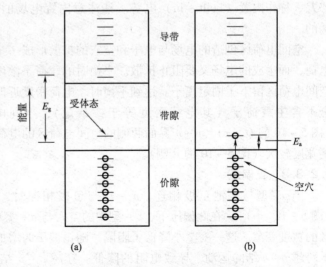

图 5 - 8　p - 型掺杂的电子能级

（a）受体态位于价带顶不远处

（b）向受体态的激发在价带留下空穴

（5－6）可写成

$$\sigma \approx p \mid e \mid \mu_p \qquad (5-8)$$

5.2.3 $p-n$ 结

当 $p-$ 型与 $n-$ 型半导体紧密接触时，其接合界面称作 $p-n$ 结。$p-n$ 结不能用两种材料的接合制造，只能通过一种材料在不同区域的不同掺杂制成。$p-n$ 结的发现者是美国贝尔实验室的物理学家 Russell Ohl。

5.2.3.1 平衡态

$p-$ 型与 $n-$ 型半导体连接后，$p-n$ 界面附近的电子向 $p-$ 区型扩散，在 $n-$ 区留下带正电的离子（供体）。同样，$p-n$ 界面附近的空穴向 $n-$ 区扩散，在 $p-$ 区留下带负电的离子（受体）。故 $p-n$ 界面不再为中性而成为带电的，故将这个区域称作空间电荷区（图 5－9）。由于扩散的原因，界面两侧已不存在可迁移的载荷子，故形成的区域又称作耗尽区。然而，耗尽区的宽度（称作耗尽宽度）不能无限制增大。每一对电子－空穴的复合，都会在 $n-$ 区留下一个带正电的掺杂剂离子，在 $p-$ 区留下

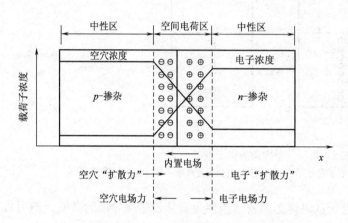

图 5－9 无偏压情况下达到热平衡的 $p-n$ 结

一个带负电的掺杂剂离子。随复合过程的进行，离子越来越多，耗尽区的电场逐渐增强，会减缓、最终阻止复合过程。复合被阻止，$p-n$ 结就达到一个平衡态，结的两侧形成一个电势差，称作内置（built－in）电势。请注意内置电场的方向是从 $n-$ 区一侧指向 $p-$ 区一侧的。

空间电荷区创造的电场与电子和空穴的扩散形成一个竞争：扩散过程要生成更多的空间电荷，而生成的电场又要阻止扩散。平衡时的载荷子浓度分布见图 5－10。载荷子扩散后在空间电荷区留下了固定离子。达到平衡时，电荷密度近似为阶梯函数。事实上，这个区域完全不含主载荷子（其电荷密度等于掺杂量），空间电荷区与中性区的边界非常尖锐 ［图 5－10 的 Q（x）］。$p-n$ 界面两侧的空间电荷区的电荷数量相等，所以在掺杂量较低的一侧宽度较大（图 5－10 的 n 侧）。

5.2.3.2 正偏压

当 $p-$ 型与电池正极相连、$n-$ 型与负极相连时，就在半导体上施加了一个正偏压 ［图 5－11（b）］。在此偏压下，$p-$ 型中的空穴与 $n-$ 型中的电子都被推向 $p-n$ 结，使耗尽区的宽度变窄。这一变窄小降低了阻隔。随正偏压的增加，耗尽区最终薄得不能阻止反载荷子跨越 $p-n$ 结的运动，导致电阻的降低。穿越 $p-n$ 结的电子进入 $p-$ 型材料，空穴进入 $n-$ 型材料，向中性区扩散。进入中性区的载荷子会很快与电荷相反的载荷子发生复合，所以只有多子（$n-$ 型中的电子或 $p-$ 型中的空穴）才能流动一个宏观距离。复合前载荷子通过中性区运动的平均长度称作扩散长度，典型长度为几微米。虽然载荷子穿透的距离很短，

但电流不受干扰，因为另一种载荷子在反向运动。流经二极管的电流包括了电子从 n – 区向 p – n 结的流动和空穴从 p – 区向 p – n 结的流动，两种载荷子在 p – n 结附近不断地复合，故 p – n 结是导通的。

5.2.3.3　反偏压

p – 区接电池的负极、n – 区接正极称反偏压，如图 5 – 11（c）所示。由于 p – 区接到电源的负极，p – 区中的空穴被推离 p – n 结，n – 区中的电子也被推离 p – n 结，使耗尽区厚度变大。反偏压越高，耗尽区越宽。阻隔越宽，载荷子阻力越大，使 p – n 结形同一个绝缘体。当二极管接上反偏压时，阳极电压高于阴极，没有电流流动。在很高的（数百伏）反偏压下，产生大量的载荷子（电子与空穴）。此时会发生电流的突增，发生击穿。

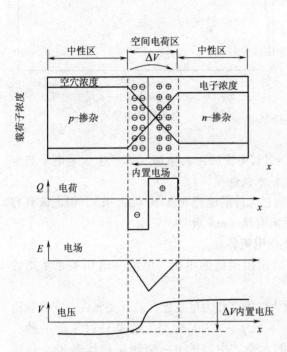

图 5 – 10　无偏压、热平衡条件下 p – n 结上的
电荷密度、电场与电压分布

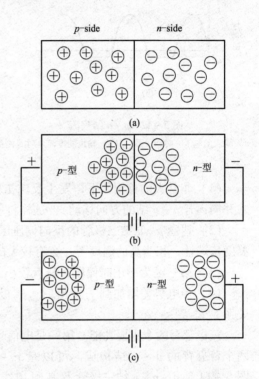

图 5 – 11　p – n 附近的载荷子分布
（a）无偏压　（b）正偏压　（c）反偏压

5.2.4　p – n 结二极管与三极管

p – n 结本身就是一个二极管，最简单的应用是整流，即将交流电转变为直流电（图 5 – 12）。p – n 结上的正、反偏压行为已如上所述。图 5 – 13 是二极管的电流 – 电压特征曲线，可分为四个区域。

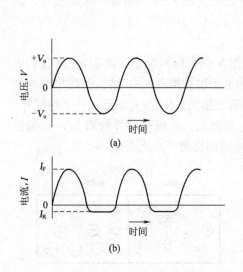

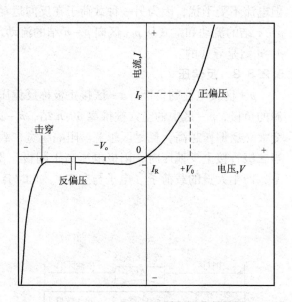

图 5 – 12　p – n 结整流
（a）输入的电压 – 时间关系　　（b）输出的电流 – 时间关系

图 5 – 13　正、负偏压下 p – n 结的电流、电压特征曲线

（1）非常大的负偏压下，发生反向击穿，引起电流的巨大增加（即产生大量电子与空穴并向离开 p – n 结的方向移动），这样将使元件永久性损坏。

（2）普通 p – n 结二极管的反向偏压区，通过元件的电流非常小（μA 级）。但电流具有温度依赖性，相当高的温度下，会有较大的反向电流（mA 级）。

（3）第三区为小正向偏压，只有较小的正向电流传导。

（4）当电势差增加到一定值时，二极管显示出很低的电阻，电流 – 电压关系呈指数关系。

三极管有两个主要功能。第一是电信号放大，第二作为信息储存的开关元件。三极管由两个背靠背的 p – n 结构成，可以是 n – p – n 或 p – n – p 构型，这里只讨论前一种。图 5 – 14 是 n – p – n 结三极管及其附加线路的示意。中间的 p – 型薄层称作基极，夹在 n – 型的发射极与收集极之间。基极与发射极之间的结（$1^{\#}$结）上施加正偏压，基极与收集极之间的结（$2^{\#}$结）上施加反偏压。图 5 – 14 演示了载荷子的工作机理。由于发射极是 n – 型的，且 $1^{\#}$结施加了正偏压，结区变薄大量电子从发射极进入基极。电子在 p – 型基极中是少子，有一些会与多子空穴复合。但基极非常薄，多数空穴会掠过基极，通过 $2^{\#}$结而进入 n – 型收集极。从发射极到收集极的电子流现在成为基极 – 收集极电路的一部分。发射极 – 基极间电

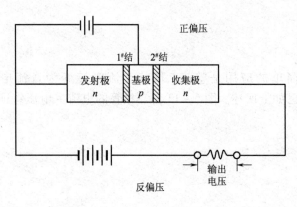

图 5 – 14　n – p – n 型三极管及其附加电路示意图

压的微小增加将引起穿越 $2^{\#}$ 结电流的显著增加，收集极电流的大量增加又引起负载电阻上电压的显著增加。这样，通过结三极管的电压信号被放大。图 5 – 15 是两个电压 – 时间图。$p-n-p$ 三极管的工作原理相似，区别仅在于空穴被注射进入收集极。

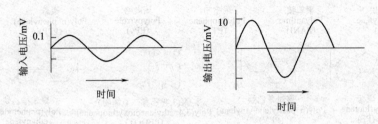

图 5 – 15　信号放大前后的电压 – 时间图

$p-n$ 结是所有电子元件的基础，除二极管、三极管外，太阳能电池、LED 和集成电路等都是以 $p-n$ 结为基础制造的。

5.3　导电高分子

5.3.1　因错误而导致的发现

半个世纪以前，人们尚不知道导电聚合物为何物，一致认为有机聚合物是绝缘体。1958年，Natta 合成了聚乙炔，得到一种黑色粉末，其电导率在 7×10^{-11} 到 7×10^{-3} S/m 之间。虽然电导率达到半导体的水平，并未引起广泛的注意。直到 1967 年东京工业大学的一位研究生合成聚乙炔时，发生了一件怪事，他没有得到和别人一样的黑色粉末，得到的却是微细、银色的薄膜，看上去像铝箔，又具有聚乙烯那样的韧性。他的导师 Shirakawa（白川英树）敏锐地认识到这种闪亮的外观与金属外观可能出自同一原因，即结构中可能存在高度自由的电子。Shirakawa 测定了这种新聚合物的电导率，发现竟然比普通聚合物高出十亿倍！他检验了研究生合成的每一步程序，问题很快找到了：错误在于计量，把毫克当作了克，研究生使用了 1000 倍的 Ziegler – Natta 催化剂 Ti（O – n – But）$_4$ – Et$_3$Al。正是多余的催化剂的留存使原本不导电的聚乙炔具备了导电性能。

Shirakawa 立即与美国 Pennsylvania 大学的 Alan Mac Diarmid 和 Alan Heeger 开展合作研究，他们三人取得了一个里程碑式的进展，就是掺杂。掺杂对人们来说并不陌生，是制造晶体管时控制电导率的技术。聚乙炔掺杂后电导率增加了十亿倍，使其从绝缘跃升为导体，电导率比有些金属都高，只是低于铜。

以此为起点，合成与应用导电聚合物的工作大量涌现，多种导电聚合物被合成出来，研究得比较深入的导电聚合物包括聚对苯撑、聚吡咯、聚噻吩和聚苯胺等（图 5 – 16）。这些聚合物有个共同点：都是共轭聚合物，用氧化剂或还原剂掺杂后都出现电导率的突增。这三位科学家因发现和开发导电聚合物于 2000 年获诺贝尔化学奖。

5.3.2　导电机理

聚合物要想导电，必须具备两个条件。第一个条件是具有单、双键交替的共轭结构

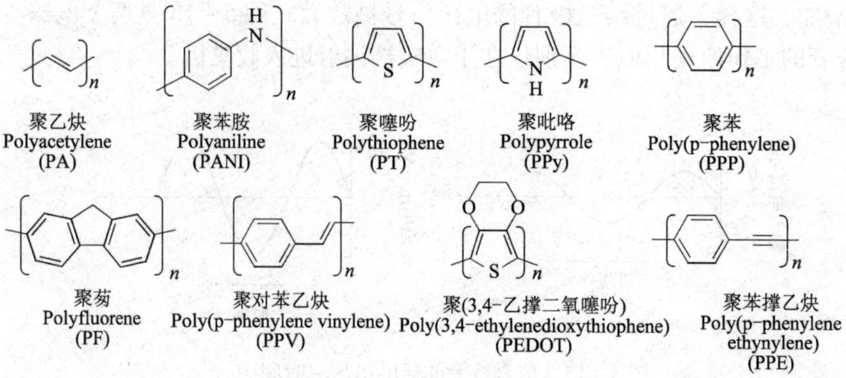

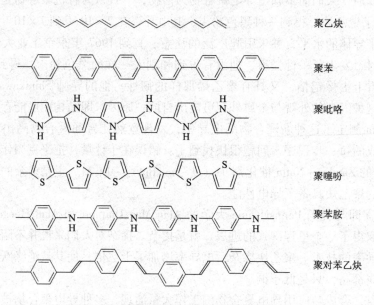

聚乙炔
Polyacetylene
(PA)

聚苯胺
Polyaniline
(PANI)

聚噻吩
Polythiophene
(PT)

聚吡咯
Polypyrrole
(PPy)

聚苯
Poly(p-phenylene)
(PPP)

聚芴
Polyfluorene
(PF)

聚对苯乙炔
Poly(p-phenylene vinylene)
(PPV)

聚(3,4-乙撑二氧噻吩)
Poly(3,4-ethylenedioxythiophene)
(PEDOT)

聚苯撑乙炔
Poly(p-phenylene
ethynylene)
(PPE)

图 5 – 16　共轭聚合物的结构式

（图 5 – 17）；第二个条件是电子具有在金属中那样的自由运动能力。具有共轭结构的导电聚合物可分为两类，一类为简并（degenerate）基态体系，另一类为非简并基态体系。所谓简并指两个或多个量子态处于同一能级，在统计学上意味着它们被填充的几率是相同的。反式聚乙炔是简并基态模型体系的代表，有两种能量相同的基态，即图 5 – 18 中的 A 态与 B 态。常见的其他导电聚合物如聚吡咯、聚噻吩、PPP 等都属于非简并基态体系。导电聚合物中研究得最透彻是反式聚乙炔（简称为聚乙炔），下面的讨论主要集中在这种聚合物上。

聚乙炔

聚苯

聚吡咯

聚噻吩

聚苯胺

聚对苯乙炔

图 5 – 17　几种重要导电聚合物的化学结构式

完美的聚乙炔链如图 5 – 19（a）所示，具有严格的单双键相间结构。如果整个材料都是那样的完美结构，聚乙炔就不能导电。在如果在某些局部出现不是单双键相间的结构，就成为聚乙炔链上的缺陷。由 5.2.2 节可知硅的电导率来自晶格中的缺陷（有多余的电子或多余的空穴），聚乙炔的电导率也同样来自链上的缺陷。

聚乙炔中可以出现多种形式的缺陷，称作孤子、极子或双极子。

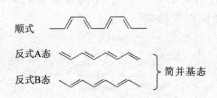

顺式

反式A态

反式B态

}简并基态

图 5 - 18　反式聚乙炔中的简并基态

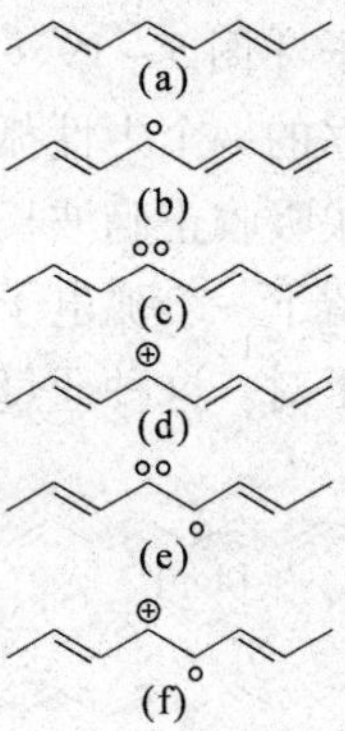

图 5 - 19　反式聚乙炔链上的各种缺陷
(a) 完美共轭　(b) 中性孤子　(c) 负孤子
(d) 正孤子　(e) 负极子　(f) 正极子

图 [5 - 19 (b)] 是基本形式的孤子，因为不带电，称作中性孤子。中性孤子可以在聚合阶段 "天然" 生成，但浓度极低，每 10^6 个碳原子中只有 400 个孤子。中性孤子的其他生成方式将在下面逐步介绍。

缺陷不是静止不动的。一个孤电子可以与相邻双键中的一个电子结合为双键，而被夺取电子的双键就成为新的孤子。如果一个双键分裂为两个孤电子，这两个孤电子就会通过孤子的移动相互远离，成为两个相互独立的中性孤子。而如果两个孤电子相互结合回到双键，链又回到基态，称作孤电子的湮灭（图 5 - 20）。

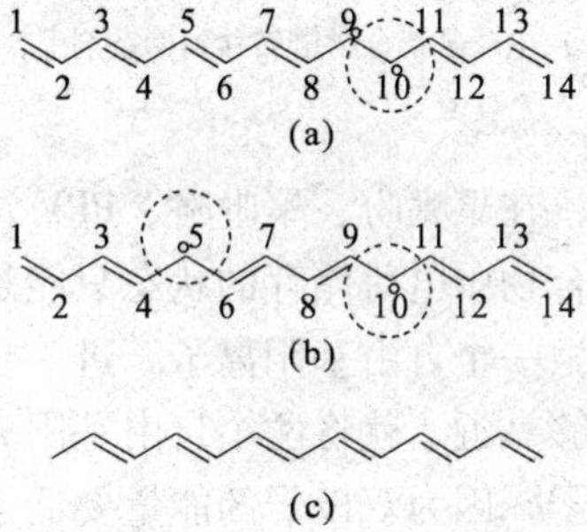

对聚乙炔分子链进行掺杂，能够人为地破坏单双键相间的电子结构，故掺杂过程就是制造缺陷的过程。掺杂过程可有氧化和还原两种不同的过程。

图 5 - 20　双键向孤子缺陷的转化
(a) 双键裂解为两个孤电子（无电荷）
(b) 两个孤电子沿 $(CH)_x$ 链独立运动
(c) 如果两个孤电子复合湮灭，链回到基态

氧化掺杂，又称 p - 型掺杂，以碘掺杂为例：

$$(CH_n) + \frac{3}{2}I \rightarrow (CH_n)^+ + I_3^- \tag{5-9}$$

还原掺杂，又称 n - 型掺杂，以碱金属掺杂为例：

$$(CH_n) + Na \rightarrow (CH_n)^- + Na^+ \tag{5-10}$$

在氧化过程中，碘分子从聚乙炔的一个双键上夺取一个电子，碘本身成为 I^{3-}，而聚乙炔被夺取电子的位置上带有正电，成为一个阳离子自由基，称作正极子(图 5 - 18f)。正极子中的单个电子很容易移动，故双键就能沿主链连续移动。而正电荷受碘离子的静电吸引，运动能力比电子要差很多。这样就发生了孤电子与正电荷的分离，成为相互独立的一个中性孤子与一个正电荷。氧化掺杂的详细步骤如图 5 - 21 所示。掺杂过程可分解为①掺杂剂进入基体的间隙中；②双键断裂；③一个电子从聚合物链转移到掺杂剂上，成为 [dop]⁻，孤子则带正电记作 S^+。

在还原过程中，碱金属向聚乙炔链提供了一个电子，使得电子位置成为一个阴离子自由基，称作负极子［图 5 – 19 (e)］。如同正极子一样，通过孤电子的沿链运动，负极子也会分离为相互独立的一个中性孤子与一个负电荷。

反式聚乙炔吸收正确波长的光后，通过将双键转化为单键，会生成孤子 – 反孤子对：在一个碳原子上留下一个孤电子，在相邻碳上留下一对电子（图 5 – 22）。无简并基态的聚合物不能形成孤子对。这种通过光激发产生孤子对过程又称作光掺杂。

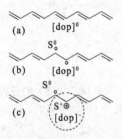

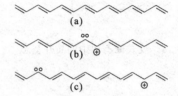

图 5 – 21　聚乙炔链的氧化掺杂产生孤子
(a) 掺杂剂进入基体的间隙　(b) 双键裂解
(c) 电子从聚合物链转移到掺杂剂上，产生正孤子

图 5 – 22　光激发产生孤子对
(a) 激发前　(b) 正孤子 – 负孤子对
(c) 电场作用下电荷相互远离

在聚噻吩、聚吡咯、PPV、PPP、顺式聚乙炔中，两种可能的键型变化不是能量简并的，聚合物中电荷储存的状态只能是极子与双极子。在氧化过程中，一个电子被从主链上取走，产生一个自由基阳离子。进一步氧化，主链上出现更多的正电荷缺陷。两个正电荷缺陷如果足够靠近，就将两个自由基阳离子合称作一个双极子。高度掺杂时，体系中的缺陷主要是双极子，因为双极子的能量要低于两个分立的极子。聚吡咯的氧化掺杂过程（图 5 – 23）是极子 – 双极子生成的一个示例：

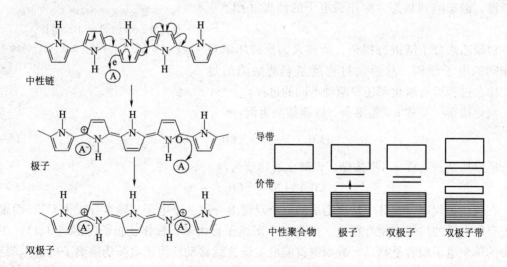

图 5 – 23　聚吡咯中生成的双极子带

以上通过各种过程产生的孤子、极子和双极子有时称作假粒子，都对电子起到了活化作用。用能级的语言讲，孤子、极子、双极子造成了新的电子态，其能量水平处在成键与反键

水平之间。简并基态聚合物中主要是孤子，非简并基态聚合物中主要是双极子。随着掺杂水平的不断提高，新的电子态不断增加，在带隙中构成了连续的孤子带或双极子带。在高的掺杂水平，孤子带或双极子带与导带下缘弥合（图 5 – 23），孤子、极子和双极子这些假粒子在电场下就起到载荷子的作用。通过假粒子沿主链的电荷传导，聚合物就具备了类似金属的电导率。

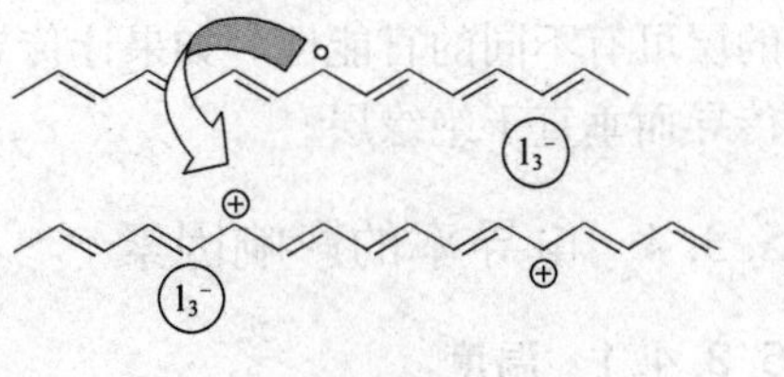

在聚合物的导电过程中，既需要沿主链的导电过程，也需要链间的导电过程。链间的电荷传输是通过"跳跃"过程实现的。如图 5 – 24 所示，当中性孤子与带电孤子相近时，一根链上孤电子就会跳跃到另一根链上的阳离子位置。这种机理的电导率与带电孤子密度成正比，即与掺杂浓度成正比。所以掺杂可使电导率提高若干个数量级。

图 5 – 24　链间跳跃的导电机理

5.3.3　导电聚合物的加工

导电聚合物的合成技术与普通聚合物大致相同，包括阳离子、阴离子、自由基连锁聚合，配位聚合，逐步聚合或电化学聚合。导电聚合物具有的共轭结构提供了电导率，但也带来了加工上的困难，因为它会使聚合物不溶不熔。有多种技术可解决这个问题。

第一种是先合成普通的初始聚合物，再将其转化为共轭聚合物。所谓转化就是进行热处理。这种方法用于薄膜和纤维。将初始聚合物制成高度取向的聚合物链，转化为共轭聚合物后取向仍能保留。由于沿拉伸方向电导率最高，故这种方法能够使产物自动具有电导率的各向异性。

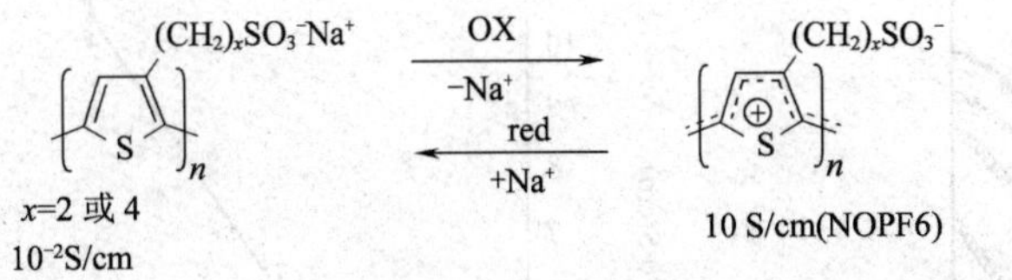

图 5 – 25　聚噻吩的自掺杂

第二种方法是改性法，即合成所需聚合物的共聚物或衍生物，试图获得相同或相近的性质。这样便能够使聚合物保持电导率和光学性质的同时具有加工性。例如将噻吩环或吡咯环上碳 3 上的氢用长于四个碳的烷基取代，掺杂后的电导率与母聚合物相当，并达到可溶可熔的目的。如果同时接枝磺基与可离子化基团，则体系可以有效地自我掺杂，称作自掺杂聚合物（图 5 – 25）。这个思路在聚噻吩和聚吡咯的合成中成果丰富，在烷基链上接上羧基或磺基就可以水溶。聚噻吩用—CH_2—O—CH_2CH_2—O—CH_2CH_2—O—CH_3 取代碳 3 上的氢可得高导电衍生物。是可溶的，掺杂后可达 $1000 Scm^{-1}$ 而对聚乙炔的共聚改性却以失败告终，聚乙炔共聚物的电导率远低于均聚物。说明聚乙炔并不适合共聚改性。

第三种方法是在表面上生长所需形状的聚合物。将绝缘聚合物用催化体系浸泡，并加工成所需形状。然后暴露于气体或蒸汽状态的单体，让单体在绝缘塑料表面聚合，产生薄膜或纤维，再用常规方法掺杂。这种技术的一个变体是电化学聚合，在聚合阶段沉积导电聚合物，或先沉积单体再进行电化学聚合之前。沉积方法可用于导电聚合物的进一步加工。例如，将聚乙炔/聚丁二烯的带子拉伸取向电导率可增加十倍，由于形变造成了高度有序。

最后一种方法是使用 Langmuir – Blodgett 槽将表面活性分子调控为高度有序的薄膜,使表面分子层可控。具有亲水和憎水的双亲分子在 Langmuir – Blodgett 槽的空气 – 水界面上形成单分子层。将此层转移到基底上形成多层结构,一般厚度为 2.5nm。这种技术是创造绝缘膜同样技术的发展。主要优点是可控制传导膜的分子构造。可用于创造复杂的多层结构不同的层可有不同的官能性。如果让传导层与绝缘层交替,就得到高度各向异性的膜,在平面内传导而垂直于绝缘层。

5.3.4 电导率的影响因素

5.3.4.1 温度

图 5 – 26 为碘掺杂聚乙炔电导率与温度的关系。最高掺杂量时样品的室温电导率与金属相当。但尽管室温数值相当,对温度的依赖性却有明显差别。金属的电导率总是随温度升高而下降,但掺杂共轭聚合物却是上升。这表明电荷运动机理不同。金属中的自由电子在晶格的干扰下发生散射,温度越高散射越严重,故电导率下降。而掺杂共轭聚合物中的载荷子在微区之间作跳跃运动(hoppingmotion)。微区内的跳跃运动要比微区间的快得多,所用时间可以忽略。微区间的跳跃必须先要活化。由于需要热能,跳跃速率也就是电导率随温度下降而下降。

5.3.4.2 取向

图 5 – 27 表明在取向样品中电导率变得各向异性,拉伸方向比垂直方向高得多。由于共轭聚合物中有序区域在链方向的延伸度高,走过某个距离需要的跳跃数要少。沿链相邻位置间的跳跃能垒也低。

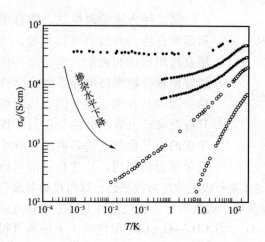

图 5 – 26 碘掺杂聚乙炔电导率与温度的关系

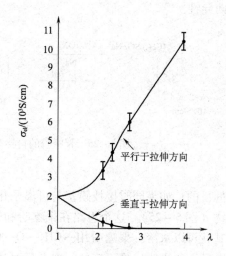

图 5 – 27 拉伸取向的聚乙炔电导率的各向异性随拉伸比 $\lambda = L/L_0$ 增加

5.3.4.3 压力

施加外压降低了单体间的距离,原则上将会提高微区间的跳跃速率,即提高电导率(图 5 – 28)。

5.3.5 导电聚合物的应用

传统的光电元件用无机半导体制造，如 Si，Ge，GaAs，GaP，GaN 和 SiC 等。光学元件一般分为三类：光源（发光二极管，二极管激光器等），光检测器（光导体，光二极管等）以及能量转换元件（光伏电池）。经过几十年的研发，人们惊喜地发现，传统无机半导体中大多数光学现象都能在导电聚合物中观察到。用导电聚合物制造光学元件的梦想正在成为现实。发光二极管、发光光化学电池，光伏电池，光检测器等。这些聚合物基元件已经达到或超过无机同类产品。本书第 6 章将介绍的发光二极管和太阳能电池是导电聚合物应用的典型事例。

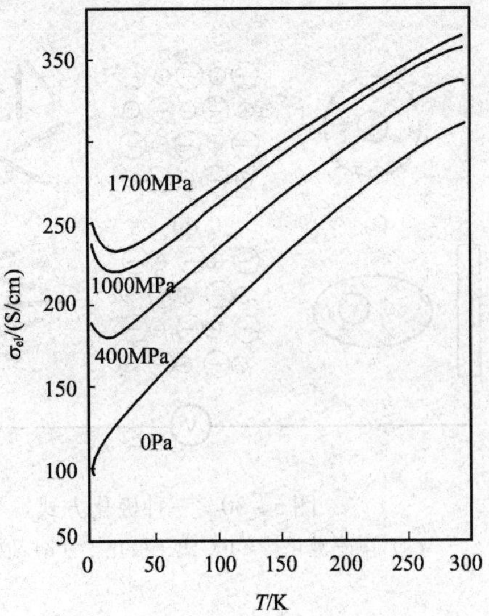

图 5 – 28 PF$_6$ 掺杂的 PPy 压力对电导率 – 温度关系的影响

5.4 介电性质与超级电容

5.4.1 介电性质

介电性质是电介质对电场的响应。凡是电的不良导体均可称作电介质。

考虑一个电容系统。两块极板被真空隔开并施加一个电压 V，极板就会贮存一定的电量 Q_0。所贮存电量与电压成正比关系：$Q_0 = C_0 V$。比例系数 $C_0 = Q_0/V$ 称为真空电容。如果两块极板间不是真空而是电介质（图 5 – 29），极板上的电量 Q 会大于真空下的 Q_0，系统的电容 $C = Q/V$ 大于真空条件下的电容 C_0。

在这里我们需要明确电容的单位。C 的单位是 F（C/V），电量 Q 的单位是 C，电压 V 的单位是 V。F 是个相当大的单位，一般的电容器只使用 μF（10^{-6} F）或 pF（10^{-12} F）这样的小单位。

电介质使电容增大是由于电介质在电场作用下发生了极化，即材料中的电荷分布发生了改变。改变的结果是材料中的正电荷向负极板靠近，而负电荷向正极板靠近，在靠近极板的材料边缘上产生的电荷称作极化电荷。由于极化电荷与极板上的电荷符号相反，就会抵消一部分极板上的电荷，使两极板间的电压降低。但电源的电压是不变的，极板上一部分电荷被抵消，电源会立即给予补充，保持极板间电压不变，由此导致了极板上电荷量的增加。

电场作用下任何材料都会发生极化。极化

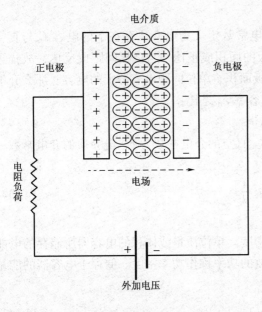

图 5 – 29 传统电容器

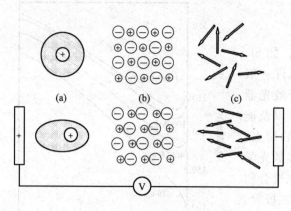

图 5 - 30　三种极化方式
(a) 电子极化　(b) 离子极化　(c) 取向极化

可分作电子极化、离子极化与取向极化。

电子极化（electronicpolarization）：原子由原子核和围绕它的电子组成。原子核带正电，电子带负电。如果没有电场作用，正电与负电的中心是重合的，纯粹共价键分子的正、负电荷中心也是重合的。如果将原子或分子置于电场下，就会发生电子云中心的位移。原子核虽也会发生位移，但与电子云的位移相比是微不足道的，所以这种极化称为电子极化［图 5 - 30（a）］。

离子极化（ionicpolarization）：许多陶瓷材料的结构单元是离子。例如人们熟知的氯化钠，是由带正电的钠离子和带负电的氯离子组成的。无电场作用时，正离子和负离子的电荷中心是重合的。在电场作用下，正离子会向负极运动，负离子向正极运动，在材料内形成一个偶极矩，即发生了极化［图 5 - 30（b）］。此类极化是因离子的运动产生的，故称离子极化。

取向极化（orientationpolarization）如果分子中极性键的排列不对称，就会产生一个永久偶极。例如在水分子中，氧原子带负电，且 O—H 键的键角固定为 105°，分子中正电与负电的中心不重合，就产生一个永久偶极。无电场作用时，偶极的方向在空间是无规分布的，材料整体呈电中性；在电场作用下，偶极会沿电场方向取向而产生极化。这种永久偶极因取向而产生的极化称为取向极化［图 5 - 30（c）］。

对称分子如四氯化碳、苯、聚乙烯、聚异丁烯等只发生电子极化，介电常数很低。正负电荷中心不重合的分子会发生偶极极化，偶极极化大大增加了极化电荷，故极性分子的介电常数比对称分子大得多。

材料的极化可以用介电常数 ε 来描述。介电常数定义为电介质存在下的电容 C 与真空电容之比：$\varepsilon = C/C_0$。平板电容器的电容与极板的面积成正比，与极板间距成反比，故描述储电能力的本征物理量应是电容率，即单位极板面积、单位间距电容器上的电容。那么介电常数又可以定义为电介质的电容率 ε_d 与真空电容率 ε_0 之比：

$$\varepsilon = \varepsilon_d/\varepsilon_0 \tag{5-11}$$

真空电容率是个常数：$\varepsilon_0 = 8.85 \times 10^{12} F/m$。真空的介电常数为 1，电介质的介电常数一定大于 1。电容器中的电容 C 又可写作：

$$C = \varepsilon_0 \varepsilon_r \frac{A}{d} \tag{5-12}$$

其中 A 为极板面积，d 为极板间距。

电容器的两个主要参数是能量密度与功率密度。单位质量或体积的电容器所储存的电能称作能量密度，单位质量或体积的电容器可释放的功率称作功率密度。储存于电容器的能量 E 与电容成正比：

$$E = \frac{1}{2}CV^2 \tag{5-13}$$

功率 P 是单位时间释放的能量。为测定电容器的 P，必须考虑电容在电路中与电阻为 R 的负荷串联，如图 5 – 29。电容器中的部件（电流收集器、电极与电介质）也有电阻，将它们归结为一个等效串联电阻（ESR）。放电时的电压由这些电阻所决定。在匹配的阻抗（$R = ESR$）进行测量时，电容的最大功率 P_{max} 为：

$$P_{max} = \frac{V^2}{4 \times ESR} \tag{5 – 14}$$

上式表明 ESR 限制了电容器的最大功率。与电化学电池和燃料电池相比，传统电容器的功率密度较高而能量密度较低。这就是说，蓄电池比电容可储存更多的能量，但不能进行快速传输，这就是功率密度低。而电容器，按单位质量或体积储存的能量低，但能够迅速释放以产生很多功率，故功率密度高。

5.4.2　传统电容器

电容（也可简称电容）是电路的基本元件。电容有两个基本用途，一是充放电（电能的储存），二是阻止直流电。第一代的传统电容由两个导电极板和其间的绝缘介电材料构成（图 5 – 29）。施加电压时，相反的电荷分别集中在两个电极的表面，被介电质所分隔，在产生一个电场的同时储存能量。

第二代电容是电解电容，如铝、钽和陶瓷电解电容。电解电容利用电解质充当介电质与电极间的导体。典型的铝电解电容用两张高纯铝箔分别作为阳极和阴极。在阳极箔的一面在硼酸溶液中进行阳极氧化生成介电膜。铝箔在阳极氧化之前进行刻蚀以提高有效面积。在阳极的介电膜与阴极箔之间铺上纸，并浸饱液体电解质，就成为铝电解电容（图 5 – 31）。液体电解质成为阴极的延伸，直接与阴极上的氧化物电介质接触。这样，阴阳两极间的介电面积大大增加，且相距仅有一层薄薄的氧化膜，故电解电容的容量非常大。

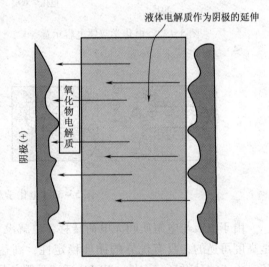

图 5 – 31　电解电容器

第三代是电双层电容（EDLC），在电极与电解质的界面上形成储存元件。界面能够储存约 10^6 法 F 的电荷。电极的主要材料是活性炭。虽然这一概念起源于 40 年前，但直到近年来才开始研究。研究兴趣的复活是出于对电能储存的需求，如数学电子元件、植入医学元件以及车辆摩擦的起停都需要大功率的短脉冲，而电双层电容能够满足这一要求。

超级电容遵循与传统电容相同的原理。由于电极的表面积大得多，介电质薄得多（电极间距离小得多），故由式（5 – 12），电容与能量都增大。同时，超级电容可以保持传统电容的低 ESR、高功率密度、短放电时间与长循环寿命与旋转寿命。

超级电容可分为三类：电化学双层、假电容与杂化电容。每一类储存机理不同，即电化学型、非电化学型与二者的组合。非电化学过程不涉及化学反应，电荷通过物理过程在表面储存。而电化学型（如氧化－还原反应）则涉及电极与电解质间的电荷转移。

5.4.3　电化学双层电容器

电化学双层电容器（EDLC）由两个碳基电极、一个电解质和一个分隔体构成（图5－32）。EDLC在电极/电解质界面上以静电形式储存电荷，电极与电解质之间没有电荷传递。电容范围为 $C_{dl} = 10 \sim 50 mF/cm^2$。

施加电压时，电荷集中在电极表面。根据不同电荷间自然吸引的法则，电解质溶液中的离子跨越间隔体进入反电极的孔穴中。然而电极的设计又防止了离子的复合，因而在电极上产生了电荷双层（图5－33）。由于双层的大表面积以及电极间的小距离，使EDLC的能量密度远高于传统电容。

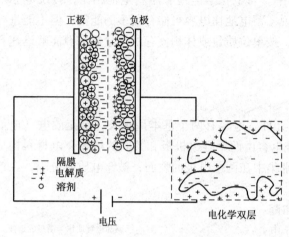

图5－32　电化学双层电容示意

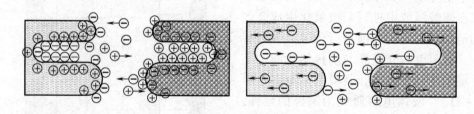

图5－33　电化学双层的充放电过程

由于电极与电解质间无电荷转移，也就没有化学或组成的变化，所以EDLC的电荷储存是高度可逆的，具有优异的循环稳定性，高达 10^6 个循环。而电化学电池只能保持 10^3 循环。由于这种循环稳定性，EDLC适于无服务场合，如深海与高山环境。

EDLC的特性可通过电解质来调节。电解质可以是水性的或有机的。水性电解质（如 H_2SO_4 与KOH）一般具有较低的 ESR 与很小最低孔尺寸（相比于有机电解质如乙腈）。但水性电解质击穿电压较低。所以在电解质选择时，必须根据用途考虑电容、ESR 与电压的平衡。

（1）碳材料　表面积高、价格低、加工技术成熟，是EDLC电极的首选材料，EDLC也是根据碳材料的类型划分的。常用的有活性炭、碳气凝胶和碳纳米管。

活性炭具有很高的表面积，微孔（<2nm），介孔（2~50nm）和大孔（>50nm）均具备。虽然电容与表面积成正比，经验表明活性炭中不是所有面积都贡献于电容。这是由于有些微孔太小不能容纳电解质离子，故不能储存电荷。实验表明，大孔尺寸与高功率密度相关联、小孔尺寸与高能量密度相关联。所以活性炭电极的孔径分布是EDLC设计中的重要方面，特定离子有最佳孔径及其加工方法。

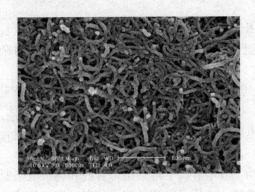

图 5 – 34　碳纳米管缠结毯的 SEM

（2）碳气凝胶　是导电碳纳米颗粒的连续网络，介孔分散于其间。由于这种连续结构以及它们与电流收集器间可有化学连接，碳气凝胶不需要使用黏合剂，所以 ESR 低于活性炭。

（3）碳纳米管　不同于其他碳材料，用碳纳米管制造的 EDLC 电极是缠结的毯，具有开放的介孔网络，如图 5 – 34。碳纳米管电极中的介孔是互通的，故电荷的分布是连续的，所的孔内面积都能利用。尽管碳纳米管表面积比活性炭小，但利用得更充分。由于电解质离子更容易扩散进入介孔网络，碳纳米管电极比活性炭的 ESR 低。缠结毯结构使能量密度与其他碳基材料相当，而低的 ESR 可达更高的功率密度。碳纳米管可在电流收集器上直接生成，这是其加工的便利之处。

5.4.4　假电容

不同于 EDLC 中的静电储存，假电容的电荷储存是通过电极与电解质间的电荷转移，机理可以是电吸附、氧化还原反应或插层过程（图 5 – 35）。这些反应过程使假电容达到比 EDLC 更大的电容与能量密度。氧化还原反应发生在用作电极的活性物质表面。活性物质可为氧化物 RuO_2，Fe_3O_4 和 MnO_2，也可以是导电聚合物如聚苯胺、聚吡咯、聚噻吩等。

金属氧化物由于电导率高，成为假电容电极的常用材料。氧化铷是使用最多的材料，因为其他氧化物的电容不足。氧化铷可通过质子在无定形结构中的插入和脱除达到高电容。氧化铷以水合的形式使用时，因 ESR 非常低，所得能量与功率密度高于 EDLC 和导电聚合物假电容。氧化铷的比电容达到 1300F/g，标准电压为 1.2V。但氧化铷的使用受到价格的限制。人们曾寻求以氧化锰替代氧化铷，但发现 1000 次循环之后电容就会降低 20%。故研究的重点是开发复合材料和加工方法以降低价格而不降低性能。

导电聚合物的比电容也有 105F/g，标准电压为 1.0V，ESR 与价格均低于碳基电极材料。如果使用 n/p - 型导电聚合物电极时，一个带负电荷（n - 型掺杂）一个带正电荷（p - 型掺杂），有望达到最高的能量与功率密度潜能。当前的问题是找不到一个有效的 n - 型导电聚合物，使假电容的潜能无法发挥。此外，在氧化还原反应中存在膨胀与收缩的问题，引起的机械应力降低了充放过程中的稳定性，这对导电聚合物假电容的发展是个阻碍因素。

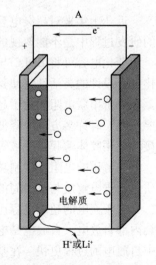

图 5 – 35　假电容的电荷转移

5.4.5 杂化电容

杂化电容是 EDLC 和假电容的杂化，同时利用化学与物理两个过程来储存电荷，使电容的能量与功率密度都高于 EDLC，也没有降低稳定性，价格也不高。根据使用的电极可将杂化电容分为三类：复合材料、非对称和蓄电池类。

（1）复合电极　复合电极将碳基材料与导电聚合物或金属氧化物复合，在一个电极上同时引入物理与化学储存机理。碳基材料形成了一个电容性双层，并提供了高比表面基体，增加了沉积的假电容材料与电解质间的接触。假电容材料则通过电化学反应进一步增加复合电极的电容。

用碳纳米管和聚吡咯制造的复合电极最为成功。其电容高于纯碳纳米管的和纯聚吡咯制造的。在碳纳米管的缠结毯式结构上均匀涂复聚吡咯，造成了电荷的三维分布；缠结毯的结构整体性又降低了离子进出聚吡咯的机械应力。在二者的协同作用下，既得到优于导电聚合物和性能，又可达到与 EDLC 相比的循环稳定性。

（2）非对称电极　利用 EDLC 与假电容电极的耦合，特别是活性炭负电极与导电聚合物正电极的耦合将电化学与非电化学过程结合在一起。如上所述，缺少带负电的有效导电聚合物限制了假电容的开发，而带负电的活性炭可绕开这一问题。与导电聚合物电极相比，活性炭的电容高、内阻低，但最高电压较低，稳定性不足。非对称杂化电容耦合了这两种电极，取得了二者间的平衡，使能量与功率密度都高于 EDLC。同时循环稳定性也高于假电容。

（3）蓄电池型电极　也是耦合了两种不同的电极，但蓄电池类是将超级电容电极与蓄电池电极相耦合。这种设计兼备了超级电容的高能量与蓄电池在功率、循环寿命上的特性，达到超级电容的数倍。主要使用氢氧化镍、二氧化铅与 LTO（$Li_4Ti_5O_{12}$）作为一个电极，活性炭作为另一个。虽然实验数据较少，但已表明这种杂化体兼具超级电容与蓄电池的优点。

5.4.6 超级电容研发的前景

近几十年来对超级电容的研发一直集中在提高电容的容量，但有四个方面的问题在未来的研发过程中是不能忽视的，即电容的杂化、等价串联电阻、电解质优化与自放电。

杂化电容可将 EDLC 与假电容的优点综合于一体，得到单一电极不可能得到的性能。杂化电容设计的灵活性将使其成为最有前途的超级电容。

等价串联电阻阻碍了超级电容达到理论功率密度，因此降低 ESR 是超级电容研发的重要课题。有许多方法可降低 ESR，包括磨光电流收集器表面、电极与电流收集器间的化学键接、使用胶体薄膜悬浮液等。这些措施有助于使超级电容接近理论功率密度。

电解质的电阻会限制功率密度，离子浓度与操作电压则会限制能量密度。所以优化电解质、增进电解质与电极间的协同效应将是提高超级电容性能的关键。

由于充电的超级电容比放电的势能高，热力学的原因造成自放电，即使在开路条件下也会内部自放电。自放电是电化学系统固有的性质，蓄电池与超级电容都一样，但在超级电容中自放电的过程更快。在基于电化学反应的蓄电池中，逆过程往往会被热力学、动力学因素所迟滞，但超级电容中没有这样一个逆过程。在超级电容中电极间的电势差往往非常大而距离又非常近。所以超级电容中 EDLC 中的电势差比蓄电池中更难维持。

自放电有多种机理，但一般都是出自不可控的电化学反应，由电极材料中的还原与氧化杂质抽引起。所以提高材料纯度是减轻超级电容自放电的一个途径。

超级电容的主要用途是代替蓄电池作为能源。与蓄电池相比，其主要优点是①功率密度大，可达 100kW/kg，比蓄电池高 100～1000 倍；②循环寿命长，可达 10^5 个循环，这实际意味着可永久使用而不必更换。目前超级电容的主要缺点是能量密度低，在 10Wh/kg 以下，而铅酸电池为 30～40Wh/kg，锂离子电池超过 100Wh/kg。尽管如此，超级电容因其高功率、短放电时间、高循环稳定性与长存放时间等天然优点，广泛用作备用电源与不间断电源（UPS）。最重要的应用——油电混合动力汽车正在启动。需要克服的缺点包括高成本、包装问题与自放电。

5.5　锂离子电池

锂是最轻的金属。它的电化学还原电位高达 $-3.05V$，储存能量（按 Wh/kg 计）高于其他任何金属，用作负极材料特别具有吸引力。锂像钠一样化学上非常活泼，不能使用水性电解质而只能使用非水电解质。最常用的非水电解质是有机液体与聚合物电解质。

使用有机液体的小型一次锂电池已经生产了数十年，用于计算器、计算机、录像机和照相机等，最常见的是纽扣电池。负极为锂金属箔，正极可使用多种材料，如 MnO_2，MoO_3，V_2O_5 等。电解质是盐类在有机溶剂中的溶液。这种一次锂电池有许多特点，如高电压、高比能、低自放电速率与宽广的工作温度范围等。

人们一直试图在锂一次电池的基础上开发可充电池的二次电池，但结果并不令人满意。问题出在充电过程中，有机溶液中的锂会在电极上形成镀层。锂的镀层一般为苔状，几个循环之后就会发生内短路甚至着火。安全问题一直困扰着研究者，使可充电锂电池的开发停滞不前。

5.5.1　锂离子电池的结构与工作原理

1979 年牛津大学的一项发现产生了有意义的突破。他们发现 $LiCoO_2$ 和 $LiNiO_2$（以下以 $LiCoO_2$ 作为代表）具有一种层状结构，Li^+ 能够反复地充满或脱离层状结构。这一发现开启了制造可充锂电池的大门。1991 年，Sony 公司基于这一概念推出了"锂离子电池"一词，并制造出了第一个不含金属锂的可充锂电池，完全依靠锂离子在 $LiCoO_2$ 与石墨中插层的电位差。

锂离子电池具有一个三层结构，一层是 $LiCoO_2$ 的正电极片，一层是高度结晶的碳材料制备的负电极片，中间是一层电解液隔膜。传统锂离子电池的阴极用石墨制造，阳极用层状氧化物制造，最通用的就是 $LiCoO_2$。电解质是锂盐在有机溶剂中的溶液。纯锂非常活泼，会与水剧烈作用生成氢氧化锂与氢气。所以必须使用非水电解质与非水溶剂。常用的溶剂包括碳酸乙烯酯、碳酸二乙酯。常用的锂盐包括六氟磷酸锂（$LiPF_6$），六氟砷酸锂（$LiAsF_6$），过氯酸锂（$LiClO_4$），四氟硼酸锂（$LiBF_4$）和三氟甲烷磺酸锂（$LiCF_3SO_3$）等。锂盐是锂离子的传递主体，使用最多的是 $LiPF_6$。隔膜必须是电子的绝缘体，也必须是离子的导体。常用的基体是多孔聚烯烃薄膜，上面吸附了可传导离子的电解液。

最普通的电极体系是 $LiCoO_2$ 和石墨，充电与放电的化学反应如下：

$$正极 \quad LiCoO_2 \underset{放电}{\overset{充电}{\rightleftharpoons}} Li_{1-x}CoO_2 + xLi^+ + xe^- \quad 3.8-3.9V \text{ vs. } Li$$

$$负极 \quad x\text{Li}^+ + x e^- + 6\text{C} \xrightarrow[\text{放电}]{\text{充电}} \text{Li}_x\text{C}_6 \quad 0.1\text{V vs. Li} \tag{5-15}$$

$$总反应 \quad \text{LiCoO}_2 + 6\text{C} \xrightarrow[\text{放电}]{\text{充电}} \text{Li}_{1-x}\text{CoO}_2 + \text{Li}_x\text{C}_6 \quad 3.7\text{V 合计}$$

锂离子电池的工作模式见图5-36。充电时，正极的LiCoO_2被离子化，Co^{3+}被氧化为Co^{4+}，同时产生Li^+离子与自由电子。Li^+离子从LiCoO_2的结构中脱出，通过电解质隔膜向负极迁移，电子通过外电路向负极迁移。Li^+离子与电子在负极相遇，与碳原子结合为CLi。放电时这一过程反过来：从CLi中解离出Li^+离子与电子，Li^+离子通过电解质隔膜向正极迁移，电子通过外电路做功，最终回到正极，将Co^{4+}被还原回Co^{3+}，并与Li^+离子结合回到初始的LiCoO_2。在整个电池反应中并没有锂原子的参与，只有锂离子在两个电极之间往复运动，故锂离子电池又被形象地称为"摇椅"电池。

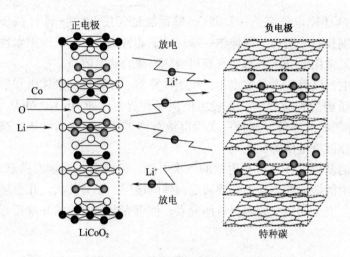

图5-36　锂离子电池的工作原理

在锂离子电池中，负极材料是碳，其标准电位比Li^+/Li电位高0.1V，正极材料的标准电位比Li^+/Li电位高3.8～3.9V，组成电池后电池的工作电压可高达3.7V，远远超过镍氢（Ni-MH）电池的1.5V，这是锂离子电池最主要的优点。

由于电压高，锂离子电池可储存更多能量，而储存相同能量的电池可做得更小、更轻，使用更长的时间。

镍镉电池的表观放电容量会随充放循环而下降，这一效应称作记忆效应。锂离子电池没有这种记忆效应。此外，锂离子电池具有特别平缓的放电电压，整个放电周期功率稳定。

锂离子电池也不是没有缺点。除了价格高，充电时必须十分小心控制电压。过充电或温度高于时会造成正电极的分解。当电池串联或并联时，必须加入一个电池保护电路以防止过充电及可能发生的火灾。

5.5.2　电极材料

由于石墨的库仑效率较高，故被广泛选用为锂离子电池的负极材料。但石墨的储存容量有限，理论值只有$372\text{mA}\cdot\text{h/g}$。这是由于在石墨的结构中，每六个碳原子才能容纳一个锂离子，形成一个插层化合物（LiC_6）。相比之下，锡与硅可与锂离子生成可逆的合金，储存容量分别为$993\text{mA}\cdot\text{h/g}$和$4200\text{mA}\cdot\text{h/g}$，比石墨高得多。用石墨作为阴极材料的另一个缺点是充放过程中巨大的体积变化，使可逆性变差。

降低材料的尺寸可部分缓解阴极的膨胀与收缩。例如将材料制成空心微球或多孔材料就能提高石墨的储存容量，同时也能提高库仑效率。但仍不能完全避免充放过程中容量的下降。

近年来，用石墨烯包覆的金属氧化物纳米粒子被用作高容量的阴极材料。在此结构中石墨烯既作为体积变化的缓冲层又是电子传导的良导体。

$LiCoO_2$ 是最成熟的正极材料，其理论容量为 $274mA \cdot h/g$，但实际容量只有理论的一半。Co 离子（Co^{4+}）的解离据信是结构劣化的主因。为避免这种不稳定性，采用金属元素的取代或表面涂覆的措施。多种金属氧化物（MgO，Al_2O_3 和 ZnO）以及磷化物（$AlPO_4$ 和 $FePO_4$）被涂在 $LiCoO_2$ 的表面以提高其循环性能。

因为 Co 资源有限，对环境有害，人们一直希望用低价低毒的过渡金属取代或部分替代高价的钴。$LiNiO_2$ 曾被寄予厚望。其容量不亚于 $LiCoO_2$，但 $LiNiO_2$ 的电极活性较低，Ni^{3+} 较难氧化为 Ni^{4+}，这些因素都限制了 $LiNiO_2$ 的应用。另一种替代物 $LiMn_2O_4$ 的制备比较困难，循环性能也不佳。

1997 年，$LiFePO_4$ 被证实可用作锂离子电池的正极材料。这种材料不仅成本低，还具有以下优异特性：

（1）热稳定性：共价的 P—O 键稳定了结构，即使在过充电的情况下也非常稳定，不会有 O_2 逸出。

（2）电化学稳定性：在充放电过程中电池厚度变化极小，充电电压过高或过低都能容忍。

（3）丰富的原材料来源。

（4）环境友好。

$LiFePO_4$ 的安全性是现有正极材料中最好的，因而被认为是最具发展前景的。人们使用过的层状氧化物如表 5 - 2 所示。

表 5 - 2　　　　　　　　　　　　锂离子电池中使用阳极材料

材料	电压 /V	比容量 / (A·h/kg)	能量 / (W/kg)	材料	电压 /V	比容量 / (A·h/kg)	能量 / (W/kg)
$LiCoO_2$	3.9	130	507	$LiMnPO_4$	4.1	171	701
$LiMn_2O_2$	3.95	148	585	$LiCoPO_4$	4.8	167	802
FeF_3	2.74	712	1951	$LiNiPO_4$	5.1	167	852
BiF_3	3.13	302	945	Li_2FeSiO_4	3.3	328	1082
MnF_3	2.65	719	1905	Li_2MnSiO_4	4.0	333	1332
CuF_3	3.55	528	1874	Li_2CoSiO_4	4.3	325	1397
$LiFePO_4$	3.4	170	578	Li_2NiSiO_4	4.7	325.5	1530

5.5.3　聚合物锂离子电池

如上所述，锂离子在正负两极间的传递是通过电解液完成的，而电解液中采用的有机溶剂是锂离子电池发生燃烧甚至爆炸的主因，也存在泄漏的危险。于是提出了用聚合物材料作为电解质的想法。聚合物电解质的研究始于 1973 年，目前不仅在锂离子电池，在超级电容、电变色窗、传感器等元件中都有广泛应用。法国 Grenoble 大学发现高介电常数的聚合物（如聚氧化乙烯，PEO）能够溶解锂盐，且具有良好的离子传导性，故 PEO 成为最先在锂离子电池中使用的聚合物材料。根据不同的要求，人们设计了两类不同的聚合物电解质：

（1）纯聚合物电解质　将锂盐溶于聚合物基体形成固体溶液，同液体电解质一样，利用锂盐作为离子传递的载体。

（2）凝胶聚合物电解质　用大量增塑剂稀释本体聚合物，直接利用增塑的聚合物作为离子导体。

从实用观点看，用锂离子电池的聚合物电解质应具有以下特性：

（1）高的离子传导率　液体电解质一般具有 $10^{-3} \sim 10^{-2}$ S/cm 的离子传导率，那么聚合物电解质在室温下至少应具有高于 10^{-3} S/cm 的水平。

（2）高的迁移数　迁移数是指阴、阳离子运动传输的电荷数量分数，就是以上反应式（5-15）中的 x。锂离子的迁移数越高越好。但现有电解质体系中，不论是固体还是液体，都略小于 0.5。即锂离子运动传输的电荷不足 1/2。提高迁移数可降低电解质在充放过程中的浓度极化，产生高的功率密度。

（3）化学、电化学与热稳定性　由于电解质膜夹在阴、阳两极之间，与电极接触时不应发生不希望的反应。除了化学稳定性，此外，还必须具有 $0 \sim 4.5$ V 的电化学稳定性。为保证一个适当的工作温度范围，聚合物电解质还应有好的热稳定性。

（4）适当的力学性能　保证工业化生产中的手工与机械操作。

与液体电解质相比，聚合物电解质的优势如下：

（1）抑制锂的枝化生长。传统隔膜的通孔中吸附有锂盐电解质。如果充电电压过高，正极中剩余的一部分锂就会脱出，经电解液到负极表面以金属锂的形式沉积，形成"枝晶"。枝晶会刺穿薄膜，使正负极短路，引导事故的发生。使用连续孔或无孔聚合物膜消除了电解质溶液的自由通道，从而消除了枝晶的产生。

（2）由于聚合物本身的柔性，循环过程中能够适应电极体积的变化。

（3）降低与电解质的反应性。

（4）耐震动与机械变形，耐腐蚀，消除了爆炸的可能性。

虽然 PEO 使用最早，但 PEO 的室温离子导电率较低，在 $40 \sim 100℃$ 的导电率只有 $10^{-8} \sim 10^{-4}$ S/cm，在室温下更低。目前主要的研究工作致力于提高室温导电率，使用共混、共聚、梳形支化、交联网络等手段，或加入大量增塑剂。增塑剂能够降低结晶度与提高链段运动能力，还能造成了较高程度的离子分离，提高了离子传输的载荷子数量。

除 PEO 外，人们对许多聚合物，包括聚丙烯腈（PAN），聚甲基丙烯酸甲酯（PMMA），聚苯乙烯，聚乙烯基吡咯烷酮（PVP），聚氯乙烯（PVC），聚乙酸乙酯和聚偏氟乙烯（PVDF）等都进行了研究，但发现只有 PAN 和 PVDF 可生成均匀的杂化膜，其中增塑剂与锂盐成分子水平分散。

由于 PVDF 中—C—F—键的强吸电子性，PVDF 电解质有很高的阳极稳定性。再者，PVDF 具有高介电常数高达 8.4，有助于锂盐的离子化，提供高浓度的载荷子。PVDF 基聚合物电解质最重要的缺点是与金属锂的界面稳定性。氟与锂会生成 LiF 使锂阳极不稳定。Gozdz 等人成功地克服了这个缺点，选择了 PVDF 与全氟丙烯的共聚物体系 PVDF—HFP。这个体系由四相组成：聚合物晶区，结晶度为 $20\% \sim 30\%$，不发生溶胀；无定形区，用电解质溶液增塑；无机填料（氧化硅、氧化铝、氧化钛等）以及纳米粒子与聚合物的界面。由无定形区捕捉大量液体电解质，由晶区提供足够的力学性能，而不需要交联，所含的无机填料可进一步提高离子传导率。

5.6　燃料电池

燃料电池是一种电化学装置，可以将燃料的化学能通过非燃烧途径转化为电能。燃料电池输出的是直流电，为动力设备、照明设备及其他电器提供能量。燃料电池与普通电池有相似之处，但也有许多不同点：蓄电池是个能量储存元件，所有的能量都储存于化学反应物之中。化学反应物一旦耗尽，就不再产生电能。而燃料电池是个能量转换元件，燃料与氧化剂从外部连续供应，只要有燃料供应，就有能量产生。虽然燃料电池在理论上可使用各种燃料与氧化剂，但当前使用最多的仍是以普通燃料和氢为还原剂、以空气为氧化剂。

5.6.1　结构与基本原理

燃料电池具有一个三明治结构，即由阴极、阳极与夹在其中的电解质构成。其工作原理可以用氢－氧电池进行介绍（图 5 - 37）。作为燃料的氢气从阴极输入，通过催化剂将其转变为氢离子（质子）和电子。由于电解质只能通过质子而不能通过电子，质子可以通过电解质传导到阳极，电子则被迫通过外电路，这样便产生了电流提供电能。离子一到达阳极便与电子重新结合，二者再与第三种物质（常为氧）反应生成水或二氧化碳。为传递足够的能量，燃料电池可串联可并联。串联产生高电压，并联产生高电流。这种设计称作燃料电池组。电池表面积越大，每个电池的电流越大。

5.6.2　燃料电池的分类

燃料电池可根据所用的电解质和燃料分类，不同类别的电池电极反应不同，通过电解质的离子也不同。电解质的选择也就决定了燃料电池的工作温度。工作温度与使用寿命又决定了所用组件材料的物化与热力学性质。液体电解质在高温下蒸汽压高、降解迅速，故其工作温度被限制在 200℃ 以下。工作温度又决定了燃料加工的程度。在低温燃料电池中，所有的燃料在进入电池之前必须转化为氢。此外，低温燃料电池的阳极催化剂会被 CO 严重中毒。在高温燃料电池中，CO 甚至 CH_4 可在内部转化为氢或甚至直接电化学氧化。表 5 - 3 提供了主要燃料电池的关键特征。

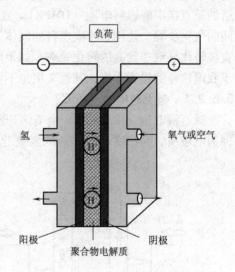

图 5 - 37　质子交换膜燃料电池示意图

燃料电池有两种分类方法。第一种最常用，是按所使用的电解质分类，可将最普通的燃料电池分为以下几类：

（1）聚合物电解质燃料电池（PEFC）。

（2）碱燃料电池（AFC）。

（3）磷酸燃料电池（PAFC）。

（4）熔融碳酸盐燃料电池（MCFC）。

（5）固体氧化物燃料电池（SOFC）。

表5－3　　　　　　　　　　　　　　各种燃料电池

电池类型	电解质	工作温度	电极反应
聚合物电解质	质子交换膜	60～140℃	阳极：$H_2 \rightarrow 2H^+ + 2e^-$ 阴极：$1/2O_2 + 2H^+ + 2e^- \rightarrow H_2O$
直接甲醇	质子交换膜	30～80℃	阳极：$CH_3OH + H_2O \rightarrow CO_2 + 6H^+ + 6e^-$ 阴极：$3/2O_2 + 6H^+ + 6e^- \rightarrow 3H_2O$
碱	氢氧化钾	150～200℃	阳极：$H_2 + 2OH^- \rightarrow 2H_2O + 2e^-$ 阴极：$1/2O_2 + H_2O + 2e^- \rightarrow 2OH^-$
磷酸	磷酸	180～200℃	阳极：$H_2 \rightarrow 2H^+ + 2e^-$ 阴极：$1/2O_2 + 2e^- + 2H^+ \rightarrow H_2O$
熔融碳酸盐	碳酸锂/钾	650℃	阳极：$H_2 + CO_3^{2-} \rightarrow H_2O + CO_2 + 2e^-$ 阴极：$1/2O_2 + CO_2 + 2e^- \rightarrow CO_3^{2-}$
固体氧化物	钇稳定的氧化锆	1000℃	阳极：$H_2 + O^{2-} \rightarrow H_2O + 2e^-$ 阴极：$1/2O_2 + 2e^- \rightarrow O^{2-}$

　　第二种分类方法不太常用，是按所使用的燃料分类。可以简单地把燃料电池分为氢燃料电池、直接醇类燃料电池（DAFC）与直接碳燃料电池（DCFC）。直接醇类燃料电池中最普通的是直接甲醇燃料电池（DMFC）。直接碳燃料电池中在阳极直接使用固体碳，不需要中间的气化步骤。使用直接碳燃料的固体氧化物、熔融碳酸盐与碱电解质都在开发之中。碳的直接转化导致非常高的转化效率。如果此项技术能够实用，将对煤基能源产生重要影响。对于我国这样的煤炭大国，其意义更是不可估量。

5.6.2.1　碱燃料电池（AFC）

　　碱燃料电池（图5－38）由美国开发，最早的用途是为 Apollo 飞船提供能源。以氢氧化钾为电解质。高浓度（85％）的氢氧化钾可在高温下工作（～250℃），较低浓度（35％～50％）的氢氧化钾在低温下工作（＜120℃）。电解质被包容在石棉基体之中。Ni、Ag、金属氧化物、尖晶石与贵金属等都可用作催化剂。压缩氢气是碱燃料电池的理想燃料，输出功率为 300～5000W。不足之处是一氧化碳与二氧化碳都会引起催化剂中毒。二氧化碳会与氢氧化钾作用生成 K_2CO_3，从而改变了电解质的性质。即使空气中少量的二氧化碳也会引起中毒。

5.6.2.2　磷酸燃料电池（PAFC）

　　使用100％的磷酸作为电解质，被包容在碳化硅基体之中。磷酸在低温下是离子的不良导体，且阳极催化剂的一氧化碳中毒严重。然而在高温下，浓缩磷酸的稳定性高于其他酸，故一般在 150～220℃ 的高

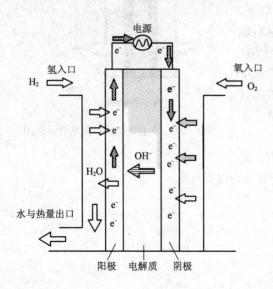

图5－38　碱燃料电池

温下工作。此外，浓缩后的磷酸将水蒸气压降到最低，电池的水分管理很容易。阳极与阴极都使用铂为催化剂。磷酸燃料电池是少数商业化燃料电池系统之一，其工作原理示意如图 5 - 39。

5.6.2.3　熔融碳酸盐燃料电池（MCFC）

此类电池的电解质是碳酸碱金属盐的混合物组合，包含在陶瓷基体 $LiAlO_2$ 之中，在 600~700℃工作。在此温度下，熔融碳酸盐中的碳酸离子提供了离子传导性；镍（阳极）与氧化镍（阴极）都适宜促进反应，不需要贵金属。许多普通烃类都适宜作为燃料。由于熔融碳酸盐燃料电池体积庞大、启动慢，对此类电池的研发集中在静态与水下应用。熔融碳酸盐燃料电池在氧化反应中会损失碳酸盐，必须以某种形式加以补充。可以通过氧化产物二氧化碳的再循环进入阴极与空气反应，重新生成碳酸盐（图 5 - 40）。

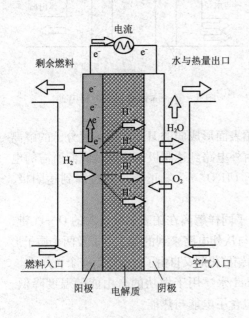

图 5 - 39　磷酸燃料电池

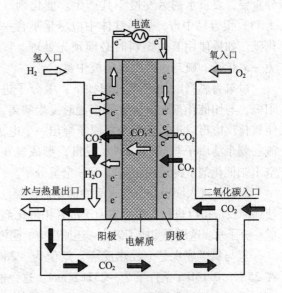

图 5 - 40　熔融碳酸盐燃料电池

5.6.2.4　固体氧化物燃料电池（SOFC）

此类电池中的电解质是固态、无孔的金属氧化物，常为 Y_2O_3 - 稳定化的 ZrO_2（YSZ）。虽然 YSZ 是离子良导体，但只能在 600~1000℃的高温下工作。在这样高的温度下很容易将甲烷和氧解离为离子，由氧离子提供离子传导性。阳极是 $Co - ZrO_2$ 或 $Ni - ZrO_2$ 金属陶瓷，阴极为 Sr 掺杂的 $LaMnO_3$。固体氧化物燃料电池可以使用多种燃料，如氢、丁烷、甲醇等。在固体氧化物甲醇电池中，催化剂将甲醇和水分解为二氧化碳、氢离子与自由电子。氧离子在阴极一侧生成，穿过电解质来到阳极一侧遇到氢离子作用生成水。固体氧化物燃料电池的优点是转化效率高，可达 60%，在现有燃料电池中是最高的。缺点是工作温度太高，对电池的材料有特殊要求；高温下碳粉与石墨会堆积到阴极上，阻隔燃料接触催化剂。但高的工作温度同时又是优点，使产生的热能成为副产物，电池工作时又可作为取暖器使用（图 5 - 41）。

5.6.3 质子交换膜燃料电池

质子交换膜燃料电池是工业化程度最高、应用最广泛的燃料电池。与其他燃料电池最大的不同是使用聚合物膜作为电解质。聚合物电解质膜称作质子交换膜，一般为氟化磺酸聚合物或其他类似聚合物。阳极与阴极都使用碳电极负载铂催化剂。聚合物的本质限制了工作温度，不能超过100℃，一般在60～80℃。燃料一般为氢，使用甲醇的电池也很常见。由于质子交换膜需要水化才能具有质子传导能力，故电池中的水分管理十分重要，要求水的蒸发慢于其产生。催化剂（多为Pt）很容易中毒，燃料气体中应尽量不含一氧化碳。如果使用其他燃料时必须预先处理。以避免一氧化碳、硫与卤素引起阳极中毒。

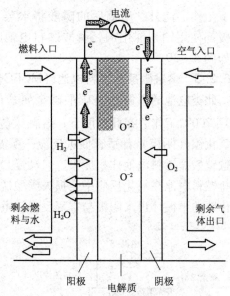

图 5 – 41 固体氧化物燃料电池

以氢为燃料时的工作过程如下：氢分子进入阳极，与铂催化剂在电极表面接触时发生解离，在铂表面形成弱的 H—Pt 键。氢分子的解离使氧化反应得以进行。每个氢原子释出一个电子，由外电路到达阴极，这就是我们所需的电流。剩余的质子与膜表面的水成键，形成氢正离子（H_3O^+）。氢正离子通过膜到达阴极，空出铂催化剂上的反应位等待下一个氢分子。

氧分子进入阴极与电极表面的催化剂接触。氧分子同样解离在铂表面形成弱的 O—Pt 键，使还原反应得以进行。每个氧原子离开铂催化剂位，与从外电路来到的两个电子及两个质子形成一分子水。这样便完成了氧化－还原反应。阴极上的铂催化剂又自由了，等待下一个氧分子。

氢与氧生成水是个放热反应，焓值为 $-286kJ/mol$ 水。用于做功的自由能随温度降低。在25℃，0.1MPa 条件下为 $-237kJ/mol$。这一能量包含了电能与热能。

质子交换膜亦可用于直接甲醇电池。但在阴极除铂以外还需要其他催化剂来解离甲醇，生成二氧化碳、氢离子与自由电子。像在氢燃料电池中一样，自由电子从阴极通过外电路流到阴极，质子通过电解质膜。在阴极，自由电子与质子与氧作用生成水。

质子交换膜是此类电池的核心部件。质子交换膜必须具有其他电解质相同的性质，即只能传导氢离子（质子）而不能传导电子，也不能传导其他气体。膜必须能经受阳极的还原环境以及阴极的氧化环境。

最常用的质子交换膜是杜邦公司于上世纪70年代开发的 Nafion。Nafion 以聚四氟乙烯（PTFE）为膜的骨架，其上接枝侧链，侧链的端基为磺酸（HSO_3）。膜的两侧为电极催化剂层，膜的厚度一般为 50～175μm。这种材料的有趣之处在于长链是憎水的而磺酸化侧链是高度亲水的。磺酸具有强吸水

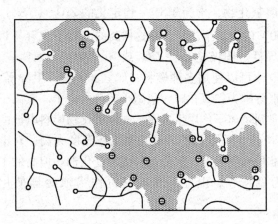

图 5 – 42 质子交换膜中的水化区

性，故在磺酸基四周聚集了大量水分子，形成了水化区。水化区的联通使膜能够以氢正离子的形式传输氢离子（图 5 – 42）。由于这种质子传导机理，Nafion 的使用温度不能高于 80 ~ 90℃。新一代的质子交换膜基于聚苯并咪唑（PBI）或磷酸，使用温度可高达 220℃。其优点包括不需要水分管理、高效、高能量密度、易于冷却，对一氧化碳不敏感，但使用并不普遍。

5.6.4　电池电压与效率

如果燃料电池能够理想地将化学能转化为电能，则氢燃料电池理想的电池电压（热力学电池电势）应为 1.23V（25℃，0.1MPa）。当燃料电池被加热到工作温度 80℃时，理想电池电压会下降到 1.18V。此外尚有许多因素使电池电压下降。电池的电压输出是电池效率的度量，电压越低，电效率越低，越多的化学能消耗于水的生成与热能。

电池电压的主要损耗因素有：

（1）活化损耗：是反应启动所需能量。催化剂越好，启动反应所需能量越低。铂是当前最好的催化剂，但仍不够理想。对燃料电池功率密度的一个限制因素是反应速率。阴极反应（氧的还原）比阳极反应慢 100 倍，故阴极反应是功率密度的限制因素。

（2）燃料泄漏与内电流：由燃料从阳极穿过电解质直接流向阴极所引起，没有电子通过外电路，因而降低了电池效率。

（3）电阻损耗：由燃料电池中各个组分的电阻综合而成，包括电极电阻、膜电解质电阻与其他连接的电阻。

（4）浓度损耗（又称"质量传输"）：这一损耗来自氢、氧气浓度在电极的降低。例如，每次反应之后新的气体必须填充催化剂位。随着水在阴极的积聚，特别是在高电流情况下，催化剂位被阻塞，阻止了氧气的供应。所以必须移除过剩的水，故称作质量传输。

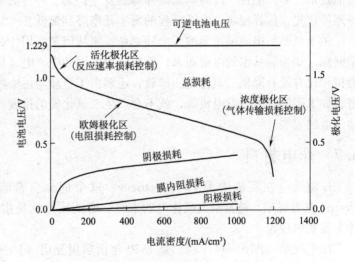

以上因素的综合效应使电压输出随电流密度增加而下降。电池电压对电流密度作图称作极化曲线，氢燃料/聚合物电解质电池的典型极化曲线

图 5 – 43　燃料电池的极化曲线

如图 5 – 43。电压乘以电流密度得功率输出（mW/cm^2）。

5.6.5　燃料电池研发中的挑战

每种燃料电池都有自身的优缺点。例如碱燃料电池不使用贵金属，但存在液体电解质的管理与老化问题。熔融碳酸盐电池能够容忍燃料流中高浓度的一氧化碳（一氧化碳是此类电池的燃料），但高的工作温度延缓了启动并存在密封问题。固体氧化物电池的转化效率最高，但存在慢启动与界面导热问题。高成本是各种燃料电池的共同问题。本书不可能一一列举优缺点。下面的讨论仅限于聚合物电解质燃料电池，简述其在商业化过程中面临的挑战。

第一个挑战是寻求在高于100℃的温度下工作的质子交换膜。如果能够在较高温度下工作，就可将一氧化碳中毒效应最小化，散热、加速反应速率、水分管理都会变得容易。但在100℃以上工作又要保持100%的相对湿度，就要使用加压而损失功率。为应对这一挑战，人们不断改进Nafion的性能，同时寻求替代品。例如对Nafion进行无机填料改性，制备磺化的烷烃膜等。

第二个挑战是氧还原（ORR）反应的加速。为提高阴极上氧还原的反应速率，在电极上使用大量铂催化剂。而高的载铂量（0.4mg/cm^2）在成本上是不可能商业化的。为解决这一问题尝试了三条路线：①通过合金提高贵金属的活性；②研制低价的非贵金属催化剂；③改变电极的设计。最近发现铂合金催化剂能够获得比纯铂更高的催化活性。

第三个挑战是电池寿命。一般目标是静态应用时连续工作40 000小时，在车辆上应用时每个周期连续工作5 000 ~ 10 000小时。所以25 ~ 50μm厚的膜与10 ~ 15μm厚的电极应能经受这个时间。目前除Nafion之外，还没有一种聚合物膜能符合这一要求，主要问题是工作中的劣化。质子交换膜的劣化机理可分为机械的（形成针孔和裂缝）、热致的（干燥损坏、溶剂解与脱磺）与化学致的（过氧化物引起）。通过采取措施可将机械与热致劣化降到最低，但化学降解却是难以避免的。原因之一是在氧还原电极上会生成过氧化氢（阴极上的四电子还原产生水，但二电子还原产生过氧化氢）。过氧化氢再与金属离子结合产生活性氧物种（如自由基），会加速膜的降解。有两种方法可将活性氧物种降到最低：一是使用自由基捕捉剂，但只能在一段时间延缓降解的发生；第二种方法是设计高选择性的催化剂使四电子还原优先，这样便将二电子过程的发生几率降到最低。

关于氢燃料电池最重要的一个问题是：氢从何来？用什么方法产生氢是个重要的环境决策问题。如果氢从水的电解而来，就要使用电网的电，电又从煤燃烧而来，这与目前使用内燃机相比并没有降低二氧化碳的排放，还多出了金属与污染物问题。如果用新的能源进行电解，如太阳能、风力发电机等，就不会产生二氧化碳的排放。故产生氢的路线决定了燃料电池工业的发展。

5.7 压电材料

压电效应在英语中为Piezoelectricity，这个词来自希腊语，piezo意为挤压或按压，electric意为琥珀，被希腊人视作电的来源。所谓压电就是指在机械应力作用下，电荷在固体上聚集的现象。

压电现象［图5-44（a）］是1880年由居里兄弟（Jacques Curie和Pierre Curie）在研究压力对石英的影响时发现。次年Lippmann在理论上证明了"反压电现象"，即电致伸缩［图5-44（b）］：向材料施加电场时会引起形状的改变。与之相对应，前面提到的应力产生电荷的现象就被称作"正压电效应"。压电材料在第一次世界大战时就开始用于制造探测潜水艇的声纳，但直到第二次世界大战后才被广泛研究。

5.7.1 压电系数与方向

在正压电效应中，向压电材料施加的应力σ与极化P（电荷密度增量$P = D - D_0$）呈线性关系：

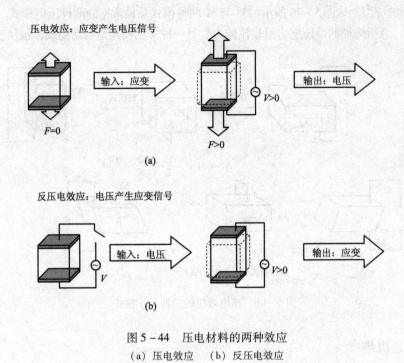

图 5 - 44　压电材料的两种效应

（a）压电效应　（b）反压电效应

$$P = d \cdot \sigma \tag{5 - 16}$$

在反压电效应中，向压电材料施加的电场 E 与产生的应变 ε 也呈线性关系：

$$\varepsilon = d \cdot E \tag{5 - 17}$$

d 称作压电系数，在正压电效应中的量纲为 pC/N，在反压电效应中的量纲为 m/V。

不论是正或反压电效应，在一个方向上施加激励时，产生的响应不限于同一方向，在其他方向上也会有响应产生。如图 5 - 45 所示，电场施加在样品的厚度方向（方向 3）上，不仅厚度尺寸会发生变化，在样品的长度与宽度方向（方向 1 和方向 2）上会同时产生变化。为全面描述各个维度上的响应，首先要定义材料中的 6 个方向，1～3 为平动方向，4～6 为转动方向。习惯上取极化方向为方向 3，方向 1 与方向 2 依习惯而定。将机械与电变量相联系时，需要使用两个下标进行标识，如 d_{31}。其中第一个下标是施加激励的方向，第二个下标是样品响应的方向。一个激励方向加一个响应方向称作一个模式，所谓 33 模式是指在方向 3 上施加电场，引起方向 3 上的应力；而 31 模式是指同样在方向 3 上施加电场，而

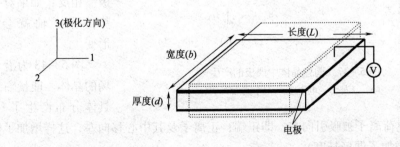

图 5 - 45　不同方向上的压电响应

引起方向 1 上的应力，如图 5 – 46 所示。33 与 31 两种模式是最常见的两种压电模式。有时也写作 d_{33} 与 d_{31} 模式，意指施加的是压缩力而非拉伸力。另一种常见模式是剪切模式，也示于图 5 – 46。

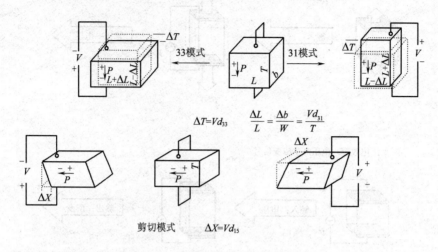

$$\Delta T = V d_{33}$$

$$\frac{\Delta L}{L} = \frac{\Delta b}{W} = \frac{V d_{31}}{T}$$

剪切模式 $\Delta X = V d_{15}$

图 5 – 46   压电效应的三种工作模式

5.7.2   压电机理

压电效应的微观本质是晶体内部偶极的重排。偶极由晶格中的离子周围不对称的电荷所引起，分子基团本身也可具有偶极。

陶瓷中偶极的重排最好用介电与极化来解释。压电晶体是物理均匀的固体，用离子键相结合。离子键是电荷相反的离子静电吸引形成的。一般情况下，正、反离子数相等。图 5 – 47（a）代表对称的晶体结构：三个正离子相互等距离分布，三个负离子以相同的方式排列。电荷中心是重合的。由于电荷相等，电荷中心不仅位置重合，且相互抵消，故在电荷中心呈中性。

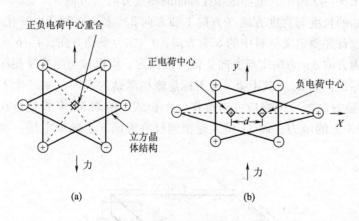

图 5 –47   陶瓷晶体中偶极的产生
（a）无外力 - 电中性   （b）施加外力

图 5 – 47（b）是同样的晶体结构受应力 P 作用的情况。这个力作用于 y 轴，对晶体造成压缩、产生了弹性应变。这一弹性形变使电荷中心相互位移。电荷中心的位移在材料中产生了沿 x 轴的电偶极。相反，如果对 x 轴施加电势，沿 y 轴就会发生一个形变。

图 5 – 48 为沿 x 轴施加电场的晶体。能量输入时电荷的具体分布产生了一个机械形变。注意负电荷离子被吸引向右，即正端；正离子及其中心移向左，这样增加了电荷中心的分离程度（增加了偶极长度）。

取向基本相同的相邻偶极构成微区（Weissdomains），如图 5–49。无应力存在下，微区是无规排列的，电荷对称分布时的净偶极矩为零。发生应变时，偶极发生位移，分布成为非对称，产生了净极化，即在材料内产生了电压。

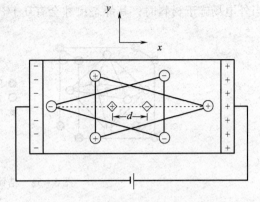

图 5–48　电场作用下晶体形状的改变

5.7.3　常见压电材料

压电材料听起来是一种新材料，事实上压电材料遍布生活的各个角落，人体中的跟腱与骨头就是压电材料。骨头受力时，就会产生与扭矩或位移成正比电荷。电荷刺激骨质材料的生长，导致组织的加强随时间推移，弱组织增加了强度与稳定性，因为骨质材料的堆积与受力成正比。

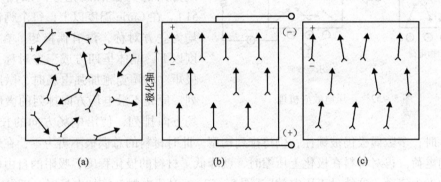

图 5–49　Weiss 微区的极化过程

（a）极化前微区的无规取向　　（b）直流电场中的极化　　（c）电场去除后的顽极化

工业上应用的压电材料种类繁多，本书只能介绍几类有代表性的材料。陶瓷类包括锆钛酸铅 $[Pb(ZrTi)O_3，PZT]$、钛酸钡（$BaTiO_3$）、钛酸铅（$PbTiO_3$，PT）等。单晶类包括石英、钽酸锂（$LiTaO_3$）、铌酸锂（$LiNbO_3$）等；聚合物类包括 PVDF 及其共聚物，尼龙等；PZT 与聚合物的复合材料及各种薄膜；包括 PZT、PT、ZnO 与 AlN 的薄膜。

锆钛酸铅、钛酸钡和钛酸铅同属钙钛矿晶体，由二价金属离子（常为铅或钡）与氧离子（O^{2-}）组成晶格，中央含一个四价金属离子（钛或锆）。图 5–50 为钙钛矿的晶体结构。

应用最广泛的是 PZT（图 5–51）。PZT 是锆酸铅与钛酸铅的固溶体。正、反压电效应都很明显：在初始尺寸变化 0.1% 时会产生显著的电效应，反过来，

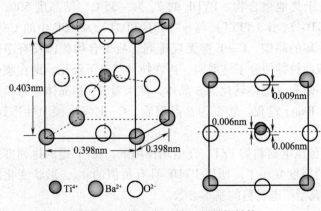

Ti^{4+}　Ba^{2+}　O^{2-}

图 5–50　钛酸钡（铅）的晶格结构

当外电场施于材料时，其静态尺寸会有 0.1% 的变化。

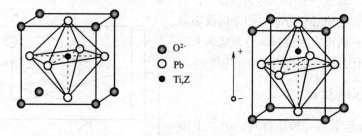

O^{2-}
Pb
Ti, Z

图 5-51 锆钛酸铅的晶格结构

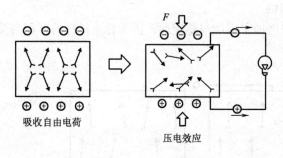

吸收自由电荷

压电效应

图 5-52 正压电效应机理

压电陶瓷的加工过程与传统陶瓷材料基本相同，差别仅在关键的一步，即在直流电场中将材料进行极化。极化使原先无规排列的偶极沿极化方向取向（图 5-51）。在 Curie 温度以上，每个钙钛矿晶体均为立方对称，没有偶极矩。在 Curie 温度以下，晶体呈四方或三方对称，具有偶极矩。对陶瓷施加强电场时，微区发生排列。原先不沿电场方向排列的微区也沿电场方向排列，使沿电场方向的长度增大。

电场去除时，多数偶极仍被锁住，仍持排列构型。此时材料的总偶极不再为零，在表面上可吸附自由电荷。再对材料在极化上压缩时，就降低了材料的极化程度，吸附的自由电荷就会脱离表面发生流动，这就是正压电效应(图 5-52)。对压电材料施加电场时，部分在极化过程中未被锁住的偶极仍会发生取向，使材料的尺寸与形状发生变化，这就是反压电效应。

另一类重要的压电材料是压电聚合物，典型代表是聚偏氟乙烯（PVDF），分子式为：

$$-CH_2-\underset{\underset{F}{|}}{\overset{\overset{F}{|}}{C}}-CH_2-\underset{\underset{F}{|}}{\overset{\overset{F}{|}}{C}}-CH_2-\underset{\underset{F}{|}}{\overset{\overset{F}{|}}{C}}-\underset{\underset{F}{|}}{\overset{\overset{F}{|}}{C}}-CH_2-$$

PVDF 的压电性比石英高出数倍。1969 年 Kawai 发现 PVDF 具有强烈的压电性，极化薄膜的压电系数高达 6~7pC/N，远高于其他聚合物。PVDF 的 T_g 为 -35℃，结晶度 50%~60%。PVDF 有三种晶型，即 α（TGTG'）、β（TTTT）与 γ（TTG TTGT）。PVDF 中的 C—F 键具有天然的偶极。α 是熔体自然冷却的晶型，C—F 键无规排列，故聚合物整体没有净偶极矩。为使其具有压电性，先进行双向拉伸使分子链取向，再在拉伸状态下极化，即在膜的厚度方向施加强电场。电场作用下不断有 α 晶体转化为 β 晶体，使大量 β-相晶体遍布膜材料，PVDF 薄膜的这种极化过程称作 Bauer 过程。转变为 β 晶型后，C—F 发生倾向性排列，具有了净偶极矩。

PVDF 在电场中的行为不同于其他压电材料如 PZT。在电场作用下，C—F 键的排列方式发生显著改变，显而易见的是薄膜的厚度变小了。所以 PVDF 具有负值的 d_{33}，形状变化的方向与压电陶瓷正相反。表 5-4 为典型压电材料的基本参数。

表 5 − 4　　　　　　　　　　　　　　　　　　典型压电材料的基本参数

性质	单位	PZT	PVDF	ZnO 薄膜	PZT 薄膜（Si 基底上 4μm）
d_{33}	(10^{-12}) C/N	220	− 33	12	46
d_{31}	(10^{-12}) C/N	− 93	23	− 4.7	− 105
d_{15}	(10^{-12}) C/N	694	—	− 12	?
K_3（介电常数）	$\varepsilon_{33}/\varepsilon_0$	730	12	8.2	1400
$\tan\delta$	—	0.004	0.02	—	0.03

5.7.4　压电技术的应用

　　压电材料最直接的应用是打火机，扣动按钮就击打了压电晶体，产生足够高电压的电流流过火花塞，点燃气体。家庭的燃气炉使用同样的原理。美国军方希望通过同样的原理获取能量，立项研究能量获取（energyharvesting），目标是将压电发电机装在士兵的靴子里，从每个士兵的靴子里获得 1 ~ 2W 的功率，用作战场上的能源。但这个设想终告失败，因为装有压电发电机的靴子穿起来很不舒服，还要多费力气。于是又想到从人群密集的场所获取能量，例如火车站、大型超市等。从工业机械的振动中获取能量也是途径之一。能量获取的研究目前正在进行中。

　　将压电元件附加在材料上可降低振动。当材料受到振动向一个方向弯曲时，减震系统就会做出响应，给压电元件一个电信号，让它向相反的方向弯曲。这一技术已经用于网球拍的电子减震，可望在汽车的房屋减噪中应用。

5.7.4.1　压电传感器

　　压电传感器自 20 世纪 50 年代以来就被证明是过程测量的有效工具，用于精确测量压力、加速度、应变或力。压电传感器的唯一缺点是不能用于静态测量。静态力会造成一定量的电荷在材料上，电子元件的绝缘性又不好，造成信号不准确。

　　根据传感器的设计，传感器可用三种模式工作，即 33 模式、31 模式与剪切的 15 模式。最常用的测量是压力与加速度。图 5 − 53 为这些传感器的示意。二者工作原理的区别仅

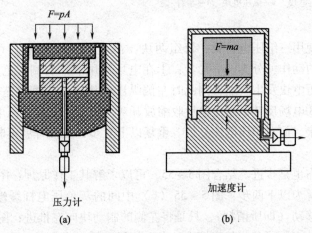

压力计
(a)

加速度计
(b)

图 5 − 53　使用 31 模式的传感器设计

（a）压力传感器设计　（b）加速度传感器设计

有正、负符号部分为压电晶体，在表面聚集的电荷通过导线引向仪表

在于力在传感元件上的作用方式。在压力传感器中，使用薄膜将压力导引到元件上；在加速度传感器中，力是通过重物（浅灰）按牛顿第二定律 $F=ma$ 施加在元件上。

加速度传感器一个重要应用是汽车气囊的打开。当汽车因撞击到物体或其他原因急刹车时，速度从每小时数十或上百公里下降到几乎为零，会经受极大的加速度。这一加速度会被车上的压电传感器所感知并释放一个电流。这个电流将引发充气反应：

$$2NaN_3（s）\rightarrow 2Na（s）+3N_2（g） \tag{5-18}$$

释放的氮气将使气囊在 50 毫秒内完全充气与打开过程。

4.7.4.2 压电马达

压电马达都是步进式马达，种类很多，这里只介绍蠕动马达（Inchwormmotors，图 5-54）与滑粘马达（slip-stickmotors，图 5-55）两种。

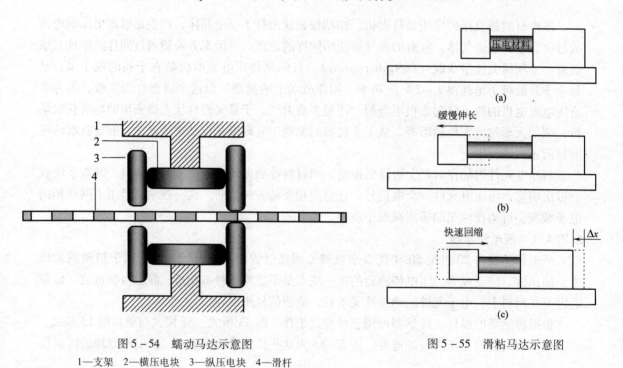

图 5-54 蠕动马达示意图　　　　　　　　　　图 5-55 滑粘马达示意图
1—支架　2—横压电块　3—纵压电块　4—滑杆

在蠕动马达中使用三组压电材料，每组两块，在灰、白相间的杆（被驱动的部件）两侧对称排列。马达的动作可分为以下几步：①在电场作用下，右侧灰色的压电块发生膨胀，夹住灰白杆；②横压电块发生收缩，因此时左侧纵压电块处于收缩状态，与灰白杆不接触，杆就被向左拉动；③电场反转，纵压电块收缩放开灰白杆；④左侧纵压电块膨胀，夹住灰白杆；⑤横压电块膨胀，使右侧压电块复位。重复以上五步，灰白杆就不断向左移动，实现了步进。

滑粘马达的动作也是步进。结合图 5-55，可以了解其工作原理：图 5-55（a）是动作的起点。动作可分解为以下两步：图 5-55（b）中间的灰色压电杆缓慢伸长，由于静摩擦的作用，基座不会移动（即所谓粘），只是将左侧的制动块向左推进；图 5-55（c）压电杆快速回缩，快速运动克服了基座的摩擦力，向左侧滑动了一个位移 Δx（即所谓滑）。重复图5-55（b）、图 5-55（c）两步，就使制动块持续向左移动。

4.7.4.3　喷墨打印机

如图 5 - 56，在墨盒上方安装一层 PZT 薄膜。当需要的墨水喷出时，对 PZT 薄膜施加一个电场，使之发生微小的膨胀，挤压墨盒，喷出一滴墨水。这就是喷墨打印机的工作原理。

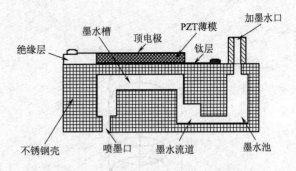

图 5 - 56　喷墨打印机原理示意图

5.8　磁学性质

5.8.1　磁化与磁导率

磁的本源是电的运动。

原子是个微型的太阳系，电子围绕原子核转动就像行星围绕太阳的公转，同时电子也在自转（图 5 - 57）。电子的两种转动都产生磁，但公转产生磁可以忽略，我们主要关心的是电子自转产生的磁。电的基本量是一个电子所携带的电荷，等于 1.6×10^{-19} C；磁的基本量是一个电子自转所产生的磁矩，称作 Bohr 磁子，等于 9.27×10^{-24} J/T。

$$\mu_B = \frac{eh}{4\pi m_e} \qquad (5 - 19)$$

其中，μ_B 为一个 Bohr 磁小的磁矩；e 为电子电量；h 为 Plank 常数；m_e 为电子质量。

T = tesla，1T = 1（V·s）/m^2。

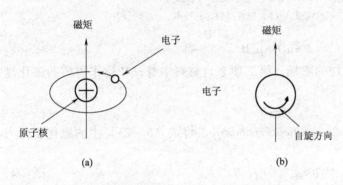

图 5 - 57　电子公转与自转产生的磁矩

（a）公转磁矩 $= m_1 \mu_B$　（b）自旋磁矩 $= \pm \mu_B$

电子的自转与公转会产生微观的磁矩，当电流沿一个线圈流动时会产生宏观的磁矩。我们将其称作磁场，用一个自下而上的箭头表示 [图 5 - 58（a）]。线圈的长度为 l，缠绕了 N 匝，流过的电流为 I。在线圈内部产生的磁场 H 为：

$$H = \frac{N \cdot I}{l} \qquad (5 - 20)$$

箭头所指方向为线圈材料内部磁力线的方向，从 S 极流向 N 极；而在线圈外部，磁力线从 N 极流向 S 极。磁力线的密度称作磁通密度或磁感（magneticinduction），记作 B。后文中我们根据方便交替地使用这两个术语。如果线圈内部是真空，磁感与电流成正比：

$$B_0 = \mu_0 H \qquad (5 - 21)$$

下标 "0" 代表真空。μ_0 为真空磁导率（magneticpermeability），是个常数等于 $4\pi \times 10^{-7}$ Wb/（A·m）。

如果线圈内不是真空而是一个磁性材料 [图 5 - 58（b）]，由式（5 - 20）可知磁场 H 没有改变，由于磁性材料与磁场的作用产生了额外的磁感：

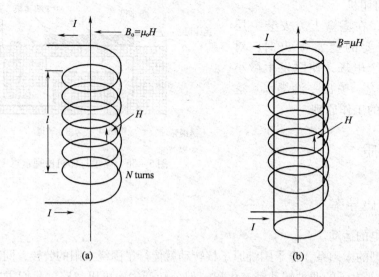

图 5-58　磁场产生示意图
（a）真空芯的线圈　（b）磁性材料芯的线圈

$$B = \mu_0 H + \mu_0 M \tag{5-22}$$

第一项来自电流通过线圈所施加的磁场，第二项来自材料本身，M 称作物质的磁化度（magnetization），与磁场成正比：

$$M = \chi H \tag{5-23}$$

χ 为无量纲比例常数，称作磁化率（magneticsusceptibility）。将式（5-23）中的磁化度代入式（5-22）得到

$$B = \mu_0 (1 + \chi) H \tag{5-24}$$

可将式（5-24）改写作与式（5-21）平行的形式：

$$B = \mu H \tag{5-25}$$

μ 就是材料的磁导率（单位是 Wb/A · m），与式（5-24）比较可知 $\mu = \mu_0 (1+\chi)$。μ 与 μ_0 比值为

$$\mu_r = (1 + \chi) \tag{5-26}$$

称作相对磁导率（量纲为 1）。

材料的相对磁导率可以与介电常数相对应。参照 5.4 节中的电容知识，真空电容中单位面积、单位间距的电容称作真空电容率，而极板间夹有电介质的相应参数为电容率，介质电容率与真空率之比为介电常数。在以上线圈装置中，如果线圈内为真空，单位磁场下的磁感为真空磁导率，充满磁性材料时为磁导率，磁导率与真空磁导率之比就是相对磁导率。

介电常数与相对磁导率有以上的平行之处，也有一些不同之处。多数固体的 ε_r 都显著大于 1，而 μ_r 则不是，可正可负，范围是 $-10^{-5} \sim 10^{-3}$。

5.8.2　磁性材料

根据相对磁导率可以将材料分为三大类：

（1）反磁材料　$\mu_r < 1$。

（2）顺磁材料　$\mu_r > 1$。

（3）铁磁材料　$\mu_r \gg 1$。

具有一个自旋电子的原子是磁性的，具有两个自旋电子的原子或分子是否磁性会加倍？否！根据不相容原理，一个电子轨道只能容纳自旋相反的两个电子，这两个电子自旋产生的磁矩大小相等、方向相反，故原子的磁性为零。惰性气体或 Bi、Cu、MgO 与金刚石等固体中的电子都成对出现，内部没有磁场，就是反磁材料，典型的磁化率为 -10^{-5}。反磁性是一种非常弱的磁性，只有在外磁场作用下改变了电子的轨道运动时才会出现。诱导的磁矩非常小，方向与外加磁场相反。所以相对磁导率 μ_r 非常小，磁感为负值，这就是说，反磁固体中磁感的值小于真空。置于强磁铁的两极之间时，反磁材料会被吸向磁场弱的方向。表 5-5 列出了一些反磁材料的磁化率。所有材料都具有反磁性，但因为其非常弱，只有当不存在其他磁性时才能观察到。反磁性没有实用意义。

在有些材料中，每个原子都由于电子自旋及公转的不完全抵消而具有永久磁性。无外加磁场时，这些原子磁矩是无规取向的，故无宏观净磁化。在外磁场作用下，原子磁矩作倾向性排列，就产生了顺磁性。只要偶极在磁场中排列，相对磁导率 μ_r 就大于 1，具有较小的正值磁化率，范围为 $10^{-5} \sim 10^{-2}$。

表 5-5　　　　　　　　　　　　　　反磁与顺磁材料的室温磁化率

反磁		顺磁	
材料	磁化率	材料	磁化率
氧化铝	-1.81×10^{-5}	铝	2.07×10^{-5}
铜	-0.96×10^{-5}	铬	3.13×10^{-4}
金	-3.44×10^{-5}	氯化铬	1.51×10^{-3}
汞	-0.41×10^{-5}	硫化锰	3.70×10^{-3}
硅	-2.38×10^{-5}	钼	1.19×10^{-4}
银	-1.81×10^{-5}	钠	8.48×10^{-6}
氯化钠	-1.41×10^{-5}	钛	1.81×10^{-4}
锌	-1.56×10^{-5}	锆	1.09×10^{-4}

由于反磁与顺磁材料的磁感与真空相差无几，且只有在磁场存在下才出现，故都被认为是无磁材料。

某些金属材料在无外磁场情况下也具有永久磁矩，显示出非常大的永久磁化度。这种磁性称作铁磁性，磁化率可达 10^6。所以，可将式（5-22）写作：

$$B \approx \mu_0 M \tag{5-27}$$

铁磁材料中的永久磁矩来自未抵消的电子自旋。当然也有轨道磁矩但不重要。更重要的是即使没有外磁场的作用，铁磁材料中的相邻原子间也存在一种耦合力将净自旋磁矩排齐。这种耦合力又称交换作用（exchangeinteraction），根源尚不清楚。这种耦合力可将较大体积区域的自旋排齐，我们将这个区域称作微区（图 5-59）。微区之间的边界称作微区壁，跨越边界磁化方向就发生改变。

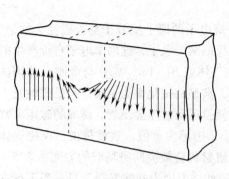

图 5 - 59 微区与微区壁

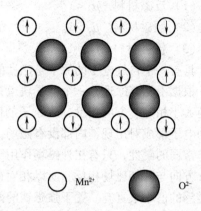

图 5 - 60 氧化锰中自旋磁矩的反平行排列

如果铁磁材料中所有磁偶极完全相互排齐，就达到了最大磁化度，称作饱和磁化 M_s，相应地磁感也达到饱和值 B_s。饱和磁化等于每个原子的净磁矩与原子数的乘积，对于每个铁、钴、镍原子，净磁矩为 2.22、1.72 和 0.60Bohr 磁子。

磁矩的交换作用受自旋无序化的熵增所抑制。熵增的抑制作用随温度上升，交换作用被不断弱化。到达 Curie 温度 θ_c 时，磁矩完全无序排列，铁磁材料变成顺磁的。

相邻原子的磁矩平行排列造成铁磁性，但如果是反平行排列，就造成反铁磁性。氧化锰是这种材料的代表。氧化锰是一种陶瓷材料，具有 Mn^{2+} 和 O^{2-} 离子。O^{2-} 离子没有净磁矩，但 Mn^{2+} 离子具有自旋净磁矩。然而相邻 Mn^{2+} 离子是反平行排列的，如图 5 - 60，显然，材料整体没有磁性。

某些陶瓷材料也显示永久磁化，称作亚铁磁性。铁磁性与亚铁磁性的宏观性质是相似的，区别仅在于净磁矩的来源。亚铁磁性的机理可以用立方铁氧体来解释，以离子材料 MFe_2O_4 作为代表，其中 M 代表一种金属元素。最常见的铁氧体是 Fe_3O_4，即吸铁石。Fe_3O_4 可写作 $Fe^{2+}O^{2-} - (Fe^{3+})_2(O^{2-})_3$，铁离子以 +2 和 +3 价态存在，比例为 1:2。Fe^{2+} 和 Fe^{3+} 都有净磁矩，分别为 4 和 5Bohr 磁子。O^{2-} 是磁中性的。在铁离子之间存在反平行自旋耦合作用，就像反铁磁性那样。但铁离子间自旋的相互抵消是不完全的，于是出现了亚铁磁性。铁离子可占据两类位置，一种配位数为 4（四面体配位），周围有 4 个氧；另一种配位数为 6（八面体配位）。有一半三价铁离子处于八面体位，另一半处于四面体位。而二价铁离子均处于八面体位。问题的要点是铁离子自旋矩的排列方式：如图 5 - 61 和表 5 - 6，八面体位的三价铁离子是相互平行的，但与四面体上同样排齐的三价铁离子方向正好相

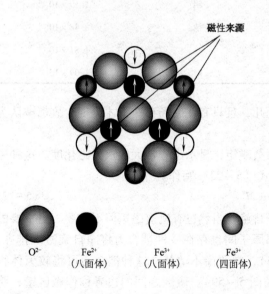

图 5 - 61 Fe_3O_4 中 Fe^{2+} 与 Fe^{3+} 离子的自旋磁矩构型

反，故所有三价铁离子的自旋磁矩相互抵消，对固体的磁化没有贡献。而所有的二价铁离子排列在同一方向，产生了净磁化。这样，亚铁磁固体的饱和磁化可以从二价铁离子的自旋磁矩与离子数的乘积计算。

表 5 - 6　　　　　　　　Fe^{2+} 和 Fe^{3+} 的自旋磁矩在 Fe_3O_4 晶胞中的分布

阳离子	八面体位	四面体位	净磁矩
Fe^{3+}	↑↑↑↑	↓↓↓↓	完全抵消
	↑↑↑↑	↓↓↓↓	
Fe^{2+}	↑↑↑↑	—	↑↑↑↑
	↑↑↑↑		↑↑↑↑

注：每个箭头代表一个阳离子的磁矩取向。

用其他金属离子替代铁离子可得到成分不同的立方铁氧体。在通式 $M^{2+}O^{2-}$ - $(Fe^{3+})_2$ $(O^{2-})_3$ 中，可以代表 Ni^{2+}，Mn^{2+}，Co^{2+}，Cu^{2+} 等，见表 5 - 7。这样，调整铁氧体的组成，就能得到不同的磁性。铁氧体也可以含有两种二价离子，如（Mn，Mg）Fe_2O_4，称作混合铁氧体。

表 5 - 7　　　　　　　　　　　六种阳离子的净磁矩

阳离子	净自旋磁矩（Bohr 磁子）	阳离子	净自旋磁矩（Bohr 磁子）
Fe^{3+}	5	Co^{2+}	3
Fe^{2+}	4	Ni^{2+}	2
Mn^{2+}	5	Cu^{2+}	1

5.8.3　磁化过程

材料在外磁场作用下的磁化过程就是微区壁的移动过程，可用图 5 - 62 简单说明。图 5 - 62（c）中两个微区磁化向上，两个向下。净宏观磁化度为零。向此多微区样品施加一个向上磁场 $\mu_0 H$，微区壁就会发生移动，逐步过渡到图 5 - 62（d），样品中的向上微区增加到 75%，向下微区减少到 25%。如果微区壁在磁场的影响下持续移动，使向下微区完全消失［图 5 - 62（e）］，这样就达到了饱和磁化度 M_s。再延长时间或提高外磁场强度磁化度也不会再增加。

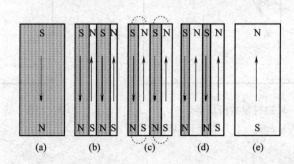

图 5 - 62　磁微区结构

（a）、（e）饱和磁铁　（b）、（d）部分磁化磁铁　（c）未磁化磁铁

如果现在将外加磁场消除，且如果微区壁容易生成与移动，就会发生反过程：从图5－62（e）到图5－62（d），从图5－62（d）到图5－62（c）。到了图5－62（c），样品被完全去磁，宏观磁化度为零。如果我们在此阶段反方向施加磁场，材料就会发生从图5－62（c）到图5－62（b）到图5－62（a）的变化，直至在反方向达到磁化饱和。宏观磁化在微区壁的移动中发生。当然在真实材料中，移动的微区壁成千上万而不是三个，磁场也不总是平行于磁化轴。

磁感随磁场的变化见图5－63。将一未磁化的样品如铁置于磁场 H 中，产生一个磁感 B。磁场增加时，磁感也应增加，如曲线（a）。这是微区增长段。磁场足够强时，所有的磁偶极沿外场排齐，材料达到饱和磁化 M_s。磁感达到最大值时，有一个相应的饱和通量密度（saturation flux density）B_s。达到磁饱和之后，将外加磁场降到零，如曲线（b），磁感并不会随着磁场而回到零，而是保留一个剩余磁感（remnant induction）B_r。此时材料处在零磁场，但也处于磁化状态，这是由于初始的微区无规排列没有完全恢复。必须施加一个反向磁场 H_c，才能使磁感回归到零，如曲线（c）。反向磁场 H_c 称作矫顽场或矫顽力。继续增加反向磁场的强度会产生反向的最大磁感与饱和磁化。磁场可再次反转，得到闭合的磁场－磁感环，称作滞后环。滞后环的面积代表每周单位体积损失的能量。除非加以冷却，材料会发热。根据滞后环的形状，可将磁性材料可分为软磁与硬磁体。

软磁体具有高的磁导率与低的矫顽力 H_c，容易磁化也容易去磁。换句话说，软磁材料具有小的滞后环（图5－64）。在交变磁场下的元件如变压器芯，不仅需要高的磁导率也需要高的饱和磁感，也需要发散尽可能低的能量，就需要使用软磁体。在铁磁材料中，饱和磁化主要是组成的函数，但磁化率、矫顽力对结构非常敏感。低的矫顽力就是微区壁容易移动。微区壁的运动会受结构缺陷（如杂质与冷变形造成的位错）的阻挡，所以在软磁体中缺陷数必须降到最低。

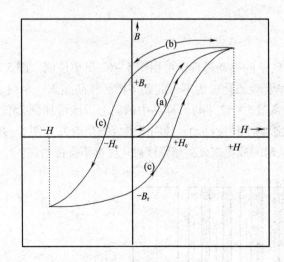

图5－63　铁磁材料的滞后环

（a）微区增长　（b）去除磁场　（c）滞后于磁场的曲线

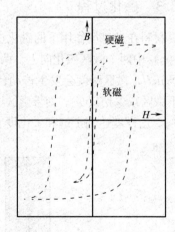

图5－64　软、硬磁体滞后环的比较

永久磁铁需要高顽磁高矫顽的材料，称作硬磁体。硬磁体典型滞后环见图5－65。硬磁材料"硬度"的度量是剩余磁感与矫顽力的乘积 $B_r \times H_c$，这个乘积大致是单位体积材料去磁所需能量的两倍，即 $(B_r \times H_c)/2$ 为 $B-H$ 曲线下 $H=0$ 和 $H=-H_c$ 间的面积。硬磁材料"硬度"的另一种度量是在 $B-H$ 曲线的第四象限中取一点向 B、H 轴分别作垂线所得矩形面积的最大值 $(BH)_{max}$，如图 5 – 65 所示。面积的量纲是单位体积材料的能量（kJ/m^3）。硬磁材料大致可分为传统硬磁材料与高能硬磁材料两类。传统硬磁材料通过沉淀的 W、Co 碳化物阻止微区边界的运动，$(BH)_{max}$ 在 $2 \sim 80 kJ/m^3$；而高能硬磁材料是基于稀土金属的材料，$(BH)_{max}$ 远远高于 $80 kJ/m^3$，最具代表性的是 $SmCo_5$ 和 $Nd_2Fe_{14}B$。

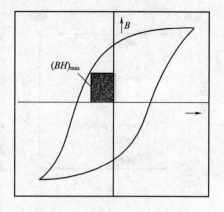

图 5 – 65　硬磁材料"硬度"的表征

5.9　磁致伸缩材料

5.9.1　磁致伸缩效应

磁致伸缩是铁磁材料在磁场作用下改变尺寸与形状的性质。这一现象是 1842 年 James Joule 在金属镍上发现的，故称作 Joule 效应。磁致伸缩现象与 5.7 节的电致伸缩十分相似，不同的只是尺寸与形状的变化来自磁场而非电场。

Joule 效应是个可逆的材料性质：当外加磁场移除时，样品又会回到初始尺寸。长度方向的应变或侧向的直径收缩大致与磁场成正比，利用这一性质可用作各种制动器。Joule 效应的反效应是 Villari 效应。当机械应力施加于样品时，由于创造了磁场，引起磁通量密度的变化，磁通量密度的变化与所施应力成正比。Villari 效应也是可逆的，这一性质可用于制造传感器。

Joule 效应的公式表述为：

$$\lambda = c^H \sigma + d \cdot H \tag{5-28}$$

其中，λ 为应变，H 为磁场强度，c^H 为初始 H 时的柔量，d 为应力恒定时的磁致伸缩系数。式（5 – 30）可与描述电致伸缩的式（5 – 17）$\varepsilon = d \cdot E$ 相参照。

磁场强度可据式（5 – 20）计算：

$$H = \frac{N \cdot I}{l} \tag{5-29}$$

其中，I 为电流（安培），N 为线圈匝数，l 为线圈长度。由于棒状样品的轴一般与磁化方向相同，所以只需考虑轴向分量。所以 d、μ 和 c 都可简单地按标量处理。

Joule 效应的逆效应为 Villari 效应，即应力致磁场效应，与压电效应相对应：

$$B = d \cdot \sigma + \mu^\sigma H \tag{5-30}$$

其中，B 为磁感，d 为磁致伸缩系数，σ 为应力，μ^σ 为初始应力时的磁导率。

磁微区在磁场中的转动不仅会引起伸缩，还会引起许多形式不同的变化，与许多物理效应相关。磁致伸缩在本质上是机械能与磁能的可逆交换。能量转化的能力使磁性材料可用于传感器与制动器。

ΔE 效应是磁场引起杨氏模量的变化。Terfenol – D 中的 $\Delta E/E$ 大于 5，故可用于可调振

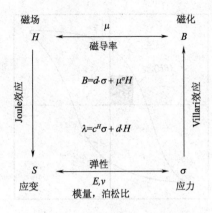

图 5 – 66　各种磁致伸缩效应

动与无线电波声纳体系。由于杨氏模量的变化，材料中的声速发生变化，故可被观察到。

　　另一个与磁致伸缩相关的效应是 Wiedemann 效应。物理背景与 Joule 效应相似，只是纯拉伸与压缩应变替换成了铁磁样品扭转造成的剪切应变。反 Wiedemann 效应称作 Matteuci 效应，输入交流电在样品中创造了一个长度方向的磁场。扭曲一个铁磁样品引起样品磁通量的变化，继而引起样品磁感密度变化速率的变化。用检测线圈测定磁感的变化，可计算出剪切应力的变化，进而计算出扭矩的幅度，故 Matteuci 效应可用于传感器。图 5 – 66 是与磁致伸缩相关的各种物理效应。

　　在以上诸多参数中沿磁场方向的应变 λ 常被称作磁致伸缩因子：

$$\lambda = \Delta L/L \tag{5-31}$$

磁致伸缩因子可正可负。λ 为正时材料沿磁场方向伸长，λ 为负值时在磁场方向上收缩，见图 5 – 67。

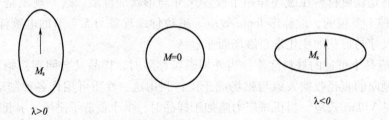

图 5 – 67　Joule 磁致伸缩，材料根据 λ 的符号改变形状

　　在不同晶轴方向上测量的系数 λ 不同，故 λ 是各向异性的。对于多晶的、均匀的立方晶体材料，λ_S 可写作：

$$\lambda_S = \frac{2}{5}\lambda_{100} + \frac{3}{5}\lambda_{111} \tag{5-32}$$

表 5 – 8 给出了一些材料的磁致伸缩因子。

表 5 – 8　　　　　　　　　　　　一些材料的磁致伸缩因子

材料	磁致伸缩因子（10^{-6}）			
	λ_{100}	λ_{111}	λ_S（计算）	λ_S（测量）
Fe	19.5	−18.8	−3.5	−7
Ni	−45.9	−24.3	−32.9	−34
TbFe$_2$	—	—	—	1750
Tb$_{0.3}$D$_{0.7}$Fe$_{1.9}$	90	1640	1020	2000

最后一行的 Tb$_x$Dy$_{1-x}$Fe$_2$ 是磁致伸缩因子最显著的市售材料，商名 Terfenol – D。Ter 代

表 Terbium，D 代表 Dysprosium，NOL 代表海军装备实验室（Naval Ordnance Laboratory），由 A. E. Clark 小组于 20 世纪 70 年代发现。Terfenol – D 有最初应用是高性能声纳传感器。

压电材料有正压电与反压电两种效应，磁致伸缩效应也有正、反之分。逆向的 Joule 称作 Villari 效应，即对磁性材料施加应力时磁感发生改变。

5.9.2　磁致伸缩机理

正、反两类磁致伸缩的原因是相同的。铁磁材料的内部具有微区结构，每个微区都有相同的磁极化。外加磁场时，微区边界移动，微区转动，这两个响应都引起材料尺寸的变化。转动与取向引起材料结构的内应变。故磁致伸缩的本质是力致伸缩，又称磁弹性效应。正向磁致伸缩的情况下，结构的应变引起磁场方向形状的伸展。在此伸展过程中截面积收缩，体积变化非常小，可以忽略。强磁场的作用使越来越多的微区在磁场方向取向，当所有微区沿磁场排列时达到饱和点。图 5 – 68（a）是样品应变随磁场强度的理想变化。

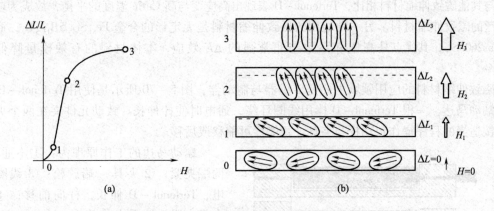

图 5 – 68　应变随磁场强度的变化
（a）样品应变随磁场强度的理想变化　　（b）磁微区取向的物理背景

磁微区取向的物理背景如图 5 – 68（b）所示。在 0 和 1 之间的区域中，磁场很小，整个材料没有微区的公共取向，只有局部的公共取向，所造成的应变强烈依赖于磁性材料的结构的均匀性。在 1 和 2 点之间的区域，应变与磁场强度间呈线性关系。由于线性关系容易预测，几乎所有元件都在此区域工作。超出了 2 点，关系又变成非线性的，因为所有磁微区都沿磁场排齐。在 3 点出现磁饱和，应变不能再增长。

磁致伸缩行为一个有趣的现象是当磁场反方向施加时，产生的伸长同正磁场是相同的。图 5 – 69 为随磁场的长度变化。曲线的形状像个蝴蝶，故称作蝴蝶曲线。

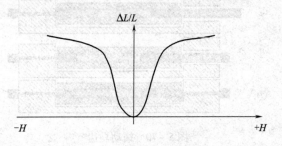

图 5 – 69　对称磁场下的应变

5.9.3 磁致伸缩材料与应用

表 5－9 比较了一些磁致伸缩材料的应变行为。

表 5－9   应变能力的比较

材料	饱和应变/10^{-6}	Curie 温度/K	材料	饱和应变/10^{-6}	Curie 温度/K
Ni	－50	630	Terfenol－D	2000	650
Fe	－14	1040	$Tb_{0.5}Zn_{0.5}$	5500	180
Co	－60	1150	$Tb_{0.5}DyxZn$	5000	200
Fe_3O_4	60	860			

从表 5－9 可以看出，钴是元素中饱和应变最大的材料，但与合金材料相比仍相差两个数量级。但合金材料的致命缺点是 Curie 温度太低，而只有在 Curie 温度以下才会有磁致伸缩行为。与其他磁致伸缩材料相比，Terfenol－D 表现出高应变与高 Curie 温度的平衡，故成为应用最广泛的磁致伸缩材料。另一种通用的磁致伸缩材料是无定形的合金 $Fe_{81}Si_3.5B_{13.5}C_2$，商名 Metglas2605SC，其优点是高饱和系数与非常强的 ΔE 效应，本体材料的有效模量降低可达 80%。

磁致伸缩材料的应用领域主要是传感器与制动器，图 5－70 所示是使用 Terfenol－D 制造的蠕动马达。一根 Terfenol－D 棒用线圈环绕，通电时使棒伸长。致动元件夹在两个夹具上，按适当的程序操作致动杆与夹具，智能棒可前移或后移。

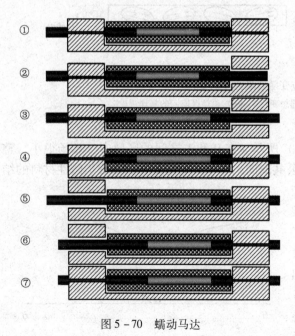

图 5－70 蠕动马达

蠕动马达的工作原理为：①不通电，两端夹紧；②夹具一端放松；③线圈通电，Terfenol－D 伸长，杆向前移；④前夹具夹紧；⑤后夹具放松；⑥线圈断电，杆回缩，杆后端前移；⑦后夹具夹紧。在总伸缩长度 20mm 下，位置控制的精度可达几个微米，夹紧力可达 3000N。这种蠕动马达的工作原理与图 5－54 中的压电马达基本相同，读者可以相互印证。

美国海军装备实验室利用磁致伸缩性质制成了第一个实用装置声纳系统。该系统的原理是利用磁性材料的伸缩使周围的空气发生明显的振动，利用产生的声波可以探测四周物体的位置。使用同样的技术也可以产生超声波，用于诊断、医疗、清洗与测量等领域。

像电致伸缩材料一样，磁致伸缩材料也能用于减震与噪音控制系统中。其原理已在 5.7 节中介绍。伸缩传感器能够感知振动的变化，将信号传递给中央处理器，决定抵消变化及减小振动的响应。

5.10　智能流体

5.10.1　智能流体的类型

牛顿流体的黏度不随力场（例如剪切场）而改变，非牛顿流体的黏度则为力场的函数。假塑性流体的黏度随剪切速率的增大而下降，膨胀性流体的黏度随剪切速率的增大而上升。从另一个角度看，膨胀性流体具有某种智能性：可根据力场的大小自动调节本身的黏度。

能够调节流体黏度的不限于力场，对于特定的流体，电场或磁场也具有调节黏度的功能。美国的 Willis Winslow 于 1947 年发现了电流变体，其黏度随电场强度的增加而增大。紧接着，Jacob Rabinow 于 1949 年发现了磁流变体，其黏度随磁电场强度的升高而增大。根据磁性粒子的性质，某些磁流变体又称铁流变体。由于这些流体的黏度自我调节性，我们将它们统称为智能流体。智能流体不仅有相似的性能，还具有相近的结构：都是微细粒子分散在一定的液体（称作载液）中构成。

电流变体由微细的（直径 $50\mu m$ 以下）非导电粒子悬浮于电绝缘载液中构成。最简单的电流变体是由玉米淀粉、轻质蔬菜油和硅油混合而成。电流变液的组成多种多样，所使用的载液与分散相粒子各不相同。载液可为水性的也可为油性的，分散相粒子可为固体也可为液体。液体粒子可分为均相流体和非均相流体。均相流体一般为液晶；非均相流体则为乳液或微乳液。固体粒子可使用无机粒子或有机粒子。

磁流变液与电流变液相似，所不同的是在无磁性载液加入悬浮的磁性颗粒。磁流变液中的粒子常通过表面活性剂分散于液体，故磁流变液是胶体悬浮液。重要的是，改变磁场强度可以精确地控制流体的屈服强度，结果是流体传递载荷的能力受磁场控制。如果磁性粒子的尺寸小到 10nm 以下，就不需要表面活性剂，可通过布朗运动而悬浮。此类磁流变液就称作铁流变液。由于使用铁磁粒子，磁流变液在 Curie 温度丧失磁性质。

膨胀性流体也具有上述流体相似的结构，但范围更加广泛，对粒子与载液的导电性与磁性没有要求，只要是微细粒子在载液中的悬浮体系就能构成膨胀性流体。

5.10.2　智能流体的稳定机理

悬浮液不同于胶体。悬浮液中粒子相的尺寸大于胶体，会引起沉降。而在胶体中粒子尺寸小，不会沉降。故悬浮液需要使用不同的方法稳定化。所谓悬浮液的稳定化指阻止粒子间的相互团聚而析出溶液。粒子间的相互作用除电、磁相互作用外，主要是范德华吸引力。范德华吸引力与粒子距离的平方成反比。如果在粒子间引入排斥力，使粒子间距足够远，将范德华吸引力降到足够低的水平，就能有效地阻止粒子的相互接近。稳定悬浮液的两种远程力是静电力与空间力。

Helmholtz 双层模型解释了相同电荷粒子在悬浮液中的分散。模型由两层构成：第一层是粒子的带电表面，创造了一个静电场；作为响应，在载液中创造出了大小相等、电荷相反的扩散层，使表面保持中性。于是粒子表面与载液中的扩散层创造的双电层阻隔了粒子间的相互靠近，使悬浮液得以稳定（图 5-71）。

与静电方式不同，空间位阻稳定化是依靠附着在粒子表面的高分子链间的空间位阻使悬浮液获得稳定（图5-72）。聚合物在粒子表面的附着，或为接枝或为吸附。接枝的聚合物主链与粒子表面以共价键相连。而吸附的聚合物由亲溶剂与憎溶剂段构成，其中憎溶剂段非共价地吸附在粒子表面而亲溶剂段构成空间边界或间隔剂。吸附的高分子链作为间隔剂使粒子保持足够的距离以防止粒子被范德华吸引析出溶液。

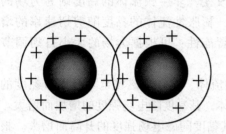 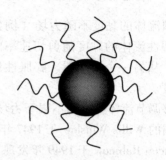

图5-71　通过电双层力稳定化的悬浮液　　图5-72　空间位阻稳定化的悬浮液

　　由于粒子与载液的密度相差悬殊，智能流体中的粒子总会发生沉降，完全消除沉降是不可能的。以上两种手段都只能延缓、而不能完全消除沉降。延缓沉降的另两个手段是加入表面活性剂和使用纳米粒子。

　　加入表面活性剂会围绕粒子形成胶束。表面活性剂一端为极性另一端为非极性，极性端吸附纳米粒子，非极性端伸向载液，形成围绕粒子的胶束，空间上的排斥防止了团聚。常用的表面活性剂有油酸、羟化四甲胺（tetramethylammoniumhydroxide）、柠檬酸和大豆卵磷脂（soylecithin）。使用表面活性剂虽然能够阻止沉降，但代价是降低了粒子的堆砌密度，降低了即时黏度，造成流体的"软化"。在磁流变液中会降低磁饱和度，也就降低了剪切强度。

　　理论上只含纳米粒子的智能流体不会发生沉降，这是在粒子不发生团聚的前提下。但由于流体中粒子的粒子浓度很高，粒子间的团聚是不可避免的，仍需要加入表面活性剂来延缓沉降。但表面活性剂在数年后会倾向于失效，纳米粒子仍会团聚，然后会从液体中分离。

　　如果使用纳米线作为分散相（图5-73），流体在数月内不会出现沉降。这是由于纳米线的对称性差，堆积密度低，又能产生支撑结构。由于这一性质，纳米线的加入量可大大低

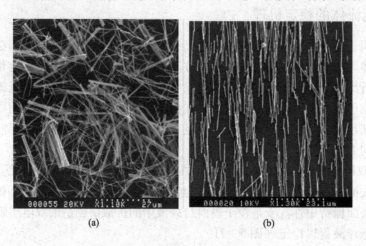

(a)　　　　　　　　　　(b)

图5-73　使用纳米线的磁流变体
（a）无磁场　（b）施加磁场

于同体积的球状与椭球状粒子。传统智能流体中粒子相的典型加入量为 30% ~ 90%，而纳米线流体的逾渗门槛可低至 0.5%（取决于长径比），最大填充量孔只需 35%。长径比越大，每个粒子的排除体积越大，粒子间支撑也越严重，这样就使无外场的"关态"黏度升高。使用大长径比的粒子可使智能流体的屈服强度提高 10%。

5.10.3 智能流体的工作原理

电、磁流体中黏度的变化可用串行机理解释。不论是电场、磁场或剪切场作用于流体时，流体内的颗粒被极化而排成串行结构。这种串行排列使得流体凝胶化，流动性减弱。一旦外场撤消，粒子极化消失，流体便又能自由流动了，见图 5 – 74。

由串行机理的解释，电流变液与磁流变液工作时的流动方向就不是随意的，而是由电（磁）场的方向所规定。在设计电（磁）流变液时，要保证通量垂直于被限制运动的方向，一般是垂直于流体流动的方向。无电（磁）场条件下，磁性粒子在载液中无规悬浮。施加电（磁）场时，微米粒子（尺寸在 $0.1 \sim 10 \mu m$）沿电（磁）通量自动排列。如图 5 – 75 所示，

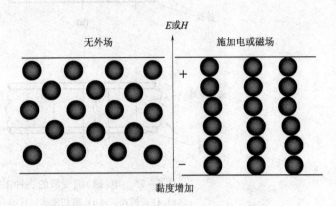

图 5 – 74 电或磁场诱导悬浮粒子的串行排列

两板之间的电（磁）流变液（间距通常为 $0.5 \sim 2mm$）有三种工作模式：柱流模式、剪切模式与挤压模式。所有情况下的几何设置都是使电（磁）场垂直于板的平面，使粒子串行的排列方向也垂直于板平面，故而平行于板方向的流动阻力大幅度增加。由此也可看到，智能流体的力学性能是各向异性的。

与电、磁流体不同，膨胀性流体的黏度不因施加电场或磁场而发生改变，而是通过施加剪切场使流体的黏度发生突增，这种现象称作剪切增稠。膨胀性流体是在牛顿流体中加入一定量的固体粒子形成的悬浮液。较低固体粒子含量（$\phi < 0.3$）的悬浮液不表现出剪切增稠，故不能称作膨胀性流体。当固体粒子的含量超过 $\phi > 0.5$ 时，就会出现明显的剪切增稠行为。膨胀性流体中的固体粒子尺寸一般为胶体尺寸（$0.1 \sim 1 \mu m$），故也存在团聚问题，需要采用静电或空间方式进行稳定化。

膨胀性流体并不是从施加剪切伊始就发生黏度的提高。在低剪切速率下，膨胀性流体的行为并不是"膨胀性"，而是它的反面：剪切变稀，即黏度随着剪切速率的增加而降低。当剪切速率增加到某一值时，流体的黏度突然增大，此刻才真正转变为"膨胀性"流体。流体从假塑性转变到膨胀性的剪切速率称作临界剪切速率。剪切增稠行为高度依赖于液体中悬浮的固体粒子的体积分数。体积分数越高，临界剪切速率就越低。图 5 – 76（a）中的体系演示了这一行为。

膨胀性液体的假塑性和膨胀性行为取决于悬浮液中液体对固体粒子的作用力。在零剪切速率下，粒子主要受到的是 Brownian 运动力，粒子作无规运动，发生频繁碰撞，故黏度较高。在低剪切作用下，剪切压制了 Brownian 运动，使粒子基本平行地沿流动方向移动，故

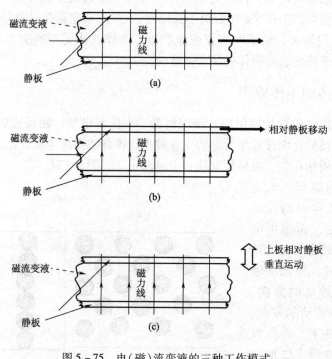

图 5－75　电(磁)流变液的三种工作模式
（a）柱流模式　（b）剪切模式　（c）挤流模式

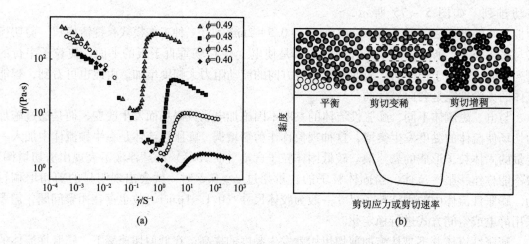

图 5－76　一种聚合物膨胀性流体的剪切行为随剪切速率的变化
（a）黏度变化　（b）变稀与增稠机理

发生黏度的降低，这是悬浮液假塑性的原因。静电或空间稳定化作用使固体能够保持适当的距离，粒子层之间不相互干扰，这种状态一直保持到一个临界剪切速率。超过临界剪切速率后，剪切力能够克服粒子间的排斥力，强行改变粒子间的距离，发生所谓"出层运动"，层与层之间的分界不复存在。这种转变被称作"有序－无序转变"。此时体系不仅回到零剪切速率下的无序状态，还会因强烈的剪切作用发生固体粒子的团聚，形成所谓团簇 ［图 5－76（b）］。团簇的庞大体积以及形状的不规则性使流体的黏度迅速提高，故可观察到黏度的突增。

　　理论上剪切增稠可发生于一切悬浮液。但具有实用意义的不是黏度的逐渐增加，而是在某个临界剪切速率黏度的突增。只有少数体系能够满足这个要求。图 5 – 76（a）所示是个典型的体系，是聚甲基丙烯酸甲酯（PMMA）单分散微球分散在 $M_w = 200$ 的液体聚乙二醇中形成的悬浮液。如果用二氧化硅粒子取代 PMMA 粒子，可能得到相似的剪切增稠行为。图 5 – 77 是两个以无机粒子为分散相的悬浮体系。

　　影响剪切增稠的因素包括粒子尺寸与分布、粒子体积分数、粒子形状、粒子间作用、连续相黏度以及形变的类型、速率与时间等。其中影响最显著的是粒子体积分数与连续相黏度。粒子体积分数越高，连续相黏度越大，剪切增稠行为越显著。固体粒子的尺寸分布也很重要，单分散粒子的剪切增稠行为比多分散粒子体系显著得多。

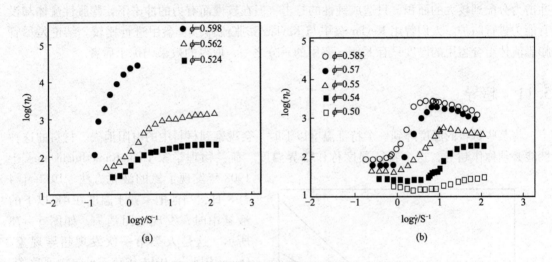

图 5 – 77　相对黏度随剪切速率的变化
（a）二氧化硅粒子分散于甘油/水（86.1%）中的悬浮液
（b）玻璃粒子分散于甘油/水（86.1%）中的悬浮液，温度均为 20℃

5.10.4　智能流体的用途

　　尽管人们发现智能流体的性质已有六十多年，但直到本世纪前并没有给予足够的重视。2002 年人们将磁流变体用于美国通用汽车公司的 Cadillac Seville STS 以及德国大众汽车公司的第二代 AudiTT 的悬挂系统上应用后，对它们的兴趣才复活了。

　　（1）刹车　磁流变液被置于转子与刹车片之间，二者作相对剪切运动。电（磁）流变液的扭转阻力取决于黏度，而黏度可由电（磁）场调节。电（磁）流变液可连续调节扭矩。电（磁）流变液刹车特别适用于气动控制、精确张力控制与触觉控制。

　　（2）离合器　电（磁）流变液离合器的工作原理与刹车类似，在输出与输入传动轴间传递扭矩。离合器有两类构造：筒状与面状。筒状构造中电（磁）流变液在两个圆筒表面上工作，面状构造中磁流变液在两片圆板间工作。工作时，线圈产生的磁场提高了流体的黏度使扭矩得以传递。传递的时间只有 3 微秒。

　　（3）减震器　装载电（磁）流变液的减震器是个半活性装置。施加电（磁）场后流体的黏度在几微秒之内从液体变化到半固体，态度端正减震能力是无穷变化的且是可控的。电

(磁)流变液为机械系统的能量吸收提供了新的解决方案，被认为是永不损坏的安全装置。减震的应用非常广泛，从人体假肢中减少跳跃时对病人的振动，到重型汽车，建筑车辆，直到大型建筑物中的地震减震器。

膨胀性流体的两项代表性应用是拖曳控制与防弹衣。

在四轮驱动系统中，可使用充满膨胀性流体的黏性耦合将动力分配到前轮与后轮上。在高拖曳路面上，主动轮与从动轮间的相对运动是相同的，故只有弱剪切，没有动力传递。当主动轮开始滑动时，剪切增加，使流体开始增稠。随着液体增稠，向从动轮传递的动力开始按比例增加，直至达到完全增稠态、传递最大的动力。

使用膨胀性流体制造防弹衣，既有普通衣物的舒适感，又能抵御枪弹与刀具，被称作液体盔甲。液体盔甲的防护原理与普通盔甲相同，但液体盔甲更轻。膨胀性流体能够将突然的冲击力分配到较大的面积，只造成钝性的打击。但在较慢而有力的冲击下，膨胀性流体却没有能力进行防护。人们曾用 Kevlar 盔甲与 Kevlar/膨胀流体组合盔甲进行比较。结论是尽管膨胀流体组合盔甲的厚度只有 Kevlar 盔甲的三分之一，取得的效果仍优于后者。

5.11　超导

将某些材料的温度降到一个特征温度以下时，会观察到材料中的电阻消失。材料的这种性能必须称作超导，这个特征温度称作临界温度。荷兰物理学家 HeikeKamerlinghOnnes 于1908 年发现了氦的液化方法。1911 年 4 月 8 日，当他把汞置于温度在 4K 以下的液氦中时，发现电阻消失，如图 5－78 所示。这是人类第一次发现超导现象。Onnes 因此于 1913 年获诺贝尔物理学奖。

在 Onnes 的启示下，人们发现许多金属或合金都能够在各自的临界温度以下转变为超导体。金属材料的临界温度都非常低，接近绝对零度，这使超导体一直停留在实验室之中而未能实际应用。由于金属是导体，按照逻辑推断超导材料应该是金属，所以金属材料一直是人们追求高临界温度的对象。但金属这条

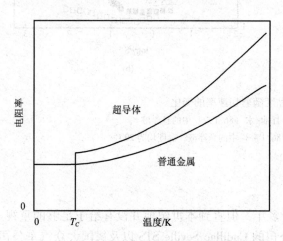

图 5－78　金属材料在临界温度附近的电阻变化

路线始终不尽如人意，1973 年临界温度为 23.1K 的铌锗合金（Nb_3Ge）的发现已经是了不起的成就了。

突破出现在 1986 年，Alex Muller 和 Georg Bednorz 合成了一种可在 30K 发生超导转变的陶瓷。这一发现颠覆了超导体必然是导体的传统观念。金属氧化物一般是不导电的，但某些氧化物按正确比例混合时，就能在"较高"的温度下成为超导体。1987 年 Alabama 大学发现了著名的 1－2－3 陶瓷（$YBa_2Cu_3O_7$），临界温度为 92K。这是一项重大突破，因为液氮的沸点为 77K，故这项发现意味着可用液氮作冷却剂而使一些材料成为超导体。在这一发现的带动下，人们开始广泛合成"高温"超导陶瓷，不断提高临界温度。当前的世界纪录是钛钡铜氧化物陶瓷，临界温度达到 138K。表 5－10 列出了一些合金与

氧化物陶瓷的临界温度。

表 5 - 10　　　　　　　　　　　　一些超导体的临界温度

材料	T_c/K	材料	T_c/K
$PbMo_6S_8$	12.6	$La_{1.85}Sr_{0.15}CuO_4$	40
$SnSe_2[Co(C_5H_5)_2]_{0.33}$	6.1	$Nd_{1.85}Ce_{0.15}CuO_4$	22
K_3C_{60}	19.3	$YBa_2Cu_3O_4$	90
CsC_{60}	40	$Tl_2Ba_2Ca_2Cu_3O_{10}$	125
$Ba_{0.6}K_{0.4}BiO_3$	30	$HgBa_2Ca_2Cu_3O_{8+d}$	133

5.11.1　超导体的磁性质

让我们先做一个思想实验。使用一个超导材料制作的环，在临界温度以上（$T > T_c$）对环施加一个外磁场，贯穿于这个环（图 5 - 79）。注意这里"贯穿这个环"指的是磁场的磁力线包裹了这个环以及附近的空间。把温度降到临界温度以下使 $T < T_c$，此时材料转变为超导体，移除外磁场。会发现外磁场移除后贯穿环的磁场依然存在，磁力线仍然从环口穿过。

这一奇特现象可用 Faraday 感应定律进行解释。Faraday 感应定律为：

$$\oint EdI = -\frac{d\Phi}{dt} \tag{5-33}$$

其中，E 为沿回路的电场，Φ 为穿过环口的磁通量。外磁场移除前通过环的磁通为 $\Phi = B \times$（环口面积）。

在 T_c 以下超导体的电阻为零，超导体内的电场也必然为零，故式（5 - 33）左侧为零，那么有：

$$\frac{d\Phi}{dt} = 0 \tag{5-34}$$

这就意味着当 $T < T_c$ 穿过环的磁通 Φ 保持恒定。所以在外磁场移除后磁通仍被保持在环口中。磁通在环中得以保持是由于外磁场移除时在环中感应的电流。这种感应电流称作持续电流。电流一旦在超导体中流动，就会永无休止地流动下去。实验证明超导线圈中的电流能够保持三年而无明显降低，理论计算的电流寿命可为数百亿年，比宇宙寿命还要长。

让我们做下一个思想实验。这次实验使用一个超导材料制造的球。先在 $T > T_c$ 时施加一个外磁场贯穿这个球，然后将温度降到 $T < T_c$ 并移除磁场。由 Faraday 定律的结论 $B = $ 常数，我们预料磁通将原封不动，仍会像 $T > T_c$ 时那样穿透这个球。但实验观察发现，磁场被排斥于材料的体外，在超导体内部 $B = 0$。这一效应被称作 Meissner 效应。

Meissner 效应示于图 5 - 80，箭头代表磁通（H）。普通导体可以被磁通贯穿，而超导体则对磁通形成排斥。超导体对磁通的排斥是由于在材料表面产生电流。表面电流在超导体表层上诱发一个磁场，与施加的外磁场大小相等、方向相反，严格地相互抵消。故表现为外磁场被排斥在材料体外，使超导体内部 $B = 0$。

虽然磁力线被排斥，外磁场仍可以作用于超导体，使一个永久磁铁悬浮于陶瓷氧化物超导体盘子之上。磁铁能够在超导体上方的空气中漂浮是因为它的磁力线被超导体所排斥，磁场被排斥于磁铁体外。超导材料与磁铁有力地相互吸引但绝不会像普通磁铁那样相碰。

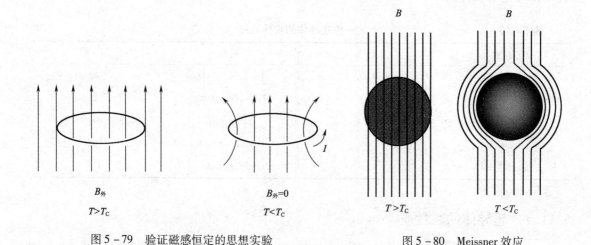

图 5-79 验证磁感恒定的思想实验	图 5-80 Meissner 效应

所以超导体不仅具有电阻为零的电学性质，还具有内部磁感为零的磁学性质。但超导体排斥外磁场的能力有一个极限值，换句话说，被排斥的磁通密度有一个临界值 B_c，高于 B_c 的磁场将会破坏超导态，使其转变为普通态。临界磁场的数值依赖于温度：

$$B_c (T) = B_{c0} \left[1 - (T/T_c)^2 \right] \tag{5-35}$$

式中，B_{c0} 为 $T=0$ 处的临界磁场。

如果将超导体制成导线，当有电流从导线中通过时，电流也会引发磁场，电流越大，磁场越强；越靠近导线的芯部，磁场越强：

$$B = \frac{\mu_0 I}{2\pi r} \tag{5-36}$$

式中的 μ_0 为真空磁导率，为 $4 \times \pi 10^{-7} \mathrm{Tm/A}$。

当诱发的磁场超过临界场强时，超导体就会转变为普通导体，故存在一个临界电流密度，超过这个值后超导性就被破坏。超导体可承载的最大超导电流相当于导线表面 $r=R$ 处的临界磁场：

$$I_c = \frac{2\pi R B_c}{\mu_0} \tag{5-37}$$

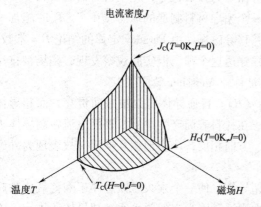

图 5-81 临界温度、临界磁场强度与临界电流密度

所以超导体必须用三个参数进行定义：临界温度、临界磁场强度与临界电流密度（图 5-81）。三个参数中超越了任何一个，就会发生超导体向普通导体的转变。

5.11.2 超导机理

金属中的超导现象可以用 John Bardeen、Leon Cooper 和 Robert Schrieffer 于 1957 年建立的理论进行解释，称作 BCS 理论。这个理论的要点是超导态源自电子与

晶格原子间的相互作用。良导体（晶格散射弱）往往
是不良的超导体（T_c 低）电子通过晶格时引起的晶格
变形（电子与带正电的晶格相互吸引，使晶格产生微
小的位移），在晶格中产生微小的正电区，正电区会吸
引另一个电子，使与前一个电子形成电子对称作 Cooper
对（图 5－82）。在超导体内的载荷子正是 Cooper 对而
不是单个电子。

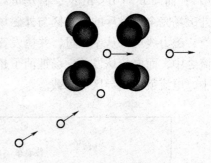

图 5－82　Cooper 对的形成

电子之间的耦合是很弱的，可以被晶格的热运动所
破坏，所以超导性只能在很低的温度下存在。Cooper 对
不具有 1/2 的自旋，故不服从 Pauli 不相容原理（一个
态一个电子）。大量的 Cooper 对可以共存于一个电子态中。这个状态是稳定的，只有当外部
能量（热能）输入时才会被破坏。共存态中 Cooper 对的结合能在几个 meV 的量级。

超导体中电子处于低能态，形成 Cooper 对是个自发过程。故超导体中的满带由 Cooper
对所占据，而 E_g 以上的空带由"破碎"的 Cooper 对所占据。故带隙 E_g 是 Cooper 对结合能
的度量（$E_g = 3.53 k_B T_c$）。结合能越大，T_c 越高。

E_g 可用吸收光谱测定。当 $hc/\lambda > E_g$ 时就会产生电磁波的吸收。

在普通导体中，电流可看作是穿越离子晶格的电子流。电子与离子在晶格内持续发生碰
撞，每次碰撞晶格就会吸收一部分电流能量转化为热量，这个热量就是晶格离子的振动能。
电流的能量不断耗散，这一现象称作电阻。从散射的电子晶格碰撞就会有电子能级的变化。
对 Cooper 对而言，欲对其进行散射也要改变其能级。但 Cooper 对是与大量其他 Cooper 对相
耦合的，要散射 Cooper 对就要一次性散射 Cooper 对的整体，即同时改变大量 Cooper 对的能
级。这是不可能发生的，所以 Cooper 对不会被散射，故表现出零电阻。由于 Cooper 对可以
无能量耗散地流动，所以 Cooper 对又是个超流体。这个理论的三位建立者于 1972 年获诺贝
尔奖金。

5.11.3　超导体的类型

超导体可分为 I 型与 II 型，二者对外磁场的响应不同。 I 型超导体只有一个临界磁场
B_c，当 $B < B_c$ 时，磁场完全被排斥在体外（图 5－83）。

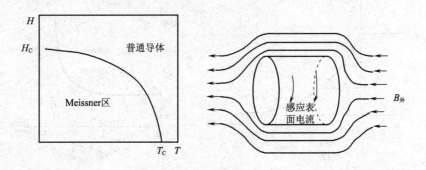

图 5－83　 I 型超导体

II 型超导体具有两个临界磁场 B_{c1} 与 B_{c2}。当 $B < B_{c1}$ 时，磁场被完全排斥（类似于 I

型）；而当 $B_{c1} < B < B_{c2}$ 时，磁场可以部分地贯穿材料。这样，超导材料就被分成两个区域：外磁场完全被排斥的超导区与外磁场可以贯穿的普通区（图 5 – 84）。普通区的形状如同细丝，磁力线可以从中穿过，并诱发普通区与超导区界面上的电流。细丝的表面就被包裹在电流之中，而电流诱发的磁场抵消了超导区中的磁场。由于超导区的电阻为零，在 Ⅱ 型超导体中，电流就由超导区所承载。

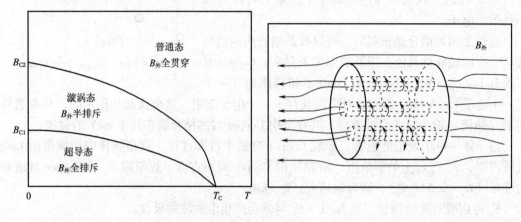

图 5 – 84 Ⅱ 型超导体

欲解释超导体为什么会有这两种类型，需要从 Meissner 效应的 London 理论讲起。Meissner 效应来自表面电流。虽然表面电流的厚度非常有限，但说明超导体并不是完全排斥外磁场，而是将外磁场的贯穿限制在一个有限的、非常小的深度，称作 London 贯穿深度，记作 λ。从 λ 的深度开始，磁场向材料内部指数地衰减为零 [图 5 – 85（a）]：

$$B（x）= B_{外} \exp（-x/\lambda）\tag{5-38}$$

λ 是温度的函数：

$$\lambda = \frac{\lambda_0}{\sqrt{1 -（T/T_c）^4}}\tag{5-39}$$

λ_0 为 $T = 0$ 时的贯穿深度，一般为 30 ~ 130 nm，因材料而异。图 5 – 85(b)是金属锡的贯穿深度与温度的关系。

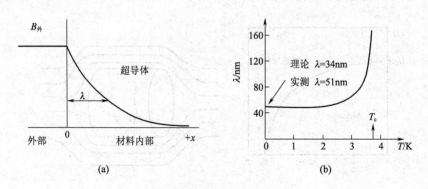

图 5 – 85 London 贯穿深度
（a）磁通密度随材料深度的变化 （b）贯穿深度与温度的关系

　　由于在超导体的贯穿深度内仍有部分磁力线穿过，可以想象，载荷子并不是单一的 Cooper 对，而是 Cooper 对与单个电子的混合体。对此 London 提出了双流体模型。在超导体的表面层中存在两种载荷子，数量为 n_s 的 Cooper 对与数量为 n_n 的普通电子。二者的加和是个常数，但随着温度的提高，Cooper 对逐步减少而普通电子逐步增多，如图 5 - 86 所示：

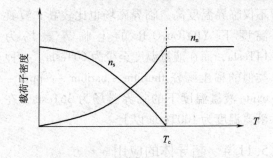

图 5 - 86　表面层中两种载荷子

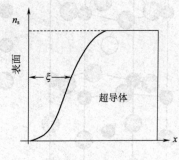

图 5 - 87　相关长度 ξ

　　Cooper 对在表面上的分布并不均匀，定义 n_s 从最大值下降到零的深度为相关长度 ξ（Pippard，1939）。这个尺度事实上就是 Cooper 对运动所需的空间尺寸（如图 5 - 87）。正是 ξ 与 λ 的相对大小决定了超导体的类型。

　　由图 5 - 88 所示，Ⅱ型超导体处于 H_{c1} 与 H_{c2} 之间时是一种"两相状态"：普通态的漩涡相分散于超导态的本体相之中。磁力线可以从旋涡穿过材料，故旋涡之间存在一定的斥力。旋涡之间并不是静止不动的，它们可以平行移动，移动中会消耗一定的能量。磁力线是量子化的，其量子为 Φ_0：

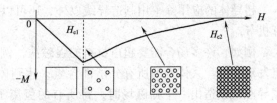

图 5 - 88　Ⅱ型超导体中旋涡相随磁场的变化

$$\Phi_0 = \frac{h}{2e} = 2.07 \times 10^{-15} \text{weber}（\text{weber} = \text{tesla} \cdot \text{m}^2）\tag{5-40}$$

　　现在来考虑Ⅱ型超导体随磁场由小变大时所发生的情况（图 5 - 88）。在 H_{c1} 以下材料本体是纯粹的超导体。磁场提高到 H_{c1} 附近时，开始生成单个旋涡。此后旋涡数量随磁场的提高而增加，到达 H_{c2} 附近时，旋涡在材料内发生最紧密的堆积。再提高磁场，所有的旋涡合而为一，彻底失去超导性。H_{c1} 与 H_{c2} 亦可由 λ 和 ξ 两个尺度进行估算。由于在 H_{c1} 附近出现最小的旋涡，其半径显然是贯穿深度 λ。因磁通是量子化的，所以有

$$\pi\lambda^2 H_{c1} \approx \Phi_0 \Rightarrow H_{c1} \approx \Phi_0/\pi\lambda^2 \tag{5-41}$$

　　在 H_{c2} 附近，旋涡发生最紧密的堆积，其缝隙就是供 Cooper 对运动的最小半径 ξ，故有

$$\pi\xi^2 H_{c2} \approx \Phi_0 \Rightarrow H_{c2} \approx \Phi_0/\pi\xi^2 \tag{5-42}$$

　　在Ⅱ型超导体中 $\xi \ll \lambda$，从单个旋涡的生成到旋涡的最密堆积要经历磁场的可观变化，故可观察到两个临界磁场。由式（5 - 41）与式（5 - 42）的比较可知 $H_{c2} > H_{c1}$；而在Ⅰ型超导体中 $\xi \gg \lambda$，这意味旋涡一旦生成就达到最密堆积，材料立即转化为普通态，所以只能有一个临界磁场。

　　最典型的Ⅱ型超导体是 $YBa_2Cu_3O_7$ 陶瓷，其晶格如图 5 - 89 所示。

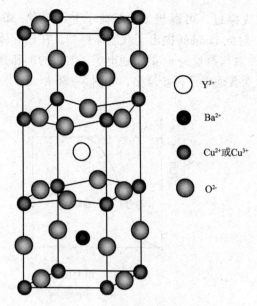

Y^{3+}

Ba^{2+}

Cu^{2+}或Cu^{3+}

O^{2-}

图 5 – 89　$YBa_2Cu_3O_7$ 的晶格结构

Ⅰ型与Ⅱ型超导体的临界温度相差甚远，Ⅰ型超导体主要是金属，临界温度在绝对零度附近，Ⅱ型超导体主要是陶瓷，临界温度可以延伸到液氮温度。超导陶瓷因临界温度较高，又称作高温超导体。高温超导体不仅临界温度高，临界磁场也比较高。液氮温度下 $YBa_2Cu_3O_7R$ 的上临界磁场为 14Tesla，而在液氦温度至少为 60Tesla。一种类似的稀土陶瓷 thulium – barium – copper – oxide 液氮温度下的临界磁场为 36Tesla，在液氦温度为 100Tesla 以上。

5.11.4　超导体的应用

高温超导体的发现，使人们看到超导体实际应用的曙光，全世界掀起了将此类高温超导体商业化的热潮。超导材料的数量迅速增加。这一发现的重要意义在于超导现象在普通实验室、甚至在教室中就能观察到。不仅是科学家，就是普通人也能插手超导体的开发。

超导体的应用除了用制造导线以外，还可以用来制造医疗设备、火车、电池、机械、计算机等。

例如，许多场合需要超声材料的强磁铁，例如磁共振造影（MRI）。MRI 利用组织中的氢发现肿瘤。人体内的所有分子都含氢，达到体内原子数的 60%。肿瘤的含水量较高。当超导磁铁创造出一个强磁场时，将所有的氢离子按同样方向排列，肿瘤看上去就像一个亮斑。无害的无线电波又会使氢离子离开队列。用扫描仪检测氢离子回到初始位置的时间，不同的组织时间不同。计算机就可利用离子的运动勾画出体内的图像。用于这种装置的环状超导磁铁由铌 – 钛导线绕成。将其冷却到接近 0K 并通过强电流。只要温度足够低，磁铁就连续地传导电流，没有电阻，高度稳定。

高温超导体还可以用于廉价发电。在发电机中使用超导体，可以实现无损发电。如果发动机的线圈用超导体制造，体积可降低一半，重量与功率消耗降低 60%。

高温超导体最激动人心的应用是磁悬浮。利用磁悬浮原理可以让火车以最小的摩擦运动。我国第一条磁悬浮列车已经在上海运行多年，时速高达每小时 500km。但由于成本的原因还未能投入商业运营。随着高温超导体技术的不断发展，人类将迎来真正的磁悬浮列车时代。

第6章 光电材料

6.1 光学性质

6.1.1 光与材料的相互作用

当电磁波（光）照射在材料表面时，会发生三种过程，即吸收、反射与透射。这三个现象在日常生活中是熟知的，黑布吸收光、镜子反射光、玻璃透射光。这三个过程可以单独发生，但多数情况下是同时发生的。一谈到光，我们往往只想到可见光，其实肉眼看不到的光如紫外光与红外光也在以同样的规律同时作用。

光的强度定义为单位时间单位面积上撞击的光子数。记入射光强度为 I_0，它必然是吸收、反射与透射强度之和，即：

$$I_0 = I_A + I_R + I_T \qquad (6-1)$$

将式（6-1）两侧除以入射光强，得到：

$$1 = A + R + T \qquad (6-2)$$

A，R 和 T 分别是发生三种过程的光强分数，A（I_A/I_0）称作吸收率（absorptivity），R（I_R/I_0）为反射率（reflectivity），T（I_T/I_0）为透射率（transmissivity）。由于三者加和等于1，一种过程加强了，另两种过程就相应减弱，一种材料不可能同时具有高反射、高吸收与高透射。

6.1.1.1 反射

在金属与合金中，低能级态全被电子占据，高能级为空电子态。可见光撞击金属表面时，电子吸收了能量，从占据态激发到未占的空态。激发态的电子是不稳定的，会立即发生衰变，即发射一个光子回到低能态，这种发射就是反射的本质。由于金属中能级间的距离极小，几乎是连续的，入射光子会在表面的几微米的薄层中全部被电子吸收，故金属都是不透明的。

反射过程中发射光子的能量一定小于或等于吸收的光子能量。不同材料由于电子结构不同，对光子的反射能力不同。同一种材料对不同能量的光子的反射能力也不同。如图 6-1，银对可见光全程都有很

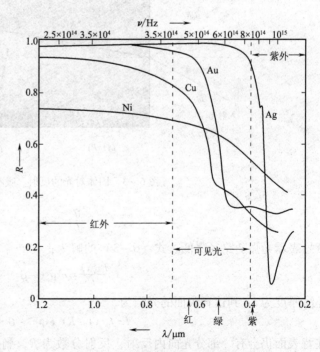

图 6-1　几种金属的反射率与频率的关系

强的反射能力，反射光谱与入射光谱相差无几，故显示银白色与光泽。铜和金对光子的吸收是从充满的 d 带向空的 s 带的激发，发射的光子频率落在红、橙、黄区域，故显示橙黄色。其他金属如镍、铁、钨的重发射光谱要可见区虽然也是连续的，但反射效率比银低得多，故显示银灰色。

颜色与光泽也受其他因素影响，如晶格缺陷、杂质和表面粗糙度。如图 6-2，从光滑表面或镜面的反射称作特征反射（specularreflectance），而从粗糙表面的反射称散漫反射（diffusereflectance）。在完全粗糙的表面上，反射可在任意角度 θ 发生，对金属的颜色与光泽都会产生重要的影响。

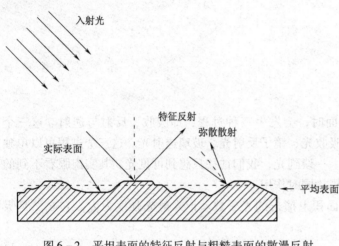

图 6-2　平坦表面的特征反射与粗糙表面的散漫反射

6.1.1.2　吸收

如图 6-3 所示，分数为 R 的入射光强被从表面反射，未反射的光进入材料，其强度为 $I_0(1-R)$。光在材料体内的行进过程中被逐渐吸收。光强分数 $\mathrm{d}I/I$ 与 x 的关系为：

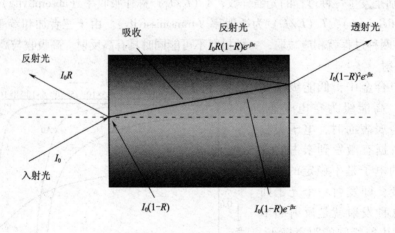

图 6-3　固体对光的反射、吸收与透射

$$\frac{\mathrm{d}I}{I} = -\beta \mathrm{d}x \tag{6-3}$$

负号表示光强随路径降低。式（6-3）的解为：

$$\frac{I(x)}{I} = \exp(-\beta x) \tag{6-4}$$

样品厚度为 l，到达背表面的光强为

$$I = I_0(1-R)\exp\{-\beta \cdot l\} \tag{6-5}$$

在背表面仍会有一部分光向内反射，反射分数为 R，剩余部分穿过材料或称被透射。这样，透射分数 T 为：

$$T = (1-R)^2 \exp\{-\beta \cdot l\} \qquad (6-6)$$

6.1.1.3　折射

光速随传播介质的密度而变化。真空中光速为常数 c，等于 $3.08 \times 10^8 \text{m/s}$。其他介质中的光速低于 c，记作 v。两个速度之比就是折射率 n：

$$n = \frac{c}{v} \qquad (6-7)$$

真空中的光速可与真空电容率 ε_0 与真空磁导率 μ_0 相联系：

$$c = \frac{1}{\sqrt{\varepsilon_0 \mu_0}} \qquad (6-8)$$

同样，介质中的光速也能同相同介质中电容率与磁导率相联系：

$$v = \frac{1}{\sqrt{\varepsilon \mu}} \qquad (6-9)$$

将式（6-8）和式（6-9）代入式（6-7），可知折射率也可用相对电容率（介电常数）与相对磁导率（$1+\chi$）来表达：

$$n = \sqrt{\frac{\varepsilon_r}{(1+\chi)}} \qquad (6-10)$$

由于多数非金属物质的磁化率很低，（$1+\chi$）接近于 1，故折射率近似为介电常数的平方根：

$$n \approx \sqrt{\varepsilon_r} \qquad (6-11)$$

光从真空进入介质时速度发生变化，从不同折射率的一相进入另一相时速度也发生变化。速度的变化使通过界面时光线发生弯折（图 6-4）。透射光在界面上的弯折称作折射，这就是术语折射率的由来。界面光线的折射角与折射率的关系为：

$$n = \frac{\sin\theta_i}{\sin\theta_r} \qquad (6-12)$$

式（6-12）中 θ_i 为入射光与界面法线的夹角，θ_r 为透射光与界面法线的夹角。由于光的反射角等于入射角，我们可以用折射率来表示反射率 R。如果光从空气（或真空）射向固体，则反射率为：

$$R = \frac{(n-1)^2}{(n+1)^2} \qquad (6-13)$$

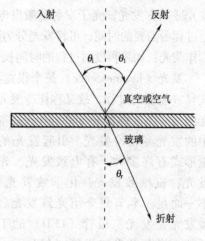

图 6-4　固体表面上的反射与折射

一般的情况是光从指数为 n_1（小）的介质垂直（$\theta_i = 0$）射向指数为 n_2（大）的固体表面，固体表面上的反射率为：

$$R = \frac{(n_2 - n_1)^2}{(n_2 + n_1)^2} \qquad (6-14)$$

所以固体的折射率越高，反射率越高。

6.1.1.4　吸收与颜色

光的吸收有两个基本机理：电子极化与电子激发，其中电子激发决定材料的透明度与颜色。电子吸收了光子的能量，被从价带激发到导带。激发的电子在导带自由运动并在价带留下一个空穴。光子能量必须大于价带与导带间的带隙 E_g 才能发生吸收。

$$h\nu \geqslant E_g \qquad (6-15)$$

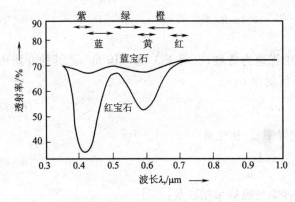

图 6-5 红宝石与蓝宝石的透射谱

如果带隙很大，可见光不能引起电子激发，则在无吸收的情况下通过材料，材料就是透明的，如金刚石、氯化钠、硅玻璃等。当然对可见光透明不等于对一切光都透明。当入射光能量足够高时（如紫外光），就会发生吸收。

如果材料能吸收可见光中的一部分，就会造成颜色。如图 6-5 中的红宝石（ruby），吸收光谱的中心在 0.42 和 0.6μm，相当于蓝紫与黄绿光。未被吸收的可见光中主要是红光，于是红宝石就是红色透明。图 6-5 中的蓝宝石（sapphire）的吸收中心与红宝石相近，但未被吸收的是蓝紫光，故呈浅蓝色。两种宝石的基本成分都是 Al_2O_3，区别只在于红宝石中含痕量的 Cr^{3+} 而蓝宝石中含痕量的 Ti^{3+}，造成了不同的电子能级分布，故而影响了吸收情况。

6.2 荧光与磷光

材料吸收光子再发射能量相同或稍低的光子。如果发射的光子处于可见区，就称作光致发光或简称发光。光子发射是激发电子回到基态的结果，这一过程又称作松弛过程。根据松弛过程所需要的时间，可将发光分为两类：荧光与磷光。如果松弛过程发生于 10^{-8} s 以内，就称作荧光；如果再发射过程的时间长于 10^{-8} s，就称作磷光。

发光（luminescence）是个很宽泛的概念，专指材料在吸收热能以外的能量后以光的形式释放能量的过程，故又称作冷发光过程。吸收热能后发射的光属于热发光，是不同于冷发光的另一类，称作 incandescence。本书中的发光专指冷发光。引起发光的能量形式有许多种，有电致发光、光致发光、机械致发光、化学致发光等，不一而足。本节只介绍光致发光。电致发光是发光二极管（LED）的工作原理，将在发光二极管（LED）一节中详细介绍。

6.2.1 材料的光吸收

图 6-6 为光致发光体系的部分能量图。欲了解发光的原理，首先要读懂电子能量图。能量图中画出了单电子可能处在的电子轨道，或称电子态。

在吸收能量之前，电子处于能量最低的基态，记作 S_0。基态中的一对电子具有相反的自旋［图 6-7 (a)］，

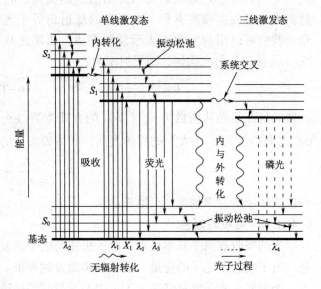

图 6-6 发光体系的部分能级

称作单线自旋态。基态中的一个电子吸收一个紫外或可见光子便能够从基态跃向激发态，同时电子的自旋保持不变，这样的激发态称作单线激发态［图 6 - 7（b）］。

单线激发态有不同的能级，如 S_1，S_2 等。S 代表单线态，后一个数字越大，所代表电子态的能量越高。应当注意每个电子态（基态或激发态）都有若干个振动水平。同一电子态中不同振动水平的区别在于振动模式的不同，能量会有所差别。由于振动水平的存在，S_2 中的各个振动水平不一定都高于 S_1 中的各个振动水平，如图 6 - 6，S_2 中的最低振动水平与 S_1 中的某个振动水平处在同一能量。

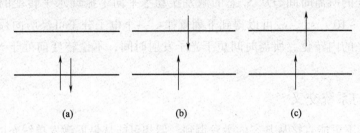

图 6 - 7　基态与激发态

（a）单线基态　（b）单线激发态　（c）三线激发态

激发的电子还有另一种状态，称作三线（激发）态。单线态中分子中所有的电子是自旋配对的；而三线态中有一组电子的自旋是相同的［即不配对的，图 6 - 7（c）］。三线态与单线态的性质与能量完全不同。三线态的能量总是低于单线态。三线态不能从基态的激发产生，图 6 - 6 中从基态 S 到三线态 T_1 没有箭头，说明这种转变是被禁止的或小几率的。单线激发态只能通过某种转化过程转变为三线激发态，从图 6 - 7（c）可以看出，三线态中电子的自旋与基态是不配对的。

6.2.2　荧光

激发态是不稳定的，不能永远保持。一个处于激发态的分子，它会在任意时刻自动回到基态，这一回归现象称作衰变、失活或松弛。松弛过程的能量释放有两种形式，即辐射性的与非辐射性的。一种形式是激发的电子将多余的振动能转移到环境。这一过程称作振动松弛。振动松弛发生在很短的时间内，会在 $10^{-13} \sim 10^{-11}$ s 内释放所有的过剩振动能，到达激发态的最低振动水平。另一种形式是以发射光子的形式释放，此类松弛称作发射。从单线激发态到基态的光子发射称作荧光（过程）。激发单线态的寿命（荧光的衰减时间）为 $10^{-8} \sim 10^{-5}$ s，比振动松弛的 $10^{-13} \sim 10^{-11}$ s 要短若干个数量级，说明激发电子在释放光子之前，必然先发生振动松弛，所以光子总是从激发态的最低振动水平开始发射。

荧光的量子效率定义为发生荧光的分子分数。多数情况下，辐射光子的发射在振动松弛之后，发射的光波能量一定低于分子吸收光子的能量。这个光子的能量变化引起荧光谱相对吸收谱向长波移动，即发生红移。但当吸收的电磁波很强时，一个电子能吸收两个光子，双光子吸收导致发射的光波长短于吸收的辐射，引起荧光谱相对于吸收谱发生蓝移。

总之，荧光过程包括吸收光子到达激发单线态，从高振动水平向最低振动水平的松弛，也可以从振动激发态直接发射光子回到基态，再回到基态的最低振动水平。

6.2.3　内转化

当分子被从基态直接激发到更高能级如 S_2 时，会发生什么转变？首先电子会经历前面讲过的振动松弛。当分子到达 S_2 的最低振动水平时，下一步转化取决于激发单线态间的间隔。一般情况下激发单线态间的间隔小于最低单线态 S_1 与基态 S_0 间的间隔。这意味着 S_2 的最低振动水平与 S_1 态的某个振动水平之间有重叠（即处于同一能量），于是可以发生从 S_2 态向 S_1 态的转变，这个转变称作内转化。分子通过内转化从 S_2 态向 S_1 态的最低振动水平转变的所需时间与从 S_1 态的激发振动水平向零振动水平转变的时间处于同一量级（即 $10^{-13} \sim 10^{-11}$s）。故可以得到下列规律：一个电子分子可经历向最低激发单线态的最低振动水平的内转化，所需时间短于光子发射时间，不论转变前处于 S_2 还是 S_1 的激发单线态。

6.2.4　磷光与系统交叉

尽管三线态不可能直接从基态的激发得到，但却可能从最低激发单线态的转变得到。这一过程称作系统交叉，是个与自旋无关的内转化过程。由图 6-6 所示，当单线激发态 S_1 衰减到零振动水平时，会发生两种过程：①通过荧光过程衰减到单线基态；②通过系统交叉转变为一个三线态。这两个过程所需时间都是 $10^{-8} \sim 10^{-5}$s，故出现一个竞争过程，势必有一部分 S_1 态转变为 T_1 态。S_1 的无辐射振动松弛（如内转化）发生于 10^{-13}s，系统交叉一定发生于 S_1 的零振动水平。

一旦发生系统交叉，电子就会经历普通的内转化过程（$10^{-13} \sim 10^{-11}$s）到达三线态的零振动水平。由于三线态的零振动水平与最低单线态的零振动水平间的能量差大于热能，从三线态不可能回到单线态。但由于三线态的寿命（约 $10^{-4} \sim 10^4$s）比激发单线态长得多，三线态完全有时间通过碰撞将能量转移给周围的粒子。但如果将分子置于坚硬的介质中使碰撞无法发生，三线态就只能通过发射光子向单线基态转变。三线态与单线态之间的发射称作磷光。用简单的术语解释，磷光是物质吸收的能量以较慢的发光形式释放。这就是某些情况下物质被照射后暗中发光的机理。不像普通荧光的快速反应，磷光物质吸收能量后会"储存"一段时间。由于磷光的根源是最低三线态，其衰减时间近似等于三线态的寿命（约 $10^{-4} \sim 10^4$s）。所以磷光的特征是迟滞发光，其机理可以用以下简单的方程表示：

$$S_0 + h\nu \rightarrow S_1 \rightarrow T_1 \rightarrow S_0 + h\nu' \qquad (6-16)$$

6.2.5　推迟荧光

推迟荧光是个非碰撞能量传递过程。这个过程具有荧光的特征，但寿命仅比磷光短一点。对多种芳烃推迟荧光的研究表明荧光强度与激发辐射强度的平方成正比，并与磷光强度的平方成正比，表明是涉及两个三线态的双光子过程。从数据得到的机理如下：

$$S_0 + h\nu \rightarrow S^* \qquad (6-17)$$

$$S^* \rightarrow T \qquad (6-18)$$

$$T + T \rightarrow S^* + S_0 \qquad (6-19)$$

$$S^* \rightarrow S_0 + h\nu_f \qquad (6-20)$$

处于基态 S_0 的分子吸收一个光子到达最低激发单线态 S^*，然后经过系统交叉转变为三

线态 T。三线激子具有很长的寿命,它们能够在晶体中扩散并相互作用产生一个激发单线态与一个基态(式 6-19),激发单线态再发射普通荧光(式 6-20)。在此双光子过程中推迟荧光的寿命是相伴的磷光过程的一半。

6.2.6　荧光与磷光的应用

普通荧光灯通过荧光来实现照明。在玻璃管内是部分真空与少量的汞。在管内放电使汞原子发射紫外光。管壁涂有荧光材料,称作荧光粉,可吸收紫外光而发出可见光。荧光照明比白炽灯照明更节能。但传统荧光灯发射的谱线不均匀,某些颜色与白炽灯或日光的不同。汞蒸气的发射谱主要是短波的 254nm(是向荧光粉提供的主要能量),伴随的可见光在 436nm(蓝),546nm(绿)和 579nm(橙黄)。

常见的磷光应用有涂料、玩具、钟表等。室内灯光照射后一段时间才会发光。在暗室中发光的消退要在几分钟或数小时之后。

6.3　激光

Laser 是 Light Amplification by Stimulated Emission of Radiation 的缩写,意为辐射通过受激发射的光放大。何为受激发射,何为光放大,将在下文中逐步解释。在中国大陆通行的术语中,Laser 简单地译作激光或激光器。激光器是发生特殊电磁波的元件。这种特殊的电磁波称作激光,是指单色、相干、准直强烈光线。单色指光线的波长是固定的,相干指光波的相位完全相同,而准直指光线沿一个固定的方向传播,只有极低的发散。相比之下,普通光线的波长"纯度"很低,由各种波长的光线混合而成;在相位上参差不齐,且向四面八方发散。激光可以传播很远的距离并聚焦到一个很小的点上,亮度能够远远超过太阳的照射。有了这种性质,激光在生活与生产过程中有广阔的用途。

6.3.1　激光器的基本构造与机理

激光器的基本构造如图 6-8 所示:

泵源的作用是为激光器系统提供能量。可以是放电器、闪光灯、电弧灯、化学反应甚至爆破装置,但最常用的是另一个激光器。泵源决定了将能量传递给介质的方式,根据增益介质的不同选用不同的泵源。

激光的增益介质是一种材料,其纯度、尺寸、浓度与形状都是严格控制的,用于受激发射光的放大。它可以处于任何状态,可以是气体、液体、固体或等离子体。增益介质吸收泵的能量,提高一些电子的能量使之进入高能级激发态。当激发态粒子的数量就超过吸收的数量时,光就被放大了。在光放大的过程中产生单色的、相干、准直的激光。增益介质的性质决定了激光的波长。如果以半导体材料制造增益介质,

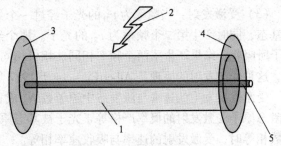

图 6-8　激光器的基本构造

1—能量源〔常称为泵(pump)或泵源〕　2—增益介质
3—光学振荡器　4—输出耦　5—激光束

半导体材料的带隙决定波长。

光学振荡器简称光学腔，由两个或多个反射镜组成，最简单的形式是增益介质两端的两个平行的镜子，用于进行光的反馈，光在离开光学腔或因散射或吸收而损失之前可数百次地通过增益介质。

镜面上的光学涂层决定其反射性质。其中一个完全反射器，另一个则是部分反射器。完全反射器的作用仅是光反馈，而部分反射器的作用是部分发生光反馈，同时让部分光离开光学腔产生激光输出的射线。部分反射器又称作输出耦。

6.3.2　光与电子间的相互作用

材料中的电子与光的相互作用有三种：吸收、自发发射与受激发射，见图 6-9。

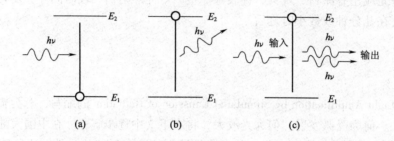

图 6-9　光与电子间的三种相互作用
（a）吸收　　（b）自发发射　　（c）受激发射

（1）吸收：如果频率为 ν_{12} 的光子通过一组原子，可被处于基态的原子所吸收，将原子激发到高能级。吸收的几率与入射光的强度成正比，也与处于基态的原子数 N_1 成正比。

（2）自发发射：一组原子处于激发态时，会发生自动衰减回到基态。衰减的速率与激发态中原子数 N_2 成正比。衰减时两态间的能差 ΔE_{12} 将以光子形式被释放，所释放光子的频率为 ν_{21}。光子的释放是随机的，一组原子上释放的光子间没有相位关系，或者说发射是非相干（incoherent）的。如果没有其他过程的干扰，时刻 t 时激发态中的原子数为：

$$N_2(t) = N_2(0)\exp(-t/\tau_{21}) \tag{6-21}$$

其中 $N_2(0)$ 为零时刻激发态原子数，τ_{21} 为激发态原子衰减前的寿命。

（3）受激发射：当频率为 ν_{21} 的光子经过一个处于激发态的原子时，将使激发态原子回到基态，同时产生第二个频率为 ν_{21} 的光子。那个经过的光子（称作"激发光子"）不会被原子所吸收，结果产生了两个频率相同、相位相同、方向相同的光子。这一过程称作受激发射。这种受激发射的原理是 AlbertEinstein 于 1917 年提出的。

受激发射发生的速率与激发态中原子数 N_2 成正比，也与光的照射密度成正比。光子引起激态原子受激发射的概率严格等于光子被基态原子吸收的概率，所以当基态与激发态中原子数相等时，受激发射的速率与吸收速率相等。

当一个激光器工作时，以上三种相互作用都会发生。最初是原子获得能量从基态上升到激发态，这一过程称作"泵"。一些激发态原子通过自发发射衰减，放出不相干的光子。这些光被反馈回光学振荡器。其中一些被基态原子所吸收，消耗在激光工作过程。但剩余的光子会引发受激发射，释放出相干光子。

由上可以看到，受激发射使光子数增加，得到增益；而基态原子的吸收使光子数减少，造成损耗。光线能否在激光介质中被放大，取决于增益与损耗的相对值。如果单位时间内受激发射的光子数大于被吸收的，净结果是光子数持续增加，我们说此时激光介质获得了增益。吸收与受激发射的速率分别与基态和激发态原子数 N_1 和 N_2 成正比。如果基态中原子数大于激发态（$N_1 > N_2$），光的吸收速率超过了受激发射速率，系统中光的强度为净损耗，我们将这种状态的介质是"光学透明"的。如果激发态中原子数大于基态（$N_1 < N_2$），则以受激发射过程为主，系统中光的强度有净增加。显然，欲使受激发射速率高于吸收，两态中原子数的比值应有 $N_2/N_1 > 1$，这种状态称作原子数反转。欲使激光器工作，必须要发生原子数反转。

6.3.3 原子数反转

两个能级的原子处于平衡时不能实现原子数反转。事实上，不论用任何方法将原子从基态激发（吸收能量）到激发态，最终将达到自发衰减与受激发射的平衡，此时激发态原子最多与基态原子数相等，即 $N_1 = N_2 = N/2$，只能造成光学透明而无光学增益。

为达到 $N_2 > N_1$ 的非平衡态，必须使用增加激发态的间接方法。为理解这一点，我们使用三水平激光器的模型加以说明 [图 6-10（a）]。设体系中有 N 个原子，每个原子可处于任一能态 1、2、3，能量分别为 E_1、E_2、E_3，各态的原子数分为 N_1、N_2、N_3。因为 $E_1 < E_2 < E_3$，那么能级 2 处于基态与激发 3 态之间。

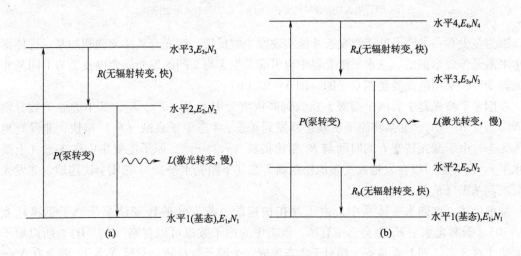

图 6-10　实际激光器中的能级图

（a）三水平激光器　（b）四水平激光器

最初，原子体系处于平衡，原子主要处于基态，即 $N_{11} \approx N$，$N_2 \approx N_3 \approx 0$。如果原子受到频率为的光照，光学吸收将把基态激发到 3 态。激发不限于光照，也可以通过放电或化学反应进行。水平 3 也称作泵水平或泵带，能量转变 $E_1 \rightarrow E_3$ 称作泵转变，图 6-10（a）中记作箭头 P。

对原子持续加泵（pumping），将大量原子激发到 3 态，使 $N_3 > 0$。在激光器的工作过程中，要求这些激发原子快速地衰减到水平 2。3→2 的转变是不发光的，其能量转变为基体材料中原子的热振动。

处于水平 2 的原子将通过自发发射衰减到基态，释放出频率为 ν_{12}（$E_2 - E_1 = h\nu_{12}$）的光子，图中记作转变 L，称作激光转变。如果这一转变的时间 τ_{21} 远长于不发光转变 $3 \to 2$ 的时间 τ_{32}，E_3 中的原子数实际为零，激发态原子将主要集中于水平 2。如果有多半原子集中于此态，就超过了基态原子数，实现了水平 1 与水平 2 间的原子数反转，亦即实现了频率 τ_{21} 的光学放大。

图 6-11 演示的红宝石激光器就是按上述三水平原理进行工作的。氙电弧灯发出 560nm 的光子照射红宝石，将红宝石中的杂质 Cr^{3+} 中的电子提升到激发态。一些电子会直接衰减到基态，其他电子会衰变到中间的亚稳态，停留 3ms 后才会衰变到基态。3ms 是很长的时间，足以使多个电子处于这个亚稳态。

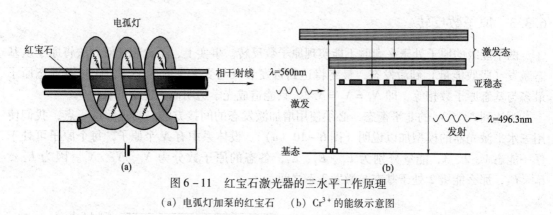

图 6-11　红宝石激光器的三水平工作原理

（a）电弧灯加泵的红宝石　（b）Cr^{3+} 的能级示意图

因为至少有一半原子处于激发态才能实现原子数反转，激光介质必须强烈加泵。这使得三水平激光器效率很低。三水平激光器中也可能发生 3 与 2 间的发光转变以及 2 与 1 间的非发光转变。故实用激光器是四水平的［图 6-10（b）］。

在四水平激光器中有四个能级，从低到高依次为 E_1、E_2、E_3、E_4，其中的原子数分别为 N_1、N_2、N_3、N_4。加泵将原子从基态激发到 4 态，4 态原子衰减（R_a）很快，非发光地进入 3 态。由于激光转变 L 的时间与 R_a 相比很长（$\tau_{32} \gg \tau_{43}$），原子主要集中在 3 态（上激光水平），而 3 态可以自发地或受激地松弛到 2 态（下激光水平）。2 态则会快速地、非发光地衰减到基态（R_b）。

如前所述，在四水平体系中，由于存在快速的、非发光的转变使泵带原子迅速耗光（$N_4 \approx 0$），低激光水平 E_2 也会迅速衰减，该态中的原子数也可以忽略（$N_2 \approx 0$）。所以原子主要集中在 3 态，即上激光态，相对于 2 态形成一个原子数反转。只要 $N_3 > 0$，就会有 $N_3 > N_2$，造成原子数反转。故光学放大发生于频率 ν_{32}（$E_3 - E_2 = h\nu_{32}$）。

由于只要求少数原子被激发到上激光水平经构成原子数反转，四水平激光器的效率远高于三水平，多数实用激光器都是这种类型。实际工作中，可能有多于四个能级的参与，能级间存在复杂的激发与松弛过程。尤其是泵带可以由多个能级组成，甚至包括真空级，这就要求介质的光泵覆盖宽广的波长范围。钕掺杂的红宝石以及染料激光器都属于四水平类型。

注意在三水平或四水平激光器中，泵转变所需能量大于激光转变。这意味着如果激光器被光学加泵，泵光的频率必须大于所造成的激光，或者说泵波长必须短于激光波长。为做到这一点，可以在介质中使用多级低能转变吸收，最终达到泵级，此类激光器称作上转化激光器。

6.3.4　共振腔与量子效率

虽然我们通过能够粒子数反转将光强放大，但如果光子只在增益腔中通过一次，得到的增益相当小，大多数自发发射的光子的相位与方向并不统一，对激光输出并没有贡献。为了成功地发射激光，我们需要一个正反馈机制，能够使多数原子都对相干输出做出贡献。这个正反馈机制就是共振腔（或 Fabry Perot 腔），即一个镜子系统。最简单的共振腔就是在激光介质两端各旋转一面镜子，可以将不相干的光子反射回去，一则对相位和方向调整到平行于激光介质有轴向，二则再进行放大。如图 6-12，对激光介质不断加泵，使其在激光波长上实现粒子数反转。激发原子产生的多数光子是偏离轴向的，不能再激发所遇到的原子并发射光子。这些离轴光子到达端部时，会被反射回激光介质，也有机会激发其他原子。通过同轴光子的反复反射，能够激发越来越多的原子，自发发射不断减少，受激发射占了支配地位，就产生了激光。

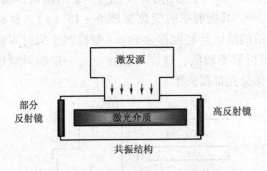

图 6-12　反射镜构成的共振腔

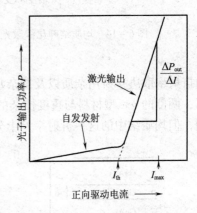

图 6-13　功率阈值与量子效率的定义

如果在介质中的增益大于损失，往复运动的光功率会指数上升。但每个受激发射事件将使一个原子从受激态回到基态，从而降低了介质的增益。如果施加的泵功率太低，增益将永远不足以克服共振器损失，不会产生激光。使激光器工作的最低泵功率称作激光阈值。一旦高于这个阈值，增益介质就会放大任何通过的光子。图 6-13 为输出功率与驱动电流的关系。低于阈值时，光发射功率很弱，主要来源是载荷子的自发复合，即自发发射，就像 LED 中的一样。超过阈值后，输出功率随电流线性增加。将阈值后的曲线外推到零功率就定义了阈值电流。曲线斜率（阈值以上）除以驱动电压 V，即为微分电-光转化效率（又称斜率效率或量子效率），一般在 50% ~ 80%。

6.3.5　半导体激光器

半导体激光器又称激光二极管。对二极管施加正偏压，使 $p-n$ 结两端的载流子注入耗尽区，空穴从 p 端注入，电子从 n 端注入。此时结附近的 n-端电子浓度与 p-端空穴浓度显著增加，电子与空穴的复合产生光子，光子的能量等于带隙。这种因电子与空穴的复合产生光子的机理与发光二极管（LED）十分相似。所不同的是，LED 发射的光从结区射出，而在半导体激光器中，由于二极管两端的反射作用，光会在结区反复振荡而被不断放大。放大过程中形成的激光从部分反射面射出。由于使用结区作为激光器的增益介质，故结区又称作激光器的活性区。

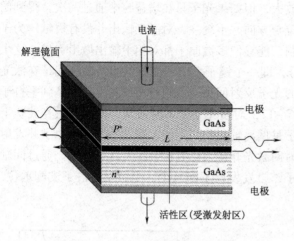

图 6-14 均质结砷化镓激光二极管

图 6-14 是最简单的、也是最早的均质结砷化镓激光器。p-型与 n-型材料均为砷化镓，因不同类型的掺杂而形成 $p-n$ 结。这种只使用砷化镓一种材料构成的 $p-n$ 结称作均质结。沿砷化镓的某个晶面很容易晶体的解理，得到平行的光滑表面。解理的光滑表面具有 36% 的反射率，如果要求不是太高，不需要反射涂层就能直接用作反射镜面或输出耦。但因光散射，均质结中的光线损耗严重。活性区只有 $1\mu m$ 的宽度，光可以快速地从活性区逸出。

均质结对光线也有一定的限制作用，其折射率的变化见图 6-15（a）。材料的折射率取决于所用杂质以及掺杂水平。均质结的结区是轻度掺杂的 p-型材料，折射率最高，两侧的 n-型材料与重度掺杂的 p-型材料折射率较低，这样对激光也有一定的限制作用，但均质结中的这一折射率差十分微小，大部分光都损失了。

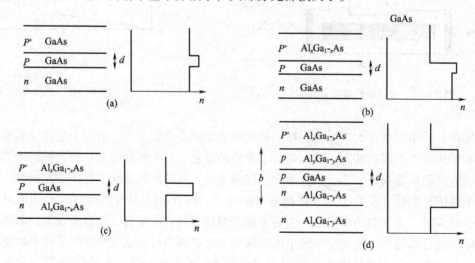

图 6-15 不同类型砷化镓 $p-n$ 结的构造与折射率

（a）均质结　（b）砷化镓 - 砷化铝镓单异质结

（c）砷化镓 - 砷化铝镓双异质结　（d）宽度为 b 的大光学腔双异质结

欲降低散射损耗，可以采取两个措施，对结进行加宽以及将光限制在活性区内。措施之一是制造异质结，即用不同材料相连接产生的 $p-n$ 结。图 6-15（b）是个砷化镓 - 砷化铝镓单异质结。p-型层中的一部分镓被铝所取代。这样便降低了这一层的折射率，能够更好地将激光限制在光学腔中。

图 6 - 15（c）是一个双异质结：只有结区由砷化镓制造，p 与 n 区都是砷化铝镓。对光波的限制作用更为明显。这一限制极大地降低了光学损耗，但也带来了两个额外的问题：腔内光辐射都被限制在腔中，对二极管光学表面进行照射，很容易造成破坏。对射线的紧密限制也降低了激光器出口的有效宽度，这样便提高了垂直于结方向的发散角。

使用图 6 - 15（d）的设计可克服这些问题。这种设计就是前面提到的第二项措施，放大光学腔的尺寸，制造所谓大光学腔（LOC）。结构的中央是砷化镓层，两侧是组成过渡变化的砷化铝镓。这种设计可将载荷子限制在 $0.1 \sim 1.0 \mu m$ 的小区域内，达到高增益与低电流工作。光学腔放大到图中的宽度 w，一般为几个 μm，查显著降低系统的散射损失。

图 6 - 15 中通过从图 6 - 15（a）到图 6 - 15（d）的不断改进，使砷化镓激光器的工作阈值不断降低。均质结为 $40000 A / cm^2$，单异质结为 $10000 A / cm^2$，双异质结为 $1300 A / cm^2$，而大光学腔的双异质结只有 $600 A / cm^2$。

6.3.6　加工方法与量子阱

半导体晶体必须不含杂质，以避免载荷子与光的散射。半导体的带隙根据激光波长区域选择。主要使用三类半导体材料：基于 GaN 的紫外 - 蓝激光器，基于 GaAs 的红 - 近红外激光器与基于 InP 的红外激光器。这些化合物都是直接带隙半导体。结层附近的衬层可以使用间接带隙半导体。

二极管激光半导体芯片的加工有三类方法：液相外延（LPE），金属有机化学气相沉积（MOCVD）与分子射线外延（MBE）。

早期的二极管激光器都用 LPE 过程制造，至今仍在使用。这种方法不适合加工薄片，半导体薄层只能用 MOCVD 或 MBE 过程制造。

在 MOCVD 过程中，气体被传输到加热的基材表面，发生分解后使外延层缓慢生长。在高真空 MBE 过程中，将反应物蒸发到基材上，发生可控的生长。MBE 的设备很贵，过程很慢，只适合精密的或复杂的小体积元件的制造。

MOCVD 与 MBE 过程都适合生产以量子阱为活性区的二极管激光器。量子阱是夹在两层高势能半导体之间的一层低电子（或空穴）势能半导体。阱层非常薄，一般小于 $0.01 mm$，相当于材料中电子或空穴的玻尔（Bohr）半径。因为载荷子被限制在量子阱中，使量子阱中载荷子密度大大增加，能使激光阈值电流降低一个数量级。量子阱激光器的缺点是活性区太薄。为提高功率输出，可将多个量子阱相互叠合，彼此用缓冲层分开，成为多量子阱结构（MQW）。而单量子层结构称（SQL）。量子阱具有量子效应，可通过改变量子阱厚度调节激光波长，所以量子阱激光器的波长由本体的带隙与量子阱的厚度共同决定。使量子阱发生应变也能够调节激光波长。将半导体外延到晶格不匹配的基材上，半导体就会通过晶格扭曲来匹配基材的晶格，因而产生应变。晶格的应变将改变带隙，将激光波长调到所需区域。

6.3.7　简史与应用

科学基础：1917 年，Albert Einstein 建立了激光的理论基础，提出了吸收、自发发射与受激发射的概念。1928 年，Rudolf W. Ladenburg 证实了受激发射与负吸收的现象。1939 年，Valentin A. Fabrikant 预测了短波的受激发射放大。1947 年，Willis E. Lamb 与 R. C. Retherford 首次验证了受激发射。1950 年，Alfred Kastler（1966 年诺贝尔物理奖获得者）提出了光学泵的方法，并由 Brossel、Kastler 和 Winter 在两年后在实验上加以证实。

技术开发：1960 年，Theodore H. Maiman 制成第一个激光器。1962 年，Robert N. Hall 使用砷化镓制成第一个激光二极管。1970 年，Zhores Alferov（USSR）和 Izuo Hayashi 与 Morton Panish（BellLab）独立发展了异质结结构的室温连续工作激光二极管。

应用：激光与激光器在家用电器、信息技术、医药、娱乐、军事、法律等各个方面得到广泛应用，本书不详加介绍，只给出以下几点令人感兴趣的事实：医药方面用于无血手术、激光碎石、眼科、牙科治疗等；工业上用于切割、焊接、非接触测量等；军事上用于瞄准、制导，可替代雷达进行探测；法律上用于指纹识别。激光唱片出现于 1978 年，激光打印机出现于 1982 年。

6.4　光导纤维

光导纤维（简称光纤）是一种柔性的、透明的纤维，用于光波的传导。或者说光纤是光的波导，即对光进行传导的载体。发光二极管（LED）或激光二极管都可作为光源。光导纤维中广泛用于光纤通信，其数据传播速率（称作带宽）远大于金属导线。光纤通信的优势在于损失小且不受电磁波的干扰。光纤也可用于照明、传感器与纤维激光。

东京大学的 Jun – ichi Nishizawa 于 1963 年提出用光纤进行通信，但光纤通信的实现仍在多年以后。不论是光纤传导光信号还是用金属导线传导电信号，首先要克服的困难是信号的衰减。最低要求是在 1 千米的末端能够保留 1% 的信号强度。定量地讲，就是 20dB/km 的衰减。20 世纪 60 年代，全世界的玻璃研究者都在致力于克服衰减这个难题。英国的 Charles K. Kao 和 George A. Hockham 提出纤维中的衰减是由杂质引起，而不是基本的物理效应。他们指出制造光纤的正确材料是高纯硅。这一发现使 Kao 于 2009 年获诺贝尔物理奖。Corning 公司于 1970 年取得了突破，首次将光纤的衰减降低到 20dB/km 以下，并发现用钛掺杂硅玻璃可降低到 17dB/km。数年后用氧化锗掺杂玻璃达到 4dB/km。1981 年，General Electric 制造出 40 千米长的光纤。光纤通信进入了实用阶段。当前，人们可用光纤将数字信号传递到数百千米而不需放大。与早期的 20dB/km 相比，今天的水平是 1310nm 波长的 0.35dB/km 和 1550nm 波长的 0.25dB/km。

6.4.1　光纤的基本结构

光纤用玻璃或塑料的细丝制造。玻璃光纤是开发最早、迄今使用最广泛通信介质。我们先以高纯硅玻璃光纤为例对光纤进行基础性的介绍，在后面再介绍塑料光纤。玻璃光纤的内部由两层组成，分别是芯层和壳层。两层组合在一起仍是细丝，机械强度很低，故需要护套的保护。丙烯酸酯涂层涂在壳层之外作为保护层。多数情况下保护涂层分为两层，软的内层贴合在玻璃上，硬的外层保护纤维的操作与安装（图 6 – 16）。芯层是光的传导场所。为将光信号限制在芯内，芯层的折射率必须大于壳层。芯与壳层的边界可以是突变的，也可以是渐变的。

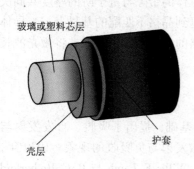

玻璃或塑料芯层

壳层

护套

图 6 – 16　光导纤维的结构

6.4.2　工作原理

光纤的工作基于全内反射原理。根据光射到表面的角度不同，可以反射（弹回）或折射（穿入不同介质时改变方向）。理解这一概念的一个方式是想象注视一个湖。假定水是清澈与平静的，以尖锐的角度下视时，可以看到鱼、岩石、植物或其他水下物体（由于折射稍微错位）。但如果看得远一点，即视角变小一些，就会看到树或对岸其他物体的倒影。由于空气与水折射率不同，看水的角度就会影响看到的图像。这个原理是光纤工作原理的核心。控制光波传播的角度，就能控制光波有效地到达目的地。

全内反射是个光学现象。考虑光从第一相（折射率为 n_1）射向第二相时（折射率为 n_2）的情况。在两相的边界上，会发生两种情况：要么光被边界反射，要么光进入第二相，但传播的方向发生改变（折射）。发生反射或折射的条件由 Snell 公式决定：

$$n_1 \sin\theta_1 = n_2 \sin\theta_2 \tag{6-22}$$

由 Snell 公式可以看出，固定 n_1 与 n_2，入射角（与边界法线的夹角）θ_1 越大，折射角 θ_2 越大。当 θ_1 达到某个值时，折射角 θ_2 等于 90°，此时光线会沿着边界传播，不再有光线进入第二相。而当 $\theta_1 > \theta_2$ 时，光线会全部反射回第一相，即发生全内反射。此时的角度称作临界角，其物理意义为一旦入射角大于此值，就会发生全内反射。

由 Snell 公式，

$$\sin\theta_1 = \frac{n_2}{n_1} \sin\theta_2 \tag{6-23}$$

令 $\theta_2 = 90°$，θ_1 就等于临界角 θ_c。

故有：

$$\theta_c = \theta_1 = \arcsin\left(\frac{n_2}{n_1}\right) \tag{6-24}$$

例如，可见光从有机玻璃（折射率 = 1.50）射向空气（1.00），所得临界角为

$$\theta_c = \arcsin\left(\frac{1.00}{1.50}\right) = 41.8° \tag{6-25}$$

小于 41.8° 的入射光将部分透射，而大于该角的光将全部内反射。

由式（6-24）可知，欲发生全内反射，必须有比值 n_2/n_1 小于 1。如果比值 n_2/n_1 大于 1，arcsin 没有意义，即不会发生全内反射。所以全内反射只能发生于光从高折射率相（n_1）射向低折射率（n_2）相（图 6-17）。例如从玻璃射向空气，但从空气射向玻璃时不会发生。

壳层与芯层玻璃的组成决定了纤维反射光的能力。让芯的折射率高于壳层，创造了一个波导，就能引起反射。稍微改变芯层玻璃的组成，即加入掺杂剂，就能增加其折射率。另一种办法是使用另一种掺杂剂降低壳层的折射率，也能创造波导。

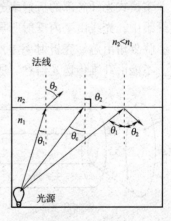

图 6-17　临界角

6.4.3　光纤的类型

由于光纤的芯层的折射率高于壳层，可通过芯壳界面

的反射将光线限制在芯层。不同直径的光纤芯可容纳不同数目的光束，每束光称作一个模式。光纤一般可分为两类：单模式与多模式的。多模式光纤是先工业化的，国际标准芯层直径为 $50 \sim 62.5\mu m$，可允许数百模式的光同时传递。接收器可检测的调制光源最大脉冲数称作光纤的带宽，光脉冲的加宽使带宽下降。减小光纤直径，使同时传递的模式数减少，就能够提高带宽。将光纤芯部的直径降低到国际标准的 $8 \sim 10\mu m$，就得到单模式光纤。由于芯尺寸极细，理论上只能通过一个模式（或信号）。单模式光纤的折射率台阶非常小，约为 1%，但也足以产生全内反射而将光波限制在光纤的芯部。不同光纤中的传播路径见图 6 - 18。

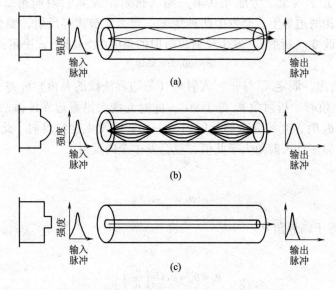

图 6 - 18　不同光纤中光波传播路径
（a）阶梯多模式　（b）渐变多模式　（c）单模式

直觉上好像多模式纤维的容量更大，但事实正相反。单模式纤维的设计保证了每一个光信号远距离的空间与谱线完整性，可传播更多的信息。小的芯径与单光模式消除了任何失真与衰减，其带宽高于多模式纤维，传递长度比多模式纤维大 50 倍。

多模式光纤芯部的折射率分布可以是阶梯型的，也可以是渐变型的。在阶梯折射率多模式纤维中，光线由全内反射所导引。光线以大于临界角的角度撞击芯壳边界时，就发生全反射。临界角由芯、壳折射率差所决定。如果入射角低于临界角，光线就会从芯部折射入壳层，不能沿纤维传递光信息。所以光必须以大于临界角的角度撞击边界，这意味着光必须以某个角度范围进入纤维才能沿光纤传播而无泄漏。这个角度范围称作纤维的容许锥（图 6 - 19）。

容许锥的尺寸是光纤芯、壳折光率差的函数。容许锥决定了光的入射与纤维轴之间的最大夹角。这个最大角的正弦称作纤维的数值缝隙（numericalaperture，NA）。大 NA 的纤维比小 NA 纤维在粘接与处理上的精度要求低。但高的 NA 提高了发散。因为如果 NA 值较高，光既可以贴近纤维轴传递也可以与轴成各种角度

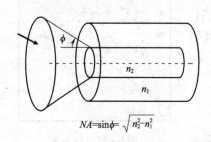

$$NA = \sin\phi = \sqrt{n_2^2 - n_1^2}$$

图 6 - 19　光纤的容许锥

传递。在不同的角度有不同的路径长度，走过光纤的时间不同。不同信号不是同时地、而是先后到达光纤的末端，造成信号的加宽。为减轻多模式造成的发散，设计了折射率渐变的光纤。

在渐变指数纤维中，芯层的折射率在芯的轴线与壳层间连续降低，使光线在接近壳层的过程中光滑弯曲，而不会在芯壳边界上突然反射。弯曲的路径降低了多通道发散，因为高角射线更多地通过低折射率的芯层外部，而不是高折射率的中央。选择合适的指数分布，可使轴向传播速度差降到最低。这种理想指数分布近似一个双曲分布。

6.4.4　光纤的外沉积加工

光纤的外沉积加工（OVD）包括三个基本步骤，沉积、固化与拉伸。

在沉积步骤中，超纯蒸汽通过燃烧炉，在火焰中反应生成微细的玻璃粉尘，沉积成粉尘预制体。先沉积芯层，再在芯层的外部沉积壳层。由于芯壳两层都是通过合成沉积的，因而具有非常高的纯度（图 6－20）。

完成沉积之后，将芯杆从多孔预制体中央取出，将预制体放入固化炉。在固化阶段，从预制体中脱除水蒸气。通过高温固化将预制体烧结为固体的、密实的、透明的玻璃。

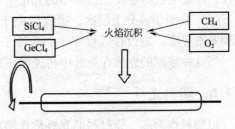

图 6－20　光纤的外沉积加工

固化好的预制体在拉伸塔中进行拉伸。先将玻璃棒放入拉伸炉的顶部。加热玻璃棒的端部，直至一团熔融玻璃（称作 gob）开始滴落。当 gob 滴落时，后面拉着一根细丝，这就是光纤的开始。割下 gob，将细纤穿入计算机控制的装置进行拉伸，通过控制装置拉伸的快慢严格控制纤维的直径。每秒要测量数百次直径，然后，施加内外层涂层并用紫外灯固化，就得到光纤制品。

6.4.5　衰减机理

实现光纤通信的关键是控制信号传递过程中的强度衰减。光纤中常用 dB/km 作为衰减系数。标准单模式纤维在 1300nm 为 0.35dB/km，1550nm 时更低，为 0.25dB/km。这使得 100km 的传播不用再生器或放大器。研究表明光纤的衰减主要由散射与吸收所引起。

光通过光纤芯层的传播基于全内反射。粗糙与不规则表面，即使在分子水平，也会引起光在无规方向上的反射，称作漫反射或散射。光信号的衰减是波长的函数。由于可见光的波长为 1μm 级，所以同样尺度的不规则点就成为散射中心。在多晶物质如金属或陶瓷中，除了孔穴，多数内表面或界面的形式为晶粒边界，将晶体分割为微小的区域。当散射中心（或晶粒边界）的尺寸降低到光的波长以下时，就不再发生散射。

玻璃结构中分子水平的不规则性引起的光散射导致图 6－21 中的衰减曲线。另一部分衰减来自纤维芯层或壳层中的残留物质，如金属或水离子的吸收。水离子会引起衰减曲线上的"水峰"，一般在 1383nm。在纤维生产中脱除水离子很重要，因为水峰区具有加宽效应，造成该波长附近的衰减损耗。目前生产的低水峰单模式纤维具有更高的带宽。由于弯折、接合与其他外部因素也会造成衰减。

除了散射，衰减也由特殊波段的选择性吸收所引起，方式与颜色的显示相似。

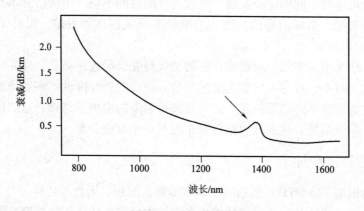

图 6 - 21　光纤的衰减曲线

（1）在电子层次，吸收主要取决于电子轨道是否存在带隙（即量子化的）。如果有带隙存在，就能吸收特定波长或频率的光量子（光子）。这就是显色的原理。

（2）在原子或分子层次，吸收取决于原子或分子振动的频率或化学键。原子或分子的堆砌紧密程度，是否有远程序。如果原子或分子的振动频率与光波频率相符，就会产生吸收。当这种频率的光波在光纤中传递时，就会因吸收而发生衰减。

6.4.6　塑料光纤

以塑料作为芯、壳材料的光纤称作塑料光纤。早期塑料光纤的芯层材料多用聚甲基丙烯酸甲酯（PMMA，$n = 1.49$）、聚苯乙烯（PS，$n = 1.59$）与聚碳酸酯（PC，$n = 1.59$）。以氟化聚合物或硅树脂（$n = 1.46$）为壳材料。1990 年末，许多高性能全氟聚合物（主要是聚全氟丁基乙烯基醚）开始进入市场。

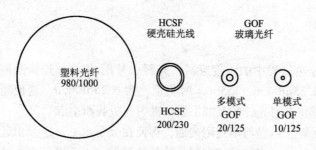

图 6 - 22　塑料光纤与玻璃光纤尺寸的比较

塑料光纤的直径比其他光纤大得多，芯层尺寸是玻璃光纤的 100 倍。芯层直径一般为 1 000μm，其中芯层为 980μm，即 96% 的截面积是传递光线的芯层。图 6 - 22 是塑料光纤与玻璃光纤尺寸的比较。塑料光纤的大直径对制造有较大的容忍度，允许端部的污染与损坏，光轴偏离中心。连接非常方便、便宜。

塑料光纤的损耗非常高，PMMA 为 150dB/km，PS 和 PC 为 1 000dB/km，相比之下，单模式玻璃纤维只有 0.2dB/km，多模式玻璃纤维为 3dB/km。吸收是塑料中的主要损耗机理，由纤维中的杂质所引起，如金属离子与水。杂质也会引起散射，空隙、芯 - 壳界面以及端面都会引起散。图 6 - 23（a）是 PMMA 纤维的典型损耗曲线。从损耗谱可以看出，透射窗口在 530nm、570nm 和 650nm。650nm 波长的损耗为 125dB/km，530nm 和 570nm 的损耗虽较低，但也在 90dB/km 左右。这使塑料光纤的传递长度小于 100 米。故塑料光纤只能用于短距离信号传递，在 100 米以下。但塑料光纤的优势在于柔韧性好，价格低廉，重量轻，因为纤维本身、连接与安装都很便宜，故被称作消费级光纤。新型塑料光纤由全氟聚合物制造，透射波长范围较宽。图6-23（b）为典型全氟聚合物纤维的损耗谱。其谱线为650～1 300nm，在此波长的损耗低于50dB/km，可使光纤长度延长到数公里。

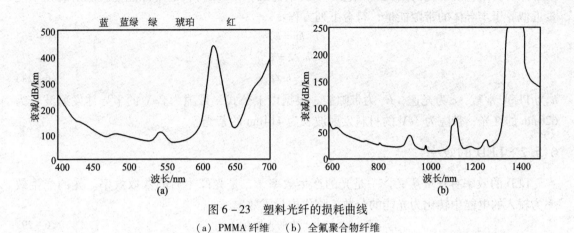

图6-23 塑料光纤的损耗曲线

（a）PMMA纤维 （b）全氟聚合物纤维

6.5 发光二极管（LED）

6.5.1 工作原理

发光二极管（LED）的核心部分是个半导体二极管芯片。二极管的p区主要含有正电荷（空穴），n区主要含有电子，两个区的结合部构成一个$p-n$结。n区中的多余电子倾向于流向p区。而p区具有空穴，电子可以从一个空穴跳到另一个，结果看起来是流向n区。来自n区的电子与来自p区的空穴在$p-n$结附近复合，耗尽了周围的载流子，形成了一个载流子的空白区域，称作耗尽区。在耗尽区只存在静电荷，形成了个局部电场，阻止了任何方向的电子迁移。在没有外加电场的情况下，没有电荷能够跨越$p-n$结。

LED发光的基本原理如图6-24所示。为了让电子发生流动，在二极管两端施加一个电压：n区接电路的负极，p区接电路的正极，就使电子从n区流向p区，空穴从p区流向n区。这种施加电压称作$p-n$结的正偏压。在正偏压作用下，耗尽区变窄乃至消失，电流可通过二极管。来自p区空穴与来自n区的电子在结

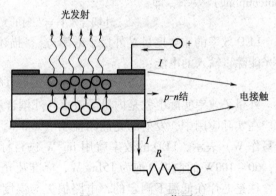

图6-24 LED工作原理

区发生复合，电子与空穴的能量差以光子的形式释放。如果电路的接法相反，电子与空穴就被反方向推动，使耗尽区加宽。在反偏压的$p-n$结上没有连续的电流流动，尽管刚接通时电子与空穴被反方向推动时有个过渡电流。加宽的耗尽区创造了一个与外压相等的势能，电流立即停止。

半导体的电子能带分为低能的价带与高能的导带，价带与导带间的能差为材料的带隙。电子与空穴复合时释放的能量（即光子的能量）基本上等于带隙，故光子的频率（颜色）由带隙所决定。发射光的波长（颜色）取决于构成 $p-n$ 结材料的带隙能量。发射的光子能量近似等于半导体的带隙能量，符合下列方程：

$$hv = E_g \tag{6-26}$$

$$hc/\lambda = E_g \tag{6-27}$$

$$\lambda = hc/E_g \tag{6-28}$$

h 为 Plank 常数，c 为光速，E_g 为带隙能。根据以上公式，带隙为 2eV 的半导体发射波长为 620nm 的红光；带隙为 3eV 的材料发射波长为 414nm 的紫光。

6.5.2　LED 的效率

LED 的效率有双重意义，一是光的产生效率，二是光产生后的获取效率。光的产生效率为输入的电能中转化为光能的分数，称作内量子效率：

$$\eta_{in} = 产生的光能/IV \tag{6-29}$$

其中 IV 即为输入的总电能。

如上所述，电子与空穴复合后会释放一个光子，这种复合称作辐射复合，辐射复合过程消耗的能量等于带隙能。这是电能转化为光能最有效的方式。辐射复合是 LED 设计中所必需的，但半导体中尚有其他形式的复合。在有些复合方式中，电能并不是转化为光能，而转化为热能，这种情况电能以热量的形式耗散，并没有转化为光能。此外，半导体材料中不可能没有杂质、位错与其他结构缺陷，这些缺陷都能捕捉电子或空穴。缺陷与载流子的复合可以产生光子也可能不产生光子。凡是不产生光子的复合均称作非辐射复合。由于非辐射复合的存在，输入的电能不可能全部转化为光能。

光子被辐射复合释放后，一部分发射出元件之外，还有一部分被二极管材料本身所吸收，除非有特定的设计将光向外释放。发射出元件的光能占总光能的百分比称作外耦合（outcoupling）效率，即：

$$外耦合效率 = 发射的光能/产生的光能 \tag{6-30}$$

LED 效率的重要度量是外量子效率 η_{ext}，描述电能转化为发射光能的效率。定义为输出的光能除以输入的电能：

$$\eta_{ext} = 发射的光能/IV \tag{6-31}$$

外量子效率实际上就是内量子效率与外耦合效率的乘积。

在实际应用中，发射的光能用流明（lumen，简写作 lm）表示，输入的功率用（Watt，简写作 W）表示，LED 的效率就用 lm/W 进行标识。为方便比较，我们可以确定两个参照物：60～100W 的白炽灯泡为 15lm/W，标准荧光灯的效率为 100lm/W。报道的 LED 效率数据往往是芯片在低温下测定的，电路损失与温度变化都未考虑在内。例如，2003 年，Cree-Inc 制造的白光 LED 效率达到 65lm/W（20mA），成为当时最亮的白光 LED。2006 年，又制成白光交通灯，达到 131lm/W（20mA）。但美国能源部测定的数据却只有 17～79lm/W，平均 46lm/W。但不论如何，LED 的效率在逐年增加，超过标准荧光灯只是时间问题。

6.5.3　直接复合与间接复合

在图 6-25（a）所示的动量－能量图中，导带最低能级直接位于价带最高能量的上方，具有这种能带结构的材料称作直接带隙材料。在直接带隙材料中，导带底部的电子可与价带顶部的空穴直接复合，不需要改变动量。这一从导带到价带的转变伴随光子的发射且光子能量基本等于带隙能（能量守恒原理）。这种复合称作直接复合。GaAs 是直接带隙材料的代表。

与之相比较，在图 6-25（b）中，导带最低能级相对价带移动了一个 k-矢量。k-矢量差代表了动量的差值。这种材料称作间接带隙材料。为在间接带隙材料中发生复合，一个电子与空穴结合前必须改变动量（动量守恒原理），使复合几率大大降低。

硅、锗、碳化硅是间接半导体的代表，很难发生载流子的辐射复合。辐射寿命为几秒，几乎所有注射的载流子的复合都是通过缺陷非辐射发生的。直接半导体如砷化镓中辐射寿命很短（1~100 纳秒），辐射过程与非辐射过程出现可能性相当。两类半导体材料 LED 的量子效率形成鲜明对比。砷化镓 LED 的量子效率高达 12%，而碳化硅 LED 只有 0.02%。所以硅、锗、碳化硅等间接半导体不能用作 LED 的材料。图 6-25 为直接带隙的氮化镓与间接带隙的碳化硅的能带图，演示了两类材料带-带转变的本质。

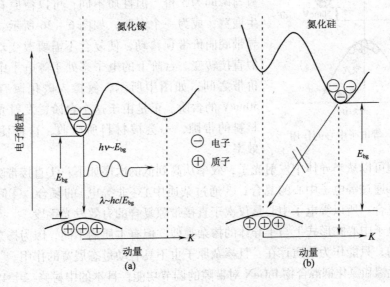

图 6-25 电子的能量-动量图
（a）直接带隙 （b）间接带隙

6.5.4 LED 的材料与颜色

LED 中使用的典型半导体材料是 Ⅲ-Ⅴ 族元素的化合物，此类化合物不存在于自然界，于 1952 年由 Welker 首次合成，并证实其具有强烈的光活性，从此开辟了现代 LED 技术。

可见光 LED 使用材料的带隙必须处于可见波长范围，即 $\lambda = 390 \sim 770 \text{nm}$，相当于 3.18~1.61eV 的能量范围。欲改变发射光的波长，必须改变材料的带隙。一种组成的半导体材料只有一个带隙，只能发射一种波长的光线。欲制造不同颜色的 LED，就要使用不同的半导体材料，或对材料进行改性，用一系列不同组成的材料得到不同颜色的 LED。这种通过改变材料组成进行带隙调控的方法又称作带隙工程。

带隙调控的一个例子是氮化镓（GaN）与氮化铟（InN）的混合物氮化铟镓（InGaN）。氮化镓的带隙为 3.3eV（$\lambda = 376 \text{nm}$），氮化铟的带隙为 2.0eV（$\lambda = 620 \text{nm}$），这两个带隙规定了氮化铟镓体系可调节的颜色范围：从氮化铟的橙光一直延伸到氮化镓的紫外光。如果将半导体制成从氮化铟过渡到氮化镓的渐变材料，就能够发出广谱的光线，即产生了白光。

另一个例子中砷化镓（带隙 1.4eV）与磷化镓（带隙 2.3eV）的混合物，即磷砷化镓（通式为 $GaAs_{1-x}P_x$）。纯的砷化镓发射波长 900nm 的红外光。为将波长改变到可见区，就在砷化镓中混入磷化镓，能够将带隙在 1.4~2.3 之间调节。必须将带隙提高到 1.9eV。当 $x = 0.45$ 时，所得带隙为 1.98eV，恰好用于红光 LED 的制造。当 $x = 0.65$ 时，可发出橙光（$\lambda = 620$ nm），$x = 0.85$ 时，可发出黄光（$\lambda = 590$ nm）。当 $0 < x < 0.45$ 时，所得混合物为直接带隙材料，而当 $x > 0.45$ 时为间接带隙材料。橙光与黄光的磷砷化镓都是间接带隙材料，发光效率低下。这个问题可以用掺入等电子中心来解决。

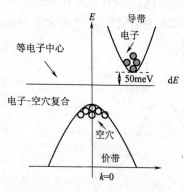

图 6-26 等电子中心的作用

用价电子相等的原子取代母体材料中的原子，就成为一个等电子中心。例如：用氮取代磷化镓（GaP）中的磷（记作 GaP：N）制造绿光 LED（$\lambda = 565 \sim 570$nm）。氮与磷同为 5 价，但性质不同，可以使原有的动量态发生展宽，成为一个台阶，如图 6-26 所示。这个台阶使导带底向价带顶移动，使复合不需要改变动量，行为类似直接转变。台阶上的电子态处于等电子中心导带底与价带之间，如图中所示，氮掺入磷化镓后创造了一个 50meV 的台阶。正是由于这个台阶，发射光子能量低于材料的带隙，不会被材料所吸收，这样便提高了发光效率。

多种机理可以从半导体中发射光子，效率从高到低的次序如下：①直接带隙材料中的带对带复合；②通过等电子中心的复合；③通过杂质中心（非等电）的复合；④间接带隙材料中的带对带复合。所以等电子中心是仅次于直接带隙复合的有效发光手段。

掺入等电子中心在形式上与半导体的掺杂类似，但有本质的不同，因为掺杂时混入的元素是非等电的，只能作为杂质存在，且掺杂原子也不具有动量态展宽的作用。

利用氮化镓和氮化铟混合物 InGaN 对带隙的调节功能，日本的中村修二于 1994 年制造出第一个高亮度蓝光 LED。将铝掺入 GaN 或 InGaN 即得到 AlGaN 或 AlGaInN，可得到波长为 375~395nm 的近紫外 LED。将上述含铝氮化物与镱铝石榴石（$Y_3Al_5O_{12}$：Ce，简称 YAG）混合，中村修二又发明了蓝、黄混合光的"白光"LED。这种混合光线不是真正的白光，但是能够给人以白光的感觉。由于发明蓝光与白光 LED 的贡献，中村修二于 2006 年获得千年技术奖。

表 6-1 列出了一些 LED 芯片材料以及发射波长。

表 6-1 发光二极管的颜色

颜色	波长/nm	半导体组成	颜色	波长/nm	半导体组成
红外	880	GaAlAs/GaAs	浅白	色温 6500K	InGaN/SiC
深红	660	GaAlAs/GaAlAs	冷白	色温 8000K	InGaN/SiC
大红	633	AlGaInP	纯绿	555	GaP/GaP
深橙	612	AlGaInP	深蓝	470	GaN/SiC
橙	605	GaAsP/GaP	蓝紫	430	GaN/SiC
黄	585	GaAsP/GaP	紫外	395	InGaN/SiC
白炽白	色温 4500K	InGaN/SiC			

6.5.5　白光 LED

单色光用于信号显示与传递已经为人们所熟知。但要用于普通照明，取代传统的白炽灯，就必须使用白光。所谓的"白光"有两种概念，一是我们习惯的太阳白光，由一定的谱线组成，习惯地将其称作白光。第二种白光不是严格意义上的白光，其谱线组成不同于太阳光，但能够给人眼以白光的感觉，我们称之为感知的白光。

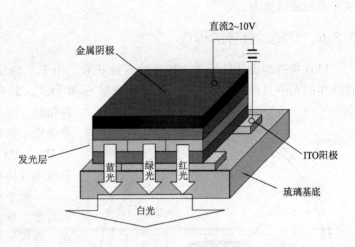

图 6-27　白光 LED 的 RGB 形式

获得白光有多种途径，三原色是最直观的途径。调节氮化镓铟中的元素比例，可以产生红光、绿光与蓝光。将三种颜色的 LED 按比例结合组合到一起，就产生了白光的感觉。这种白光的产生形式称作 RGB 形式（图 6-27）。三原色的组合既可以产生白光，自然也能产生其他颜色的光。事实上，256 种颜色中的任何一种都可以用三原色产生。这成为下一代 LED 显示的基础。

另一个产生白光的方法是只用一个元件，使用荧光粉或染料进行波长转换。由二极管发射短波（蓝、紫或紫外），让波长转换剂（荧光粉或染料）吸收发射光再发出波长较长的二次光。转换后一般发出两种互补的光（通常为蓝光与黄光），给人眼的感觉就像白光。最常使用的荧光粉由无机基体含光活性掺杂剂。镱铝石榴石（YAG）是通用基体，用稀土元素或化合物进行掺杂。铈是 YAG 荧光粉中的常用掺杂剂。商业上的染料一般为橙色化合物，按照二极管发出的光与染料吸收谱的匹配性，就能发出所需波长的光。同荧光粉一样，染料的量子效率接近 100%，缺点是长期稳定性较荧光粉差。

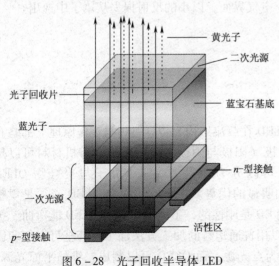

图 6-28　光子回收半导体 LED

除荧光粉与染料之外，半导体材料也能用作波长转换剂，原理与荧光粉相似。在主光源作用下，半导体转换剂可发出不同波长的光。例如将蓝光 LED 与另一个半导体芯片结合，让后者发出补色的黄光。这种元件称作光子回收半导体（PRS）。例如使用 GaInN 作为初级光源，AlGaInP 作为波长转换剂。初级光源发出的蓝光部分为转换剂所回收，再发射出低能的黄光。这种光子回收半导体图示于图 6-28。为使这种组合发射产生白光，两个光源的强度比必须是个特定值，可根据具体组成计算。通过调节材料的组成与层厚以改变输出的颜色。

白光二极管的发射还有一种机理，即使用广谱荧光粉来产生类似太阳白光。使用紫外二极管将能量转给荧光粉，荧光粉发出广谱波长的白光。荧光粉的颜色特征是已知的，精心设计配方可得到"正宗"的白光。但紫外光二极管的缺点是流明效率低，在转换过程中会造成较高的能量损失。

6.5.6 发光二极管的构造

LED 构造的设计目标之一是光的有效获取。由于全内反射问题，半导体芯片中各向同性产生的光中只有一部分能逸出外部。根据 Snell 公式，只有当光与介质界面的交角小于临界角时，光才能从高折射率介质进入低折射率介质。在典型的半导体中，产生的光中只有 1%～2% 可以从 LED 上表面逸出，剩下的都被半导体材料吸收了。

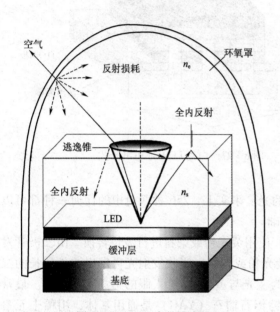

图 6 – 29　LED 中的逃逸锥

一般平坦的、无涂层的 LED 芯片只在垂直于半导体表面以及偏离几度的方向发射光，形成一个锥，称作光锥或逃逸锥。最大入射角称作临界角。超过这个角度光就不能穿越半导体，只能发生反射。如果入射角足够小且晶体足够透明，内反射就能从其他晶面逃逸。但简单立方的 LED 所有的面都是等角镜面，使光不能逃逸，只能像热一样耗散。

图 6 – 29 演示了光从半导体芯片（折射率 n_s）进入环氧（低折射率 n_e）的情况。红色的锥体称作逃逸锥，锥角就是两种材料的临界角 θ_c。从 LED 中以小于 θ_c 发出的光能够进入环氧，大于 θ_c 的射线在边界被全反射，不能直接从芯片逸出。由于环氧的圆顶状，多数离开半导体的光以正确的角度遇到环氧/空气界面，以小的反射损失从罩子中逸出。

6.6　有机发光二极管（OLED）

6.6.1　OLED 的优势

有机发光二极管（OLED）与传统晶体 LED 在载流结构、传导机理与工作原理上都略有不同。典型的 OLED 由有机物质夹在两个电极（阳极与阴极）之间构成。有机材料可以是有机小分子，也可以是聚合物。故 OLED 可以分为两大类，即小分子与聚合物 OLED（PLED）。相比于无机 LED，OLED 具有更加明显的优势。在物质结构上，LED 必须是规整的晶体，而 OLED 对规整性没有严格要求；LED 是刚性的，不能弯折，而 OLED 能弯曲、折叠；LED 的加工过程复杂而精密，OLED 可以用普通塑料的加工方法加工，甚至可以用印刷的方法加工。更突出的优点是，LED 只能作为点光源，而 OLED 可以制成二维的平面光源。

这些优点使 OLED 对人们具有更大的吸引力。

OLED 不是使用 n – 型与 p – 型半导体层，而是使用有机材料。有机材料不是晶体，没有周期性结构，故能带结构与传统无机半导体有所不同。由各原子轨道组合形成分子轨道时，总要产生一个能级低于原子轨道的成键轨道和一个能级高于原子轨道的反键轨道。多个成键与反键轨道之间的交叠形成了一系列电子能带。电子"轨道"由有机分子的形状所决定。简而言之，有机分子由于共轭造成 π 电子离域而具有导电性。其电导率介于导体与绝缘体之间，故称有机半导体。同传统半导体材料一样，有机分子中的低能分子轨道被占据，而高能轨道则为空轨。能量最高的已占分子轨道（HOMO）与能量最低的未占轨道间（LUMO）的能量差构成电子的带隙，类似于无机半导体的价带与导带间的带隙。共轭聚合物中间隙能量在 $1.5 \sim 3\mathrm{eV}$，处在可见和近红外范围。

在聚合物中，电子与空穴都沿聚合物链运动。有些材料有利于电子的传导，有些有利于空穴的传导，聚合物尤其利于空穴的传导（空穴传导本质上是低电能电子的传导，因在聚合物内电子运动难，故只能在低能级运动，故视作空穴运动）。

传统半导体材料通过掺杂提供载流子电子与空穴。而聚合物一般不需要掺杂，电子和空穴由所连接的金属提供。

与传统无机 LED 相比，OLED 的发光方式更为多样化。在 OLED 有机物质中，可以加入荧光或磷光物质，造成间接发光。激子可将能量传递给荧光或磷光分子，使其发生激发，再由这些分子的回迁造成发光，这样就能更有效地利用能量，提高发光效率。在这种机理中，所发射光的颜色就由荧光或磷光物质所决定，而不是仅由激子所决定。在聚合物的 OLED 中，可以将荧光或磷光基团直接接枝到聚合物上，对材料的加工与调控更为方便。

6.6.2　OLED 的工作原理

OLED 的基本构造与工作原理可用图 6 – 30 说明。图中的有机层分为两层，分别称作发射层与传导层。在多层结构中，从上到下分别为阴极、发射层、传导层、阳极与基底。基底与阳极必须是透明的，以备光子可以射出。阴极可透明也可不透明，取决于 OLED 的类型。

施加正偏压时，电流从阴极通过元件内部流向阴极，即电子从阴极注入有机层的 LUMO，从阳极的 HOMO 流出。电子流的流出也可描述为空穴注射入 HOMO。电子首先从阴极流入发射层，从空穴传输层流出，在空穴传输层留下空穴。我们把电子的流动描述为两种载荷子的运动，即电子向阳极移动，空穴向阴极移动。由于有机材料中空穴的迁移率高于电子，移动得更快，故电子与空穴的相遇集中在发射层。由于静电力的作用，电子与空穴会在发射层中结合为激子（即电子与空穴的束缚态）。激子中的电子是处于激发态的，故激子只存在于一瞬间，很快会发生能级

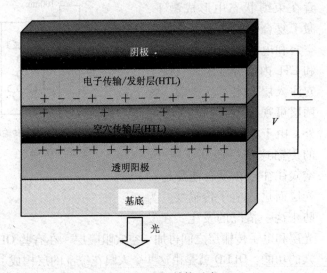

图 6 – 30　OLED 结构示意

松弛，与空穴发生复合，伴随光子的发射。复合发生的地点处于发射层，这就是该层名称的由来。

电子和空穴复合形成的激子，根据不同的自旋组合，可为单线态也可以为三线态。我们

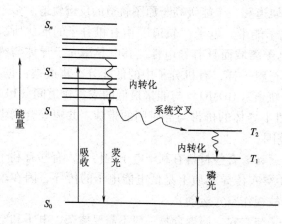

图 6-31 OLED 中单线与三线激子的能级转变情况

可以截取图 6-6 中的一部分来说明这个问题（图 6-31）。当激子衰变到 S_1 的最低振动水平时，它可以通过荧光过程回到基态，发射一个光子；也可以通过系统交叉转变为三线激子。从统计学上看，单线态形成的几率为 25%，三线态为 75%，而三线激子的衰变在量子力学上是禁止的。这意味着三线激子的寿命很长，磷光机理产生的光不能马上看到。故在荧光 OLED 中只有单线激子能够产生发射，这样内量子效率的理论上限只有 25%。

用有机金属络合物对有机分子进行掺杂，就得到所谓磷光 OLED。金属络合物的中央有一个重金属原子，如铂或铱。重金属原子促进了系统交叉，混合了三线与单线的特征，从而降低了三线态的寿命，使磷光可以容易地观察到。这样使单线和三线激子都能发光，使内效率的理论上限可达 100%。有机金属络合物的典型代表是 Ir（mppy）$_3$。

6.6.3 OLED 的结构与材料

目前普遍采用的 OLED 结构采用三层有机材料，分别为空穴传输层（HTL）、电子传输层（ETL）和发光层（ELL）。三层材料各司其职，HTL 和 ETL 分别控制空穴和电子的注入速度和注入量，ELL 是空穴和电子相互作用的场所，二者在束缚状态中形成激子，激子复合产生光子。为加强空穴和电子的注入，在 HTL 和 ETL 内部分别添加一层空穴注入层和电子注入层，这两层可视作电极的延伸。此外，由于在有机材料中空穴的传输速率一般高于电子，空穴往往会在复合前穿越发光层而进入电子传输层。为防止这一情况的发生，在发

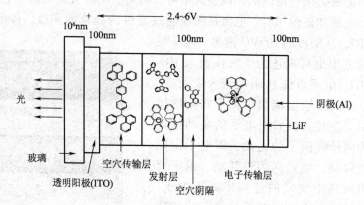

图 6-32 PLED 的多层结构

光层和电子传输层之间再加一空穴阻隔层。在有些 OLED 中，让电子传输层同时具有阻隔空穴的功能。OLED 就是由这些令人眼花缭乱的层构成，图 6-32 是一个典型示例。

OLED 中常用的小分子包括有机金属螯合物如 8 - 羟基喹啉铝（Alq_3），荧光与磷光染料以及共轭超支化聚合物。三苯胺及其衍生物常用作空穴传输层。为发射不同波长的光，荧光染料有多种选择，如二萘嵌苯（perylene），四苯基萘并萘（rubrene）和喹吖啶酮（quinacridone）及其衍生物。Alq_3 用作绿光发射体、电子传输材料以及红、黄发射染料的基体。

氧化铟锡（ITO）普遍作为阳极材料。它对可见光透明，具有高的功函数，促进了空穴向有机层 HOMO 的注射。

金属 Ag、Al、Li、Mg、Ba、Ca、In 等都可作为阴极材料。它们具有低的功函数，可促进电子注入有机层的 LUMO。这些金属很活泼，为了使其在空气中稳定，常以合金的形式使用，或覆盖一层铝来防止劣化。在阴极上覆盖一层 LiF、CsF 或 RbF，与上述金属构成双层阴极，不仅能够提高注入性能，还能提高发光效率。

OLED 要求从阳极注入的空穴与从阴极注入的电子以基本相同的速率注入到发光层中，因此有必要选择合适的空穴与电子传输材料。载流子的传输会引起发热，导致 OLED 器件性能降低，所以应选择玻璃化温度较高的材料作为传输材料。典型的电子传输层材料有 PBD、Alq_3 和 PEDOT：PSS 等。PEDOT：PSS 的 HOMO 介于 ITO 的功函数与其他聚合物的 HOMO 之间，可降低空穴注射的能垒。典型的空穴传输材料包括 TPD 和 MTDATA，常用的发射层材料为聚芴（polyfluorene）。OLED 的设计必须阻隔电荷到达反电极，以免造成浪费。以图 6 - 30 所示的典型结构为基础，让电子传输层同时作为空穴阻隔层，空穴传输层同时又是电子阻隔层，这样便把电子和空穴集中在发光层之内，增加了载流子密度，复合的几率可随之增加。

6.6.4 单色与白光 OLED

在 LED 中，价带与导带间的带隙决定了发射光和波长，即颜色。与 LED 相类似，OLED 中是 LUMO 与 HOMO 间的能差决定辐射的颜色，不同材料与掺杂剂可产生不同颜色。图 6 - 33 是一些典型掺杂剂可产生的颜色。用不同的颜色加以组合，即可产生白光。同 LED 一样，加入荧光粉或染料，也能够产生白光的效果。具体方法在 LED 一节中已经说过，不再重复。OLED 产生的白光无论在色调、亮度、热稳定性诸方面均优于 LED，二者的对比见表 6 - 2。

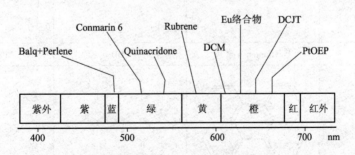

图 6 - 33 OLED 中常用的颜色掺杂剂

表6-2 白光 LED 与 OLED 的性能对比

参数	LED	OLED	参数	LED	OLED
平均亮度/ nits	3000	3800	亮度均匀性/%	65 ~ 75	>90
厚度/mm	2 ~ 3	0.8（一代）0.2（二代）	背光元件	硬塑料	玻璃或柔性塑料
色调	红绿光弱	红绿光强	热稳定性/℃	60	100
电压/ V	10.8	3 ~ 7			

用于 OLED 的有机材料五花八门，表6-3列出了一些常用材料的分子式。这些分子的中文及英文全称极为繁复，在日常工作中基本不使用，故只有少数在表中出现（表6-4同）。

表6-3 OLED 中常用的有机物

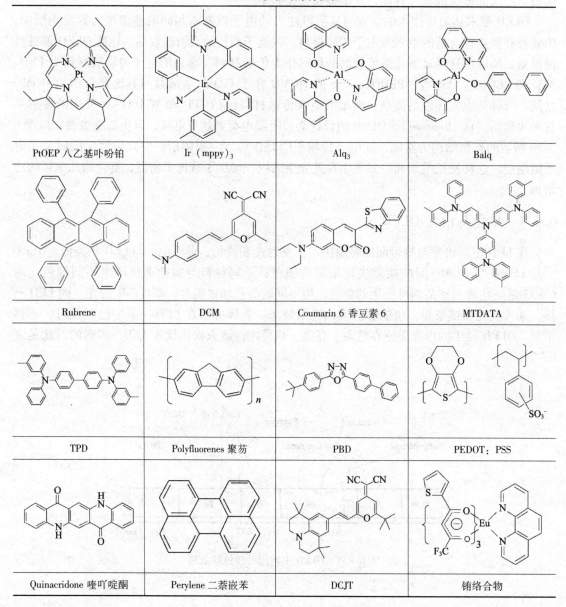

PtOEP 八乙基卟吩铂	Ir（mppy）₃	Alq₃	Balq
Rubrene	DCM	Coumarin 6 香豆素 6	MTDATA
TPD	Polyfluorenes 聚芴	PBD	PEDOT：PSS
Quinacridone 喹吖啶酮	Perylene 二萘嵌苯	DCJT	铕络合物

6.6.5　OLED 的应用

OLED 的应用范围十分广泛，这里只提最重要的两类：显示与照明。

与传统的 LCD 显示技术相比，OLED 的成本低、对比度高、使用的电压低，节能、不需要背光。视角可达 170°，这意味着可从任意角度观看。OLED 还有一些优势，不仅 LCD 无法与之相比，也是基于无机材料的 LED 无法做到的：

（1）可制成柔性显示板，方便携带与使用。

（2）厚度可薄至 0.2mm。

（3）可采用油墨印刷的方式进行加工，这使低成本的大面积显示成为可能。

目前 OLED 显示技术已在手机、笔记本中得到应用。尽管大面积显示仍在研发中，但已经可以看到光辉的未来。

白光 OLED 的出现标志着人类取代传统白炽灯的梦想可在不远的将来得以实现。白光 OLED 的部分优势已列于表 6-2 中。OLED 的照明板将是室内装修的一次革命，窗户、天花板、墙壁装上 OLED，其功能将不仅是照明，还有难以想象的装饰效果。此外，在 OLED 的结构上还可以进行设计。例如将 OLED 的部分面板镂空，就能制造半透明的窗户，不仅能进行室内照明，还同时有看到窗外的景色。将部分 OLED 象点制成太阳能电池，就制成太阳能驱动的 OLED，进一步节约能源。

6.7　太阳能电池

太阳能电池又称光伏电池，是将太阳的光能转化为电能的装置。这个转变的过程称作光伏作用。太阳光不局限于可见光，紫外光与近红外光也能够通过光伏作用转变为电能。故人们有时使用更为一般的术语，称太阳能电池为光伏电池。

光照射产生电流的现象是法国科学家贝克勒尔于 1839 年最早发现的。他发现用光照射电解液中的银电极时会产生电流。1877 年通过人们详细研究发现，光照射非金属硒时也产生电流，并成功制作了用 Se 作衬底的 Se/亚硫酸铜太阳能电池。这种太阳能电池长期以来被用作光照度计。然而它的能量转换效率只有 1% 左右。

美国的贝尔验室在 20 世纪 50 年代~20 世纪 60 年代投入了大量人力和物力，在半导体的理论和实验基础领域进行了广泛深入的研究，太阳能电池就是这些科研成果中的一项。1954 年在贝尔验室用单晶硅制成了世界上第一个实用的太阳能电池。从那以后，太阳能电池的开发主要集中在单晶硅上。

6.7.1　基本原理与构造

我们以最简单的晶体硅电池为例，说明光伏作用的基本原理。零电压时平衡的如先让我们回想图 5-9 所示的 $p-n$ 结的平衡状态。在 p 区与 n 区的结合部形成一个耗尽区，耗尽区的电场阻止了电荷的进一步扩散。耗尽区上内置电场的方向是从 n 区一侧指向 p 区一侧的。

耗尽区内置电场在太阳能电池的工作原理起着核心的作用。我们用图 6-34 来说明太阳能电池中光能是如何转化为电能的。图 6-34（a）表明在 p 区和 n 区中都有高能的导带和低能的价带。在光的照射下，p 区和 n 区中都会有电子从价带跃迁到导带，在价带留下空穴，形成一个激子［图 6-34（b）］。当激子扩散到 $p-n$ 结附近时，受内置电场的作用，电子与空穴被分离。由于内置电场的 n 区一侧为正极，p 区一侧为负极，电子会穿过 $p-n$ 结进入 n 区，而空穴穿过 $p-n$ 结进入 p 区，造成两区中电荷的积聚。将 p 区与 n 区导通，就会有电流流过外电路 [图 6-34（c）]。在光的照射下，激子不断产生，也不断被分离，故电能就源源不断产生了 [图 6-34（d）]。

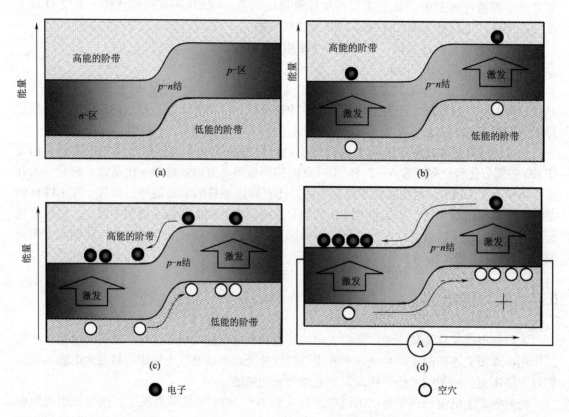

图 6-34　太阳能电池的工作原理
（a）激发前　（b）开始激发　（c）电荷积聚　（d）产生电流

　　图 6-35 左侧是晶体硅太阳能电池的典型结构。电池的中间层是 p 型半导体和 n 型半导体构成的 $p-n$ 结。$p-n$ 结上产生的电荷分别由正、反两面的金属接触所收集。电池的正面要接收光线，故上接触结构比较复杂，由宽间隔的金属细条（称作 finger）构成。电流由 finger 导向粗金属条（busbar）。电池正层还涂有一薄层介电材料，称作防反射涂层（anti-reflectioncoating，ARC）以减少反射。图 6-35 的右侧是常见的硅太阳能电池板。图中白色粗线就是左图中的 busbar，垂直于 busbar 的细线为左图中的 finger。

6.7.2　太阳能电池的效率

　　对太阳能电池最基本的评价是测定电流-电压特性。从这一测定可以得到太阳能电池最重要的指标：（功率）转换效率。太阳能电池性能的高低都是通过转换效率来衡量。

　　电流-电压特性测定是在连接两个电极的电路中加入一个电压源，用太阳光模拟器照射到太阳能电池上，在一定的范围内改变电压源的电压，同时测定电池两电极间的电压和电流。测定的标准条件是 25℃。

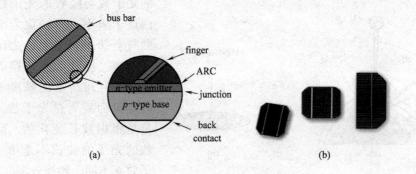

图 6 - 35　晶体硅太阳能电池

(a) 典型结构　　(b) 电池板

太阳能电池的电流 – 电压曲线的形状接近四边形（见图 6 - 36）。由以上工作原理可知，电路断开时，电流密度为零，元件内积累了最多的自由电荷，两端的电压最高，称为开路电压（open - circuitvoltage，V_{oc}）。将 p 区和 n 区直接连接而不加任何负载，外电路处于短路状态，此时两端电压为零，电流密度为最大值，称作短路电流（short - circuitcurrent，I_{sc}）。电流 – 电压曲线上任一点所对应的电流与电压的乘积为该状态下的输出功率。在电流 – 电压曲线有一个特殊点，该点上电流 I 与电压 V 的乘积达到最大值，称作最佳工作点 P_m。最佳工作点产生的电功率就是太阳能电池的最大输出功率（P_{max}）。

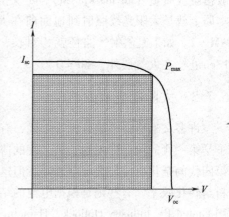

图 6 - 36　太阳能电池的电流 – 电压曲线

理想状态下，最大输出功率 P_{max} 应当等于乘积 $V_{oc} \times I_{sc}$。但由于存在各种能量损失，P_{max} 都小于 $V_{oc} \times I_{sc}$。用 P_{max} 与（$V_{oc} \times I_{sc}$）的比值表征能量的利用率，称为填充因子（Fillfactor，FF）。我们有：

$$FF = P_{max} \ (W/cm^2) \ / \left[J_{sc} \ (A/cm^2) \ \times V_{oc} \ (V) \right] \qquad (6-32)$$

$$P_{max} = J_{sc} \times V_{oc} \times FF \qquad (6-33)$$

太阳能电池的（功率）转换效率（E_{ff}）定义为最大输出功率与入射功率之比：

$$E_{ff} = (J_{sc} \times V_{oc} \times FF) \ /入射功率 \ (W/cm^2) \qquad (6-34)$$

太阳能电池的开路电压基本上与半导体材料的带隙成正比。即带隙越大，开路电压越高；而带隙越小，电流密度越大。例如非晶硅（$E_g = 1.7eV$）产生的电流密度只有单晶硅（$E_g = 1.1eV$）电池的一半以下。短路电流密度和带隙的关系可以用半导体的光吸收特性来理解。如果光子能量大于带隙，就会把价带电子激发到导带，这就是所谓半导体的光吸收。可是，如果光子能量小于带隙，就不会产生电子激发，不能吸收的光就被透过。所以，带隙小的半导体能吸收光的波长范围大，太阳能电池产生的电流就大。

太阳能电池的光电转换作用还可用量子效率来度量。在入射光子中，只有一部分被吸收，每吸收一个光子就会产生一对电子与空穴。如果这对载荷子能到达 p – n 结而被分离，就转化为电流。如果载荷子在到达 p – n 结之前就复合了，对电流就没有贡献。转化为电流

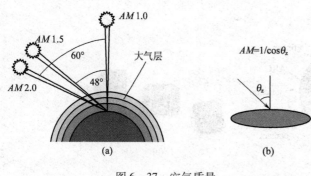

图 6 - 37 空气质量

（a）不同照射角度的 AM　（b）AM 计算通式

的光子数与吸收的光子数之比称作内量子效率；而转化为电流的光子数与全部入射光子数之比称作外量子效率。比较功率转换效率与量子效率，可知衡量的基准不同，前者是能量而后者是光子数。光子的能量是根据波长变化的，而被材料吸收的光子的波长不是单一的，故量子效率不同于转换效率。

太阳能电池的效率必须在相同条件下进行比较，这个相同条件一般指空气质量（air mass，AM），定义为光线斜射与直射时通过大气的质量比。这个质量比本质上就是太阳光线照射到地面前在大气层中的路径长度比。规定太阳在海平面上直射时 AM = 1。如果是斜射，路径就相对长，如图 6 - 37 所示，$\theta_z = 60°$ 时 $AM = 2$。通式是 $AM = 1/\cos\theta_z$。在大气层外，$AM = 0$。

6.7.3 太阳能电池的类型

许多文献将将电池分成若干代，有的分为三代，也有的分为四代或五代。分为四代的例子是第一代的单晶硅电池，第二代的薄膜电池，第三代的有机太阳能电池与染料敏化电池，第四代的杂化电池与叠层电池等。但这些分类有的是根据发展的年代，有些是根据使用的材料与转化效率，有些则是根据电池的结构与元件的几何形状，没有一个统一的标准。本书采用 Global PV Industry Outlook，Hsinchu January17 2008 中的分类法（图 6 - 38），基本上按材料分为三大类，即硅基、化合物基与新材料基。所谓新材料基中包括两类，聚合物基与染料敏化太阳能电池，将作详细介绍。

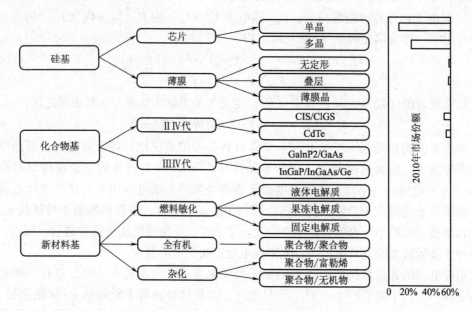

图 6 - 38　太阳能电池的类型

6.7.3.1 硅基太阳能电池

硅基太阳能电池是当前的主流技术，占市场份额的 86%。硅材料可以单晶硅、多晶硅、微晶硅、无定形硅等。

单晶硅因为具有单晶结构，能够达到最高的载流子迁移率。在实用化的太阳能电池中，单晶硅太阳能电池的转换效率是最高的。

多晶硅的制造比单晶硅要简单得多，不需要用"培养"的办法制得硅锭，只需要将熔融硅浇入模具，用铸造的方法就能得到立方体的硅锭。和单晶硅太阳能电池一样，通常使用 p 型硅片，基本结构也相同。因为多晶硅太阳能电池的生产成本低、平衡点好，目前已成为生产量最大的太阳能电池。

光照射产生的激子只有扩散到 $p-n$ 结附近才能被分离而产生电流。激子的扩散是无规的，不是一定要向界面扩散。激子的寿命是有限的，超过其寿命的时间就会发生电子与空穴的复合，同时将吸收的光能释放回来。从产生到复合的时间内激子走过的路径称作激子扩散长度。如果产生激子的位置离 $p-n$ 结过远，激子中的电子与空穴就会复合而失去作用。所以在各类太阳能电池中，真正用来发电的只是材料表面的一个薄层，离表面远的部分并不直接参与发电。为了节约材料，人们开发了薄膜型太阳能电池。用来制造薄膜的材料最初是无定形硅或微晶硅，其后又发展出许多新型材料。

一种 $p-n$ 结只能吸收一个波段的太阳能，未能吸收的光会因透射而损失。如果在一个太阳能电池中设计多个 $p-n$ 结，就能获得广谱的吸收，从而大大提高电池的效率。于是设计了叠层（tandem）太阳能电池，或称多结（multijunction）太阳能电池。即将两个或多个电池串联起来，使每个电池中不同带隙的 $p-n$ 结分别吸收不同波段的太阳光。制备工艺虽然复杂了，转换效率会有明显的提高。工业规模的叠层电池都用非晶硅制造。典型的结构包含三层不同带隙的 $p-n$ 结：顶电池带隙为 1.8eV，吸收蓝光；中间电池的带隙为 1.6eV，吸收绿光，底电池用 1.4eV 带隙的硅锗合金，吸收红光和红外光。经多层吸收，转换效率可达到 8.0% ~ 8.5%。

6.7.3.2 化合物基太阳能电池

为进一步提高效率，人们将化合物材料引入薄膜太阳能电池，其中有代表性的是铜铟镓硒（CIGS）和碲化镉（CdTe）电池。CIGS 和 CdTe 电池具有相似的结构：基底、背电极、半导体吸收层和窗口导电层，如图 6-39 所示。

CIGS 是由铜、铟、镓、硒构成的黄铜矿系材料，改变不同元素的比例，可以使其带隙在 1.0 ~ 1.7eV 调节。CIGS 电池最主要的特征是光吸收系数很高，仅用 2 ~ 3μm 的厚度就能吸收几乎所有到达其表面的太阳光。电池的厚度只需几微米，但已经达到近 20% 的转换率。

碲化镉（CdTe）这种半导体的带隙宽度为 1.5eV，由此决定的光吸收特性很

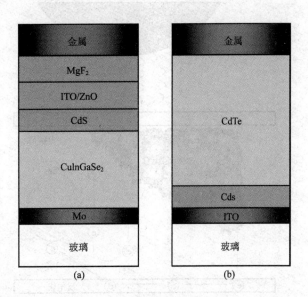

图 6-39 两种太阳能电池结构示意

（a）铜铟镓硒（CIGS）电池 （b）碲化镉（CdTe）电池

接近太阳光谱，在理论上可以实现很高的转换效率。CdTe 电池的厚度可以低到晶体硅电池的 1%，仍可得到 16% 的转换效率。在制备 CdTe 电池时，添加一层带隙为 2.4eV 硫化镉（CdS），可以调节电池整体的带隙。

6.7.4　染料敏化的太阳能电池

染料敏化的太阳能电池（Dye－sensitized solar cells，DSSC）由 Michael Grätzel 于 1991 年发明，2010 年荣获千年技术奖。特点是用廉价材料制成，比固态电池便宜得多，不需要专门的仪器设备。也可制成柔性片材，虽然转化效率低于最好的薄膜电池，但其性价比足够高。

在最初的 Grätzel 设计中，DSSC 是一个夹层结构。顶层是氟掺杂二氧化锡（SnO_2:F）的透明阳极，沉积于玻璃上。底层是碘电解质铺展在导电片（铂）之上。中间层是氧化钛极高表面积的多孔结构，孔中浸渍了光敏染料（如钌－聚嘧啶 ruthenium－polypyridine）溶液，氧化钛表面也留存了一薄层染料，以共价键与氧化钛连接。氧化还原的中介是碘/三碘离子（I^-/I_3^-）。

DSSC 的工作原理可简述如下（图 6－40）：阳光通过透明的 SnO_2:F 顶板照射在 TiO_2 表面的染料上，将染料激发成为电子与空穴形成的激子，记作 ［dye^*］。电子与空穴发生分离，电子转移到 TiO_2 的导带，并由此扩散到上层的阳极。阳极通过外电路向负载提供功率。染料分子剩余一个空穴，记作 ［dye^{*+}］，会夺取下层电解液中碘的一个电子，将其氧化为三碘化物（tri－iodide，记作 I_3^-），反应为：

$$[2dye^{*+} + 3I^- \rightarrow 2dye + I_3^-]$$

这一反应比染料分子电子与空穴复合的速率快得多。三碘化物扩散到电池的底部，与从外电路返回阴极的电子结合，使碘得到再生：

$$[I_3^- + 2e \rightarrow 3I^-]$$

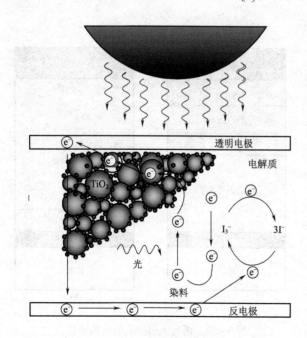

图 6－40　染料敏化的太阳能电池工作原理

光伏电池中关键的一步是电荷的迅速分离以防止逆反应。硅中的 $p-n$ 结是通过电场将电荷分离，而在 DSSC 中，激化的染料将电子转移给 TiO_2，空穴转移给电解质。这样 DSSC 将传统硅电池的两项功能分离开来。普通情况下硅既是光电子源，又提供分离电荷的电场以创造电流。在 DSSC 中，半导体的本体只用于电荷输运，光电子则由光敏染料提供。电荷分离发生在染料、半导体与电解质的界面上。

故在 DSSC 中，对染料的性能要求要求严格。它应能吸收波长为 920nm 以下的所有光波，染料中的官能团可牢固地接枝在半导体上。染料的激发带能级与半导体导带最低水平相当，能够容易地将电子注射给半导体的导带。染料分子非常小（纳米尺寸），为捕获足够量的光，染料分子层必须很厚，比分子本身厚得多。为解决这一问题，需要用超大比表面的纳米多孔结构来负载大量染料分子。对电解质的要求则是能够迅速贡献电子使染料再生，换句话说，氧化还原电势必须足够高；并且有足够高的稳定性，可循环 10^8 次，相当于 20 年寿命。

染料敏化光伏电池的制备要经历以下几个步骤：第一步，准备两个玻璃片，各自单面涂覆 SnO_2 导电层，一片准备制备纳米氧化钛层，另一片准备制作反电极。第二步，让第一片玻璃导电面朝上，将纳米氧化钛的悬浮液滴到导电面上布匀，干燥后在 450℃ 下烧结 30 分钟，即得到多孔的氧化钛层。第三步，将 5～6 个黑莓或木莓捣碎，即成为红色的花青素染料。将 TiO_2 片在染料中浸渍 10 分钟，确保孔隙与四周都包裹了染料。第四步，在第二片玻璃的导电面上施加一薄层碳膜后，叠合在 TiO_2 片层上，保证层间的接触，可用夹子进行固定。最后一步是在两个玻璃片层之间加入一滴碘/三碘离子溶液，通过毛细作用浸满整个层间。

由以上简单的制备过程可以看出，即使用手工也能够方便地制造 DSSC，不需昂贵的生产装备。使用的材料也比硅便宜得多。工业生产的染料敏化的太阳能电池可达到 10% 的转换效率，故成为太阳能电池发展的一个重要方向。

6.8　有机太阳能电池

6.8.1　结构与工作原理

如图 6-41，有机太阳能电池由四个基本部件构成，从左到右依次为阳极、电子供体、电子受体和阴极。注意有机太阳能电池有其自身的工作原理与激子分离机理，不可机械地套用无机太阳能电池中 $p-n$ 结的概念。电池中的光电转化过程可分为四步：①有机物质吸收光子形成激发态，即电子－空穴对（激子）；②激子扩散；③激子在供体/受体界面（D/A 界面）上分离为电子和空穴，电子由供体迁移到受体而空穴保留在供体；④分离的电荷分别向对应的电极传输，电子通过电子受流向阴极，空穴通过供体流向阳极，为负荷提供直流电。

第一步是光激发，主要发生于电子供体（称作活性层）。对活性层的要求是吸收率高。共轭聚合物恰恰具有高吸收系数的

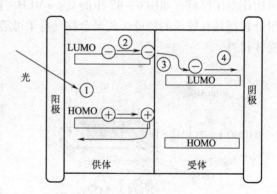

图 6-41　有机太阳能电池的工作原理

优势，故电子供体一般用共轭聚合物制造。欲充分吸收太阳光，晶体硅需要 $100\mu m$ 厚，而有机材料只需 100～500nm 厚。但共轭聚合物的缺点在于带隙过高，吸收谱线太窄。地面上太阳光谱的强度峰值在 700nm（1.8eV），而 P3HT、MEH－PPV 和 OC1C10－PPV 的强吸收却在 350～650nm（1.9－3.5eV）的范围，与太阳光谱不匹配。240nm 厚的 P3HT 只能吸收 21% 的太阳光子。提高太阳光捕捉的手段之一是引入低带隙材料，将吸收谱延伸到为 800～900nm，就能大大提高吸收率。

另一条途径是增加富勒烯的吸收，已发现可用 C_{70} – PCBM 替代 C_{60} – PCBM。由于 C_{70} 在可见区吸收的增加，外量子效率（EQE）就增加了。

第二步是激子在材料内扩散到达 D/A 界面。与无机材料相比，有机材料有两个不足：①载荷子迁移率低若干个数量级。有机材料中的空穴迁移率为 $10^{-7} \sim 10^{-1} cm^2/$（V·s），电子迁移率为 $10^{-9} \sim 10^{-4} cm^2/$（V·s）。而在晶体硅中分别为 475 和 $1500 cm^2/$（V·s）。②激子的扩散长度短。可以看出这两个缺点是相互联系的。如果一部分激子不能在复合之前被解离为自由电子与空穴，就不能得到所需的电能，造成效率低下。为使更多的激子能够扩散到界面而发生解离，一般将有机层做得很薄，与激子扩散长度同数量级。这样就能确保所有在供体层内产生的激子都能扩散到界面而发生解离。但将供体层做薄又产生了另一个问题，即不能充分吸收光能。

第三步是激子在界面上解离为自由载荷子。有机材料界面上的激子解离不同于无机材料。在无机材料中，耗尽区中建立了一个电场，激子受到电场作用而解离。而在有机界面上，激子解离的动力来自两方面：①受体材料对电子亲和性强于供体；②受体 LUMO 的能量低于供体 LUMO 的能量，且差值大于激子结合能。换句话说，欲将电子与空穴解离，要有一个电子化学势下降的界面，分离激子所需能量由供、受体的 LUMO 间的能量差提供（图6–41）。

最后一步是电子与空穴解离之后，载荷子通过逾渗网络传输到相应的电极。传输过程中载荷子的迁移率有重要影响。如果迁移率不够高，载荷子就不能到达电极，或发生复合或停留在元件中，降低元件的效率。

作为示例，有机太阳能中由共轭聚合物作为供体，富勒烯作为受体，如图6–41所示。用可见光照射，就使电子从聚合物链转移到富勒烯分子。常用的共轭聚合物包括图6–42中的 PPV、MDMO – PPV、P3HT 和 PFB，使用最多的受体是富勒烯及其衍生物。共轭聚合物也可用作受体材料，如图6–42中的 CN – MEH – PPV 和 F8BT。可以注意到图6–42中的共轭聚合物都具有较长的侧链，使聚合物具有了可溶性。此外，无机纳米粒子、无机网络也用作受体材料。

虽然当前主流太阳能电池都用无机材料制造，但人们预见到有机材料制造的太阳能电池拥有一系列潜在优势，如成本低、制造方便、可超薄化与柔性化等，逐渐成为研究工作的中心。

作为示例，有机太阳能中由共轭聚合物作为供体，富勒烯作为受体，如图6–42所示。用可见光照射，就使电子从聚合物链转移到富勒烯分子。常用的共轭聚合物列于表6–4中。可以注意到表6–4中的共轭聚合物大都具有较长的侧链，使聚合物具有了可溶性。此外，无机纳米粒子、无机网络也用作受体材料。

虽然当前主流太阳能电池都用无机材料制造，但人们预见到有机材料制造的太阳能

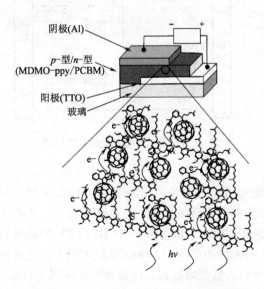

图6–42　一种使用富勒烯的元件结构

电池拥有一系列潜在优势，如成本低、制造方便、可超薄化与柔性化等，逐渐成为研究工作的中心。

表6-4 常用的供体与受体共轭聚合物

供体聚合物			
Phthalocynine（MPC）酞菁	P3HT 聚3-己基噻酚	PPV 聚对苯乙炔	MEH-PPV
PCPDTBT 桥联二噻吩	PFB	MDMO-PPV	PEDOT：PSS
受体聚合物			
CN-MEH-PPV	F8BT	PCBM	SF-PTV
Perylene 二萘嵌苯	CN-PPV	SF-PPV	酞菁铜 CuPc

6.8.2 双层异质结

用共轭聚合物制造的太阳能电池中必须有个界面让激子解离。最简单的界面是平板异质结。一层活性聚合物膜（供体）与一层电子受体膜以平面形式被夹在电极之间。在供体区形成的激子向异质结扩散并分离，电子进入受体，在供体留下空穴。但平面异质结是先天低效的，因为有机材料中激子扩散长度在4~20nm，在异质结周围几纳米处生成的激子才能扩散到界面发生解离并传输到各自的电极。这样平面层必须很薄才能扩散到电极。但元件越薄，吸光就越少，使电池效率很低。

6.8.3　整体异质结

为达到激子在界面上的有效分离，人们提出了整体异质结（BHJ）的概念。在 BHJ 中，电子供体与受体材料不是分为两层，而是无规地混合在一起，并分离为两相（图 6 – 43）。这样使两种材料相隔只有几纳米，所有的界面都在激子扩散长度范围之内。供体中产生的激子在理论上都能在复合之前到达界面而被解离。界面面积越大，分离效率就越高。

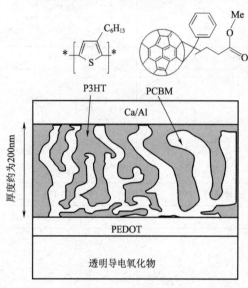

图 6 – 43　整体异质结

同双层异质结一样，整体异质结中供体与受体相也必须分别接触阳极与阴极。换句话说，供体与受体任何一相都不能是分散相，而必须形成双连续的互穿网络。供体与受体的比例需要严格控制。如图 6 – 44 中聚合物与富勒烯的混合体系，富勒烯的含量小于 17% 就会成为分散相；如果富勒烯含量远大于 17%，聚合物又会成为分散相，都不利于双连续相的形成。只有在适当的组成情况下，才能得到所需的双连续相。相态结构对异质结的传导性质又会发生影响。当富勒烯的含量小于 17% 时，只有聚合物成为连续相，异质结的空穴迁移率与聚合物的相当，而电子迁移率低于聚合物；当富勒烯的含量远大于 17% 时，只有富勒烯成为连续相，异质结的电子迁移率与富勒烯的相当，而空穴迁移率低于聚合物；处于中间状态时，两种物质均为连续相，异质结的空穴迁移率与聚合物的相当，而电子迁移率则高于聚合物。

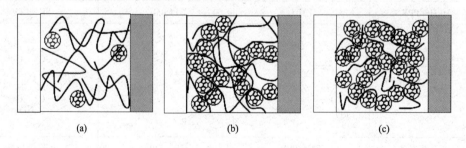

图 6 – 44　双连续相的整体异质结
（a）富勒烯 < 17%　（b）富勒烯 > 17%　（c）富勒烯≫17%

溶剂对共混物的形态也有严重影响。用甲苯作 PPV/PCBM 体系的共溶剂，PCBM 会形成大于 100nm 的微区，电池中存在许多死角，对光电流无贡献。如果把溶剂换作氯苯（PPV 与 PCBM 的良溶剂），相分离就会很细。据 AFM 与 TEM 测定，在 MDMOPPV/PCBM 体系中，以甲苯所得聚合物相尺寸大约在 200～500nm，而以氯苯为溶剂的相微区尺寸仅为 20nm。

整体异质结的组成还会影响载荷子的迁移率。仍以 PPV/PCBM 体系为例。空穴在 PPV

中的迁移率仅是电子在 PCBM 中的千分之一。这将导致空穴的聚集，不利于电能的输出。研究者发现空穴在 PPV 中的迁移率随 PCBM 的含量而增加，这是因为 PPV 相的有序化程度提高。

6.8.4　有序异质结

在以上的整体异质结中，无论怎样控制两相的分散，总会存在大于激子扩散长度的区域，不能达到载荷子的完全捕捉。于是人们设计出有序异质结（OHJ）如图 6-45，这种结构被称作有机太阳能电池的理想结构。它具有小的直孔，又大得足以吸收阳光。孔径略大于激子扩散长度，使每个在聚合物中生成的激子都在扩散长度之内。纳米结构的厚度应为 300~500nm，使聚合物能吸收多数入射光。孔的长度横跨整个聚合物的厚度。共轭聚合物和受体都是直的，电子通道最短，能够把传输时间降到最低。

OHJ 一般为有序无机材料与有机活性材料的杂化体。一种有序整体异质结的制造方法是先得到孔径为 8nm 的有序 TiO₂［图 6-46（a）］，经烧结成为一个 TiO₂的网络。聚合物在 TiO₂ 膜顶部旋涂，有效地渗入纳孔，成为聚合物与 TiO₂ 互穿网络。但激子分离后，空穴仍然需要通过聚合物沿孔的长度方向朝电极扩散，所以 OHJ 仍有厚度限制。此外渗透后聚合物链发生扭曲，并不能紧密堆砌，也会使空穴迁移率下降。克服空穴迁移率这个瓶颈是进一步提高 OHJ 性能的关键。

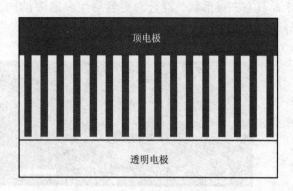

图 6-45　理想化的有序异质结

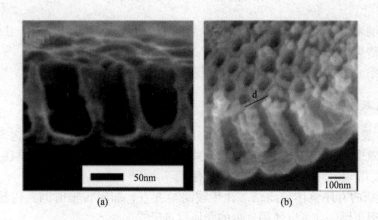

图 6-46　TiO₂ 网络结构

（a）烧结后的多孔 TiO₂　　（b）阳极氧化的 TiO₂ 纳米管

6.8.5　杂化整体异质结

杂化太阳能电池中的供体为共轭聚合物，起到吸光和传输空穴的作用；受体为无机材料，进行电子传导。杂化太阳能电池综合了有机和无机半导体的优点。

聚合物与无机材料的组合有多种形式，主要的两种形式是多孔无机膜渗透聚合物和在共轭聚合物中填充纳米粒子。

多孔膜渗透的方法已在上面作了介绍。最普遍的作法是将 TiO_2 纳米晶，再将 TiO_2 纳米晶烧结成连续网络，再用共轭聚合物渗透网络的孔隙。这样便得到真正的双连续相。

将纳米粒子分散在聚合物基体中要符合两个基本要求：一要创造出很大的有机 – 无机界面，促进电荷转移；二是纳米粒子必须相互连接构成电子传输的逾渗网络。纳米粒子的长径比、几何形状和体积分数都对效率有重要影响。纳米粒子的形状可为纳米晶，纳米棒，四肢体和超支化体，如图 6 – 47 所示。球状有纳米晶显然不会造就很高的性能，远不如纳米棒的效果好。纳米棒可以更有效地堆砌，为电子传输提供了良好的通道。电子传输性越高，膜可以做得越厚，吸收的谱线就越宽。使用 CdSe 纳米四肢体是太阳能电池的最新进展。这种纳米晶具有三维形状，混合时更容易生成逾渗结构，在提高两相界面的同时提高载荷子的传导率。

图 6 – 47　具有三维形状的纳米粒子

（a）超支化体　（b）、（c）四肢体

可以将碳纳米管（CNT）看作一种特殊的纳米粒子。CNT 可以填充于共轭聚合物基体中用于激子的传导，也可以单独作为活性层。CNT 的高比表面（ ~ 1600m²/g）大大提高了激子解离的几率，而 CNT 的逾渗通道又可以提高载荷子的迁移率。

6.8.6　有机太阳能电池的前瞻

自从 1995 发现整体异质结，共轭聚合物的 EQE 已达 70%，功率效率达 3.5%。与十年前相比，功率效率提高了 100 倍，离 10% 的目标也越来越近了。今后只要在以下几方面进行创新与努力，定会在第两个十年内达成目标。

（1）开发新的有序整体异质结。让传输路径变直，缩短传输时间。传输时间的变短，就可以把膜制得更厚，并可以使用更少的受体增进吸光。

（2）将聚合物的空穴迁移率提高到 $10^{-3} \sim 10^{-2} cm^2 /$（V·s），就能达到 90% 的 EQE。

（3）开发低带隙的共轭聚合物。将共轭聚合物或电子受体的吸收带扩展到 350 ~ 900nm（3.5 ~ 1.4eV），就能吸收 45% 的太阳光子，这将使功率加倍。

（4）降低电子传导中的损耗。

如果上述新材料与新的元件构造可以实现，共轭聚合物太阳能电池就能达到 10% ~ 20% 的效率，成为 21 世纪的重要能源。

6.9　液晶显示

液晶是有序流体。最早发现液晶现象的是奥地利植物学家 Friedrich Reinizer。他早在 1888 年就发现苯甲酸胆甾中有两个一级转变。在 418K 由固态晶体变为混浊液体，在 452K 又变为清晰透明的液体。随后 Lehmann 又发现这种混浊液体是各向异性的（具有双折射），便将此类各向异性液体命名为液晶。因为液晶态介于晶态与无定形态之间，又常被称为中间相。此后，对液晶的研究持续不断，但直到 1960 年液晶才走出实验室，开始在显示技术中崭露头角。

6.9.1　液晶分子的结构特征

小分子液晶的每个分子由液晶核与尾链组成。液晶核的几何形状可为棒状（calamitic）或盘状（discotic），主要由芳环组成。尾链（多为烃链）的作用是稀释液晶核在固态时的相互作用，降低材料的熔点。Nematic 是最常见的液晶相，具有一维方向序，但没有位置序 ［图 6 - 48（a）］。Smectic 液晶也具有局部的、一维的方向序，此外还具有一定的位置序。Smectic 结构有许多种，几乎是连续过渡的。［图 6 - 48（b）］中间是最简单的 S_A 相，具有一维方向序与一维位置序。倾斜的 S_c 相 ［图 6 - 48（c）］ 具有两维方向序与一维位置序。

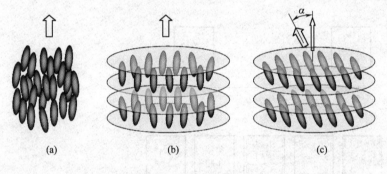

图 6 - 48　常见的液晶态

（a）Nematic　　（b）Smectic A　　（c）Smectic C

如果液晶核有手性结构，还会生成一种超分子结构—扭曲的 nematic（胆甾液晶）。液晶核的取向的规律地扭转，在约 300 ~ 800nm 的大尺度上划出螺旋的轨迹。模仿将不对称碳记作 C^*，我们将这种扭曲的 nematic 记作 N^*，将 N^* 正方向旋转 180° 的分子链距离称作螺距 P（图 6 - 49）。当螺距 P 与可见光波长 λ 相当时，就会形成一个光栅，符合 Bragg 条件的特定光波（颜色）就会被衍射，使材料发出彩虹般的光彩。扭曲的 nematic 更重要的用途是本章要介绍的液晶显示。

无外场（电、磁、剪切）作用情况下，液晶的不同区域具有各自不同的指向。就像在多晶体中那样，不同晶粒之间空间格子的方向不同。不同指向的液晶形成各自的微区，微区之间

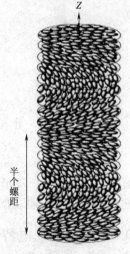

图 6 - 49　手性液晶分子的螺旋相

的边界可视为一堵"墙",墙的厚度为几十个微米。在墙中的液晶指向连续变化,从一个微区的指向过渡到另一个微区的指向。不同微区之间边界称为旋错或向错(disclination)。

以上谈到的三种液晶相,有序程度依次为 $S_C > S_A > N$。如果从固体晶体开始加热,材料会依次出现 S_C、S_A、N,有序程度不断降低,直至发生 N 相到各向同性液体(I 相)的转变。为简单起见,本书只研究 $N \rightarrow I$ 的转变。

如果液晶核有手性结构,情况就会复杂得多。手性分子不能通过旋转或平动转变为其镜像。手性分子与其镜像分子称作对映体。当一种物质由同量对映体组成时,就称作消旋混合物。如果一个液晶由手性分子组成且混合物非消旋时,就称液晶是手性的。非手性液晶在 N 相中的指向在微区范围内是固定不变的,而手性液晶在 N 相中的指向有规律地旋转(又称扭曲),在约 300~800nm 的尺度上划出螺旋的轨迹。模仿将不对称碳记作 C^*,我们将这种扭曲的 N 相记作 N^*,将 N^* 旋转 180° 的分子间距离称作螺距 P 的一半(图 6-49)。当螺距 P 与可见光波长 λ 相当时,就会形成一个光栅,符合 Bragg 条件的特定光波(颜色)就会被衍射,使材料发出彩虹般的光彩。由于 N^* 中分子的扭曲沿螺旋线进行,扭曲的 N^* 相又称作螺旋相、或 twist nematic(TN 型)液晶。

从 N^* 相缓慢加热,液晶不会直接转变为 I 相,中间会出现三个不同的相,即所谓蓝相(blue phase),按温度升高的顺序,分别记作 BP I、BP II 和 BP III。由 BP III 加热,会体系才会最后转变为 I 相。N^* 相到 BP I、BP III 到 I 相以及不同蓝相间的转变均为热力学一级转变。手性与非手性液晶的相态转变见图 6-50。

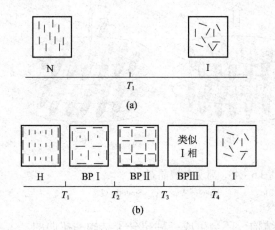

图 6-50 手性与非手性液晶的相态转变

(a)非手性液晶分子的相转变 (b)手性液晶分子的相转变

H—螺旋相 I—各向同性液体 各个 T 代表不同相间的转变温度

螺旋相液晶当前液晶显示中广泛使用。人们发现,蓝相液晶在液晶显示时比螺旋相液晶具有更突出的优点。本书将先介绍普通的螺旋相液晶显示,然后对蓝相液晶的结构、性质以及在显示中的应用加以介绍。

6.9.2 液晶的光电特性

由于液晶分子的各向异性,介电常数及折射率也是各向异性的,因而我们可以利用这些性质来改变入射光的强度,以便形成灰阶。液晶与光电特性相关的性质主要有两项:

（1）介电常数（dielectric constant）　我们可以将介电常数分解为 $\varepsilon_{//}$（与指向矢平行的分量）与 $\varepsilon_{\perp}$（与指向矢垂直的分量）。当 $\varepsilon_{//} > \varepsilon_{\perp}$，便称之为介电常数正型的液晶；而 $\varepsilon_{//} < \varepsilon_{\perp}$ 则称之为介电常数负型的液晶。当施加外电场时，液晶分子会根据介电常数的符号决定液晶分子的转向是平行或是垂直于电场，来决定光的穿透与否。常用的 TN 型液晶大多是属于介电常数正型的液晶。介电常数各向异性 $\Delta\varepsilon$（$\Delta\varepsilon = \varepsilon_{//} - \varepsilon_{\perp}$）越大，则液晶的临界电压（threshold voltage）就越小，这样一来液晶便可以在较低的电压下操作。

（2）折射率（refractive index）　对于棒状液晶而言，有两个折射率，分别为垂直于液晶长轴方向的 $n_{\perp}$ 及平行液晶长轴方向的 $n_{//}$。当光入射液晶时，便会受到两个折射率的影响，造成在垂直液晶长轴与平行液晶长轴方向上的光速会有所不同。若光在平行于分子长轴的速度小于垂直于分子长轴的速度时，这意味长轴方向的折射率大于垂直方向的折射率（因为折射率与光速成反比），双折射率 $\Delta n > 0$，我们把它称作光学正型的液晶，而层状液晶与线状液晶几乎都是属于光学正型的液晶。如果光在长轴的速度较快，代表平行长轴方向的折射率小于垂直方向的折射率，双折射率 $\Delta n < 0$，我们称之为光学负型的液晶，胆固醇液晶多为光学负型的液晶。

（3）Kerr 效应　电场中的分子受到电场作用而发生取向（扭转），呈现各向异性，结果产生双折射，折射率的差正比于电场强度的平方：

$$\Delta n = \lambda K E^2 \tag{6-35}$$

其中 Δn 为场致双折射，λ 为波长，K 为 Kerr 常数，E 为电场强度。这一现象是 1875 年 J. Kerr 发现的，称作 Kerr 效应。

6.9.3　螺旋相液晶显示

设想我们拿起一片偏光片对着光源看。偏光片的作用就像是栅栏，会阻隔掉与栅栏垂直的光波，只准许与栅栏平行的光波通过，所以通过偏光片看到的光线变得较暗。如果通过叠在一起两个偏光片对着光源看，会发现光线的亮度会随着两个偏光片之间的角度而变化。旋转两个偏光片之间的相对角，会发现光线越来越暗；当两个偏光片的栅栏角互相垂直时，光线就完全无法通过了。

液晶显示器就是利用了这个特性。在上下两片栅栏互相垂直的偏光片之间充满液晶，再利用电场控制液晶转动来改变光的行进方向，不同的电场大小就会形成不同灰阶亮度。

将液晶置于上下两层玻璃之间。上面一层玻璃上贴有彩色滤光片（Color filter）。接触液晶的玻璃面并不是光滑的，具有锯齿状的沟槽。沟槽的作用是让棒状的液晶分子沿着沟槽排列。如果是光滑的平面，液晶分子的排列不会整齐，造成光线的散射。在沟槽的导引下，液晶分子的排列才会整齐。在实际制造过程中，并无法在玻璃上加工出沟槽，一般是在玻璃的表面上涂布一层聚酰亚胺（polyimide），然后再用布刮擦（rubbing）聚酰亚胺薄膜，刮擦的作用就像在玻璃上开沟槽一

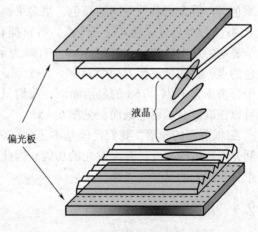

液晶

偏光板

图 6-51　配向膜

样，会让液晶分子按均一的方向排列。这样的一层聚酰亚胺薄膜就叫做配向膜（图 6 - 51）

当在上下两块玻璃之间没有施加电压时，液晶的排列由配向膜所决定。对于 TN 型的液晶来说，上下的配向膜的角度差恰为 90°。所以液晶分子的排列由上而下会自动旋转 90°。当入射的光线经过上面的偏光片时，会只剩下单方向极化的光波。通过液晶分子时，由于液晶分子旋转了 90°，光线能否通过则取决于上、下偏光板的方向。

根据不同的使用要求，液晶面板有常白（NW，Normally white）与常黑（NB，Normally black）之分。所谓 NW（常白）指当我们对液晶面板不施加电压时，会看到面板是亮的画面；反过来，当我们对液晶面板不施加电压时，如果面板无法透光，看起来是黑色的话，就称之为 NB（常黑）。从图 6 - 52 我们可以看出，NB 与 NW 的差别仅在于偏光板的相对位置不同而已。

在常白配置中 ［图 6 - 52 （a）］，上下偏光板的极性互成 90°，不施加电压时，光线会因为液晶将之旋转 90° 而能够透光；施加电压时，光线不发生旋转，就不能透光而成为黑色。在常黑配置中 ［图 6 - 52 （b）］，上下偏光板的极性是互相平行的，所以不施加电压时，光线会因为液晶将之旋转 90° 而无法透光；施加电压时，光线不发生旋转，光线可以顺利通过而呈白色。台式或笔记计算机大多为常白的配置，是因为计算机软件多为白底黑字。既然亮着的点占大多数，使用常白的亮点不需要加电压，使用中就比较省电。

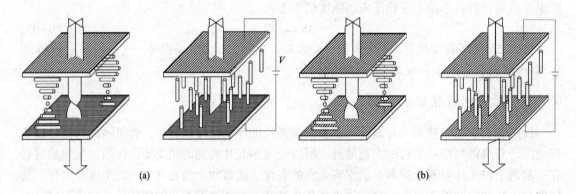

图 6 - 52　TN 型液晶显示的两种构型
（a）常白　（b）常黑

液晶显示可以出现黑白图案，而更多用途的是显示彩色画面。利用红、绿、蓝（RGB）三原色可以混合出各种不同的颜色，很多平面显示器就是利用这个原理来显示出色彩。我们把 RGB 三种颜色分成独立的三个点，各自拥有不同的灰阶变化；把相邻的三个 RGB 点当作一个显示的基本单位，也就是 pixel。有时为了提高显示的亮度，在红绿蓝之外再加入一个白色的点，将四个点作为一个 pixel。一个 pixel 就可以拥有不同的色彩与不同的亮度。对于一个分辨率为 1024×768 的显示画面，我们只要让这个平面显示器拥有 1024×768 个 pixel，便可以正确地显示彩色画面，见图 6 - 53。

根据前面的介绍，我们已经基本了解了液晶显示器的主要部件。液晶显示器本身仅能控制光线通过的亮度，并无发光的功能。因此，液晶显示器就必须加上一个背光板，来提供一个分布均匀的高亮度光源。

6.9.4　蓝相液晶显示

蓝相最先由 Reinitzer 于 1888 年发现，他的描述是"在很窄的温度范围突然出现又突然

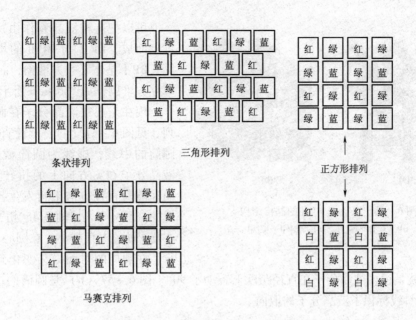

条状排列

三角形排列

正方形排列

马赛克排列

图 6-53　彩色显示器上色点的不同排列

消失的蓝紫色现象。"这一未知效应在此后 80 年间无人触碰，直到 1960～1970 年间才发现液晶出现蓝紫色是由于出现了非常独特的新液晶相。蓝相并非一定是蓝色，但由于最初观察到的蓝色，就称这种新液晶相统称作蓝相。蓝相出现于螺旋相与各向同性相之间很窄的温度区域由图 6-54 所示，由螺旋相加热，依次出现 BPⅠ、BPⅡ和 BPⅢ。三个蓝相总的温度跨度只有 0.5～2K。目前人们对 BPⅠ和 BPⅡ的结构有了较为清晰和一致的认识，而对 BPⅢ的认识仍是众说纷纭。因此，本书中对蓝相介绍将仅限于 BPⅠ和 BPⅡ。

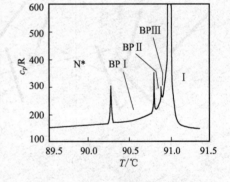

图 6-54　胆甾醇壬酸酯的热分析谱图
（c_p 为热容）

为了解蓝相液晶的结构，可以将向列相、螺旋相和蓝相进行比对。如图 6-55 所示，普通向列相的指向是一致的，不发生扭曲；螺旋相中的指向在一上维度上发生扭曲；而蓝相中的指向则是在两个维度上发生扭曲。

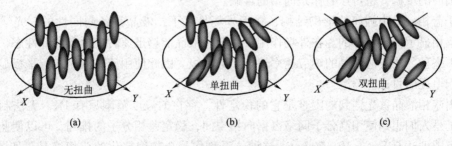

图 6-55　三种液晶相中分子的排列情况
（a）向列相　（b）螺旋相　（c）蓝相

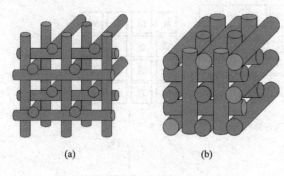

图 6-56　BP I 与 BP II 的晶格结构
（a）BP I：体心立方　（b）BP II：简单立方

可以把蓝相液晶看作由一个个圆筒堆砌而成，BP I 与 BP II 的堆砌方式不同，BP I 是体心立方堆砌，而 BP II 是简单立方堆砌，如图 6-56 所示。

现在来观察液晶分子在圆筒中的排列，见图 6-57（a）。圆筒直立，z 轴为圆筒的中线，虚线为圆筒截面的圆周。液晶分子在 z 方向上的扭转同螺旋相，而在圆筒直径方向上再发生扭转。圆周上的液晶分子与 z 轴呈 45°角，越靠近圆心与 z 轴的夹角越小，在圆心处与 z 轴平行。在圆周的对面，又变化到反方向的

45°角。这就是说，液晶分子在直径跨度上转动了 90°。图 6-57（b）是圆筒的主视图，筒壁上 45°的斜线标识了液晶分子的取向。

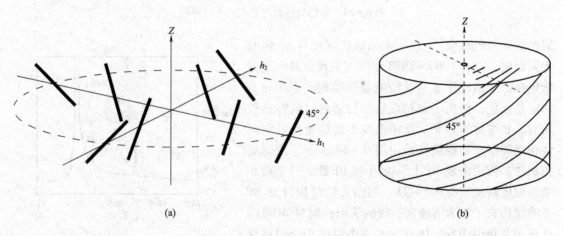

图 6-57　蓝相液晶分子在圆筒中的排列
（a）圆筒的截面　（b）主视图

蓝相液晶的晶格结构还可以从另一个角度进行描述。圆筒的堆砌不可能是完全紧密的，三个相互垂直的圆筒间总会留下缝隙，如图 6-58 所示。这个缝隙就是晶格中的缺陷，即向错。如果圆筒呈立方对称，圆筒间的向错也同样具有立方对称性。故蓝相液晶的晶格既可以看作是圆筒的堆砌，也可以看作是向错的堆砌。

由于蓝相液晶中圆筒的堆砌结构，在无外场作用下，液晶是各向同性的，光线不能通过，故蓝相显示器是常黑的。在外场作用下，蓝相液晶能够迅速转变为各向异性态，响应时间不到 1 毫秒，比普通液晶的响应速率快一个数量级。因此使用蓝相液晶进行平板显示自然成为人们追逐的目标。

使用蓝相液晶首先遇到的困难是它的稳定性，存在的温度范围只有 1K，无法制备显示器件。于是人们想到使用高分子网络占据向错空间，稳定蓝相分子的排列，可以使蓝相的存在温度范围到达 60K（−10～50℃）。这种体系称作聚合物稳定化的蓝相液晶。如图 6-59 所示，当液晶中高分子网络的分数达到 6mol% 时，蓝相存在的温度范围就覆盖了整个室温，

用于制造显示器件就没有问题了。

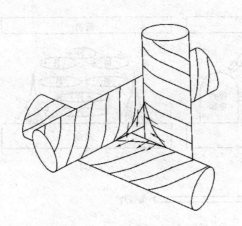

图 6-58　蓝相液晶中的缺陷

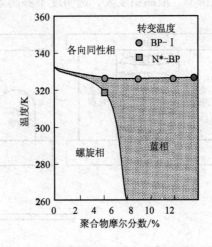

图 6-59　聚合物含量对蓝相液晶相图的影响

图 6-60 是传统蓝相液晶显示的基本原理。将蓝相液晶置于两平行玻璃板之间构成液晶盒。在液晶盒的上、下各置一片互相垂直的偏振片。当液晶盒上无电场时，蓝相液晶的表现为各向同性介质，与上偏振片偏振方向相同的入射偏振光不能透过液晶盒，呈现黑背景；当液晶上加有电场时，蓝相液晶就变为光学上的单轴晶体，光轴平行于电场方向。当线偏振光以垂直于电场方向通过蓝相液晶时，将分解为两束线偏振光，一束沿电场方向，另一束垂直于电场方向。根据 Kerr 效应，其 Δn 随外加电场的平方而增加，透过的光强度也随之增

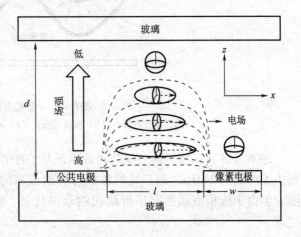

图 6-60　传统 IPS 结构

加，这样就能使用外电场实现调光的目的。作为显示器，入射光方向是垂直于玻璃板的，要产生与入射光垂直的电场，只能将平行电极做在下玻璃板上。这种设置称作平面内电极结构（IPS）。

蓝相液晶显示存在高驱动电压（~50Vrms）和相对低的透射率（~65%）的两大挑战。传统 IPS 结构还有一个致命的缺点，就是电场的施加仅限于靠近下玻璃板的液晶表层，不能深入到液晶内部，造成显示效率的低下。人们设计了新型电极结构（图 6-61），可使驱动电压降到 10Vrms 左右，并使电场深入到液晶层本体。尤其是图 6-61（d）中的锯齿形电极，在驱动电压为 ~10Vrms 时，透射率可达 85%。

与传统螺旋相液晶显示相比，蓝相液晶显示有以下优点：（1）毫秒响应，分辨率和光学效率是常规的 3 倍；（2）不需要配向层，可以大大简化工艺过程；（3）暗场时光学各向同性，视角大，对称强；（4）只要液晶盒的厚度大于一定值，透明度对液晶盒厚度不敏感，

特别适于制造大显示屏。当然，蓝相液晶显示还存在不少缺点，主要是驱动电压高、蓝相温度范围窄、液晶粘度大，透明度不够高等。

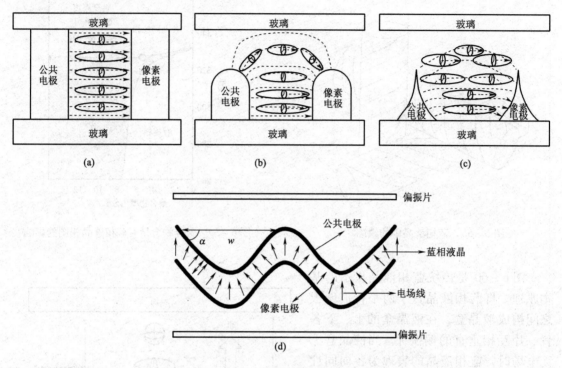

图 6 – 61　新型电极设计

(a) 壁式电极　　(b) 椭圆电极　　(c) 双曲电极　　(d) 锯齿形电极

　　2008 年 5 月，韩国的三星公司宣称开发了首个 15 吋蓝相液晶显示板，画面更新速率达到史无前例的 240Hz。但三星的样机与当前成熟的螺旋相液晶显示屏相比，仍有不小的差距。但由于蓝相液晶拥有不可取代的众多优势，蓝相液晶显示必将成为明天的显示技术主流。

代结语：天梯——人类的下一个梦想

本书结稿之日，适值我国神九载人飞船对空间站顺利对接归来。为我国航天事业的发展欢欣鼓舞之余，一个旧问题再次提了出来。今后与空间站的联系将常态化，人员、物资的交流也将日益频繁。难道每一次交流就一定需要一次发射与重返大气层吗？有没有更好的手段将地球上的大本营与空间站联系起来呢？有人会说，当然有，在地面与空间站之间建一个电梯不就行了？乍一听匪夷所思，仔细想想确实是个好主意。

一般科技上的好主意都是小说先行，然后是科学家或工程师在一笑之后介入。地面与空间的电梯——天梯（space elevator）早已被写过进了五部小说，其中包括 Arthur Clarke 的两部（"The fountains of paradise"；"3001 the final Odyssey"），Charles Sheffield 的 "The web between the worlds"，Kim Stainley Robinson 的 "Red Mars" 和 Stephen Baxter 的 "Sunstorm"。这些小说确实引起了科学家们的注意，从 1960 年起，开始有科技文章提到天梯：如：

- Isaacs JD, Vine . C, Bradner H, Bachus G. E. Satellite Elongation into a true 'Sky - Hook' [J] . Science, 1966, 151: 682.
- Pearson J. The orbital tower: a spacecraft launcher using the earth's rotational energy [J] . Acta Astronautica, 1975, 2: 785
- Clarke AC. The space elevator: 'thought experiment', key to the universe [J] . Adv earth oriented Appl science techn, 1979, 1: 39.

近年来，天梯的概念逐步走入人们的视野，不仅出现在严肃的科技刊物上，也出现在大学的课堂与青少年科技竞赛之中。

天梯的概念并不复杂，就是在地球以外空间放置一个同步卫星，然后在卫星与地球之间拉一根索道，这根索道就是所谓天梯。这个卫星所在的同步轨道可近可远，当然第一个天梯不能放得太远，放在地球与月球之间较为合适，比如说距地球 4 万 km。第一个天梯制成之后再向远处伸展。

制造天梯的技术关键是索道的材料。首先索道要能够经受自重。这意味着材料的密度要低且强度要大。密度不能大于 $1.5g/cm^3$，强度至少要达到 $3 \sim 5GPa$。这个问题放在 20 世纪 70 年代讨论就是不可逾越的障碍，所以天梯的讨论就暂时停止了。直到 1991 年发现了碳纳米管，天梯的讨论才又重新开始，因为人们从碳纳米管看到了制造天梯的可能性。碳纳米管本身的强度达到 200GPa，是 Kevlar 纤维的 54 倍。与树脂制成复合材料后也能达到 3GPa 的强度，为天梯索道的制造提供了基本保障。

当然，对索道材料的要求远非仅仅是强度那么简单。天梯随地球绕太阳转动，"白天"的温度会升高到 200℃以上，"黑夜"会降到绝对零度附近。索道材料必须在如此宽广的温度范围内保持力学性能。此外，还有原子氧的问题、小分子组分的喷霜问题等。

数万 km 的索道并不是一步建成，而是先建一个载重仅为 900kg 的初步索道，再通过小缆车的爬升，不断为索道添加新的纤维，并通过编织结合到已有索道上，使其不断加宽。通过数百次的爬升，最后使索道的宽度达到 1m。此时的过道已经能够经受 20t 的质量。使用 7t 自重的缆车进行爬升，一次可以运送 13t 的物资或人员。

碳纳米管的使用还解决了另一个问题，就是空间驱动方式的问题。索道建好之后，缆车将以什么方式向上爬升呢？最理想的方式自然是磁悬浮，这就要求索道材料是导体，最好是超导体。碳纳米管符合磁悬浮的全部要求。它在常温下是良导体，在外空间的低温下转化为超导体。利用磁悬浮驱动，缆车能够以 200km/h 的速度爬升，当然，脱离大气层后速度会更快。

驱动方式解决了，动力何来？在同步卫星上设计了太阳能电池，但那点能量是远远不够的。能量还必须从地球上传输。人们计划通过激光传送能量，照射在天梯上的太阳能电池上，为天梯提供电能。

剩下的就是小问题了，如在地球一端固定在什么地方？统一的意见固定在海上平台上。因这样可以最大程度地保证地面人员的安全以天外坠落物的安全。最后一个问题是建造成本，估算的结果是 100 亿美元。这实在算不上是大投资，与目前地球上的军备竞赛相比是小巫见大巫，与一些大的工程项目相比也并不昂贵。

我们不准备进一步地展开对天梯的讨论。之所以将天梯的话题作为本书的结语，目的在于强调本书中介绍的材料与技术在未来科技发展中的地位。对于并不复杂的天梯，就要用到纳米碳材料技术、复合材料技术、纺丝技术、激光技术、太阳能电池技术、超导技术以及磁悬浮技术等。新材料、新技术的出现又为新思路打开大门。小说家有了更广阔的想象空间，科学家、工程师有了更多的选择，这又反过来推动科技的进步。在本书的编写过程中，不知又有多少新材料凭空出现，多少新技术降临人间。在我们的前面，是一个无限广阔的材料世界，就像天梯一样，引领着我们不断深入地走进未知的天地。

参考文献

1. Addington DM, Schodek DL. Smart materials and new technologies for the architecture and design professions [M]. New York: Elsevier, 2005.

2. Adriano VR, Marcos RG, Osvaldo AC, Adley FR, Edvani CM. Polymer, 2006, 47: 2023 ~ 2029.

3. Agrawal JP. Recent trends in high energy materials [J]. Prog. Energy Combus. Sci, 1998, 24: 1 ~ 30.

4. Akcelrud L. Electroluminescent polymers [J]. Prog Polym Sci, 2003, 28: 875 ~ 962.

5. Amin S, Rajabnezhad S, Kohli K. Hydrogels as potential drug delivery systems [J]. Scientific Research and essay, 2009, 3 (11): 1175 ~ 1183.

6. Arora P, Zhang Z. Battery Separators [J]. Chem Rev, 2004, 104: 4419 ~ 4462.

7. Arumugam M. Optical fiber communication – An overview [J]. Journal of physics, 2001, 57: 849 ~ 869.

8. Bertrand E, Bibette J, Schmitt V. From shear thickening to shear – induced jamming emanuel [J]. Physical Review, 2002, E 66, 060401 (R).

9. Bladh M, Syväjärvi M (Ed), New Lighting – New LEDs, http: //urn. kb. se/resolve? urn = urn: nbn: se: liu: diva – 60807.

10. Bony J, Ibanez M, Puschnig P, Citherlet S, Cabeza L, Heinz A. Three different approaches to simulate PCM bulk elements in a solar storage tank. Phase Change Material and Slurry [C]. Scientific Conference and Business Forum, 2005, 15 ~ 17: 99 ~ 107.

11. Bott AW. Electrochemistry of Semiconductors [J]. Current Separations, 1998, 17: 87 ~ 91.

12. Brabec CJ, Sariciftci NS, Hummelen JC. Plastic Solar Cells [J]. Adv Funct Mater, 2001, 11: 1.

13. Bracke P, Schurmans H, Verhoes. Inorganic Fibres & Composite Materials [M]. New York: Pergamon Press, 1984.

14. Brew B, Hine PJ, Ward IM. The properties of PIPD fibre/epoxy composites [J]. Composites science and technology, 1999, 59 (7): 1109.

15. Brian S. Mitchell. An introduction to materials engineering and science, for chemical and materials engineers [M]. New Jersey: WILEY, Hoboken, 2004.

16. Buckley JD. Carbon – carbon, An overview [J]. Ceramic Bulletin, 1988, 67: 364.

17. Buschow KH, Boer FR. Physics of magnetism and magnetic materials [M]. New York: Kluwer Academic Publishers, 2004.

18. Caramori S, Cristino V, Boaretto R, Argazzi R, Bignozzi Cal, Carlo AD. New Components for dye – sensitized solar cells [J]. International journal of photoenergy, Article ID 458614, 2010.

19. Chawla K. K. Composite Materials: Science & Engineering [M]. 2nd edition. New York: Springer – Verlag, 1999.

20. Chena L, Wanga YZ. A review on flame retardant technology in China. Part Ⅰ: development of flame retardants [J]. Polym Adv Technol, 2010, 21: 1 ~ 26.

21. Chidichimo G, Filippelli L. Organic Solar Cells: Problems and perspectives [J]. International Journal of Photoenergy, Article ID 123534, 2010.

22. Chopra1KL, Paulson PD, Dutta1 V. Thin Film Solar Cells: An Overview [J]. Prog. Photovolt Res Appl, 2004, 12: 69 ~ 92.

23. Conway BE. Electrochemical capacitors. http: //electrochem. cwru. edu/ed/encycl.

24. Damjanovic D. Ferroelectric, dielectric and piezoelectric properties of ferroelectric thin films and ceramics [J]. Rep Prog Phys, 1998, 61: 1267 ~ 1324.

25. de Castro LD. Anisotropy and mesophase formation towards carbon fibre production from coal tar and petroleum pitches, A Review [J]. J Braz Chem Soc, 2006, 17 (6): 1096 ~ 1108.

26. Deb SK. Recent developments in high efficiency PV cells. http://www.doe.gov/bridge

27. Donnet JB, Bansal RC. Carbon Fibers [M]. New York: Dekker, 1984.

28. Edie DD. The effect of processing on the structure and properties of carbon fibers [J]. Carbon, 1998, 36 (4): 345 ~ 362.

29. Edwards BJ, Keffer DJ, Reneau CW. An examination of the shear – thickening behavior of high molecular weight polymers dissolved in low – viscosity newtonian solvents [J]. Journal of Applied Polymer Science, 2002, 85: 1714 ~ 1735.

30. Gong JP, Katsuyama Y, Kurokawa T, Osada Y. Double network hydrogels with extremely high mechanical strength [J]. Adv. Mater, 2003, 15 (14): 1155 ~ 1158.

31. Green J. A review of phosphorus – containing flame retardants [J]. Journal of Fire Sciences, 1992, 10: 470. http://jfs.sagepub.com/cgi/content/abstract/10/6/470.

32. Green MA. Thin – film solar cells: review of materials, technologies and commercial status [J]. J mater sci: mater electron, 2007, 18: S15 ~ S19.

33. Hartmut B. Industrial application of membrane separation processes [J]. Pure and appl chem, 1995, 67 (6): 993 ~ 1002.

34. Heeger AJ. Semiconducting and metallic polymers: The fourth generation of polymeric materials (Nobel Lecture) [J]. Angew Chem Int Ed, 2001, 40: 2591 ~ 2611.

35. Henry AS, Daniel JI. Comparison of piezoelectric energy harvesting devices for recharging batteries [J]. Journal of intelligent material systems and structures, 2005, 16 (10): 799 ~ 807.

36. Hoppe H, Sariciftci NS. Organic solar cells: An overview [J]. J mater res, 2004, 19: 7.

37. Hunga LS, Chen CH. Recent progress of molecular organic electroluminescent materials and devices [J]. Materials science and engineering, 2002, R39: 143 ~ 222.

38. Irene EA. Electronic materials science [M]. New Jersey: John Wiley & Sons, Inc., Hoboken, 2005.

39. Iwahori T, Mitsuishi I, Shiraga S, Nakajima N, Momose H, Ozaki Y, Taniguchi S, Awata H, Ono T, Takeuchi K. Development of lithium ion and lithium polymer batteries for electric vehicle and home – use load leveling system application [J]. Electrochimica Acta, 2000, 45: 1509 ~ 1512.

40. Jacobs JA, Killduf TF. Engineering materials technology structures, processing, properties, and selection [M]. 5th Edition. New Jersey: Pearson Education Inc, Upper Saddle River, 2005.

41. Jayalakshmi M, Balasubramanian K. Simple capacitors to supercapacitors – An Overview [J]. Int J electrochem sci, 2008, 3: 1196 ~ 1217.

42. Kappaun S, Slugovc C, List EJW. Phosphorescent organic light – emitting devices: working principle and iridium based emitter materials [J]. Int J Mol Sci, 2008, 9: 1527 ~ 1547.

43. Kawamoto H. The history of liquid – crystal displays [J]. Proceedings of the IEEE, 2002, 90: 4.

44. Kevin MC, Michael DM. Conjugated polymer photovoltaic cells [J]. Chem Mater, 2004, 16: 4533 ~ 4542.

45. Klein LC (Ed). Sol – gel technology for thin films, fibers, preforms, electronics, and specialty shapes, notes publications [M]. New Jersey: Park Ridge, 1990.

46. Kuilla T, Bhadra S, Yao D, Kim NH, Bosed S, Lee JHee. Recent advances in graphene based polymer composites [J]. Progress in polymer science, 2010, 35: 1350 ~ 1375.

47. Lanzani G, . Zenz C, Cerullo G, Graupner W, Leising G, Scherf U, De Silvestri S. Synth Met, 2000, 493: 111 ~ 112.

48. Larminie J, Dicks A. Fuel cell systems explained [M]. New York: Wiley, 2000.

49. Rupprecht L (Ed). Conductive polymers and plastics in industrial applications [M]. New York: Nor-

wich, William Andrew Inc, 1999.

50. Lendlein A, Kelch, S. Shape memory polymers [J]. Angew Chem Int Ed, 2002, 41: 2034 ~ 2057.

51. Levchik SV, Weil ED. Thermal decomposition, combustion and flame – retardancy of epoxy resins—a review of the recent literature [J]. Polymer International, 2004, 53: 1901 ~ 1929.

52. Lin YY, Chen CW, Chu TH, Su WF, Lin CC, Ku CH, Wu JJ, Chen CH. Nanostructured metal oxide/conjugated polymer hybrid solar cells by low temperature solution processes [J]. J Mater Chem, 2007, 17: 4571 ~ 4576.

53. Marvin J. Weber. Handbook of optical materials [M]. New York: CRC Press, 2003.

54. Mather PT, Luo X, Rousseau IA. Shape memory polymer research [J]. Annu rev mater res, 2009, 39: 445 ~ 471.

55. Michele TB, Yurii KG. Recent advances in research on carbon nanotube – polymer composites [J] Adv mater, 2010, 22: 1672 ~ 1688.

56. Miller EK, Yang CY, Heeger AJ. [J] Phys Rev B, 2000, 62: 6889.

57. Minakov. AA, Shvets IV, Veselago VG. Magnetostriction and antiferromagnetic domains dynamics in helical antiferromagnets [J]. Journal of magnetism and magnetic materials, 1990, 88: 121 ~ 133.

58. Neto AHC, Guinea F, Peres NMR, Novoselov KS, Geim AK. The electronic properties of grapheme [J]. Reviews of Modern Physics, 2009, 81: 16.

59. Pal K, Banthia AK, Majumdar DK. Polymeric hydrogels: Characterization and biomedical applications – A mini review design monomers and polymers [J]. Polymer, 2009, 12: 197 ~ 220.

60. Porter RS, Kanamoto T, Zachariades AE. Property opportunities with polyolefins: A review [J]. Polymer, 1994, 35 (23): 4979 ~ 4984.

61. Ajayan1 PM, Zhou OZ. Applications of carbon nanotubes [M]. Berlin: Springer – Verlag, Heidelberg, 2001.

62. Qiu Y, Park K. Environment sensitive hydrogels for drug delivery [J]. Advanced drug delivery reviews, 2001, 53: 321 ~ 339.

63. Ratna D, Karger KJ. Recent advances in shape memory polymers and composites: A review [J] Mater Sci, 2008, 43: 254 ~ 269.

64. Ray SS, Sinha S, Okamoto M. Polymer/layered silicate nanocomposites: A review from preparation to processing [J]. Prog Polym Sci, 2003, 28: 1539 ~ 1641.

65. Reimanis IE. A review of issues in the fracture of interfacial ceramics and ceramic composites [J]. Materials Science and Engineering, 1997, A237: 159 ~ 167.

66. Roszkowski1 A, Bogdan M, Skoczynski W, Marek B. Testing viscosity of MR fluid in magnetic field [J]. Measurement science review, 2008, 8: 3.

67. Samuel IDW, Turnbull GA. Organic semiconductor lasers [J]. Chem rev, 2007, 107: 1272 ~ 1295.

68. Schnorr JM, Swager TM. Emerging applications of carbon nanotubes [J]. Chem Mater, 2011, 23: 646 ~ 657.

69. Sengupta R, Bhattacharya M, Bandyopadhyay S, Bhowmick AK. A review on the mechanical and electrical properties of graphite and modified graphite reinforced polymer composites [J]. Progress in Polymer Science, 2011, 36: 638 ~ 670.

70. Shackelford JF. Introduction to materials science for engineers [M]. 5th edition. New Jersey: Prentice Hall, Upper Saddle River, 2004.

71. Shaw JM, Seidler PF. Organic electronics: Introduction [J]. J RES and DEV, 2001, 45: 1.

72. Sherwood, PMA. Surface analysis of carbon and carbon fibers for composites [J]. Journal of electron spectroscopy and related phenomena, 1996, 81: 19 ~ 342.

73. Silfvast WT. Laser fundamentals [M], second edition. Cambridge: Cambridge University Press, 2004.

74. Song JY, Wang YY, Wan CC. Review of gel – type polymer electrolytes for lithium – ion batteries [J]. Journal of power sources, 1999, 77: 183 ~ 197.

75. Stritih U. Heat transfer enhancement in latent heat thermal storage system for buildings [J]. Energy and Buildings, 2003, 35: 1097 ~ 1104.

76. Strobl GR. The physics of polymers: concept for understanding their structure and behavior [M]. 3nd Edition. Berlin: Springer, 2007.

77. Sze SM, Kwok K. Ng. Physics of semiconductor devices [M] third edition. New Jersey: John Wiley & Sons Inc, Hoboken, 2007.

78. Treloar LRG. The physics of rubber elasticity [M]. 3rd edition. Oxford: Clarendon Press, 1975.

79. Vendik OG, Vendik IB, Kholodniak DV. Applications of high – temperature superconductors in microwave integrated circuits [J]. Mater phys mech, 2000, 2: 15 ~ 24.

80. Ward IM, Hadley DW. An introduction to the mechanical properties of solid polymers [M]. New York: Wiley, 1992.

81. Welch DF. A Brief history of high – power semiconductor lasers [J]. IEEE Journal of selected topics in quantum electronics, 2000, 6: 26.

82. William DC, Jr. Fundamentals of materials science and engineering [M]. 5th edition. New York: Wiley, 2001.

83. Wilson D, Stenzenberger HD, Hergenrother PM (Eds). Polyimides [M]. New York: Chapman & Hall, 1990.

84. Winder C, Mühlbacher D, Neugebauer H, Sariciftci NS, Brabec C. Polymer solar cells and infrared light emitting diodes: dual function low bandgap polymer [J] Mol cryst liq cryst, 2005, 385: 93 ~ 100.

85. Yang HH. Aromatic high – strength fibers [M]. New York: Wiley, 1989.